全国职业教育改革发展示范学校建设规划教材（建筑类）

建筑设备安装

JIANZHU SHEBEI ANZHUANG

主编　王　海　江东波　丁劲松
编者　宣　鸽　王　健
主审　吴成群

时代出版传媒股份有限公司
安徽科学技术出版社

图书在版编目(CIP)数据

建筑设备安装/王海,江东波,丁劲松主编. --合肥:安徽科学技术出版社,2015.9(2024.9重印)
全国职业教育改革发展示范学校建设规划教材(建筑类)
ISBN 978-7-5337-6721-1

Ⅰ.①建… Ⅱ.①王…②江…③丁… Ⅲ.①房屋建筑设备-建筑安装-职业教育-教材 Ⅳ.①TU8

中国版本图书馆 CIP 数据核字(2015)第 156589 号

建筑设备安装 主编 王 海 江东波 丁劲松

出 版 人:王筱文 选题策划:王菁虹 责任编辑:王菁虹
责任校对:沙 莹 责任印制:梁东兵 装帧设计:王 艳
出版发行:安徽科学技术出版社 http://www.ahstp.net
(合肥市政务文化新区翡翠路 1118 号出版传媒广场,邮编:230071)
电话:(0551)63533330
印 制:合肥创新印务有限公司 电话:(0551)64321190
(如发现印装质量问题,影响阅读,请与印刷厂商联系调换)

开本:787×1092 1/16 印张:18.5 字数:442 千
版次:2024 年 9 月第 3 次印刷

ISBN 978-7-5337-6721-1 定价:55.00 元

编委会名单

前　言

为了适应中职院校建筑工程类相关专业人员及社会上建筑设备安装从业人员岗位培训的需要，我们组织编写了《建筑设备安装》一书。本书可以作为中职院校和技师学院的教材使用，也可供相关从业人员参考。

《建筑设备安装》是建筑工程施工专业的一门实践性较强的专业技能课，其教学目的是使学生获得建筑设备安装的基本技能。本教材主要根据职业教育培养技能型人才的要求，以国家现行的建设工程规范、文件为依据编写，本着实用、易学、易懂、贴近读者、贴近实际的编写原则，力求取得学得会、用得上、记得住的效果。本书共有 8 个项目，包括建筑生活给水系统安装、建筑消防给水系统安装、建筑排水系统安装、建筑供暖系统安装、建筑通风系统安装、建筑空调制冷系统安装、建筑照明供电系统安装、建筑防雷接地装置安装。

本教材在内容安排上淡化理论，贯彻理论适度、够用，技能培养为主的基本思想，把建筑设备安装常见的安装施工内容列为不同项目布置给学生，力求达到帮助学生自主学习、自主完成工作任务的目的，以助于读者对知识的掌握以及实际检测能力的培养。任务设计以满足职业能力培养为目标，(以)国家现行最新的建设工程施工规范、标准为依据，将学生的专业能力和非专业能力培养融于课程教学实践中。教材根据中职学生的认知规律，尽可能采用插图、表格、图文对照，使教材直观易懂，让学生一目了然，便于比较和掌握，具有实用性、针对性和通俗性。

本教材由安徽建工技师学院建筑设备教研室组织编写。王海、江东波、丁劲松担任主编，王海老师负责项目一、项目二、项目四的编写，江东波老师负责项目六、项目八的编写，丁劲松老师负责项目三的编写，王健老师负责项目五的编写，宣鸽老师负责项目七的编写。全书由吴成群老师担任主审工作。

鉴于编者认知能力和编写水平有限，本教材难免存在错误和不妥之处，恳请各位读者批评指正。

编　者

目录

绪　论

一、学习《建筑设备安装》课程的意义

建筑设备是为建筑物使用者提供舒适、安全、健康、高效工作和生活环境的各种设施及系统的总称。它包括给水、排水、热水供应、煤气、供暖、通风、空调、供电、照明、电梯、通信、音响、电视、建筑自动化等设施和系统。任何建筑，如果只有遮风避雨的建筑物外壳，缺少相应的建筑设备，其使用价值将是很低的。对使用者来说，建筑物的规格、档次的高低，除了建筑面积大小的因素外，建筑设备功能的完善程度将是决定性的因素之一。建筑物级别越高，功能越完善，建筑设备的种类就越多，系统就越复杂。从经济上看，一座现代化建筑物的初投资中，土建、设备与装修，大约各占三分之一。现代化程度愈高，建筑设备所占的投资比例愈大。

为了提高建筑的整体使用价值，充分突出建筑特点，必须高度重视建筑设备工程，综合考虑，协调处理建筑设备与建筑结构、建筑布置、建筑装饰诸系统之间的关系，力争使建筑的综合功能达到较高水平。如何合理地综合进行建筑设备的系统设计，保护建筑物的使用功能、质量，不仅与建筑设计、结构设计、施工方法等有着密切的关系，而且对生产、经济、人民生活都具有重要意义。在进行建筑设计、施工时，需要建筑设备专业与土木建筑工程专业逐渐密切配合才能使建筑物达到适用、经济、卫生及舒适的要求，发挥建筑物应有的功能，提高建筑物的使用质量，避免环境污染，高效地发挥建筑物为生产和生活服务的作用。

近几年来，我国建筑设备的发展比较迅速，国外先进的建筑设备也不断地进入国内市场。随着新材料的大量供应和新设备的不断涌现，我国的建筑设备将向着体积小、质量轻、能耗少、效率高、噪声低、造型新和功能多的方向发展。

二、《建筑设备安装》的主要内容

1. 建筑给排水

给排水工程是为人们生活、生产和消防等提供用水，同时排除使用后的污（废）水以及落在屋面上的雨水，必要时还需对各种污（废）水进行适当的处理，以保证改善环境，有利于污水的二次利用，节约水资源。

项目一、项目二、项目三为建筑给排水的内容。建筑给排水可分为给水和排水两部分。给水系统包括水源、水的处理（如自来水厂）、水的储存、输配及用水设备等；排水系统包括污（废）水的回收、输送、处理及排放等。

本课程主要介绍用户室内部分的给水和排水系统。重点包括室内给水系统的组成、分类，系统形式及特点，常用管材及附件，主要用水设备种类、构造及管路的布置与敷设；室内排水系统的组成、分类，常用卫生器具种类及安装，排水管材及排水管路的布置与敷设；消防给水系统的设置原则，室内常用的几种消防给水系统的组成及主要设备。

2. 供暖

项目四为供暖系统的安装，供暖是供热工程的一部分。供热工程是热能供应的综合性应用技术，主要包括以下三个方面。

(1)热能的产生。产生热能的部分也称为热源，一般可利用锅炉、地热、太阳能等。其中锅炉应用较为普遍，如区域锅炉房为某个小区、厂区提供热能，热电厂锅炉可同时用于生产电能和热能，又称为热电联产。

(2)热能的输配。热源产生的热能通过供热管网进行输送和分配。随着集中供热的发展，供热面积越来越大，它主要应保证热能用户的技术要求，但同时也应注意热网的投资对整个工程影响很大，而且要占用城市地下或地上一定空间，因此必须在设计和施工中得到很好的处理。

(3)热用户。热用户是指用热单位的总称。根据供热范围不同，有供暖、通风与空调、生活和生产热用户。按使用热媒的品种不同，有热水用户和蒸汽用户。

本课程主要介绍室内供暖系统，重点内容包括供热系统的分类和组成，机械循环热水供暖系统的基本方式；高层建筑热水供暖系统的方式；供热工程常用设备和附件；供热管道及散热器的安装方法。通过知识点的学习，能识读采暖施工图纸，了解蒸汽供暖系统的特点及组成，了解管道及散热器的布置与敷设要求。

3. 通风与空调

通风与空调是为了消除空气环境中的危害因素，保证人们生活、生产、科研等方面对空气环境的需求。通风的任务是把室外的新鲜空气(或经过简单处理)送入室内，同时将室内产生的湿、热、有毒、有害气体排至室外，必要时应经过适当处理，使有害物质含量达到国家规定的排放标准；空调的任务是根据人们生活、生产中对空气环境的特殊要求，通过对空气的加热、加湿、降温、去湿、净化等方法处理后送入室内，并使送到室内或工作区的气流满足其技术要求，同时根据室外空气环境的变化进行调节。

项目五和项目六为通风和空调系统安装的内容。本课程主要内容包括通风的任务，自然通风和机械通风的方式，室外进风口和排风口形式，矩形和圆形风道的特点，常用风道的材料特性，高层建筑防火分区和防烟分区划分原则，防烟排烟的方式。空调系统的任务，集中式、半集中式分散式空调系统的组成，常用室内送回风口和气流组织形式，常用空气处理设备的种类及基本原理。

4. 建筑电气

建筑电气是以电能、电气设备和电气技术为手段创造、维持与改善室内空间的电、光、热、声环境的一门科学。

各类建筑电气系统虽然作用各不相同，但它们一般都是由用电设备、配电线路、控制和保护设备三大基本部分所组成。

其中用电设备如照明灯具、家用电器、电动机、电视机、电话、喇叭等，种类繁多，作用各异，分别体现出各类系统的功能特点。

配电线路用于传输电能和讯号。各类系统的线路均为各种型号的导线或电缆，其安装和敷设方式也都大致相同。

控制和保护设备是对相应系统实现控制保护等作用的设备。这些设备常集中安装在一起，组成如配电盘、柜等。若干盘、柜常集中安装在同一房间中，即形成各种建筑电气专用房间，如变配电室、共用电视天线系统前端控制室、消防中心控制室等。这些房间均需结合具体功能，在建筑平面设计中统一安排布置。

项目七和项目八为建筑电气相关的内容，包括建筑电气的组成、分类和作用，电气照明系统的方式及要求，电气设备的原理和安装，供配电负荷的计算方法。通过知识点的学习能识读建筑电气施工图，了解供配电线路的布置与敷设要求，了解建筑防雷接地系统的安装。

三、项目教学法概述

1. 项目教学法简介

木匠的儿子回家说："我们老师说了，从今天开始，我们老师使用项目化教学法了……"然后讲了一大套理论。老木匠说："20 年前，我带徒弟时，就是从做一个小板凳开始的，这就是项目教学法了，只是没有这些理论而已。"

项目教学法，是通过实施一个完整的项目而进行的教学活动，其目的是在课堂教学中把理论与实践教学有机地结合起来，充分发掘学生的创造潜能，提高学生解决实际问题的综合能力。项目教学法可追溯到 16 世纪末在意大利兴起的建筑和工程运动，在 18 世纪欧洲的工读教育和 19 世纪美国的合作教育中得到推广。经过多年的发展，至 2003 年，项目教学法在职教领域已形成了完整的教法体系。

项目教学法是师生通过共同实施一个完整的项目或工作而进行的教学活动。项目是指以生产一件具体的、具有实际应用价值的产品或完成一件可展示的作品(方案、图纸等)。在技术领域里，所有的产品几乎都可以作为项目，如模具(机加工专业)、小电视机(电子专业)、测量仪器(仪器仪表专业)以及简单的工具制作等都是最常见的项目；所有具有整体特性并有可见成果的工作也都可以作为项目，如不同场合的商品展示、产品的广告设计、应用小软件的开发等。

项目教学法用于学习一定的教学内容，能将某一教学内容的理论知识和实际技能结合起来。学生有独立制订计划并实施的机会，并能够在一定时间范围内自行组织、安排自己的学习行为，让学生自己克服、处理在项目工作中出现的困难和问题，师生互动，小组合作，共同完成任务。

项目教学法有明确而具体的成果展示，具有整体性、一定的难度、综合性、探究性，要求学生运用新学习的知识、技能，解决过去从未遇到过的实际问题，做中学，学中做，边做边学，与实际生产过程或商业经营活动有一定的关系。

2. 项目教学法的设计原则和要求

(1)项目教学法的设计原则。其一是实践性原则，就是说项目的出现必须源自实践领域，是与学生未来的职业实践相关联的，这样的项目才具有驱动性，学生探究的兴趣和解决问题的动机强度才大。

其二是相关性原则，是指可以把工作内容相关程度比较高的任务模块合并在一起。根据这个原则，既可以把同一个任务领域的几个单项任务模块合并在一起，也可以把几个不同任务领域的模块合并在一起，从而实现按照工作体系进行课程项目化门类的划分。

其三是思考性原则，是指项目的设计必须有一定的智力含量，有一定的难度和思考空间，是"智慧＋技能"的智能化项目，而不是纯粹动作技能方面的项目。只有这样的项目，才能达到促使学生将理论和实践整合起来的目的。

(2)项目教学法的设计要求。在项目选取方面，应当分两步进行，第一步是选择位于毕业生就业区域内，与毕业生就业岗位相对应的不同企业的生产和工作过程，概括出基本覆盖工作岗位群的工作任务，以此作为项目设计的基础，如设备维修、工艺编制等。第二步是以工作任务之间的区别为边界，进一步选择典型产品来使工作项目具体化，如机电技术应用专业按照学科体系课程门类可划分为“微机控制技术及应用”“传感器及应用”“电工与电子技术”等，但在工作岗位上这些课程的知识都是综合应用的，因此，可以按照典型产品的生产要求形成一门综合的项目课程。典型产品选取既要充分考虑其典型性，达到让学生触类旁通的目的，也要充分考虑地方经济特点，从而体现出职业教育的地方性。

在项目顺序排列方面，课程项目化改革是要求以工作逻辑取代知识逻辑，其课程内容的顺序排列线索就需要在项目的关系中去寻找。一般地说，工作项目常见的有三种逻辑关系：其一是递进式，即这些项目是按照难易程度由低到高排列的，如数控技术应用专业的“机械制图”这门课程，可按照零件的复杂程度来进行项目序化。其二是并列式，即这些项目之间既不存在复杂程度差别，也不存在明显的相互关系，如药剂生产专业不同剂型的生产。其三是流线式，即这些项目是按照前后逻辑关系依次进行的，如电子产品生产专业中的产品组装、产品检测、产品维修。在课程设计中，需要结合专业的具体内容，找到每个专业所特有的工作逻辑。

在内容组织方面，要打破思维定式，围绕职业能力的实现，以满足理解工作过程为基本原则，将学科性课程中有关的理论知识按照一定的规律分配渗透到各项目中去，不要求学生立即掌握一个项目所需要的所有知识，而是可以在项目的逐个完成过程中来掌握这些知识，同时，要注意每个项目的设置不宜过大，以免支撑的理论知识太多，导致教学组织比较困难。每个项目应该有其能力培养的侧重点，有些理论知识可以转化为实践项目来介绍。

3. 教学法的设计要素

（1）情境要素。情境要素是开展项目教学的第一要素，也是教师实施项目教学的主要任务之一。由于情境是与学生生活工作有关的真实事件或真实事件的模拟，不同的情境将引出不同的问题，带来丰富多彩的学习内容，从而有效调动学生运用原有知识和经验，完成项目任务。

（2）任务要素。项目教学是以学生对“任务”的原有知识经验和认知结构为基础，为了完成一个完整的项目，要以阶段（或单元）整体安排学习任务和学习时间，整体设计学习活动。项目任务要涵盖一定的知识内容，要针对不同教学内容设计不同的项目任务。

（3）组织要素。项目教学法最常见、最有效的组织形式是小组合作学习，此组织形式能够有效地促进学生之间的沟通和交流，也有利于实现“角色转换”（扮演）。

（4）过程要素。学习的过程不能局限于书本、课堂、网络，而是模拟或进入实施项目的过程中。

（5）资源要素。根据项目学习对资源的需求，教师需运用多种形式，组织大量有效的“预设资源”和“相关资源”。或者在教师指导下，帮助学生自己构建和组织资源。

（6）评价要素。对学生的评价必须做到评价主体、评价手段和评价方法的多样性；努力做到不同的项目，设计出不同的评价标准、评价方法和评价结果的表达方式。

4. 项目教学法的组织

（1）活动准备。设计活动方案，明确任务。师生共同分析，并在教师的帮助下逐步设计自己的活动方案；老师启发和帮助学生设计项目活动中要调查和解决的问题。

（2）活动展开。让学生去实地工作和实地考察，老师提供资源（相关的录像、相片、故事和音乐等）以帮助学生们进行调查。实物、书籍和其他研究材料被摆放在情境场所的显眼位置方便学生使用，老师为学生进行调查提供各种建议。每位学生根据各自的水平和已掌握的基本技能，选择适当方式来表达自己的学习和研究成果。老师组织小组讨论和个人汇报及展示等让学生相互了解他们的工作，学生们经常谈论各自的工作并相互提供建议和帮助。

(3)活动总结。开总结会，让学生表达自己都学会了什么，总结此活动对他们的意义。学生们可以讲讲他们的项目活动开展的过程、其间的故事、各自最大的收获等。帮助学生选择不同内容和不同的方式，有目的地将此活动的全部过程和成果分享(表达和展示)给全班或者更大范围的学生，这样可以让学生们回顾和评估整体活动。让学生将他们的新知识个性化，用有想象力的方式即经由艺术、故事、表演等强化学生的记忆，老师还可以引导学生的想法和他们的新兴趣转向下一个新的项目活动。

项目一　建筑生活给水系统安装

一、项目描述

某一个学校的卫生间，外面配有洗手水池，里面配有大小便冲洗的给排水系统。如图1－1所示是其中卫生间给排水大样图，包括平面图和系统图，现在根据大样图，对给水系统进行安装。

二、项目目标及要求

（一）项目目标

知识目标：通过本项目的学习，能够掌握建筑生活给水系统的系统组成、给水方式、水质与防治水污染、水量和水压的知识，以及给水管道材料与附件、给排水设备、管网布置与安装等。

能力目标：通过本项目的学习，能够识别建筑生活给水系统的图纸；能够进行建筑给水系统管道的安装；通过活动的开展，增强学习兴趣，养成自主学习的习惯。

（二）项目要求

时间要求：教学学时 12 个课时。

质量要求：施工质量符合《建筑工程施工质量验收统一标准》（GB50300—2013）和《建筑给水排水及采暖工程施工质量验收规范》（GB50242—2002）。

安全要求：严格按照安全操作规程进行项目作业。

文明要求：自觉按照文明生产规则进行项目作业。

环保要求：努力按照环境保护要求进行项目作业。

三、项目分析

本项目通过模拟居住建筑室内卫生间管道的安装与敷设，让学生识读建筑给水施工图，掌握建筑给水系统的供水方式及对应的升压、贮水设备，了解管道安装所涉及的管材、管件、管道连接方式及作业操作过程中使用的各类工具，掌握实际工程中对给水管道（包括热水管道）敷设、安装、试压、防腐、保温等各方面的要求。

知识链接 1　室内给水系统的分类

室内给水系统的任务，是根据各类用户对水量、水压的要求，将水由城市给水管网（或自备水源）输送到装置在室内的各种配水龙头、生产机组和消防设备等各用水点。室内给水系统按用途基本上可分三类。

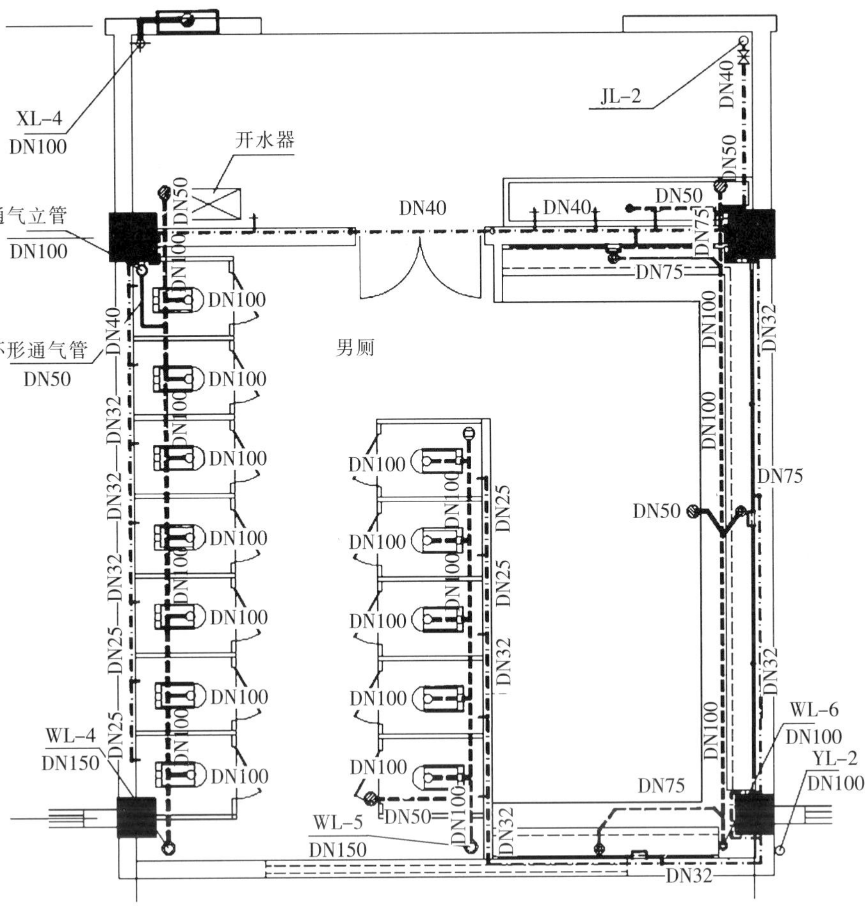

(a)卫生间平面图

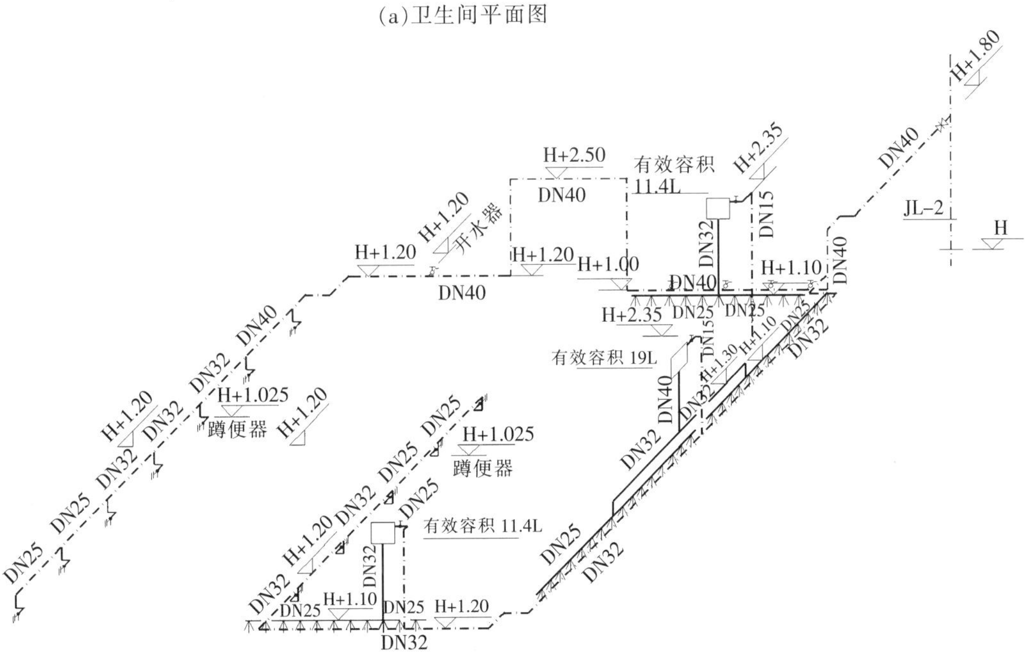

(b)卫生间系统图

图 1-1　卫生间给排水大样图

1. 生活给水系统

生活给水系统指供给住宅建筑、公共建筑和工业建筑内的饮用、盥洗、淋浴和冲刷等用水。生活饮用水必须符合国家规定的饮用水水质标准。

2. 生产给水系统

生产给水系统指供给生产车间的生产用水，主要有生产设备冷却水、原材料与产品洗涤水、锅炉用水和产品与原料本身用水等。

3. 消防给水系统

消防给水系统指供给建筑物内消火栓及其他消防装置的用水。消防用水对水质要求不高，但必须满足防火规范所要求的水量和水压。

在实际工程中，应根据建筑物的特性，用户对水质、水量和水压的要求，并结合室外管网的情况，有时采用两种或三种系统组合共用给水系统，如生活与消防共用给水系统，生活与生产共用给水系统，或生活、生产和消防共用给水系统。

知识链接 2　室内给水系统的组成

建筑内部给水系统，如图 1－2 所示，一般由以下各部分组成。

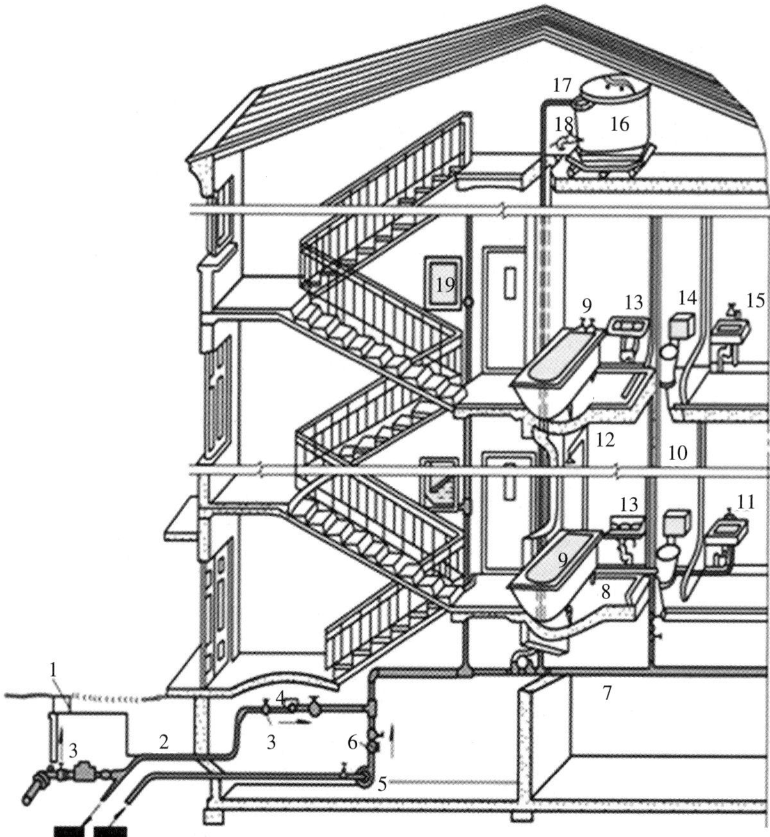

图 1－2　建筑内部给水系统组成

1—阀门井　2—引入管　3—闸阀　4—水表　5—水泵　6—逆止阀　7—干管　8—支管　9—浴盆　10—立管　11—水龙头　12—淋浴器　13—洗脸盆　14—大便器　15—洗涤盆　16—水箱　17—进水管　18—出水管　19—消火栓

1. 引入管

引入管又称进户管，是市政给水管网和建筑内部给水管网之间的连接管道。它的作用是从市政给水管网引水至建筑内部给水管网。

2. 水表节点

水表节点是指引入管上装设的水表及其前后设置的阀门、止回阀、泄水阀等装置的总称。水表用来计量建筑物的总用水量，阀门用以水表检修、更换时关闭管路，泄水阀用于系统检修时排空之用，止回阀用于防止水流倒流。水表节点如图 1－2 所示。

3. 给水管网

给水管网是指由垂直干管、立管、横管等组成的建筑内部的给水管网。

4. 给水附件

给水附件是指管路上闸阀、止回阀等控制附件及淋浴器、配水龙头、冲洗阀等配水附件和仪表等。

5. 升压和贮水设备

室外给水管网的水压或流量经常或间断不足，不能满足室内或建筑小区内给水要求时，应设加压和流量调节装置，如贮水箱、水泵装置、气压给水装置。

6. 室内消防设备

根据建筑物的性质、规模、高度、体积等条件，根据消防规范而定。普通的消防给水系统如消火栓系统，特殊的消防给水系统如喷洒系统。

7. 给水局部处理设备

建筑物所在的地点水质已不符合要求或直接饮用水系统的水质要求高于我国目前自来水的现行水质标准的情况下，需要设给水深处理构筑物和设备来局部进行给水深处理。

四、项目实施

(一)项目流程

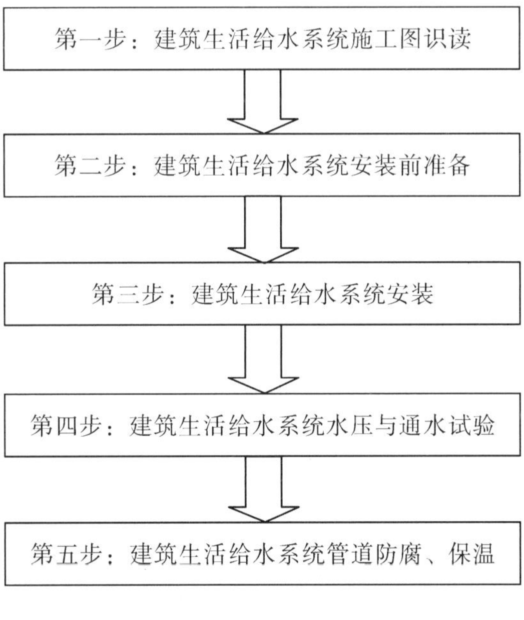

(二)项目实施过程

任务一　建筑生活给水系统施工图识读

建筑给排水施工图一般由图纸目录、主要设备材料表、设计说明、图例、平面图、系统图(轴测图)、施工详图等组成。

1.1　任务目标

能够识读给排水的系统图、平面图、施工详图等。

1.2　相关知识

知识链接3　室内给水系统的给水方式

给水方式就是供水方案,它没有固定模式,应根据室外供水系统的供水情况(如水压和水量等因素)、室内用水设备或用水器具所需压力和分布状况以及建筑物的高度和特性等确定。工程上常用的给水方式有以下几种。

1. 直接给水方式

如图1-3所示。即室内管道和室外管道直接相连,利用室外管道水压的作用进行供水。这种方式适用于室外管网中的水压、水量在一天内任何时间均能够满足室内用水要求的场合,是一种最简单的给水方式。在低层建筑、多层建筑和高层建筑的低层部分一般采用此方式。

2. 单设高位水箱的给水方式

室内高位水箱直接与室外给水管道相连,利用室外管网水压的周期性变化,在用水低峰时向水箱供水,通过水箱再向室内管道供水,如图1-4所示。这种方式适用于室外水压、水量在一天内大部分时间能够满足室内要求,一般只在用水高峰时使用,水箱夜间进水,白天供水,由高位水箱进行贮水、调节水压和水量,保证用水高峰时不中断室内用水,节约能源。但因水箱贮水量大,增加了建筑物荷载,同时对建筑物的美观也有一定影响。可视室外管网压力设成水箱仅供上层部分使用,下层由室外直接供水,这样水箱容积可减少。

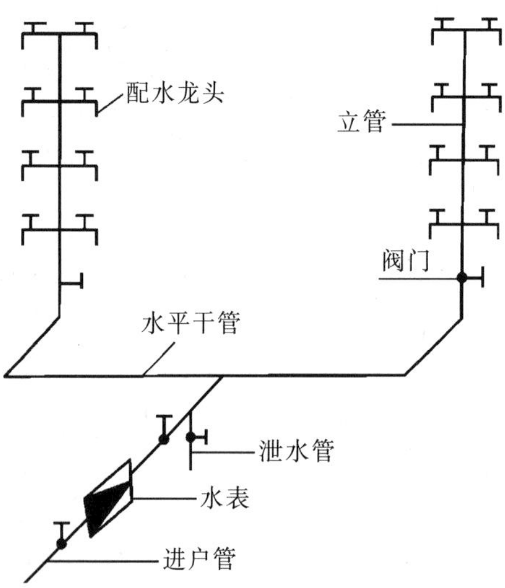

图1-3　直接给水方式

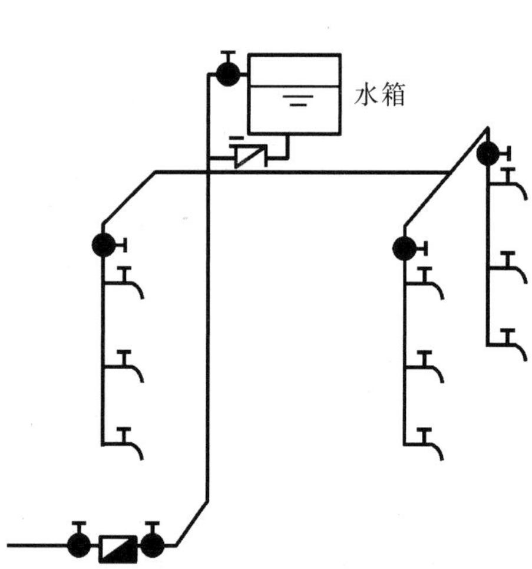

图1-4　单设高位水箱的给水方式

3. 单设变频水泵的给水方式

如图 1-5 所示，这种方式适用于室外给水管网的压力经常不能满足室内用水需要，且用水量较大又较均匀的场合。若水泵直接从室外管网抽水，必须保证不影响其他用户正常的用水，并应取得市政部门同意。否则，不能保证建筑物上层用水需要的场合。应在水泵与外网之间设置水池，外网中的水先进入水池，水泵再从水池中吸水。

根据用水量的情况，可采用多台水泵并联，用水量不同时，由水泵运行的台数进行水量调节。随着变频技术的应用，工程上常采用一(多)用一备的水泵运行，其中只设一台变频器来控制其中的一台水泵变频调速，运行时只有一台变频泵与其他几台工频泵并联运行，并按用户用水量的变化调节工频泵的运行台数，同时变频泵变速调节，在夜间用水量极小时，可设一台小水泵来运行。变频技术的引入，代替了传统的单设水泵和水箱的给水方式，解决了因高位水箱的维护管理不好时容易产生二次污染等问题。

4. 设贮水池、水泵和水箱的给水方式(如图 1-6 所示)

建筑的用水可靠性要求高，室外管网水量、水压经常不足，且室外管网不允许直接抽水；或者室内用水量较大，室外管网不能保证建筑的高峰用水；或者室内消防设备要求储备一定容积的水量。在生活给水系统中，如前所述，可采用一台变频水泵和一个气压罐，取消高位水箱。但在消防给水系统中，不能取消高位水箱。

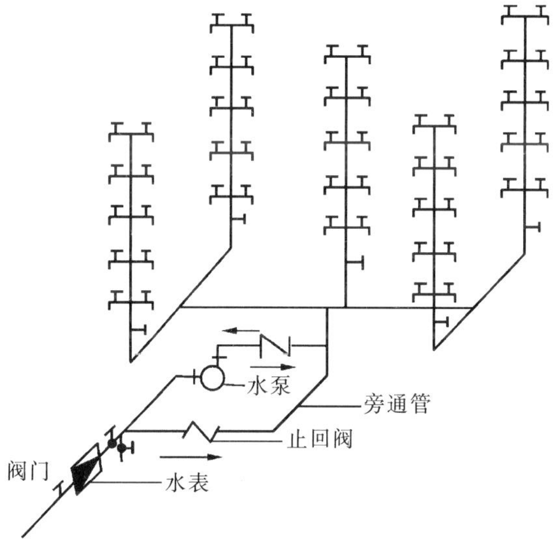

图 1-5　单设变频水泵的给水方式

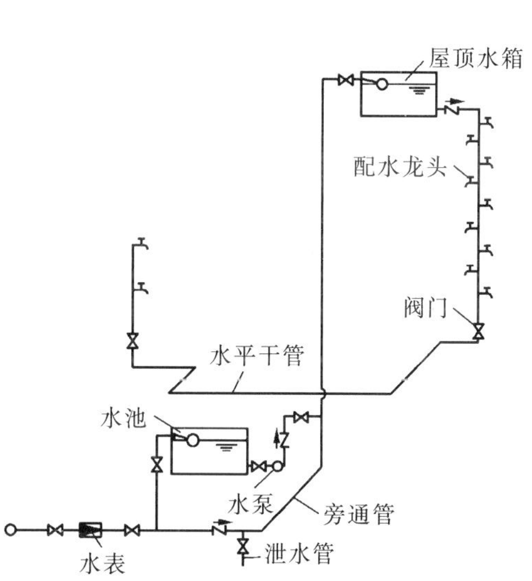

图 1-6　设贮水池、水泵和水箱的给水方式

5. 气压给水方式

气压给水方式也是室外管网水压不足时采用的，如图 1-7 所示。给水系统中设气压水罐，利用罐内气体的可压缩性形成所需的调节容积，利用水泵加压满足用水点水压要求。其优点是布置灵活，可设在高处，也可设在低处；缺点是气压罐内的有效容积很小，而且气压罐的金属耗量大，造价较高。当建筑物较高时，为满足高层的用水压力，整个系统的压力很高，水压波动很大，因此只适用于低层和多层建筑。目前气压给水方式主要用于高层建筑的消防系统稳压。

6. 分区给水方式

采用分区给水方式的一般情况。

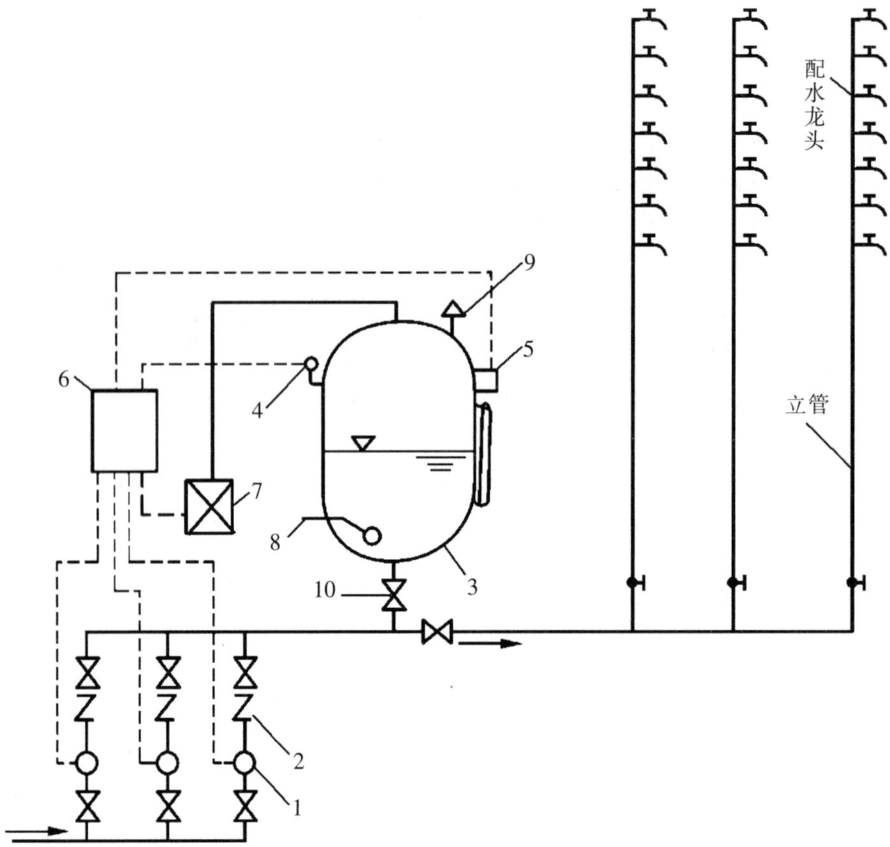

图 1-7　气压给水方式

1—水泵　2—止回阀　3—气压罐　4—压力信号器　5—液位信号器
6—控制器　7—补气装置　8—排气阀　9—安全阀　10—闸阀

a. 在多层建筑或小高层住宅建筑中，如果室外管网只能满足建筑物下层供水要求，不能满足上层需要时，宜将低层和上层分区供水。b. 无论建筑物高度为多少，当建筑物低层用水量大且集中时，如设有大中型洗衣房、公共澡堂、游泳池、酒店、餐馆等，应对低层与上层部分进行分区供水。c. 高层建筑给水系统容易造成下层配水点承受的静水压力太大，故必须分区供水。分区供水方式一般为低层由室外管网直接供水，高(上)层常采用变频调速供水系统，或水泵加高位水箱系统。

常见的分区方式有多种，但分区应满足规范要求的最低卫生器具配水点处的静水压值和进户管水压不得大于 0.35 MPa。高度超过 100 m 的建筑，宜采用垂直供水方式。规范中对分区供水的要求，最低卫生器具配水点处的静水压力不宜大于 0.45 MPa，特殊情况下不宜大于 0.55 MPa。对于住宅、旅馆、医院等建筑，因卫生器具使用较频繁，静水压力值宜取小一些；否则可取大一些。对静水压力最小值不好限制，所以，应合理确定静水压力值，取值过小时分区增加，管网和设备等的布置困难。

(1) 串联水泵、水箱的分区给水方式。如图 1-8 所示，各分区均设有水泵和水箱，从下向上逐区供水，下一区的高位水箱兼作上一区的贮水池。其优点是：无高压水泵和高压管道；投资较省，且动力运行费用较少。缺点是：设备分散设置，占地面积较多；振动及噪声干扰较大，且维护管理不方便；水箱容积较大，增加结构负荷；下区发生事故时，上区供水受到影响；水泵为工频泵，运行费用高。可见，这种给水方式的缺点较多，因而实际工程中较少采用。

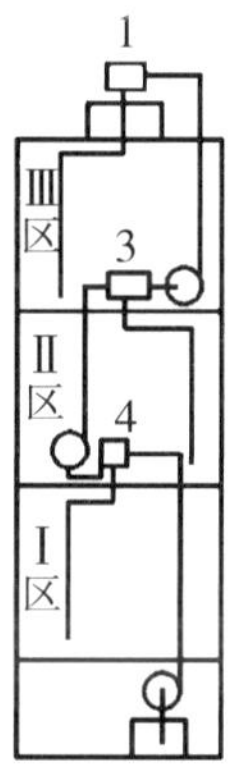

(a)串联给水方式简图

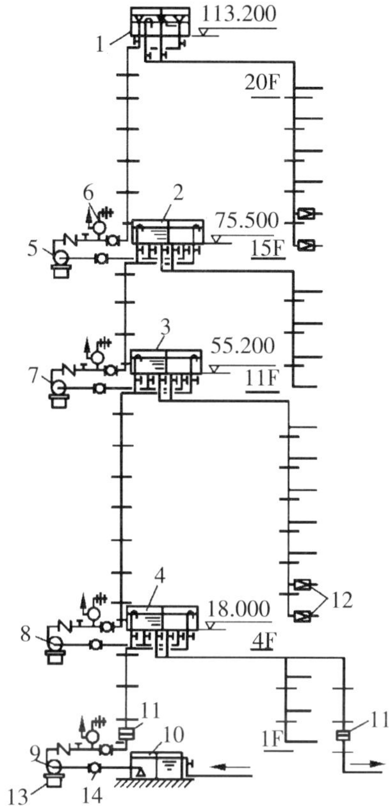

(b)串联给水方式示意图

图 1-8　串联水泵、水箱的分区给水方式

1—顶区水箱　2—高区水箱　3—中区水箱　4—低区水箱　5—顶区水泵　6—水锤消除器　7—高区水泵　8—中区水泵　9—低区水泵　10—贮水池　11—孔板流量计　12—减压阀　13—减震台　14—软接头

(2)并联水泵、水箱分区给水方式与变频泵分区供水方式。如图 1-9 所示，每一分区分别设计一套独立的水泵和高位水箱，向各区供水。各区水泵集中设置在建筑物的地下室或底层的总泵房内。这种给水方式的优点是：各区互不影响；水泵集中，管理维护方便；运行费用较低。缺点是：水泵型号较多，压水管线较长。

当各分区各采用一台变频泵时，则可取消水箱，由变频泵(或在泵房各分区增设一台气压罐)直接向各区供水，避免了并联水泵、水箱分区的缺点，且又节能。

(3)减压水箱给水方式。建筑物的用水由设置在底层的水泵加压，输送到最高层水箱，再由此水箱依次向下区供水，并通过各区水箱或减压阀减压。如图 1-10 所示为减压水箱给水方式。减压给水方式的水泵台数少，设备布置集中，便于管理；减压水箱容积小，如果设减压阀减压，各区可不设减压水箱。设水箱减压的缺点是：总水箱容积大，增加结构荷载；下区供水受上区限制；下区供水压力损失大，能耗大，运行费用高。

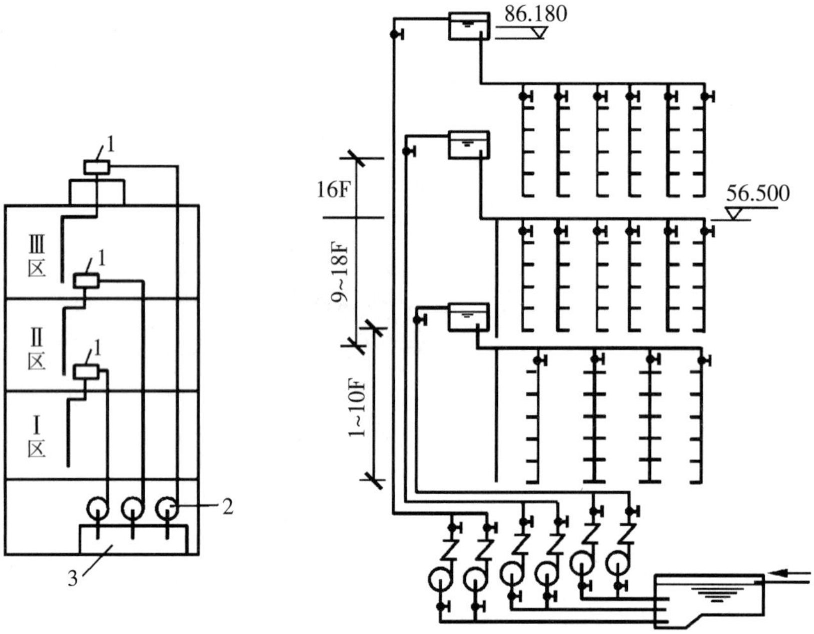

(a)　　　　　　　　　　　　　　(b)

图 1-9　并联水泵、水箱分区给水方式与变频泵分区供水方式

1—水箱　2—水泵　3—水池

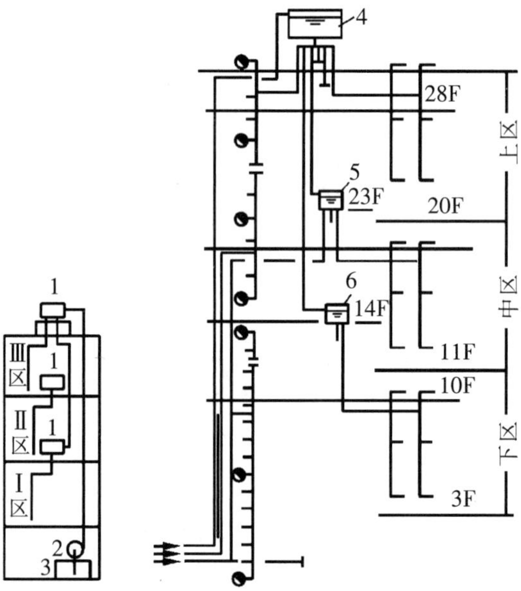

(a)设减压水箱给水方式　(b)无水箱设减压阀的给水方式

图 1-10　减压水箱给水方式

1—水箱　2—水泵　3—水池

4—屋顶贮水箱　5—中区减压水箱　6—下区减压水箱

7. 分质给水方式

按不同用户所需的水质不同，分别设置独立的给水系统。如旅游建筑中，有生活用水、直接饮用水、消防用水等，各给水系统要求的水质不同，水源可以是同一市政给水管网，但直接饮用水须经处理达到国家直接饮用水标准后，经独立的管网系统输送至各饮水点；在一般情况下，消防给水管网与生活水管网系统各自分开设置，避免消防管网或设备中的水因长期未流动而造成生活水管网中的水质被污染。

知识链接4　水质、水量、水压

1. 水质

（1）水质标准。生活给水水质标准应符合《生活饮用水卫生标准》（GB 5749—85）的要求。生活饮用水是指供生食品的洗涤、烹饪及盥洗、沐浴、衣物洗涤、家具擦洗、地面冲洗的用水。由于我国城镇水厂的供水在正常情况下是符合国家饮用水水质标准的，但经城市管网、配水管网、加压水泵、水池、水箱等设备后，水质已明显下降，多项指标已不符合饮用水水质标准，故不能直接饮用。

用于供水单位的出厂水和管网水的水质标准是卫生部2001年颁布的《生活饮用水卫生规范》，规定生活饮用水是指由集中式供水单位直接供给居民作为饮水和生活用水，并确定水质必须确保居民终身饮用安全。随着经济建设的不断发展和人民生活水平的不断提高，将实现打开水龙头就能直接饮用自来水的目的。

其他水质标准如游泳池、锅炉给水等有专门的水质标准，但有些没有制定统一标准，如间接供热的采暖水、空调制冷用水等，可参考国外标准、地方标准或国家相关标准执行。对于用水水质因生产性质不同而相差较大的，应按生产工艺要求来确定。

（2）防水质污染。防水质污染是指防生活饮用水系统水质的污染。不同水质的系统，不得与生活饮用水系统直接连接，为防止直接混接污染，可设隔断池、隔断水箱和管道倒流防止器等。设隔断池和隔断水箱后不会产生倒流污染，但失去了水压，应设水泵加压。管道倒流防止器是由进出水止回阀和两止回阀间的自动泄水阀共同接在一个阀腔上构成的，利用止回阀有漏水时泄水阀自动泄水并补充空气，形成空气间隙的特点，防止倒流污染，严格控制管中水的单向流动。

《建筑给水排水设计规范》中强制性条文规定，从给水管上直接接出下列管道时，应在这些管道上设管道倒流防止器或其他有效防止倒流污染的装置。

①单独接出消防用水管道时，在消防用水管道的起端。

②从城市给水管直接吸水的水泵，其吸水管的起端。

③当游泳池、水上游乐池、按摩池、水景池、循环冷却水集水池等的充水或补水管出口与溢流水位之间的空气间隙小于出口管径的2.5倍时，在充水或补水管上。

④由城市给水管直接向锅炉、热水机组、水加热器、气压水罐等有压容器或密闭容器注水的注水管上。

⑤垃圾处理站、动物养殖场的冲洗管及动物饮用水管的起端。

⑥绿地的自动喷灌系统中的喷头为地下式或自动升降式时，其管道起端。

⑦居住小区外网与城市管网形成环状，且从城市管网的不同管上接引入管，其引入管在总水表后。

⑧为防止大便器等污水回流，严禁采用普通阀门与大便器、小便器冲洗管直接相连，应采用有空气隔断的延时自闭式冲洗阀等。

⑨出水口不得被任何液体或杂质所淹没。出水口高出承接用水容器溢流边缘的最小空气间隙不小于出水口直径的2.5倍，特殊器具不能设置最小空气间隙时，应设管道倒流防止器或采取其他的有效隔断装置。

对于给水设施，也应采取防腐防污染措施。如生活饮用水水池和水箱的材质、衬砌材料、内壁涂料均不得影响水质，水池与污水构筑物应有防渗漏污染的安全距离或防污染措施，水池埋地设置时10 m内不得有化粪池、污水处理构筑物、渗水井和垃圾堆放点等，2 m内不得有污水管和污染物。对室内生活饮用水水池（箱）规范中强制规定：建筑物内的生活饮用水水池（箱）体应采用独立结构形式，不得利用建筑物的本体结构作为水池（箱）的壁板、底板和顶盖。生活饮用水水池（箱）与其他水池（箱）并列设置时，分隔墙应独立设置，不得共用，隔墙之间应有排水措施。

《建筑给水排水及采暖施工质量验收规范》中强制规定：生活给水系统所涉及的材料必须达到饮用水卫生标准，生活给水系统管道在交付使用前必须冲洗和消毒，并经有关部门取样检验，符合国家规定的生活饮用水标准方可使用。

此外，还有防非饮用水被误用的规定和措施。如建筑中水设计规范中规定：中水管上不得设取水龙头，若设有取水龙头时，必须采取严格防误饮、误用的防护措施；绿化、道路洒水、汽车冲洗宜用有防护功能的壁式或地下式给水栓；非饮用水管上接出水龙头时，应设明显的“非饮用水”等标志或采取有效措施。

2. 用水量

(1)用水定额。《建筑给水排水设计规范》中给出了住宅、公共建筑的最高日生活用水量范围，其中住宅、中学生宿舍、旅馆、医院住院部、全日制养老院、托儿所等为24 h使用的水量定额，办公楼为8 h，其他公共建筑使用时数各不相同。各类建筑各小时用水量是不均匀的，规范中给定了小时变化系数。对于采暖、空调补水和冷却塔耗水水量，规范中未给出，应另行计算。绿化、道路洒水、汽车冲洗等用水，规范中有用水定额，应列入小区室外给水系统中。

(2)卫生器具给水定额。额定流量是按卫生器具的用水要求所规定的单位时间内的出水量。规范中以0.2 L/s作为一个给水当量，用于计算管径。对于有热水的系统，单独计算冷水或热水时不能按额定流量，也不能按1/2的额定流量，如规范中对洗脸盆的规定：采用混合水嘴时取0.15 L/s，冷水和热水单独计算时按0.10 L/s。

3. 水压

(1)卫生器具所需水压。一般卫生器具正常使用的最佳水压为0.2～0.3 MPa。规范中对卫生器具的最低和最高工作压力均有明确的要求：如洗涤盆最低工作压力为0.05 MPa，这是保证额定流量所需的水压，常称为流出水头，用来克服给水配件内摩擦、冲击和流速变化等阻力，即流出控制阀件前的静水压力，而不是出口处的水头。

卫生器具的给水配件不能承受过大的工作压力；否则，配水装置会被损坏或漏水，而且压力过高时开启水龙头、阀门易产生水锤，并产生噪声，还可能损坏管道和附件。规范中要求最大工作压力不大于0.60 MPa。

应注意：对于高层建筑，进户管或给水横支管上的水压大于0.35 MPa时宜设减压阀或调压设施；各分区给水系统中顶层的水压是最低的，必须满足卫生器具的最低工作压力要求。

(2)给水水压。对于住宅建筑，可按建筑层数确定所需水压，见表1-1。

表 1-1　按建筑层数确定室内给水管网所需水压

建筑层数	1	2	3	4	5	6	7	8
最小服务水压(mH_2O)	10	12	16	20	24	28	32	38
备注	两层以上每增高一层增加 4 mH_2O							

知识链接 5　给排水施工图的一般规定

1. 线型

施工图主要通过线型、符号,并适当配合一定的文字来描绘工程的具体内容。线型应根据图样的比例和类别,按《给水排水制图统一标准》(GB/T 50106—2001)的规定选用。

给排水专业制图采用的各种线型应符合规定,线宽 b 宜为 0.7 mm 或 1.0 mm。

2. 比例

给排水专业制图应选用常规的比例。系统图的比例一般与平面图相同,特殊情况可不按比例,如局部表达有困难时可不按比例绘制。管道纵断面,同一个图样,根据需要可在纵向与横向采用不同的比例。

3. 图例

给排水施工图中的器具、附件往往用图例表示,而不按比例绘制。常用的图例附表 1。

4. 标高

(1)标高应以米为单位,宜注写到小数点后第 3 位。

(2)沟道、管道应标注起讫点、转角点、连接点、变坡点、交叉点的标高;沟道宜标注沟内底标高;压力管道宜标注管中心标高;室内外重力流管道宜标注管内底标高;必要时,室内架空重力流管道可标注中心标高,但图中应加以说明。

(3)成组安装的同一层同标高的设备,可只标注右端一组。

(4)室内管道、设备等应标注相对标高;室外管道标注绝对标高,当无绝对标高资料时,可标注相对标高,但应与总图一致。平面图、系统图中,管道标高应按图 1-11 所示的方式标注。

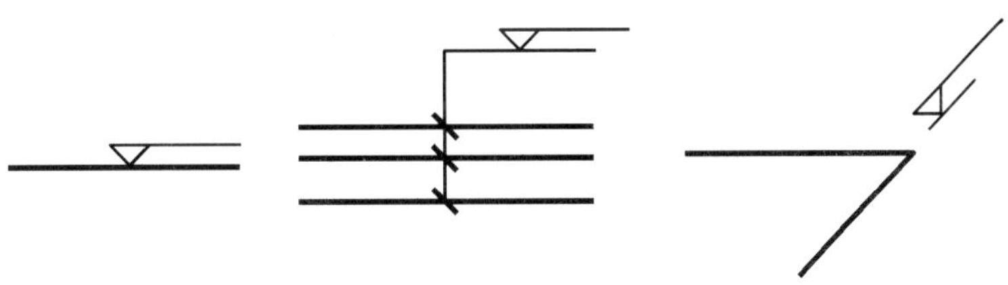

图 1-11　平面图、系统图中管道标高标注法

剖面图中,管道标高应按图 1-12 所示的方式标注。平面图中,沟底标高应按图 1-13 所示的方式标注。

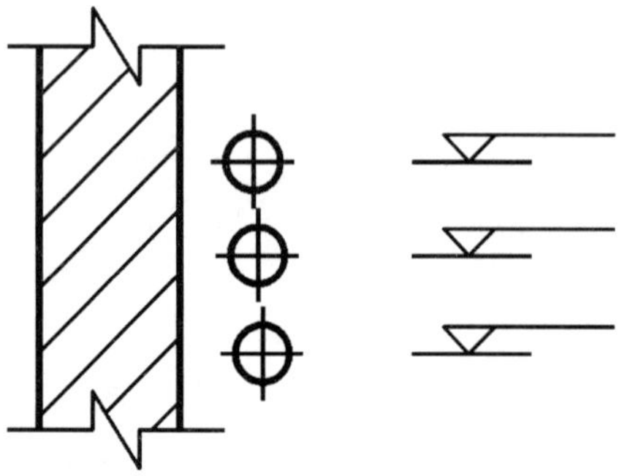

图 1－12　剖面图中管道标高标注法

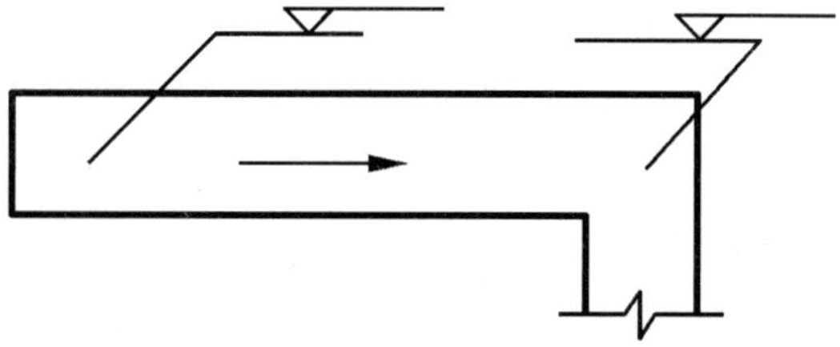

图 1－13　平面图中沟底标高标注法

5. 管径

(1)管径尺寸应以毫米为单位。

(2)镀锌焊接钢管、不镀锌焊接钢管、铸铁管、硬聚氯乙烯管、聚丙烯管等,管径应以公称直径 DN 表示,如 DN40;耐酸陶瓷管、混凝土管、陶土管(红瓦管)等,管径应以内径 *d* 表示,如 *d*250;直缝或螺旋缝钢管、无缝钢管等,管径应以外径 *X* 壁厚表示,如 *D*108*X*4。

(3)管径尺寸应注在变径处,水平管道的管径尺寸应注在管道的上方,斜管道的管径尺寸应注在管道图 1－13 平面图中沟底标高标注法的斜上方,竖直管道的管径尺寸应注在管道的左侧。当管径尺寸无法按上述位置标注时,可另找适当位置标注,但应当用引出线标示出该尺寸与管段的关系,如图 1－14 所示。

(4)同一种管径的管道较多时,可不在图上标注管径尺寸,但应在附注中说明。

6. 编号

(1)进、出口编号。当建筑物的给排水进、出口数量多于一个时,宜用阿拉伯数字编号。如图 1－15 所示为给排水进、出口编号表示法。

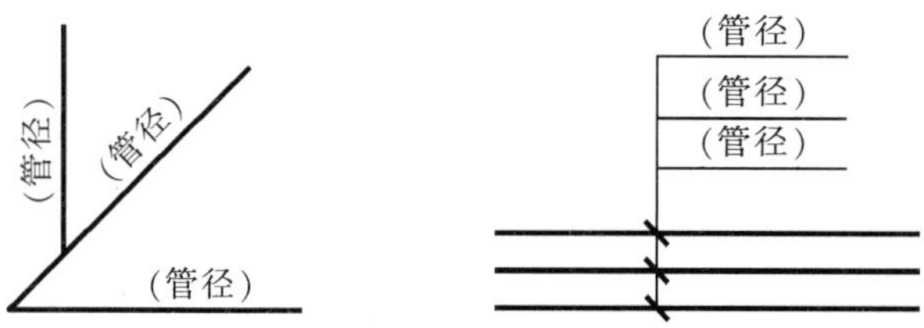

图 1－14　管径标注法

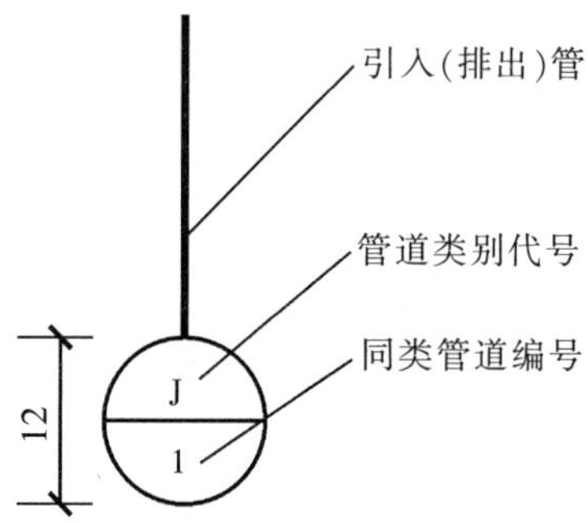

图 1－15　给排水进、出口编号表示法

(2)立管编号。建筑物内穿过一层及多于一层楼层的立管,其数量多于一个时,宜用阿拉伯数字编号。如图 1－16 所示为给排水立管编号表示法。

7. 管道转向、连接、交叉的表示

管道的转向、连接应按图 1－17 所示方法表示。管道交叉时,前面的管线为实线,被遮挡的管线应断开,如图 1－18 所示。管道在本图中断,转到其他图上;或者由其他图上引来时,应按图 1－19 所示方法表示。图中重叠、密集处,以及某些设备和管道布置形式相同的立管、横支管等,可以断开引出单独绘制,断开处一般用小写的拉丁字母注明。

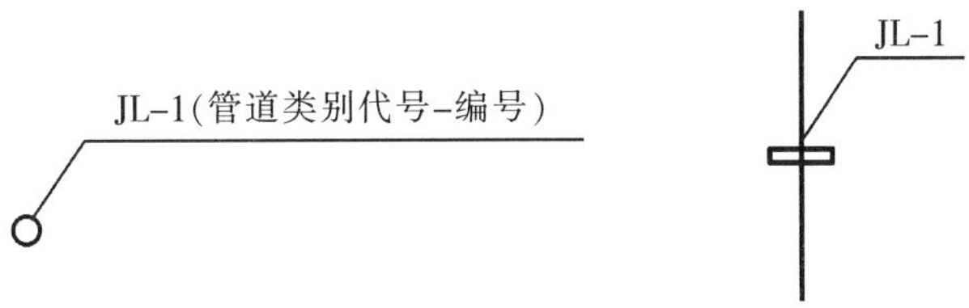

图 1-16　给排水立管编号表示法

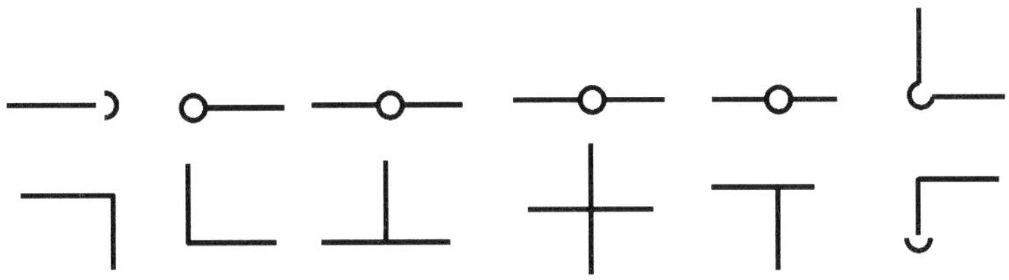

图 1-17　管道转向、连接表示法

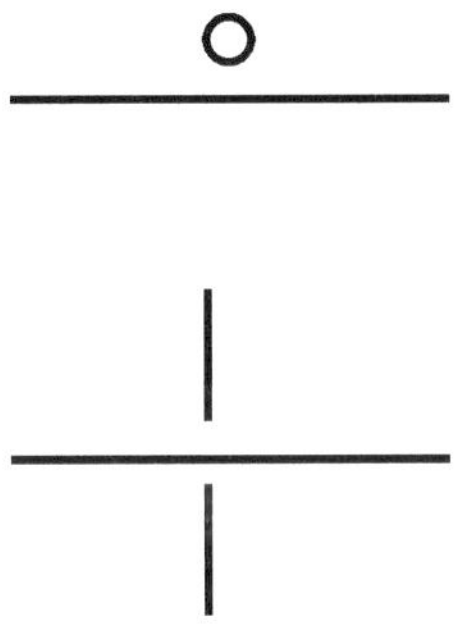

图 1-18　管道交叉表示法

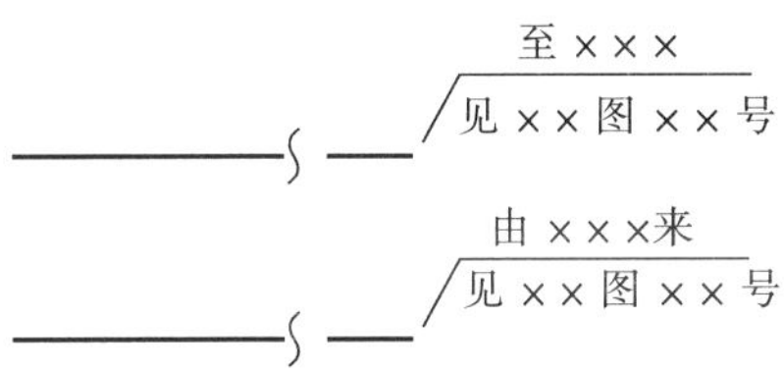

图 1-19　管道中断、引来表示法

知识链接 6　室内给排水施工图的组成

室内给排水施工图一般包括平面图、系统图、详图以及设计说明和设备材料表等，必要时还需绘制剖面图。

1. 建筑给排水平面图

室内给排水平面图主要表示建筑物各层的给排水管道及设备的平面位置。平面图中各类管道、用水器具及设备、消火栓、喷洒头、雨水斗、阀门、附件、立管位置等按直线正投影法绘制。对于某些民用与公共建筑，各层管道、设备的布置相同时，可以只绘制首层平面图和标准层平面图。室内给排水平面图主要包括以下内容。

(1)建筑物轮廓、标注轴线及层间的主要尺寸。为了节省图面，常常只画出与给排水系统相关部分的建筑平面。

(2)用水设备、卫生器具的类型和位置。

(3)建筑物各层给排水干管、立管、支管的位置，首层平面图需绘制给水引入管、排水排出管的位置，穿外墙标高和防水套管形式。标注主要管道的定位尺寸及管径等，按规定对引入管、排出管和立管进行编号，消火栓可按需要分层按顺序编号。对于安装于下层空间而为本层使用的管道，应绘制在本层平面内。

(4)水表、阀门、水龙头、清扫口、地漏等管道附件的类型和位置。

2. 轴测(系统)图

(1)给排水系统图宜按45°正面斜轴测法绘制。oz 轴为竖直方向,ox 轴、oy 轴方向的选择以及管道布置方向要求与平面图一致,并按比例绘制,局部管道按比例不易表示清楚时,此处可不按比例绘制。

(2)轴测图按室内给水、消火栓给水、喷淋给水、室内排水、热水供应等系统不同分别绘制。

(3)室内给排水系统图表明系统各楼层的空间关系。

(4)楼地面线、管道上的阀门和附件应表示清楚,管径、立管编号与平面图一致。

(5)管道上应注明管径、标高或标注距楼地面的距离,接入或接出管道上的设备、器具宜编号或用文字表示。

有些施工图纸,由于设计者习惯,对于多层或高层建筑存在标准层等情况,有若干层或若干根横支管(也可用于立管)的管路、设备布置完全相同时,系统图中只画出相同类型中的一根支管(或立管),其余省略,并应用文字、字母或符号将其一一对应表示。

3. 详图

(1)当某些设备的构造、安装以及管道间的连接在平面图和系统图上表示不清楚,并且无法用文字说明时,可以将其局部放大比例画成详图,如水表节点图等。详图可以用平面图、剖面图的形式表示,也可以绘制轴测图,如卫生间放大图应绘制管道轴测图。

(2)在实际工程中,很多标准设备的构造和一般常规的安装方法已统一制成标准图册,如《给水排水标准图集》等国家及行业编制的各种标准图集,可供设计、施工选用,不再另出施工图,只需在图纸目录中给出相应的图名、图号。对于无标准设计图可供选用的设备、器具安装图及非标准设备制造图,宜绘制详图。

4. 设计说明

文字说明应通俗易懂、简明清晰,有关工程项目的总体问题应在总说明中体现,局部问题应注写在本张图纸内。设计总说明通常包括下列内容。

(1)工程概况。

(2)设计内容、范围、依据。

(3)系统的形式及敷设方式。

(4)选用的管材及接口方法。

(5)用水设备和卫生器具的类型及安装方式。

(6)消防设计说明。

(7)管路和设备的防腐、保温方法。

(8)施工验收应达到的质量要求、施工安装注意的事项等。

(9)其他要说明的问题等。

5. 设备、材料表

为了能使施工准备的材料和设备符合图纸要求,对重要工程中的材料和设备需逐项列出,做一个明细表,以便施工备料。简单工程可以不列。

设备、材料表应包括编号、名称、型号规格、单位、数量、质量及附注等项目。

施工图中涉及的管材、阀门、仪表、设备等均需列入表中,不影响工程进度和质量的零星材料,允许施工单位自行决定时可不列入表中。施工图中选定的设备对生产厂家有明确要求时,应将生产厂家的名称写在设备、材料表的附注里。

图纸目录、设计说明、设备及主要材料表等，如单独成图时，其编号应排在其他图纸之前，编排顺序应为图纸目录、设计说明、设备及主要材料表等。

1.3 任务实施

1. 平面图的识读

首先应阅读设计说明，熟悉图例、符号，明确整个工程给排水概况、管道材质、连接方式、安装要求等。给水平面图识读时应按供水方向分系统并分层识读。

(1)对照图例、编号、设备材料表明确供水设备的类型、规格数量，明确其在各层安装的平面定位尺寸，同时查清选用标准图号。

(2)明确引入管的入口位置，与入口设备水池、水泵的平面连接位置。

(3)明确给水干管在各层的走向、管道敷设方式、管道的安装坡度、管道的支承与固定方式。

(4)明确给水立管的位置、立管的类型及编号情况，各立管与干管的平面连接关系。

(5)明确横支管与用水设备的平面连接关系，明确敷设方式。

2. 系统图的识读

给水系统图的识读从入口处的引入管开始，沿干管、最远立管、最远横支管和用水设备识读，再按立管编号顺序识读各分支系统。

(1)引入管的标高，引入管与入口设备的连接高度。

(2)干管的走向、安装标高、坡度、管道标高变化。

(3)各条立管上连接横支管的安装标高、支管与用水设备的连接高度。

(4)明确阀门、调压装置、报警装置、压力表、水表等的类型、规格及安装标高。

3. 详图的识读

详图识读时可参照以上有关平面图、系统图识读方法进行，但应注意将详图内容与平面图及系统图中的相关内容相互对照建立系统整体形象。

任务二 建筑生活给水系统安装前准备

建筑给水系统安装前，首先要知道工作的条件，立管、干管、支管安装的顺序及要求，其次要按照施工图纸准备好适合的管材、管件、附件等，最后准备好安装需要的主要机具。

2.1 任务目标

(1)能够按照图纸准备好安装所需要的材料，安装用的工具。

(2)熟悉给水系统安装作业指导书。

2.2 相关知识

知识链接7 室内给水系统常用的管材及管件

1. 管材

室内给水管道常用的管材有钢管、给水铸铁管、塑料管、复合管、铜管等。

(1)各类管材的用途、特点及规格。

① 热镀锌钢管和非镀锌钢管按其壁厚分为普通管和加厚管，普通管适用于介质压力小于或等于 1.0 MPa，加厚管适用于介质压力小于或等于 1.6 MPa 常温介质管网中，其常见规

格见表1-2。

表1-2 镀锌钢管规格

DN		外径(mm)		普通钢管(基管)			加厚钢管(基管)		
(mm)	(in)	外径	允许偏差	壁厚 公称尺寸(mm)	壁厚 允许偏差	单位质量(kg/m)	壁厚 公称尺寸(mm)	壁厚 允许偏差	单位质量(kg/m)
6	1/8	10	0.5%～1%	2.06	12%～15%	0.39	2.5	12%～15%	0.46
8	1/4	13.5		2.25		0.62	2.75		0.73
10	3/8	17.0		2.25		0.82	2.75		0.97
15	1/2	21.3		2.75		1.26	3.25		1.45
20	3/4	26.8		2.75		1.63	3.50		2.01
25	1	33.5		3.25		2.42	4.00		2.91
32	1¼	42.3		3.25		3.13	4.00		3.78
40	1½	48.0		3.50		3.84	4.25		4.58
50	2	60.0		3.50		4.88	4.50		6.16
65	2½	75.5		3.75		6.64	4.50		7.88
80	3	88.5		4.00		8.34	4.75		9.81
100	4	114.0		4.00		10.85	5.00		13.44
125	5	140.0		4.50		15.04	5.50		18.24
150	6	165.0		4.50		17.81	5.50		21.63

②与钢管相比，给水铸铁管具有耐腐蚀、寿命长的优点，但是管壁厚、质脆、强度较钢管差，多用于DN≥75 mm的给水管道中，尤其适用于埋地铺设。

③给水用聚丙烯管(PP)的公称压力为管材在温度为20℃时的工作压力，最大连续工作压力是在20℃下，以水为介质并以此推算寿命为50年作基础确定的；管材系列(S)是指δ/P的计算值，δ为20℃时建议设计应力(5.0 MPa)，P为管材在20℃时的公称压力值。常见PPR管规格见表1-3。

表1-3 常见PPR管规格

公称外径(d_m)	平均允许偏差(mm)	壁厚(mm) 管系列S 5	4	3.2	2.5
		公称压力MPa PN1.0	PN1.25	PN1.6	PN2
16	+0.3 0	—	2.0	2.2	—
20	+0.3 0	2.0	2.3	2.8	3.4
25	+0.3 0	2.3	2.8	3.5	4.2
32	+0.3 0	2.9	3.6	4.4	5.4
40	+0.4 0	3.7	4.5	5.5	6.7

续表

公称外径 (d_m)	平均允许偏差 (mm)	壁厚(mm)			
		管系列 S			
		5	4	3.2	2.5
		公称压力 MPa			
		PN1.25	PN1.6	PN2.0	PN2.5
50	+0.5　0	4.6	5.6	6.9	8.3
63	+0.6　0	5.8	7.1	8.6	10.5
75	+0.7　0	6.8	8.4	10.3	12.5
90	+0.9　0	8.2	10.1	12.3	15.0
110	+1.0　0	10.0	12.3	15.1	18.3
160	+1.5　0	14.6	17.9	21.9	26.6

④铜管是一种比较传统但价格比较昂贵的管道材质，耐用而且施工较为方便。在很多进口卫浴产品中，铜管都是首选。价格是影响其使用量的最主要原因，另外铜蚀也是一方面的因素。

⑤不锈钢管是一种较为耐用的管道材料。但其价格较高，且施工工艺要求比较高，其材质强度较硬，现场加工非常困难。所以，在装修工程中被选择的概率较低。

铜管和不锈钢管强度大，比塑料管材坚硬、韧性好，不易裂缝，不易折断，具有良好的抗冲击性能，延展性高，可制成薄壁管及配件。更适用于高层建筑给水和热水供应系统中。

(2)管径的表示。管径应以 mm 为单位，其表达方式规定如下。

①水煤气钢管(镀锌或非镀锌)、铸铁管等管材，以公称直径 DN 表示，如 DN15。公称直径是一种名义直径，并不是管道的内径和外径，如 DN100 的非镀锌普通钢管，其外径为 114.00 mm，管道壁厚为 4.00 mm。

②无缝钢管、焊接钢管(直缝或螺旋缝)、铜管、不锈钢管等，宜以“d×壁厚”表示，如 d108×4 表示外径为 108 mm，壁厚为 4 mm。

③塑料管宜按产品标准的方法表示，常见如 PPR 管用 De 表示，如 De25，相当于用公称直径 DN20 表示；塑料排水管用 DN 表示，如 DN50。

2. 管件

管件是指在管道系统中起连接、变径、转向、分支等作用的零件，又称管道配件。各种不同管材有相应的管道配件。

(1)镀锌钢管螺纹连接管件如图 1－20 所示，为常用的镀锌钢管螺纹连接管件图。管道配件带螺纹接头常用于塑料管、钢管连接中，带法兰接头和带承插接头常用于铸铁管、塑料管等管道系统中。螺纹连接时，一般以油麻丝和白厚漆或生胶带为填料，增加连接的严密性。

(2)镀锌钢管卡箍连接管件如图 1－21 所示。

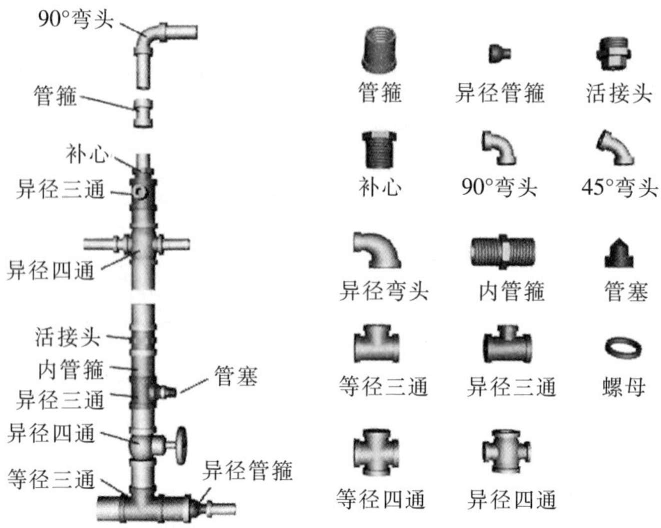

图 1－20　镀锌钢管螺纹连接管件

知识链接 8　室内给水系统常用的附件

给水管道的附件具有调节和控制水量或水压的作用，可分为配水附件和控制附件。

1. 配水附件

各类水龙头、淋浴喷头等均属配水附件。如洗脸盆、洗菜盆、洗涤盆、盥洗池等卫生用具均以各式水龙头调节、关闭和分配流量，其规格有 DN15、DN20 和 DN25 三种。如图 1－22 所示为配水附件。

陶瓷片水龙头已代替螺旋升降式铸铁水龙头，用于洗涤盆、盥洗池等用水设施中。其特点是：密封性好，关闭严密不滴水，有节水作用，使用时间长，水流稳定，便于调节流量大小。生产应用标准为《陶瓷片密封水嘴》(JC 663—1997)和《水嘴通用技术条件》(QB/T 1334—98)。旋塞式水嘴用于洗衣房、开水间等场合，其特点是：水流直线通过，流量大，阻力小，但开闭过快容易产生水锤。在水嘴出水端加设滤网或孔板后能降低水流压力和噪声，并有节水作用。

有冷热水混合要求的水嘴品种和形式较多，主要用于洗脸盆、洗菜盆、淋浴等配水点。有些场所要求采用非手动开关的水嘴，这类水嘴有自动控制水嘴、肘式开关和脚踏式开关等。自动控制水嘴可采用红外线元件控制，手放在水嘴下，水嘴自动打开，手离开时自动关闭。其特点是：无接触操作和节水，防止疾病传染，适用于医院和公共场所。

2. 控制附件

各类阀门均为控制附件，如闸阀、蝶阀、止回阀、截止阀、节流阀、球阀、旋塞、减压阀、泄压阀、安全阀、自动排气阀、液压水位控制阀、水锤消除器、过滤器等。

如图 1－23 所示为典型的控制附件。设置阀门应考虑管道的使用和检修情况，一般给水管应设置阀门的部位为：引入管上的起端，水表前或水表后；各立管起端；高位水箱或水池的进出水管、泄水管；从立管接出的支管；各用水设备的配水支管；水泵的进出水管等管道上。选择阀门时，应考虑管径、水流方式、开闭要求和作用等因素。管径小于或等于 50 mm 常用截止阀

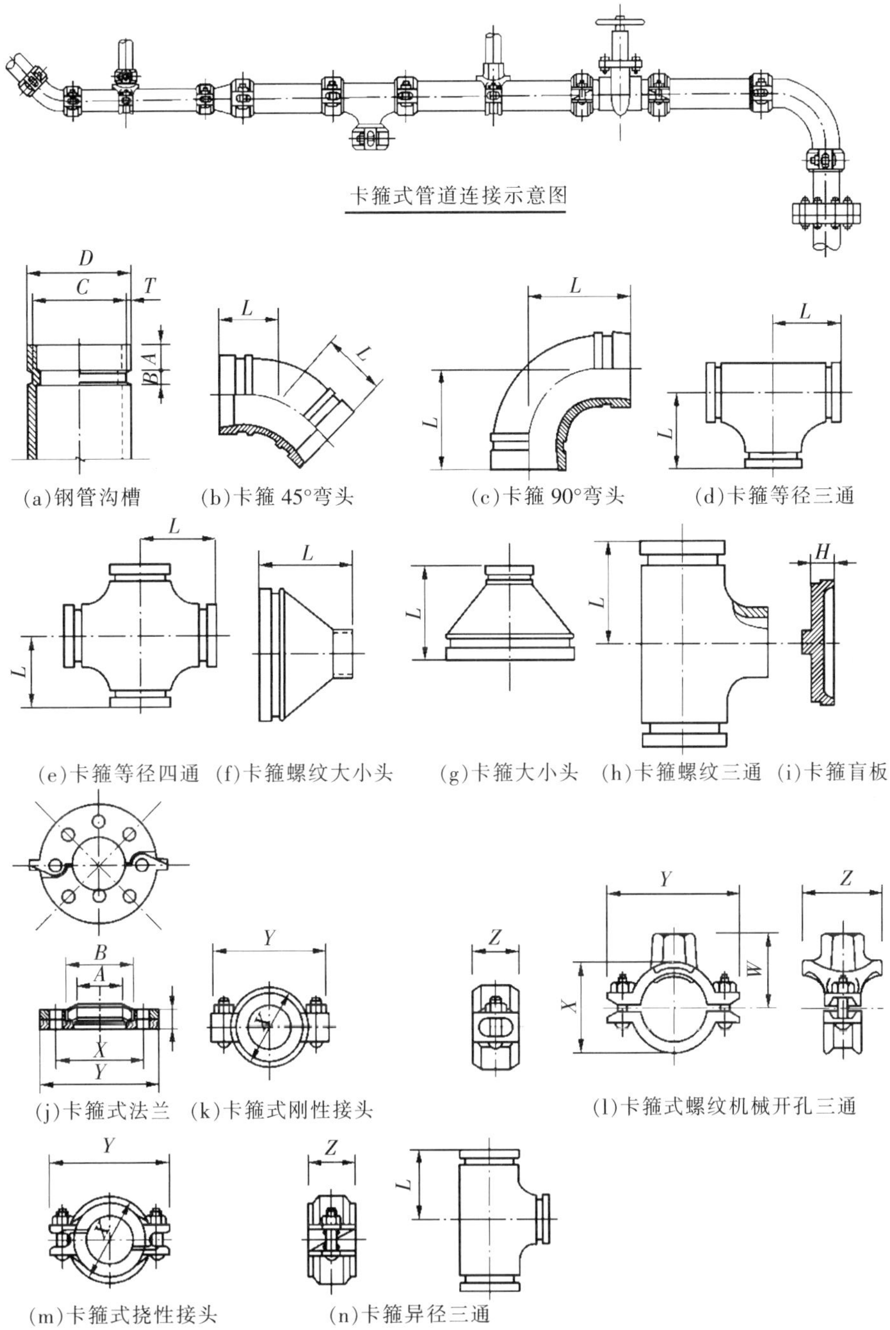

图 1-21　镀锌钢管卡箍连接管件

图 1-22　配水附件

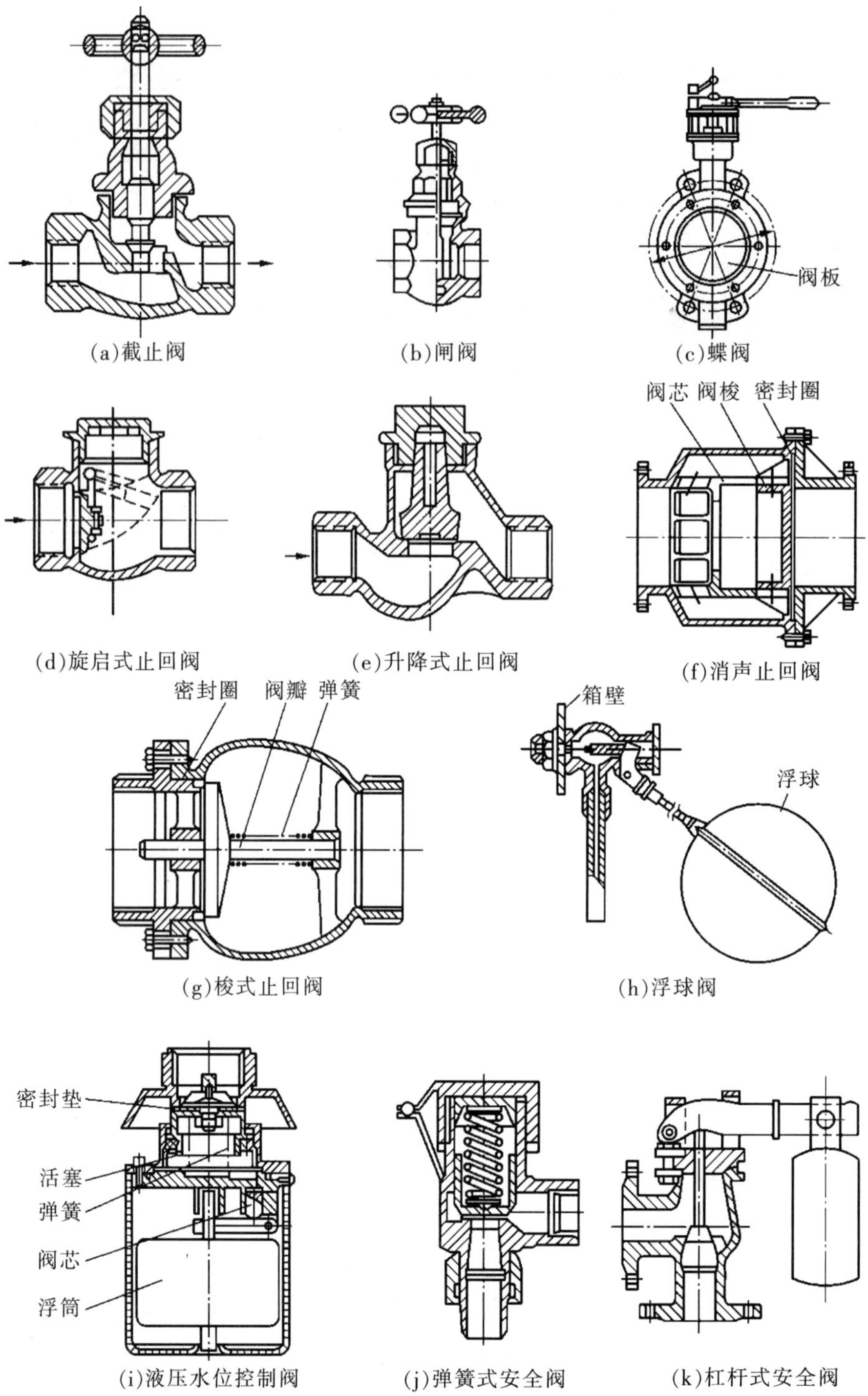

图 1-23 典型的控制附件

和球阀，管径大于 50 mm 常用闸阀或蝶阀；水流动阻力要求小的部位，如水泵吸水管上应采用闸阀；有双向流动的管路上，如环形管网等应采用闸阀或蝶阀；不经常开闭且要求快速开闭的管路上应采用快开阀门；对流量和压力要进行调节的管路，应采用蝶阀或截止阀；安装在空间狭小的位置时，宜采用蝶阀或球阀；对调节性能要求高的场所，可采用手动调节阀。

3. 几种典型阀门应用

闸阀属全开或全闭型阀门，用于开闭水流，不宜用于频繁开启或调节流量用。其特点是阻力小，安装无方向性要求。闸阀常用于双向流动和管径大于 50 mm 的管道上，室外安装时应设阀门井。

截止阀用于开闭水流，因其阻力较大，有减压作用，常用于需要经常启闭和管径小于或等于 50 mm 的管路上。安装时应注意介质方向与阀体外壳箭头方向一致，即低进高出，不能装反。

止回阀的作用是引导水流单向流动，但不能防止水的倒流污染，而倒流防止器有止回阀的作用。安装时水流方向与阀体外壳箭头方向一致。升降式用于小口径水平管上，旋启式用于大口径水平管或垂直管上。

止回阀一般安装在：a. 引入管上；b. 高位水箱进出水管合为一条时，在水箱出水管上设置；c. 水泵出水管上，常设置阻尼缓闭式或速闭消声式止回阀；d. 密闭式水加热器或用水设备的进水管上，以防止水加热膨胀产生的倒流，同时应设过压泄水装置。

安全阀常用在热交换器、气压罐等压力容器上，自动开启后泄水，以降低因温度等因素引起的超压。与泄水阀不同的是：只要泄去少量的水，容器内的压力就能恢复正常。排气阀用于排除管网中积聚的气体，分为自动和手动两种。在热水采暖、空调水系统中必须安装排气阀，对给水管网中一般用于有明显起伏、容易积聚空气的管段最高点，如上行下给系统的干管最高点。

在高层建筑生活给水、消防给水中，由于水泵的流量大、扬程高，容易在停泵瞬间产生水锤，引起管道振动，并产生噪声，甚至导致管道、阀门、设备等的损坏。所以，应根据水泵扬程、管道方向和环境噪声的要求，在水泵出口管道上安装水锤消除器。

知识链接 9　水表、水箱、水泵

1. 水表

水表是一种计量用水量的仪表设备。为便于管理，促进节约用水，对需要单独计量用水量的建筑或设备应安装水表，对于住宅建筑要求采用一户一表制。

计量建筑物的用水量时，水表安装在引入管上。对于公共建筑内各单位、各部门需单独计量时，应分别安装水表；对于住宅建筑，应分户安装水表。分户水表按计量读数分为三种，即直接读数式、IC 卡式和远程数字显示。

(1)水表的分类。水表可分为流速式和容积式两大类。流速式又分为下列几类。

①按翼轮构造分为旋翼式、螺翼式和翼轮复式水表。旋翼式水表[如图 1－24 (a)所示]口径小、阻力大，适用于计量小流量；螺翼式水表[如图 1－24 (b)所示]口径大，适用于计量大流量；翼轮复式水表由主、副两个翼轮式水表组成，主水表前安装开闭器，小流量时开闭器关闭，副表工作，大流量时开闭器自动打开，两个水表同时工作。

②按计数机件所处状态分为干式和湿式两种。前者传动机构和表盘与水隔开，计量敏感性差；后者传动机构淹没在水中，计量准确，灵敏度高，密封性好，但不适用于水中有杂质的场合。

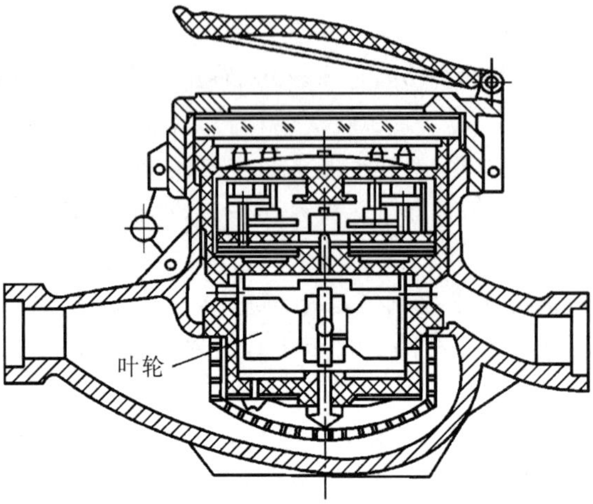

(a)旋翼式水表

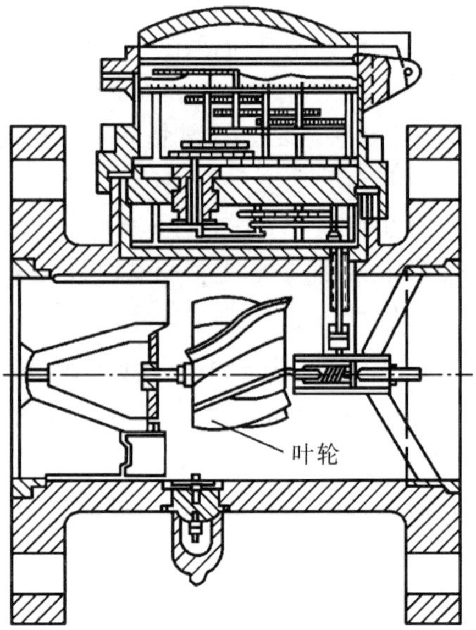

(b)螺翼式水表

图 1－24　水表

(2)水表的选择。

①水表直径一般应与安装水表的管道直径相一致。

②一般情况下,公称直径小于或等于 50 mm 时,应采用旋翼式水表;公称直径大于 50 mm时,应采用螺翼式水表;干式和湿式水表中应优先采用干式水表。

③选用水表时,还应考虑用水量及其变化、水的工作压力、水的温度和浊度等因素。

④住宅分户内水表宜选用远传或 IC 卡等智能化水表。

2. 水箱

水箱是室内给水系统中常用的设施,其作用是贮水、调压与稳压以及调节水量。

(1)水箱分类。水箱按外形分为矩形和圆形。矩形水箱便于布置,圆形水箱结构上经济。

按水箱制作材料可分为钢筋混凝土水箱、钢板水箱、不锈钢水箱、塑料水箱和玻璃钢水箱等。

(2)水箱安装与配管。水箱常设置在维护方便、通风和采光良好、不结冰、无污染的场所,如平屋顶上、技术层内、顶层房间内和闷顶内。水箱应加盖,并应有防污染措施。

如图 1－25 所示为水箱配管示意图。设在屋顶水箱间等处的高位水箱,由于受建筑条件的限制,水箱高度往往不能满足顶部楼层的水压要求,应有局部增压措施,如在其入户管上设置管道增压泵。

3. 水泵

水泵是用来输送和提升液体的水力机械。其种类较

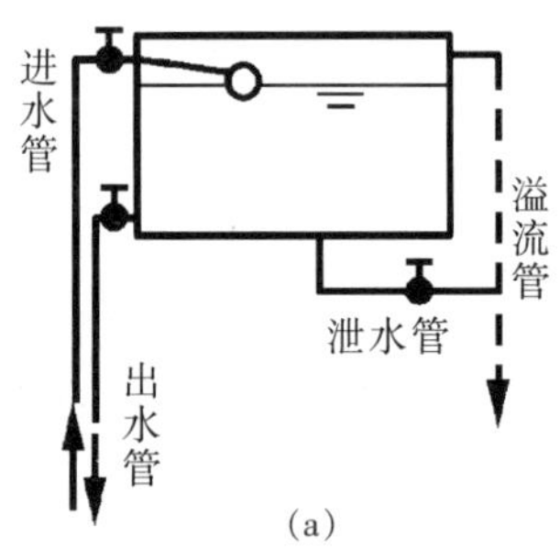

(a)

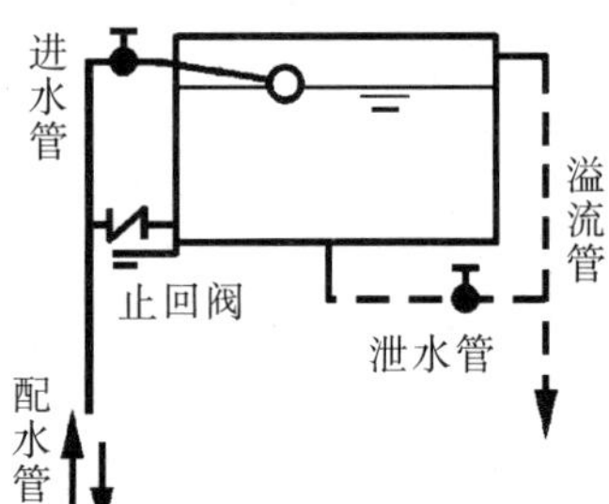

(b)

图 1－25　水箱配管示意图

多，给排水工程常用的是离心式水泵，其特点是体积小、效率高、结构简单、运行管理方便、价格便宜。离心泵可输送多种介质，如热水泵、冷水泵、污水泵等，安装形式灵活，如管道泵、卧式泵、立式泵、潜水泵和深井泵等。

(1)水泵的工作原理及性能。水泵主要由叶轮、泵壳、泵轴和填料函等构成。水泵在启动前，先将泵内和吸水管上充满水，启动水泵电机，带动叶轮旋转，叶轮中的水在离心力作用下向泵壳流动，沿蜗形外壳中的流道流向水泵出口，同时，在叶轮进口处形成真空，水池中的水在大气压力作用下，经吸水管进入水泵，随叶轮的不断旋转，水被不断地吸入和压出，完成对水的输送。

(2)离心式水泵构造。离心式水泵主要由叶轮、泵壳、泵轴、填料函等组成，如图1－26所示。

(3)水泵铭牌。每台水泵均有一块标有水泵型号及性能参数的牌子，称为铭牌。

①型号表示意义如下。IS：国际单级单吸清水离心泵；50：水泵入口直径为50 mm；32：水泵出口直径为32 mm；250：水泵叶轮名义直径为250 mm。

②扬程是单位质量的水通过水泵所获得的能量，用 H 表示，单位为 mH_2O 或MPa。

③流量是单位时间内通过水泵的水的体积，用 Q 表示，单位为 L/s 或 m^3/h。

④水泵的功率有三种，即轴功率、有效功率和配套功率，单位均为 kW。轴功率是水泵通过泵轴从电机所获得的全部功率，用 N 表示；有效功率是水泵中的水所获得的功率，用 N_c 表示；配套功率是水泵配套电机的功率，即电机容量。

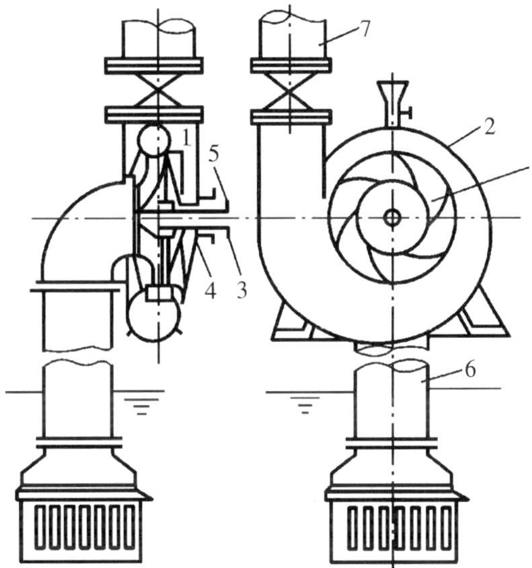

图1－26　单级离心式水泵构造

1—叶轮　2—泵壳　3—泵轴　4—轴承
5—填料函　6—吸水管　7—压水管

⑤转速是水泵的叶轮每分钟旋转的转数，用 n 表示，单位为 r/min。

⑥允许吸上真空高度是在一个标准大气压、水温为20℃时，水泵的入口处允许达到的最大真空值，用 h_v 表示，单位为 mH_2O。

⑦效率是水泵的有效功率与轴功率的比值，用 η 表示。

2.3　任务实施

1. 做好管道预埋和预留，检查作业条件

(1)地下管道铺设必须在房心土回填夯实或挖到管底标高之后，沿管线铺设位置清理干净，管道穿墙处已留管洞或安装套管，其洞口尺寸和套管规格符合要求，坐标、标高正确。

(2)暗装管道应在地沟盖板前或吊顶封闭前进行安装。

(3)明装托、吊干管安装必须在安装层的结构顶板完成后进行。沿管线安装位置的模板及杂物清理干净，托吊卡件均已安装牢固，位置正确。

(4)立管安装宜在主体结构完成后进行。高层建筑在主体结构达到安装条件后，适当插入进行。每层均应有明确的标高线，暗装竖井管道，应把竖井内的模板及杂物清除干净，并有防坠落措施。

(5)支管安装应在墙体砌筑完毕墙面未装修前进行。

2. 材料准备

(1)铸铁给水管及管件质量标准应执行 YB/T5188、GB3287。其规格尺寸应符合设计要求，管壁厚度均匀，内外光滑整洁，不得有砂眼、裂纹、毛刺和疙瘩；承插口的内外径及管件应造型规矩，管内外表面的防腐涂层应整洁均匀，附着牢固。

(2)镀锌给水管及管件质量标准应执行 GB/T3091。其规格种类应符合设计要求，管内外镀锌均匀，无锈蚀，无毛刺。管件无偏扣、乱扣、丝扣不全或角度不准等现象。将几个相同直径的管件串起来，看是否乱扣、偏扣、角度不准，然后试压。

(3)水表的规格应符合设计图纸要求，其中每户使用 DN15 水表。热水系统选用符合温度要求的热水表。表壳铸造规矩，无砂眼、裂纹，表玻璃盖无损坏，铅封完整。

(4)阀门的规格型号应符合设计要求，热水系统阀门符合温度要求。阀体铸造规矩，表面光洁，无裂纹，开关灵活，关闭严密，填料密封完好无渗漏，手轮完整无损坏，干管上的阀门全部试压检验，一般阀门抽查 10%。若有不合格的，则抽查 20%；还有不合格的，则逐个检验。

3. 机具准备

(1)机械：套丝机、砂轮锯、台钻、调速电锤、手电钻、电焊机、电动或手动试压泵等。

(2)工具：套丝扳、管钳、台钳、压力钳、钢锯、手锤、活扳手、链钳、煨弯器、手压泵、捻凿、大锤、断管器、射钉枪、倒链、电气焊等工具。

(3)其他：水平尺、线坠、钢卷尺、小线、压力表等。

任务三　建筑生活给水系统安装

3.1　任务目标

(1)能够按照建筑给排水施工图进行安装。

(2)能够按照建筑给排水施工图进行工程量计算。

3.2　相关知识

知识链接 10　管道连接时长度的测算

1. 螺纹连接时，长度的测算

如图 1-27 所示的管段，我们把两管件(或阀门)中心线之间的长度称为构造长度(L)，管段中管子的实际长度称为下料长度(S)，管道连接过程中，当待连接处所需管子的长度小于出厂规格时，才需要进行管子实际下料长度的测算。

测算方法如下：将两管件(或阀门)按构造长度(L)摆在相应的位置，测出两管件(或阀门)端面间的距离(A 或 B)，然后加上管子拧入两管件(或阀门)的长度(图中 a、b、b'、c)即为所需的管子实际下料长度。实际下料长度 $S_1=A+c+b$，实际下料长度 $S_2=B+a+b'$。

管子拧入管件的螺纹深度见表 1-4，实际施工时因管子直径及螺纹的松紧不同，实际拧入长度与表中数值会有出入。当管子与阀门相连时，管子拧入阀门的最大长度可在阀门上直接量出。

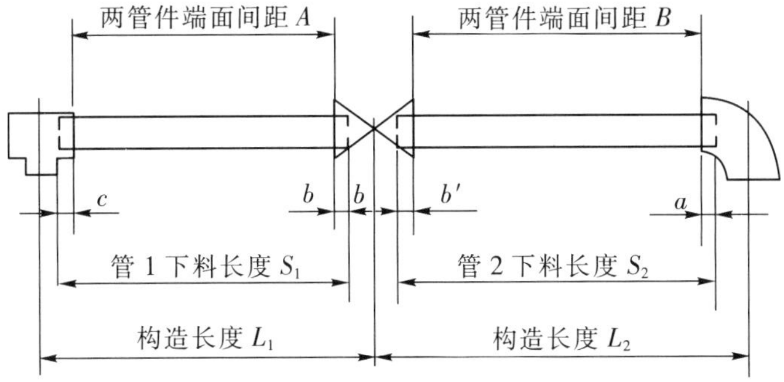

图 1-27 管子长度测算简图

表 1-4 管子拧入管件的螺纹深度参照表

公称直径 DN(mm)	15	20	25	32	40	50	65	80
拧入深度(mm)	10.5	12	13.5	15.5	16.5	17.5	21.5	24

2. 法兰连接时

管子实际下料长度的测算方法与螺纹连接时相似,法兰连接时管子实际下料长度的测算方法与螺纹连接时相似。

知识链接 11 管道的连接方式

不同种类的管材都有适合它自身特点的连接方式,以下介绍的是常用的管道连接方式。

1. 螺纹连接

螺纹连接也称丝扣连接,管子多采用圆锥形外螺纹,并与圆柱形内螺纹的管件将管子紧密地连接。钢管可采用螺纹连接,当钢管采用螺纹连接时,管材与管件应选用一致。采用螺纹连接时施工方便,且易变化,能满足各种设备的安装需要。

2. 焊接

焊接只能用于非镀锌钢管、铜管和塑料管。当钢管的壁厚小于 5 mm 时可采用氧-乙炔气焊,壁厚大于 5 mm 的钢管采用电焊连接;而塑料管则可采用热空气焊。焊接连接具有接头紧密、不漏水、施工速度快、不需用配件的特点,但不能拆卸。

3. 法兰连接

法兰连接是管径较大(50 mm 以上)的管道中应用广泛的一种连接。它通常是将法兰盘焊接或螺纹连接在管端,再用螺栓连接起来。法兰连接的强度高、拆卸方便,但技术要求高。常用在连接阀门、止回阀、水表、水泵等处,以及需经常拆卸、检修的管段上。

4. 承插连接

承插铸铁管可采用承插口连接,承插铸铁管的一端为承口,一端为插口,承插口连接就是将填料填塞在承口与插口间的缝隙内而将其连接起来。铸铁管的承插连接的填料分为石棉水泥、膨胀水泥、青铅及柔性橡胶圈等。

5. 承插黏结

即采用黏合剂将承口和插口黏合在一起的连接方式,适用于 UPVC 管和 CPVC 管。

6. 热熔连接

热熔连接是由相同热塑性塑料制作的管材和管件互相连接时,采用专用热熔机具将连接部分表面加热，连接接触面处的本体材料互相溶合、冷却后连接成为一体的连接方式。热熔连接有对接式热熔连接、承插式热熔连接和电熔连接。电熔连接是由相同的热塑性塑料管道连接时，插入特制的电熔管件，由电熔连接机具对电熔管件通电，依靠电熔管件内部预先埋设的电阻丝产生所需的热量进行熔接，冷却后管道与电熔管件连接成为一体。

7. 挤压夹紧式连接（卡套或卡箍式连接）

卡套式连接的连接件由带锁紧螺丝帽和丝扣管件组成，连接方法是当管道插入管件后，拧动锁紧螺帽，把预先套在管道上的金属管箍压紧，以起到管材与管件密封和连接作用。卡箍式连接的方法是管道插入有倒牙的管件后，将套在管道外表面的铜制管箍，用专用夹紧钳夹紧以起到管材与管件密封和连接作用。该连接方法适用于铝塑复合管、薄壁铜管和大多数塑料管。

当不同材料的管材之间需要连接时，则采用过渡性的接头管件连接。如塑料管与金属管采用过渡性的接头进行螺纹或法兰连接。常用的金属管和非金属管的连接方法见表1-5、表1-6。

表1-5 常用的金属管的连接方式

管 材	钢管		铸铁管	铜 管	薄壁不锈钢管
	镀锌钢管	不镀锌钢管			
连接方式	螺纹、法兰	螺纹、法兰、焊接	承插连接	焊接、法兰、螺纹、挤压夹紧	焊接、螺纹、挤压、压封式连接

表1-6 常用的几种塑料管及复合管材的连接方式

连接方式	PE	PEX	PP	PB	UPVC	普通ABS	塑料复合管
挤压夹紧	可以	可以	可以	可以	不可以	不可以	可以
热熔连接	可以	不可以	可以	可以	不可以	不可以	不可以
承插黏结	不可以	不可以	不可以	不可以	可以	可以	不可以

[注]：改性ABS塑料管、钢塑复合管则都采用螺纹连接、法兰连接。

知识链接12 PPR水管的连接方法

PPR水管的连接方式采用热熔连接，其连接方法如下。

（1）热熔工具接通电源（220 V），等到工作温度指示灯亮（绿灯）后，方能开始操作。

（2）管材切割前，必须正确丈量和计算好所需长度，用记号笔在管表面划出切割线和热熔连接深度线，连接深度应符合要求。

（3）切割管材，必须使端面垂直于管轴线。管材切割应使用管子剪或管道切割机。（注：用钢锯锯断管材的方法，不宜使用；若使用时，应清除锯口的毛刺）。

（4）管材与管件的连接端面和熔接面必须清洁、干燥、无油污。

（5）熔接弯头或三通时，按图纸设计要求，注意管线的走向，在管件和管材的直线方向上，用辅助标志标出位置。

（6）加热，管材、管件应同时无旋转地将管端导入加热套内，插入到所标记的连接深度，加热时间应符合要求。

（7）达到规定的加热时间后，将管材与管件从加热头和加热套上同时取出，迅速无旋转地直线均匀地插入到所标深度，使连接周围形成均匀的凸缘。

(8)在规定的加工时间内，刚熔接好的接头允许立即校正，但不得旋转。

(9)在规定的冷却时间内，应扶好管材管件，使它不受扭、受弯和受拉。

(10)具体连接方法及步骤如图1-28所示。

①配管后，在管材插入端做好承插深度标记。

②清洁管材与管件连接端面，将管材穿入管接盖。

③用热熔机对所要连接的管材与管件进行加热，加热参数应符合相关热熔机技术要求。

④达到加热时间后，立即把管材与管件同时取下，迅速无旋转地直线均匀插入到所标记的深度，使接头处形成均匀凸缘。

⑤焊接完成后套上管接盖。

⑥管材与管件完全熔为一体，真正完美的吻合。

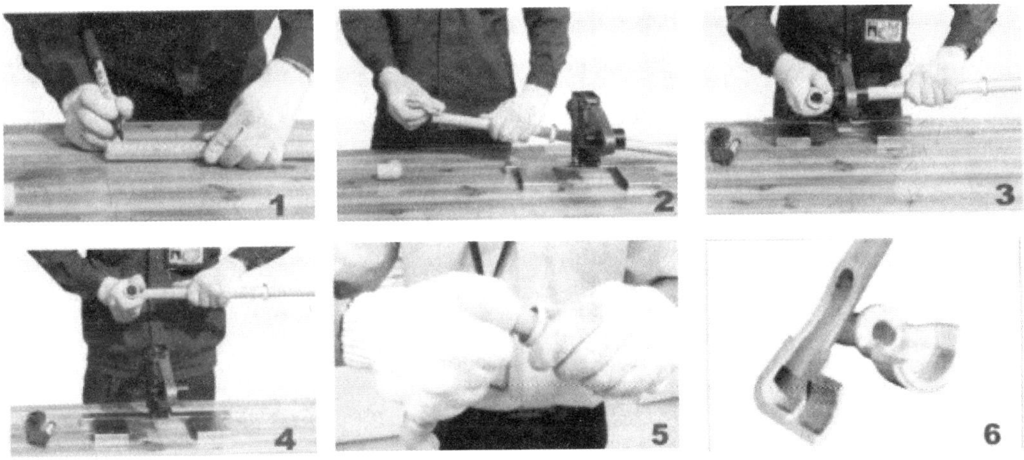

图1-28　热熔连接的具体连接方法及步骤

知识链接13　给水管道布置与敷设

1. 室内给水管的布置形式与要求

管道的布置形式按供水可靠程度要求可分为枝状和环状两种形式。前者单向供水，供水安全可靠性差，但节省管材，造价低；后者管道相互连通，双向供水，安全可靠，但管线长，造价高。

按照水平干管的敷设位置，可以布置成上行下给、下行上给和中分式。

室内给水管的布置应符合下列要求。

(1)生活给水管宜布置成枝状管网，单向供水。

(2)应避免穿越生产设备上方，不得穿越变配电房、计算机房、网络机房、通信机房、电梯机房、音像库房等遇水会损坏设备和发生事故的房间。

(3)强制规定：室内管道不得布置在遇水会引起燃烧或爆炸的原料、产品和设备的上面。

(4)埋地管不得穿越生产设备基础，在特殊情况下必须穿越时应采取有效保护措施。

(5)不得布置在烟道、风道、电梯井、排水沟内；不得穿越橱窗、壁柜、大便槽和小便槽，且立管应远离大便槽、小便槽0.5 m以上。

(6)不宜穿越伸缩缝、沉降缝和变形缝，必须穿越时应设补偿管道伸缩和剪切变形装置，如图 1－29 所示的螺纹弯头法和如图 1－30 所示的活动支架法。

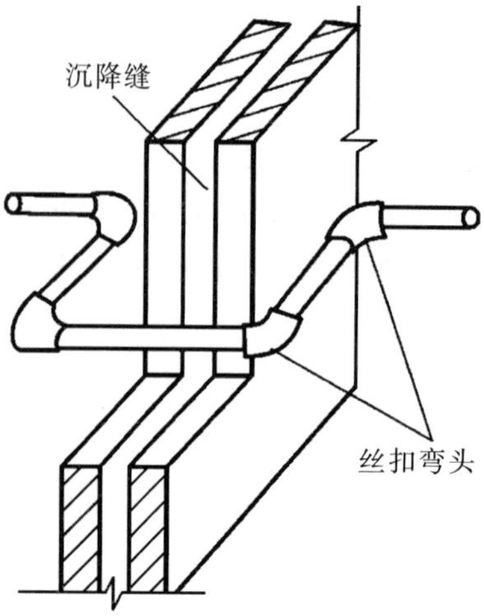

图 1－29　螺纹弯头法

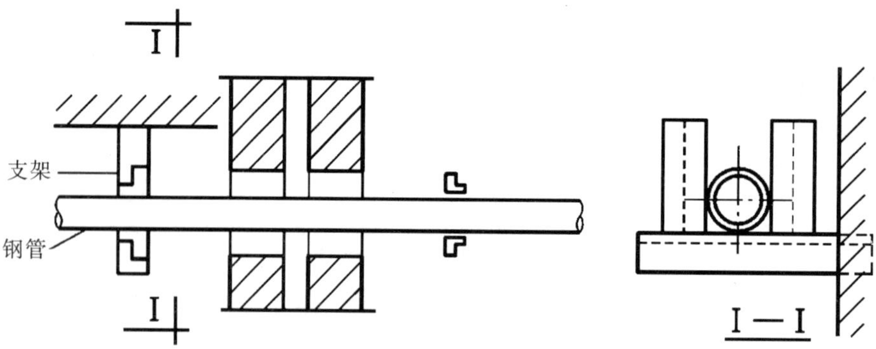

图 1－30　活动支架法

2. 给水管道敷设与安装

室内给水管可明设和暗设，一般应根据建筑标准、卫生标准和管道材质等因素确定。

(1)明设。

①给水管结露会影响环境，污染或损坏装饰、物品时，应采取防结露措施。

②塑料管宜暗设，明设时立管应安装在不易撞击处；否则，应有保护措施。

③塑料管不得与水加热器或热水炉直接连接，应有不小于 0.4 m 的金属管过渡。

④塑料管不得安装在灶台上，立管与灶台边缘距离不小于 0.4 m，距燃气热水器边缘不小于 0.2 m；否则，应有保护措施。

⑤敷设在室外的给水管应避免阳光直射，塑料管应有保护措施。

⑥管道安装在有可能结冻的地方(区)时，应有防冻或保温措施。

⑦管道不宜穿越人防地下室，必须穿越时应按人防要求设防爆阀门。

(2)暗设。给水管道暗设时，应满足下列要求。

①不得安装在建筑物的结构层内。

②干管与立管应敷设在吊顶、管井内；支管宜敷设在楼地面的找平层内或沿墙敷设在管

槽内。

③敷设在找平层内的支管外径不宜大于 25 mm。

④敷设在找平层内或管槽内的给水管宜采用塑料管、金属与塑料的复合管或耐腐蚀的金属管。

⑤敷设在找平层内或管槽内的给水管，若采用卡套式或卡环式连接时，宜用分水器向各用水点配水，中间不得有接口配件，两端接口应明设。

(3)防水措施。给水管穿越楼板时，应采取防水措施。穿越下列部位或接管时，应设防水套管。

①穿越地下室或地下构筑物的外墙。

②穿越屋面无可靠防水措施时。

③穿越钢筋混凝土水池(箱)的壁板或底板连接管道时。对有严格防水要求的建筑物，必须采用柔性防水套管。

3.3　任务实施

管道安装应结合具体条件，合理安排顺序。一般为先地下、后地上，先大管、后小管，先主管、后支管。当管道交叉中发生矛盾时，应小管让大管，给水管让排水管，支管让主管。

给水管道安装的工艺流程一般如下。

安装准备→管道下料→预制加工→引入管安装→干管安装→立管安装→支管、消火栓安装→管道试压→管道防腐和保温→管道冲洗→通水试验

1. 管道下料

根据管道长度测算结果，用卷尺在整个系统中量出所需管道的长度，然后在不锈钢复合管(或 PPR 管)上用卷尺并用记号笔画下标记线。

2. 管道预制、加工

按设计图纸画出管道分路、管径、预留管口、阀门位置等施工草图，在实际安装的结构位置做上标记，按标记分段量出实际安装的标准尺寸，记录在施工草图上，然后按草图测得的尺寸预制加工(断管、套丝、上零件、调直、校对，按管段分组编号)。

镀锌给水管道安装尽量预制。在地面预制、调直后在接口处做好标记，编好码放。立管预制时不编号，经调直只套一头丝扣，其长度比实际尺寸长 20～30 mm，顺序安装时可保证立管甩口位置标高的准确性。

3. 管道安装

(1)引入管安装。引入管安装时，首先确定引入管的位置、标高、管径等。正确地按设计图纸规定的位置开挖土(石)方至所需深度；若无设计要求时，管顶覆土厚度不应小于 0.7 m，并应敷设在冰冻线以下 0.15 m。

引入管由基础下部进入室内的敷设方式，如图 1－31 所示。为防止建筑物下沉而破坏引入管，引入管穿地下室外墙或基础时应预留孔洞或钢套管。在地下水位高的地区，应采取防水措施，如设防水套管。

引入管敷设在预留孔内，应保持管顶距孔壁的距离不小于建筑物的沉降高度。预留孔与管道的空隙用黏土填实，两侧用 1∶2 水泥砂浆封口，如图 1－31 所示。

给水引入管与排水排出管的水平净距不得小于 1 m；室内给水管与排水管平行敷设时，

两管间的最小水平净距为 500 mm。交叉铺设时，垂直净距为 150 mm，给水管应铺设在排水管的上方。

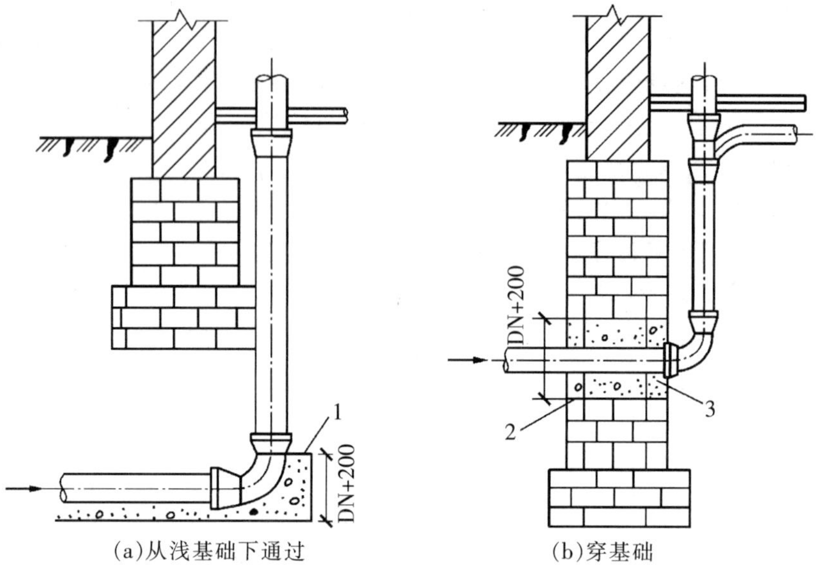

图 1－31　引入管进入建筑

1—支墩　2—砖基础　3—混凝土

(2)干管安装。干管安装一般可在支架安装完毕后进行。可先在主干管中心线上定出各分支主管的位置，标出主管的中心线，然后将各主管间的管段长度测量记录并在地面进行预制和预组装(组装的长度应以方便吊装为宜)，预制时同一方向的主管头应保证在同一直线上，且管道的变径应在分出支管之后进行。组装好的管子，应在地面进行检查有无歪斜扭曲，如有则应进行调直。

(3)立管安装。首先根据图纸要求或给水配件及卫生器具的种类确定支管的高度，在墙面上画出横线，再用线坠吊在立管的位置上，在墙上弹出或画出垂直线，并根据立管卡的高度在垂直线上确定出立管卡的位置并画好横线，然后再根据所画横线和垂直线的交点打洞设管卡。

立管管卡的安装。当层高小于或等于 5 m 时，每层须安装一个，管卡距地面为 1.5～1.8 m；层高大于 5 m 时，每层不少于两个，管卡应均匀安装。成排管道或同一房间的立管卡和阀门等的安装高度应保持一致。

管卡埋好后，再根据干管和支管横线，测出各立管的实际尺寸进行编号记录，在地面统一进行预制和组装，检查和调直后方可进行安装。上立管时，应两人配合，一个人在下端托管，另一人在上端上管，上到一定程度时，要注意下面支管头方向，以防支管头偏差或过头。上好的立管要进行最后检查，保证垂直度和管与墙的距离，使立管都在同一垂直线上，最后把管卡收紧，配合土建堵好楼板洞。

安装在楼板内的套管，其顶部应高出装饰地面 20 mm；安装在卫生间及厨房内的套管，其顶部应高出装饰地面 50 mm，底部与楼板地面相平。

(4)支管安装。支管明装，将预制好的支管从立管甩口依次逐段进行安装，根据管道长度适当加好临时固定卡，核定不同卫生器具的冷热水预留口高度、位置是否正确，找平找正后设支管卡件，去掉临时固定卡，上临时丝堵。支管如装有水表先装上连接管，试压后在交工前拆下连接管，安装水表。

支管距墙净距 20～25 mm，有防结露要求的管道适当加大距墙净距。冷热水支管水平安装时热水在上，间距为 100～150 mm。厨房、卫生间的给水支管安装所在的墙面如有贴砖，应先由土建划出排砖位置。安装临时卡架，临时固定，待土建贴砖到相应位置时预留几块砖，画十字线保证卡架在瓷砖缝上。支管水平安装时采用角钢托架 L25×3、镀锌 U 形卡固定。

支管暗装，确定支管高度后画线定位，剔除管槽，将预制好的支管敷在槽内，找平找正定位后用钩钉固定。卫生器具的冷热水预留口要做在明处，加丝堵(最好是 100 mm 长短管一头砸瘪封死，一头套扣)。暗装管道变径不得使用补心变径，应使用大小头变径，暗装管道不得有油任、法兰等活接头。

任务四　建筑生活给水系统水压实验

铺设、暗装、保温的给水管道在隐蔽前进行单项水压试验，管道系统安装完成进行综合水压试验。

4.1　任务目标

掌握生活给水管水压试验的方法。

4.2　相关知识

知识链接 14　给水管道水压试验要求

1. 试压前应做好的工作

(1)热熔连接的管道，水压试验时间应在连接完成 24 h 后进行。

(2)水压试验之前，管道应固定牢固，接头须明露。

(3)管道注满水后，先排出管内空气，进行水密性检查。

(4)加压宜用手动泵，缓慢升压，升压时间不应小于 10 min，测定仪器的压力精度不应低于 0.01 MPa。

2. 试压压力

室内给水管道的水压试验必须合乎设计要求。当设计未注明时，各种材质的给水管道系统试验压力均为工作压力的 1.5 倍，但不得小于 0.6 MPa。

3. 检验方法

金属及复合管给水管道在试验压力下观测 10 min，压力降不大于 0.02 MPa，然后降到工作压力进行检查，不渗不漏。

塑料管给水管道系统在试验压力下应稳压 1 h，压力降不大于 0.05 MPa；然后在 1.15 倍工作压力下稳压 2 h，压力降不大于 0.03 MPa，不渗不漏。

4.3　任务实施

水压试验时放尽空气，充满水并对试压管道进行外观检查，检查管壁及接口有无渗漏，若有，返修；若无，则开始加压，当压力升到试验压力时停止加压(试验压力为工作压力的 1.5 倍，且不小于 0.6 MPa、不大于 1.0 MPa，若图纸上未标注工作压力则需向设计者问明)。

单项试压:从压力表上读出 10 min 压力降,若大于 0.02 MPa 则返修;若不大于 0.02 MPa,则降至工作压力后进行外观检查,无渗漏为合格。

综合试压:从压力表上读出 1 h 压力降,若不大于 0.05 MPa 且不渗不漏,则试压合格。试压前通知有关人员,合格后验收签字,办理工序交接手续。

任务五　建筑生活给水系统管道防腐、保温

管道在试压合格后,需要对金属管道进行防腐处理,根据要求需要是否进行保温处理。保温时先将保温管用剪刀剪开,然后包裹在管道和管接件上,随后用黑色电工胶带缠绕好。

5.1　任务目标

(1)掌握管道防腐及保温的相关知识。

(2)能按照规定对管道进行防腐和保温处理。

5.2　相关知识

知识链接 15　管道防护及冲洗

1. 管道防腐

给水管道铺设与安装的防腐均应按设计要求及国家验收规范施工,所有型钢支架及管道镀锌层破坏处和外露丝扣要补刷防锈漆。

2. 管道保温

给水管道明装暗装的保温有三种形式:管道防冻保温、管道防热损失保温、管道防结露保温。其保温材质及厚度均按设计要求,质量达到国家验收规范标准。过门厅支管防结露保温一般采用 PEF 板 10 mm 厚缠绕,两端及中间用镀锌铅丝绑扎,外壁包裹塑料带。

防结露措施不当(选用保温材质及厚度不符合要求),会造成给水管道结露。在给水立管防结露保温分界处采取措施防止结露水顺着管子流淌。

3. 冲洗

管道在试压完成后即可做冲洗。冲洗以图纸上提供的系统最大设计流量进行(如果图纸没有则以流速不小于 1.5 m/s 进行,可以用秒表和水桶配合测量流速,计量 4 次取平均值),用自来水连续进行冲洗,直至各出水口水色透明度与进水目测一致为合格。冲洗合格后办理验收手续。进户管、横干管安装完成后可进行冲洗,每根立管安装完成后可单独冲洗。管道未进行冲洗或冲洗不合格就投入使用,可能会引起管道堵塞。

5.3　任务实施

1. 防腐

金属管材一般应采用适当的防腐措施。最简单的办法是刷油:首先是除锈,清除表面灰尘、污垢、锈斑、焊渣等;其次是刷两遍防锈漆;最后刷两遍面漆。埋地铸铁管宜在管外壁刷冷底子油一遍、石油沥青两遍;埋地钢管宜在外壁刷冷底子油一遍、石油沥青两遍外加保护层;钢塑复合管埋地敷设,其外壁防腐同普通钢管。

明装的热镀锌钢管应刷银粉两道或调和漆两道,明装铜管应刷防护漆。当管道敷设在有腐蚀性的环境中时,管外壁应刷防腐漆或缠绕防腐材料。

2. 防冻、防结露与防紫外线辐射

对于寒冷地区，为防止管道、水箱受冻，应做保温处理。一般应在防腐、水压试验合格后进行，常用的方法如下。

(1)外缠草绳，再包麻袋布并刷油漆。

(2)包矿渣棉或毛毡，再包玻璃棉布并刷油漆。

(3)用泡沫水泥瓦或珍珠岩瓦、铅丝绑扎，外加石棉水泥保护壳。

(4)橡塑保温材料保温。对于外表面有可能结露的管道，应采取防结露措施，常做防潮层，其做法与保温层相同。对于有些敷设在屋面等室外裸露的管道，如 PPR 管，要尽可能防紫外线辐射，其做法可参见保护层做法。

(三)学生实操

1. 劳动组织形式

本项目实施中，对学生进行分组，学生 6～8 人组成一个工作小组。各小组按照表 1－7 任务分配表制订出实施方案及工作计划，组长协助教师参与指导本组学生学习，检查项目实施进度和质量，并制订改进措施，共同完成项目任务。

表 1－7　分组成员工作明细表

序号	成员	成员工作职责	姓名	备注
1	施工员	主要负责施工准备、技术准备		
2	材料员	主要按照图纸准备机具、材料、设备		
3	质检员	主要负责项目实施过程中的质量检查验收		
4	资料员	主要负责整体和及时上交本组作业资料		
5	安全员	主要负责项目实施过程中安全措施的落实		

2. 所需设备及器件

见任务二建筑给水系统安装前准备的材料准备和机具准备。

3. 填写室内给水(热水)管道安装施工管理记录

见表1-8。

表1-8　室内给水(热水)管道安装施工管理记录

<table>
<tr><td colspan="5">单位工程名称：</td><td colspan="2">部位：</td></tr>
<tr><td colspan="3">检查(管理)项目</td><td colspan="2">检查或验收内容(标准)</td><td>分管人员签字/日期</td><td>工程部经理巡查批注</td></tr>
<tr><td rowspan="2">事前控制</td><td>1</td><td>图纸审核</td><td>认真阅读图纸、施工合同、招投标文件。核对施工图纸与规范要求有无不符，管道、设备布置是否影响使用功能；核对给水管道施工图纸与建筑、结构、排水、通风、电力等其他图纸有无冲突。核对阀门、水表布置是否合理，公用管道是否在公共部位，管道是否便于检修</td><td rowspan="2">▲</td><td rowspan="2"></td><td rowspan="2"></td></tr>
<tr><td>2</td><td>材料进场验收</td><td>检查管道、阀门、管配件的材质、品牌、规格型号应符合设计及施工规范的要求，管道、阀门、管配件的质保书、产品合格证应齐全并符合国家有关规定要求；管道、阀门、管配件的外观应完好、色泽一致、无破损及缺陷。生活给水管道应符合卫生要求</td></tr>
<tr><td rowspan="7">过程控制</td><td>1</td><td>阀门试压</td><td>每批(同牌号、同型号、同规格)抽查10%进行强度和严密性试验，主干管上起切断作用的闭路阀门逐个检验。阀门的强度试验压力为公称压力的1.5倍；严密性试验压力为公称压力的1.1倍；试验压力在试验持续时间内应保持不变，且壳体填料及阀瓣密面无渗漏。阀门试压的试验持续时间应不少于规范规定</td><td>▲</td><td></td><td rowspan="7"></td></tr>
<tr><td>2</td><td>防水套管</td><td>地下室或地下构筑物外墙、屋面等部位有管道穿过时，应预埋防水套管；防水套管的规格、数量、位置应在混凝土施工浇筑施工前进行验收</td><td>▲</td><td></td></tr>
<tr><td>3</td><td>管道支、吊、托架</td><td>管道支、吊、托架的位置正确，埋设应平整牢固；间距符合施工文件要求；固定支架与管道固定牢靠；管道坡度应符合设计及规范要求</td><td>▲</td><td></td></tr>
<tr><td>4</td><td>管道接口</td><td>检查连接口是否顺直、严密，是否满足施工规范要求及管材工艺要求</td><td>△</td><td></td></tr>
<tr><td>5</td><td>水表安装</td><td>用户水表前宜安装止回装置</td><td>△</td><td></td></tr>
<tr><td>6</td><td>伸缩器</td><td>安装位置符合设计要求，并按规定进行预拉伸</td><td>△</td><td></td></tr>
<tr><td>7</td><td>管道保温</td><td>材料及厚度符合设计要求，保温层表面是否顺直、饱满、美观</td><td>△</td><td></td></tr>
<tr><td rowspan="3">验收</td><td>1</td><td>水压试验</td><td>承压管道和设备应做水压试验，暗装管道应在隐蔽前做水压试验</td><td>▲</td><td></td><td rowspan="3"></td></tr>
<tr><td>2</td><td>冲洗和消毒</td><td>生活给水系统管道在交付使用前必须冲洗和消毒，并经有关部门取样检验符合国家《生活饮用水标准》</td><td>▲</td><td></td></tr>
<tr><td>3</td><td>安装偏差</td><td>符合规范要求</td><td>▲</td><td></td></tr>
</table>

五、项目测评

1. 填写给水管道及配件安装分项工程质量验收记录

见表 1 - 9。

表 1 - 9 给水管道及配件安装分项工程质量验收记录

<table>
<tr><td>工程名称</td><td></td><td>结构类型</td><td></td><td>检验批数</td><td></td></tr>
<tr><td>施工单位</td><td></td><td>项目经理</td><td></td><td>技术负责人</td><td></td></tr>
<tr><td>分包单位</td><td></td><td>分包单位负责人</td><td></td><td>分包项目经理/证号</td><td></td></tr>
<tr><td>序号</td><td colspan="2">检验批部位、区段</td><td colspan="2">施工单位评定结果</td><td>监理(建设)单位验收</td></tr>
<tr><td>1</td><td colspan="2"></td><td colspan="2"></td><td></td></tr>
<tr><td>2</td><td colspan="2"></td><td colspan="2"></td><td></td></tr>
<tr><td>3</td><td colspan="2"></td><td colspan="2"></td><td></td></tr>
<tr><td>4</td><td colspan="2"></td><td colspan="2"></td><td></td></tr>
<tr><td>5</td><td colspan="2"></td><td colspan="2"></td><td></td></tr>
<tr><td>6</td><td colspan="2"></td><td colspan="2"></td><td></td></tr>
<tr><td>7</td><td colspan="2"></td><td colspan="2"></td><td></td></tr>
<tr><td>8</td><td colspan="2"></td><td colspan="2"></td><td></td></tr>
<tr><td>9</td><td colspan="2"></td><td colspan="2"></td><td></td></tr>
<tr><td>检查结论</td><td colspan="2">项目专业技术负责人：
年 月 日</td><td>验收结论</td><td colspan="2">监理工程师：
(建设单位项目专业技术负责人)
年 月 日</td></tr>
</table>

2. 项目评价

按时间、质量、安全、文明、环保要求进行考核。首先学生按照表 1 - 10 项目考核评价表，先自评，在自评的基础上，由本组的同学互评，最后由教师进行总结评分。

表 1-10　项目考核评价表

<table>
<tr><th>序号</th><th>项目</th><th>标准分</th><th>内容</th><th>评分标准</th><th>学生自评</th><th>教师评价</th></tr>
<tr><td>1</td><td>态度</td><td>10</td><td>按时出勤，不迟到，不早退
勤于思考、动手，严谨认真
工作责任心强，吃苦耐劳
具有团队合作精神</td><td>迟到扣 4 分，早退扣 4 分
态度不认真扣 3～5 分
责任心不强，扣 4～8 分
团队合作意识差，扣 4 分</td><td></td><td></td></tr>
<tr><td rowspan="5">2</td><td rowspan="5">外观检查</td><td>10</td><td>管道制作应均匀、平整、严密</td><td>不符合规范扣 5～10 分</td><td rowspan="5"></td><td rowspan="5"></td></tr>
<tr><td>10</td><td>管道的连接处存在缺陷</td><td>存在缺陷扣 2～10 分</td></tr>
<tr><td>10</td><td>阀门与管道连接处无缺陷</td><td>不符合要求扣 2～6 分</td></tr>
<tr><td>10</td><td>成排阀门应安装在同一高度；尺量检查；其在同一平面上的间距允许偏差为 3 mm</td><td>高度不一致扣 3～10 分</td></tr>
<tr><td>10</td><td>水平管道上阀门、阀杆不可朝下安装，宜垂直向上或上倾一定的角度</td><td>不符合要求扣 5～10 分</td></tr>
<tr><td>3</td><td>安装方向</td><td>10</td><td>截止阀、止回阀等对安装方向有要求的阀门，其安装方向应与水流方向一致</td><td>安装方向错误扣 10 分</td><td></td><td></td></tr>
<tr><td>4</td><td>工艺操作</td><td>10</td><td>符合工艺操作规范</td><td>操作不规范，酌情扣 5～10 分</td><td></td><td></td></tr>
<tr><td>5</td><td>安全生产</td><td>10</td><td>符合安全施工要求</td><td>有安全隐患扣 1～10 分</td><td></td><td></td></tr>
<tr><td>6</td><td>文明施工</td><td>10</td><td>符合文明施工要求</td><td>不符合要求扣 1～10 分</td><td></td><td></td></tr>
<tr><td colspan="2" rowspan="2">合计</td><td rowspan="2">100</td><td rowspan="2">学生签名：
教师签名 ：</td><td>权重</td><td>0.3</td><td>0.7</td></tr>
<tr><td>实际得分</td><td></td><td></td></tr>
</table>

六、项目拓展

识读下面的给排水施工图，如图 1-32 至图 1-39 所示，设计说明如下。

1. 设计依据

(1)建设单位提供的与本工程有关资料和设计任务书以及相关专业条件图。

(2)国家现行有关给水、排水、消防和卫生等设计规范及规程：

《建筑给水排水设计规范》GB50015—2003(2009 年版)，《建筑设计防火规范》GB50016—2006(2006 年版)，《建筑灭火器配置设计规范》GB50140—2005 (2005 年版)，《室外给水设计规范》GB50013—2006 (2006 年版)，《民用建筑节水设计标准》GB50555—2010。

2. 设计内容

(1)本专业设计内容包括生活给水系统，雨水排水系统，污、废水排水系统。

(2)本次设计为工程单体设计。室外给排水系统、化粪池等详见室外给排水工程，由室外工程总体设计统一考虑。

3. 系统设计

(1)工程概况：多层单体。

(2)生活给水系统。

①节水系统设计：a. 直接采用市政管网供水管供给，充分利用市政供水压力。b. 卫生洁具及配件：所有卫生洁具均选用当地节水部门公布并经有相关资质单位鉴定的符合节水标准的节水型卫生洁具及配水件。洗脸盆、污水盆、洗涤池等卫生洁具采用陶瓷片密封水嘴。蹲便器采用自闭式冲洗阀。小便器、洗脸盆均采用感应式水龙头。所有水嘴及坐便器用水效率等级均应不低于节水型 2 级。

②生活给水系统：采用市政管网供水管供给，供水压力不应小于 0.30 MPa。

(3)雨、污水排水系统。

①污(废)水系统：室内排水采用污废合流系统，各建筑单体污(废)水经化粪池处理后接入污水管网，空调冷凝水及阳台排水均独立设置。

②雨水系统：雨水排水系统采用雨、污分流。屋面雨水按当地暴雨强度公式，5 年重现期设计。屋面雨水经雨水斗收集排入雨水立管，雨水斗采用 87 型。

4. 管材

(1)生活给水管。室内生活给水管道，生活给水管道水表后支管采用 PPR 管(PN1.6 MPa)，热熔连接。供水立管采用热镀锌涂塑钢管，管径 DN≤50，丝扣连接；管径 DN>50，卡箍连接。

(2)排水管。室内排水管道，各单体内所有排水管道采用建筑排水 PVC—U 管，承插黏结。见表 1-11。

表 1-11　图例

符号	名称	符号	名称
— J — J — J —	冷水管		闸阀
— R — R — R —	热水管		球阀、截止阀
—— —— ——	污水管		减压阀
—— Y —— Y ——	雨水管		普通地漏及带承插孔地漏
— X — X — X —	消火栓管		建筑灭火器
— F — F — F —	废水管		雨水斗
— ZP — ZP — ZP —	喷淋管		通气帽
	钢制套管	Ⓦ W	污、废水检查井
	刚性防水套管	Ⓨ Y	雨水检查井
	信号阀及水流指示器		阀门井
	水表		自动排气阀
	室内消火栓		浮球阀
	清扫口		湿式报警阀
	止回阀		信号蝶阀

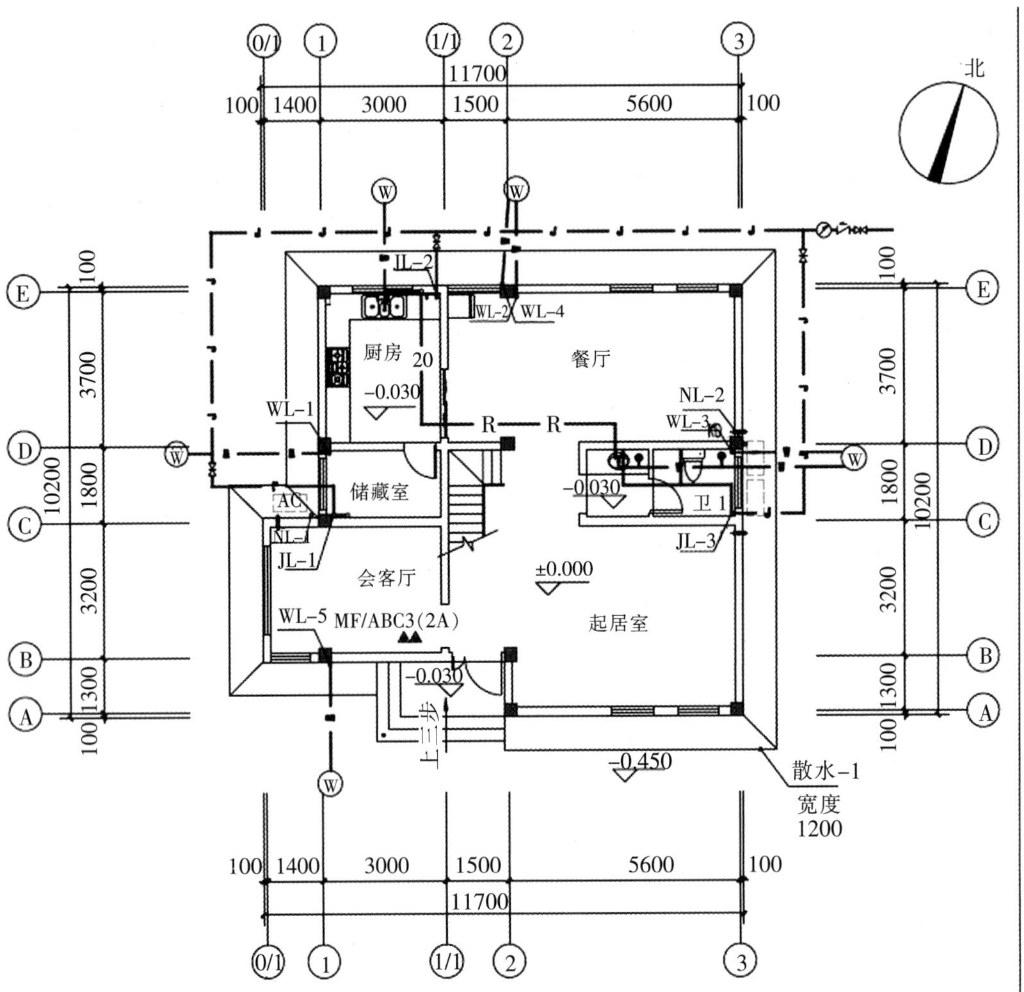

图 1-32　一层给排水平面图

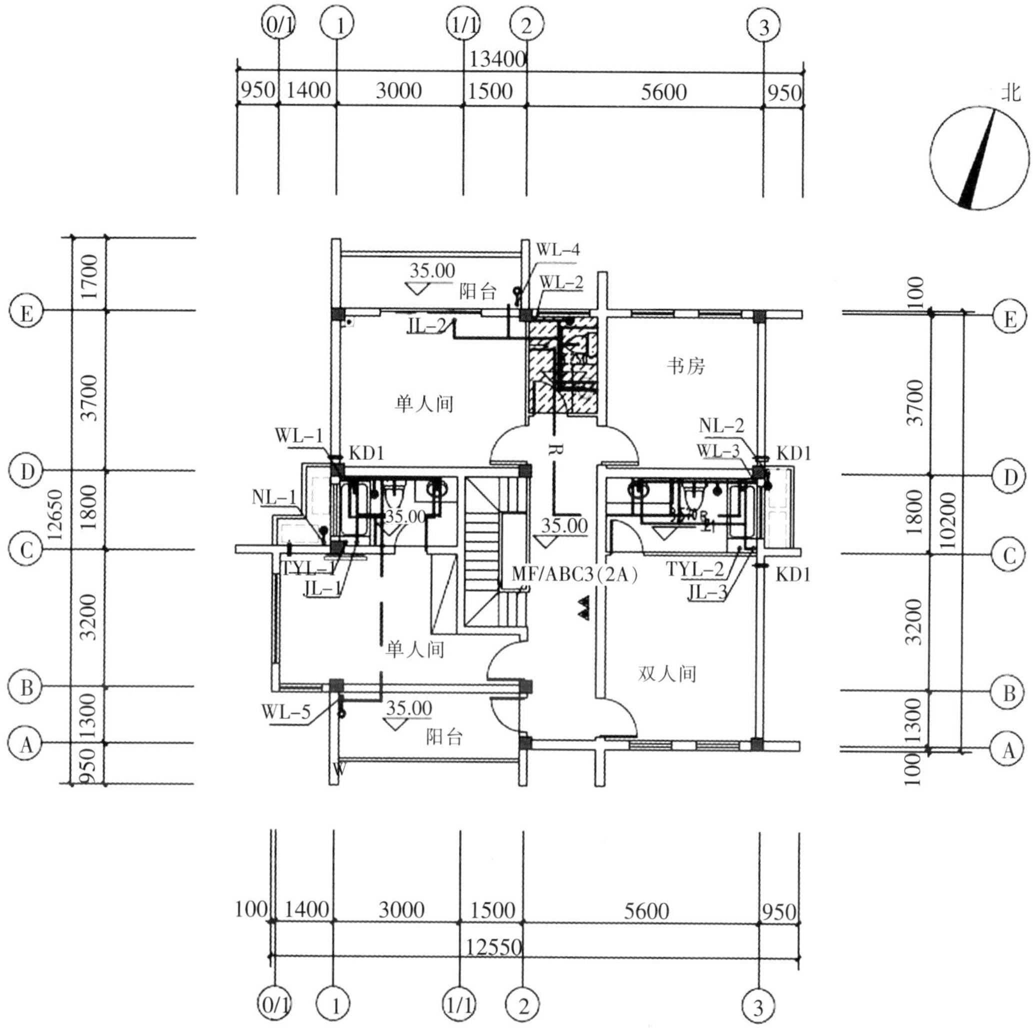

图 1－33　二层给排水平面图

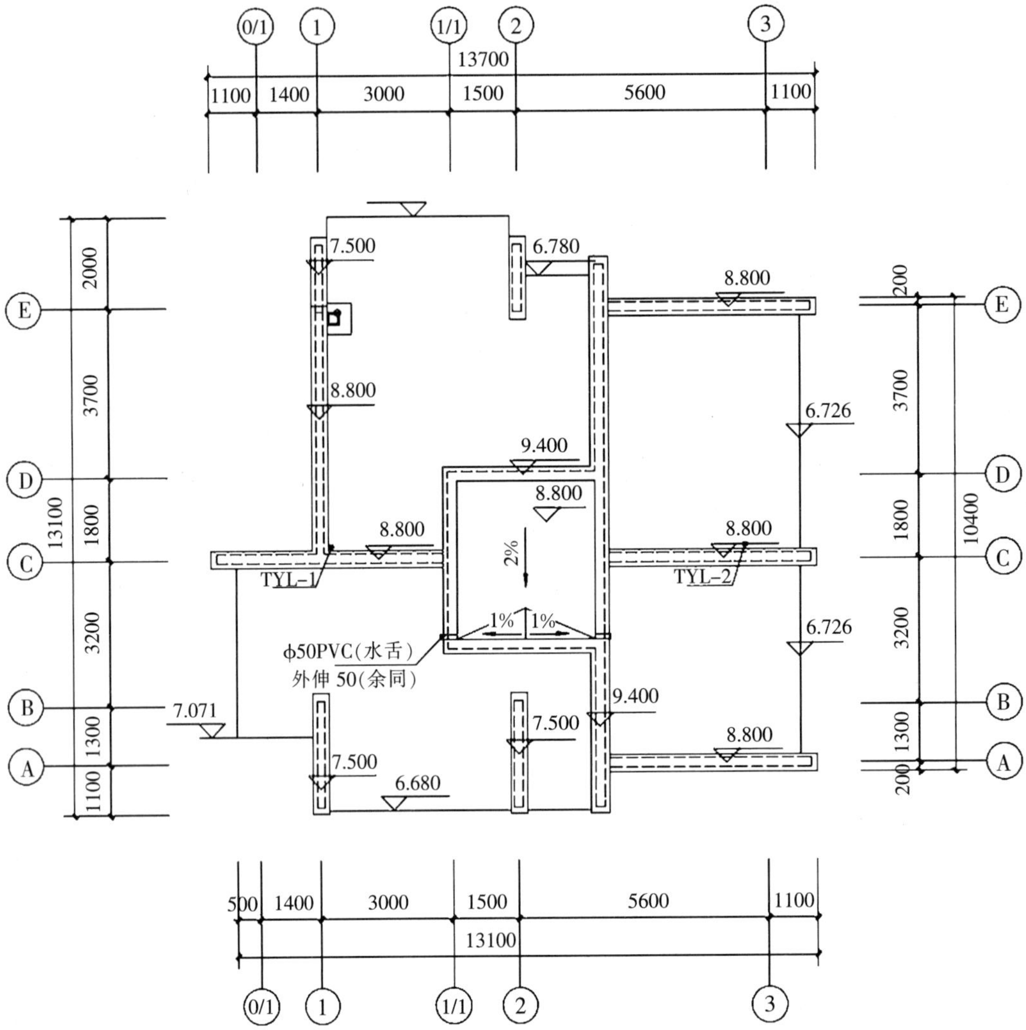

图 1－34　屋顶给排水平面图

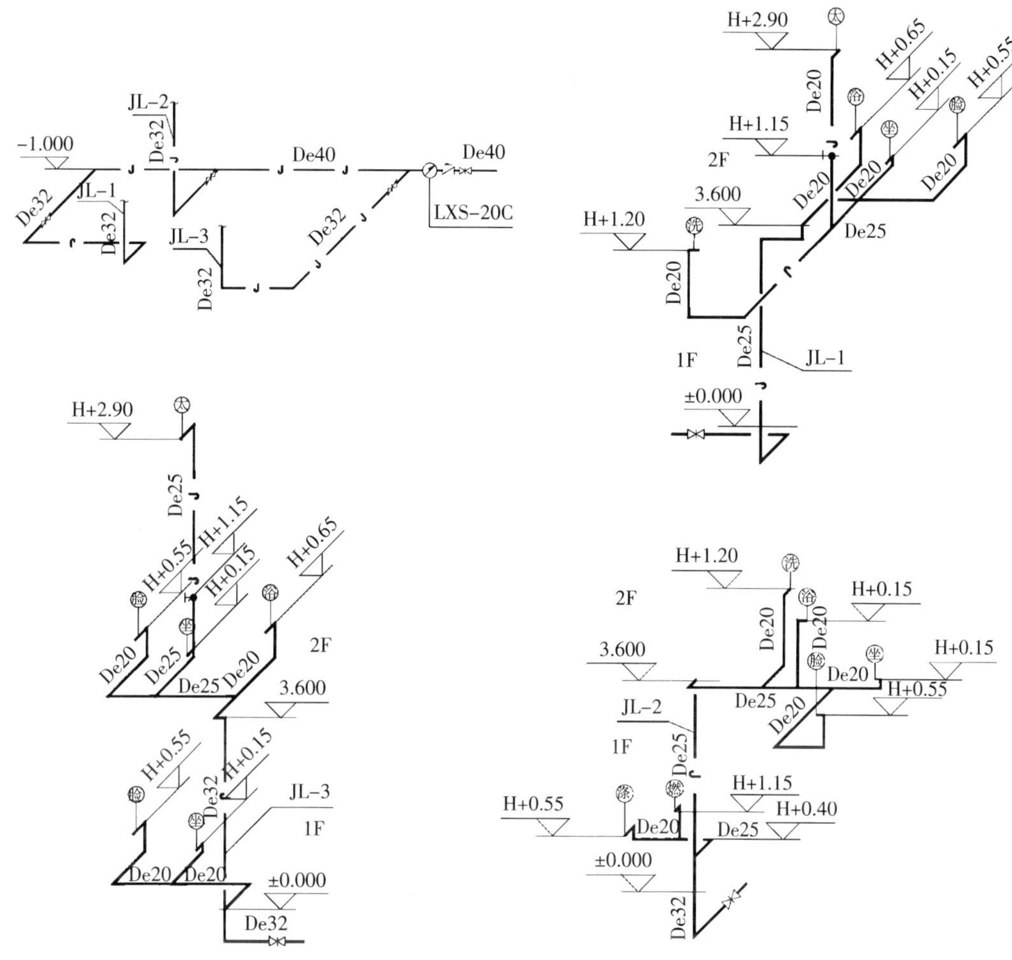

图 1 - 35　给水系统图

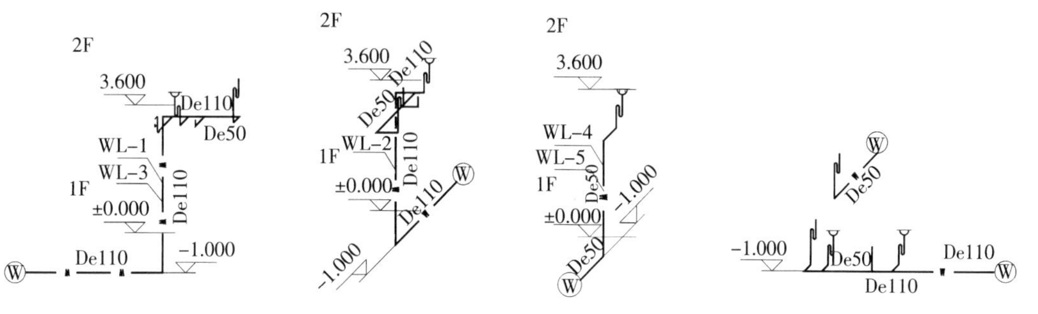

图 1 - 36　排水系统图

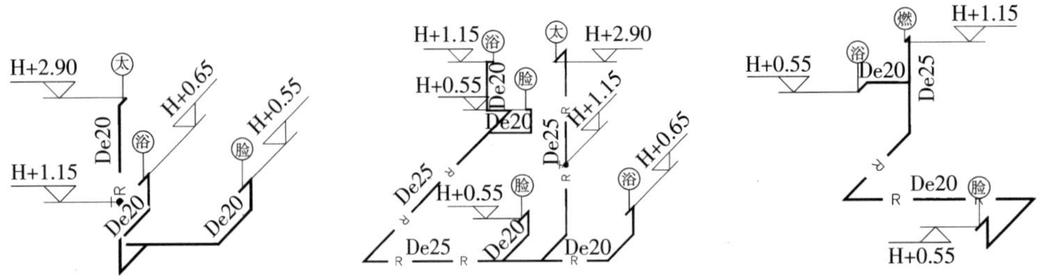

图 1-37　热水系统图

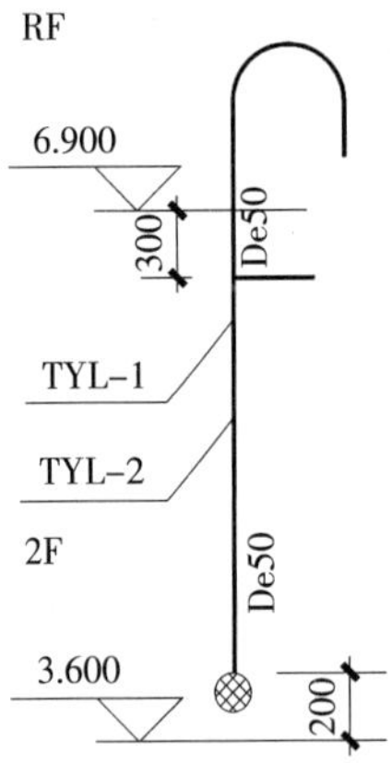

图 1-38　雨水系统图

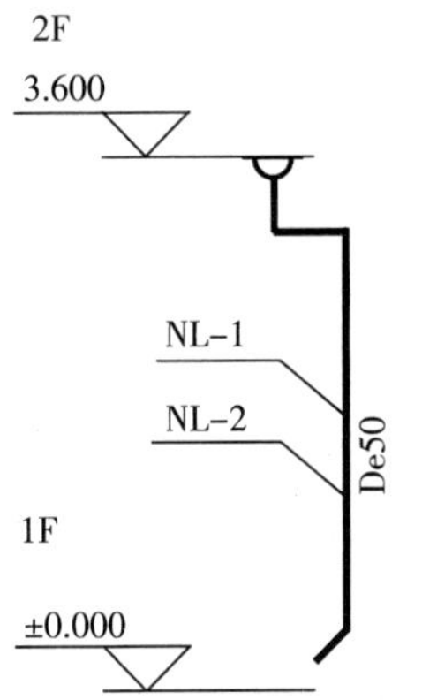

图 1-39　空调冷凝水系统图

七、项目作业

(1)室内给水系统的方式有哪些？各适用于什么条件？

(2)室内给水系统由哪几部分组成？

(3)为什么要进行分区供水？

(4)土建施工时，应如何配合管道专业做好管道孔洞和支吊架的预留和预埋？

(5)填写管道工程隐蔽验收记录。

见表1-12。

表1-12　管道工程隐蔽验收记录

<table>
<tr><td>工程名称</td><td></td><td>建设单位</td><td></td></tr>
<tr><td>分项工程名称</td><td></td><td>系统名称/编号</td><td></td></tr>
<tr><td colspan="4">设计或规范要求：</td></tr>
<tr><td colspan="4">隐蔽内容及部位：</td></tr>
<tr><td colspan="4">检查结果：

检查人：</td></tr>
<tr><td colspan="4">验收意见：

验收人：</td></tr>
<tr><td colspan="2">专业施工负责人：
施工单位项目经理：　　年　月　日</td><td colspan="2">专业监理工程师：
（建设单位项目负责人）　　年　月　日</td></tr>
</table>

项目二　建筑消防给水系统安装

一、项目描述

某 18 层办公楼，消防给水系统包括喷淋系统、消火栓系统。如图 2－1 所示给出了喷淋系统局部平面图，根据提供的平面图，对消防给水系统进行加工和安装，并完成对消防给水系统的水压试验，保证管路系统不渗漏。

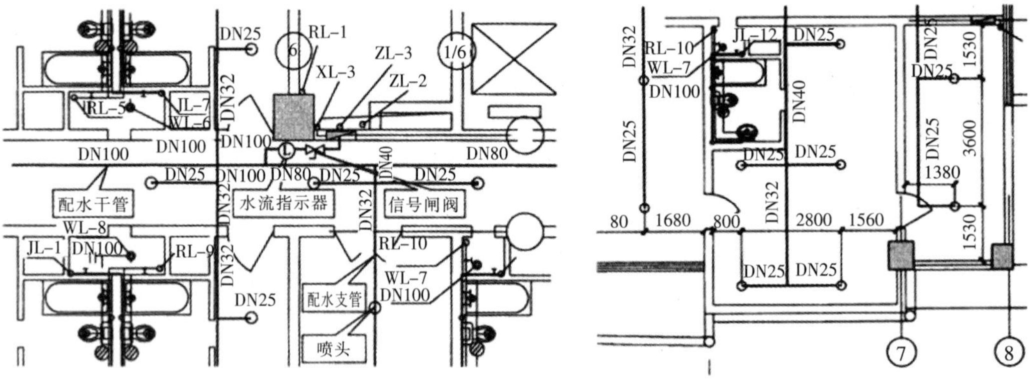

图 2－1　喷淋系统局部平面图

二、项目目标及要求

(一)项目目标

知识目标：掌握建筑消防给水系统的设置原则、消防用水量、消火栓系统组成与布置；掌握自动喷水灭火系统组成与布置，消防设备和器材。

能力目标：通过本项目的学习，能够识别建筑消防给水系统的图纸；能够进行建筑消防给水系统管道的安装；通过活动的开展，增强学习兴趣，养成自主学习的习惯。

(二)项目要求

时间要求：教学学时 12 个课时

质量要求：施工质量符合《建筑工程施工质量验收统一标准》(GB 50300—2013)、《建筑给水排水及采暖工程施工质量验收规范》(GB 50242—2002)、《自动喷水系统施工及验收规范》(GB 502461—2005)

安全要求：严格按照安全操作规程进行项目作业

文明要求：自觉按照文明生产规则进行项目作业

环保要求：努力按照环境保护要求进行项目作业

三、项目分析

通过模拟建筑消防给水系统的安装，让学生了解建筑设计防火规范的有关规定、建筑内部消防给水系统应用的条件。认识建筑消防给水系统常用管材和管件、建筑消防给水系统安装及施工验收规范，掌握消防系统安装的方法和质量要求以及消防管路的试压方法。让学生掌握自动喷水灭火系统的类型、设置要求、工作原理及适用场合等。

知识链接1　室内消防给水的设置

1. 消防系统概述

室内消防系统主要用于控制和扑灭建筑物内部的初期火灾，是保护人民生命和国家财产安全的重要组成部分。随着建筑物的发展规模在不断扩大，一旦发生火灾，火势蔓延快，人员疏散困难，扑救困难，造成火灾危害性进一步扩大，因此我们必须更加重视消防系统。

建筑物内消防系统主要分为消火栓系统和自动喷水灭火系统。消火栓系统是一种常用的消防系统，属于低档的灭火系统，需要人去操作，反应速度较慢；而自动喷水灭火系统可大大提高初期火灾灭火的成功率。

2. 应设室内消防给水系统的建筑

《建筑设计防火规范》(GB50016—2006)规定：

8.3.1　除符合本规范第8.3.4条规定外，下列建筑应设置DN65的室内消火栓：

(1)建筑占地面积大于300 m^2 的厂房(仓库)。

(2)体积大于5 000 m^3的车站、码头、机场的候车(船、机)楼、展览建筑、商店、旅馆建筑、病房楼、门诊楼、图书馆建筑等。

(3)特等、甲等剧场，超过800个座位的其他等级的剧场和电影院等，超过1 200个座位的礼堂、体育馆等。

(4)超过5层或体积大于10 000 m^3的办公楼、教学楼、非住宅类居住建筑等其他民用建筑。

(5)超过7层的住宅应设置室内消火栓系统，当确有困难时，可只设置干式消防竖管和不带消火栓箱的DN65的室内消火栓。消防竖管的直径不应小于DN65。

注：耐火等级为一、二级且可燃物较少的单层、多层丁、戊类厂房(仓库)，耐火等级为三、四级且建筑体积小于等于3 000 m^3 的丁类厂房和建筑体积小于等于5 000 m^3 的戊类厂房(仓库)、粮食仓库、金库可不设置室内消火栓。

8.3.2　国家级文物保护单位的重点砖木或木结构的古建筑，宜设置室内消火栓。

8.3.3　设有室内消火栓的人员密集公共建筑以及低于本规范第8.3.1条规定规模的其他公共建筑宜设置消防软管卷盘，建筑面积大于200 m^2 的商业服务网点应设置消防软管卷盘或轻便消防水龙。

8.3.4　存有与水接触能引起燃烧爆炸的物品的建筑物和室内没有生产、生活给水管道，室外消防用水取自储水池且建筑体积小于等于5 000 m^3的其他建筑可不设置室内消火栓。

8.5.1　下列场所应设置自动灭火系统，除不宜用水保护或灭火者以及本规范另有规定者外，宜采用自动喷水灭火系统。

(1)大于等于50 000纱锭的棉纺厂的开包、清花车间，大于等于5 000锭的麻纺厂的分级、梳麻车间，火柴厂的烤梗、筛选部位，泡沫塑料厂的预发、成型、切片、压花部位，占地面积大于1 500 m^2 的木器厂房，占地面积大于1 500 m^2 或总建筑面积大于3 000 m^2 的单层、多层制鞋、制衣、玩具及电子等厂房，高层丙类厂房，飞机发动机试验台的准备部位，建筑面积大于500 m^2 的丙类地下厂房。

(2)每座占地面积大于1 000 m^2 的棉、毛、丝、麻、化纤、毛皮及其制品的仓库，每座占地面积大于600 m^2 的火柴仓库，邮政楼中建筑面积大于500 m^2 的空邮袋库，建筑面积大于500 m^2 的可燃物品地下仓库，可燃、难燃物品的高架仓库和高层仓库(冷库除外)。

(3)特等、甲等或超过1 500个座位的其他等级的剧院，超过2 000个座位的会堂或礼堂，超过3 000个座位的体育馆，超过5 000人的体育场的室内人员休息室与器材间等。

(4)任一楼层建筑面积大于1 500 m^2 或总建筑面积大于3 000 m^2 的展览建筑、商店、旅馆建筑以及医院中同样建筑规模的病房楼、门诊楼、手术部，建筑面积大于500 m^2 的地下商店。

(5)设置有送回风道(管)的集中空气调节系统且总建筑面积大于3 000 m^2 的办公楼等。

(6)设置在地下、半地下或地上四层及四层以上或设置在建筑的首层、二层和三层且任一层建筑面积大于300 m^2 的地上歌舞娱乐放映游艺场所(游泳场所除外)。

(7)藏书量超过50万册的图书馆。

知识链接2 消防用水量

消防用水量是指建筑室内外消防设施、消防系统等在火灾时单位时间内的用水量，以及在整个火灾延续时间内的灭火用水量，是消防设备、消防系统的供水能力和消防贮水量的设计依据。

消防用水总量包括室外消防用水量和室内消防用水量，即包括建筑室内外消火栓用水量和自动喷水灭火系统用水量。当建筑设有自动喷水灭火系统和水幕系统时，取同时启用的两者用水量计算中的最大值，而不是累加计算。

1. 室外消防用水量

民用建筑室外消防用水量是指供消防车取水控制和扑灭建筑物的火灾，或通过消防水泵接合器向室内管网供水的用水量。

(1)建筑室外消防用水量。

①民用建筑和仓库的室外消防用水量按在同一时间内的火灾次数为1次确定。

②多层民用建筑室外消火栓用水量根据建筑物体积和耐火等级确定。

③高层民用建筑室外消火栓用水量根据建筑物的分类、高度和使用性质，按高层民用建筑设计防火规范中的规定确定。

④单独建造的汽车库、停车场和修车库的最小室外消防用水量为：

Ⅰ、Ⅱ类汽车库　　20 L/s　　Ⅲ类汽车库　　15 L/s

Ⅳ类汽车库　　10 L/s

(2)建筑火灾延续时间和室外消防用水总量。火灾延续时间应根据建筑和灭火设施类型确定。如一般多层民用建筑火灾延续时间按2 h计算，自动喷水灭火系统按1 h计算。

对于一般民用建筑，火灾延续时间内的室外消防用水量为室外消火栓用水量和火灾延续时间的乘积。

2. 室内用水量

(1)室内消火栓用水量。室内消火栓用水量为同时使用的水枪流量之和。水枪流量与充实水柱和栓口压力有关，应通过计算确定。防火规范中对室内消火栓最小消防用水量、同时使用水枪数量、每支水枪最小流量和每根立管最小流量进行了明确规定。

采用同一室内消火栓系统的多功能建筑，其用水量按最大使用功能的用水量确定；对设有非专业消防人员使用的小口径消火栓设备的用水量，如消防卷盘和消防水喉，其用水量不计入用水总量中；多栋不同类型和高度的建筑物合用消火栓系统时，其用水量应按最大一栋建筑物的用水量确定。

(2)自动喷水灭火系统用水量。影响民用建筑自动喷水灭火系统消防用水量的因素有建筑物类型、火灾危险等级、喷水强度、作用面积、喷头工作压力、最大净空高度等。

自动喷水灭火系统消防用水量应按《自动喷水灭火系统设计规范》(GB 50084—2001)的规定，按最不利点处作用面积内喷头同时喷水的总流量经计算确定；水幕系统、开式雨淋系统的用水量应按同时使用的雨淋阀控制喷头的流量之和确定。

四、项目实施

(一)项目流程

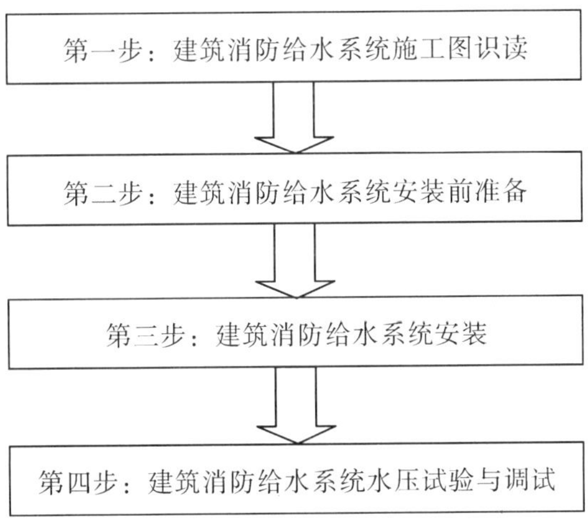

(二)项目实施过程

任务一　建筑消防给水系统施工图识读

建筑给排水施工图一般由图纸目录、主要设备材料表、设计说明、图例、平面图、系统图(轴测图)、施工详图等组成。

1.1　任务目标

(1)能够识读建筑消防给水的系统图、平面图、施工详图等。

(2)能够把施工图的内容应用到实际的安装过程中。

1.2 相关知识

知识链接3 消火栓系统组成

室内消火栓给水系统由消火栓、管网及附件、贮水设备、增压设备和消防水泵接合器等组成。主要给水系统形式有：设有水箱、水泵接合器的消火栓给水系统，如图2-2所示；设有水箱、水泵接合器、水泵和水池的消火栓给水系统，如图2-3所示；分区消防给水方式，如图2-4、图2-5、图2-6所示；消防系统减压阀分区给水方式，如图2-7所示。

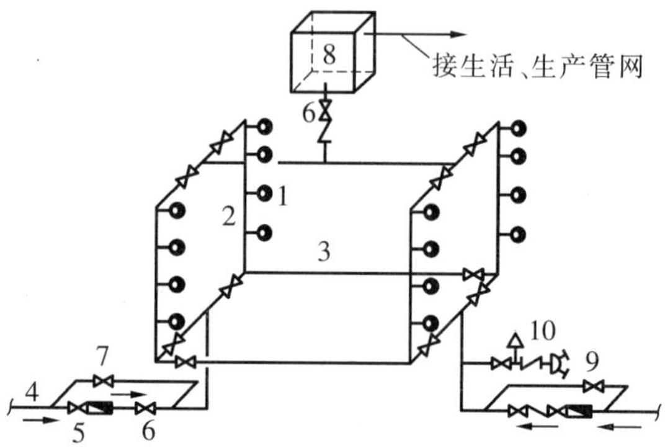

图2-2 设有水箱、水泵接合器的消火栓给水系统

1—室内消火栓 2—消防立管 3—环状水平干管 4—引入管 5—水表 6—阀门 7—旁通管 8—消防水箱 9—消防水泵接合器 10—安全阀

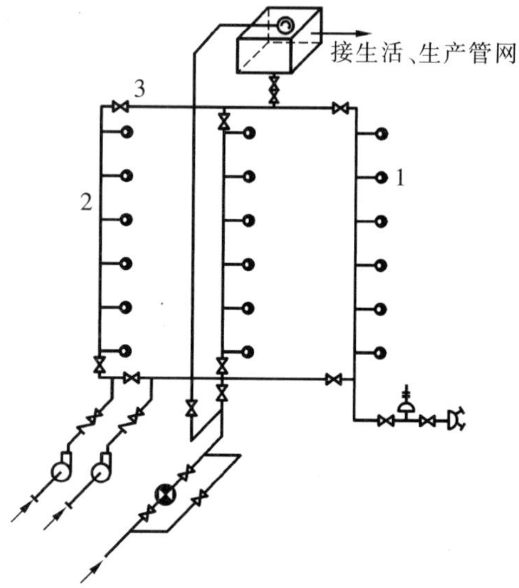

图2-3 设有消防水泵和水箱的消火栓给水方式

1—室内消火栓 2—消防立管 3—水平干管

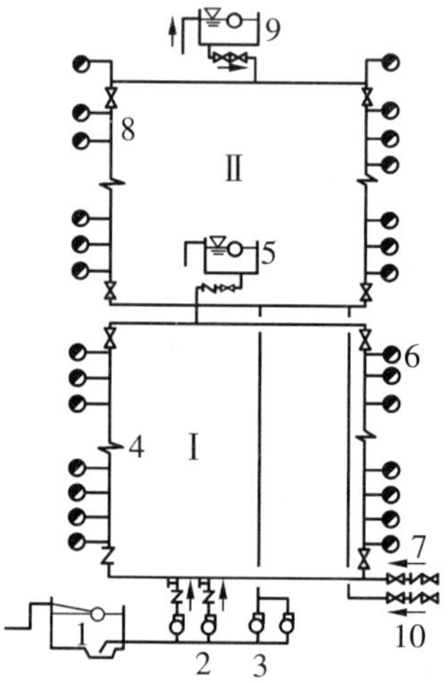

图2-4 并联分区消火栓供水方式

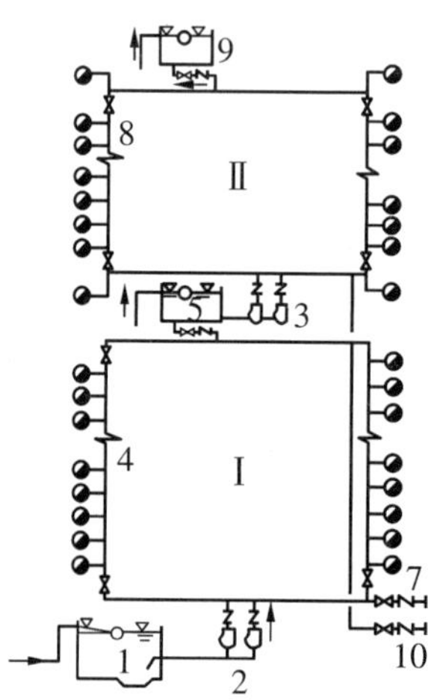

图2-5 串联分区消火栓供水方式

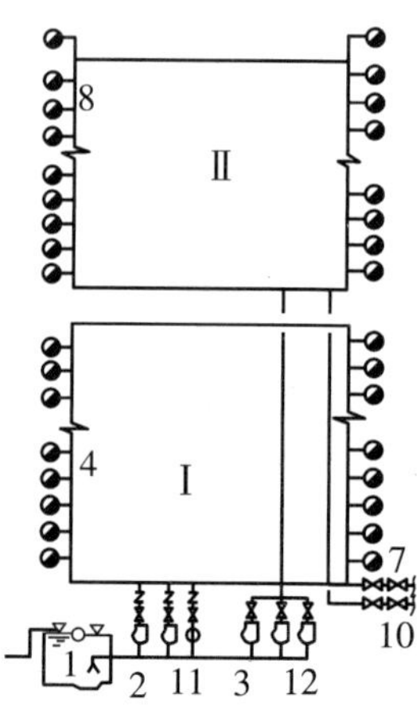

图2-6 无水箱消火栓供水方式

1—消防水池 2—低压水泵 3—高压水泵 4—消防立管(低压) 5—高位水箱(低压) 6—室内消火栓 7—阀门组(低) 8—高压消防立管 9—高压变水箱 10—高压阀门组 11—低压稳压泵 12—高压稳压泵

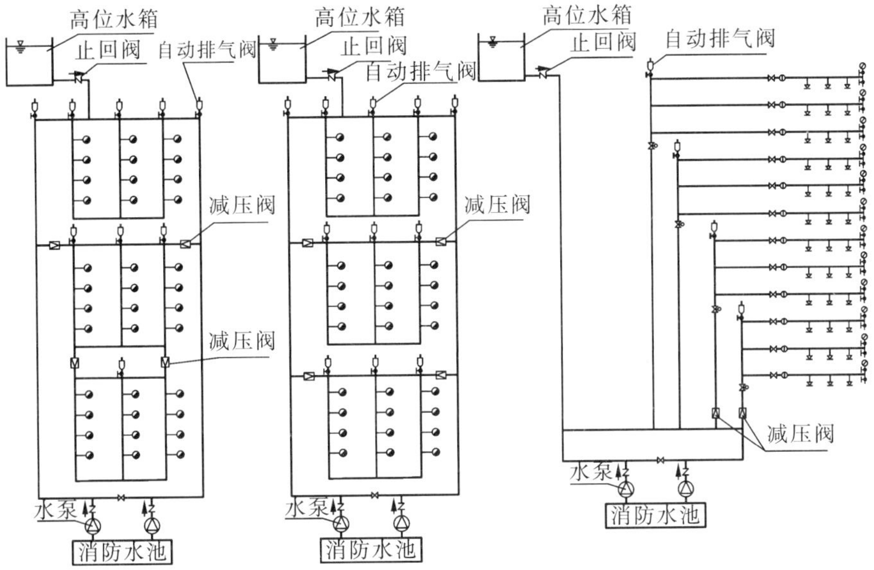

图 2-7　消防系统减压阀分区给水方式

1. 贮水设备

消防贮水设备包括水池和高位水箱。

(1)消防水池。当给水管网和天然水源均不能满足消防用水量的要求时，应设消防水池。多层民用建筑的水池容积大于或等于 1 000 m^3 或高层建筑水池容积大于或等于 500 m^3 时，应分设成两个。消防水池与其他用水合用时，应有保证消防水量不被他用的技术措施。如果水池存有室内外消防用水量，应有供消防车取水的取水口或取水井。消防车吸水高度应小于或等于 6 m，取水口(井)距被保护的高层建筑外墙应大于或等于 5 m，且不宜超过 10 m，与被保护的多层建筑外墙间距应大于或等于 15 m。多层建筑消防水池的保护半径应小于或等于 150 m。

(2)消防水箱。消防水箱的主要作用是保证灭火初期火灾的用水量和灭火设备的必要水压，高位消防水箱的贮水量应满足要求。

高位水箱安装高度应满足与最不利点处消防设施的最小高差的要求，100 m 以下的高层民用建筑为 7 m。如图 2-8 所示。

图 2-8　消防水箱

2. 稳压增压设备

当高位水箱安装高度不能满足最不利点处消防设施的最小水压要求时，应设稳压增压设备；对于自动喷水灭火系统，若设置水箱有困难时，可在低位设稳压增压设备。稳压增压设备由气压罐、增压水泵和管道附件等组成。

3. 消防水泵接合器

水泵接合器由消防接口、止回阀、安全阀、闸阀等组成，可分为地上式和地下式。其作用是当室内消防水泵发生故障或遇大火，室内消防水量不足时，消防车从室外消火栓取水，通过水泵接合器向室内消防管网输水灭火。每个消防水

图 2-9 水泵接合器

泵接合器的流量为 10～15 L/s。如图 2-9 所示。

(1)下列系统中应设置水泵接合器。

①设有消防管网的住宅消火栓系统。

②超过 5 层的其他民用建筑的消火栓系统。

③高层民用建筑的消火栓系统。

④4 层以上多层(高层)汽车库、地下车库的消火栓系统。

⑤自动喷水灭火系统。

(2)水泵接合器的设置原则。

①水泵接合器宜采用地上式，采用地下式时应有明显标志，不得与室外消火栓混同。

②在有竖向分区的消防给水系统中，应分别按每个分区进行设置。

③应设在室外便于消防车使用的地方，距消防水池和室外消火栓宜为 15～40 m。

④距人防入口宜大于或等于 5 m。

⑤设置数量应按各消防给水系统的用水量进行计算。

知识链接 4　高层建筑消防给水系统分区

当建筑高度超过 50 m 或建筑物最低处消火栓静水压力超过 0.80 MPa 时，室内消火栓系统难以得到消防车的供水支援，宜采用分区给水方式。常见的有并联供水方式、串联供水方式和设置减压阀供水方式，如图 2-4 至图 2-7 所示。

知识链接 5　消火栓

室内消火栓(箱)的主要组成部件包括消火栓箱、消火栓、直流水枪、水龙带及其接口、挂架、消防按钮和消防卷盘等，如图 2-10 所示。

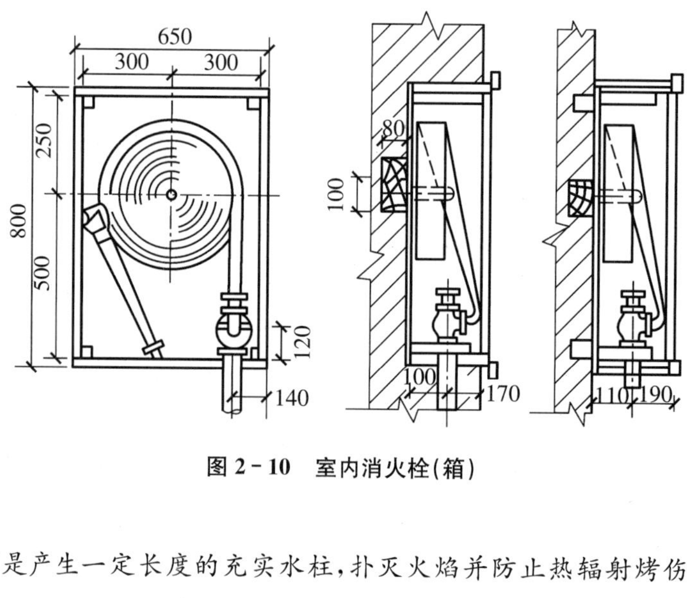

图 2-10 室内消火栓(箱)

1. 水枪

水枪的作用是产生一定长度的充实水柱，扑灭火焰并防止热辐射烤伤消防人员，如图

2－11所示。充实水柱长度直接影响灭火效果，如图 2－12 所示，应经过计算确定。

规范中规定了最小充实水柱长度如下。

(1)多层建筑：室外消火栓充实水柱不小于 10 m；室内消火栓一般不小于 7 m；但甲、乙类厂房，超过 6 层的民用建筑，超过 4 层的厂房和库房内不小于 10 m；高层工业建筑、高架库房内不小于 13 m。

(2)高层民用建筑：建筑高度不超过 100 m 时不小于 10 m，建筑高度超过 100 m 时不小于 13 m。

水枪用铝或铜制成，其出口口径有 13 mm、16 mm 和 19 mm 三种。水枪与水龙带接口口径有 50 mm 和 65 mm 两种，在选择时应根据消防水量和充实水柱长度确定，但高层建筑的水枪口径不得小于 19 mm。

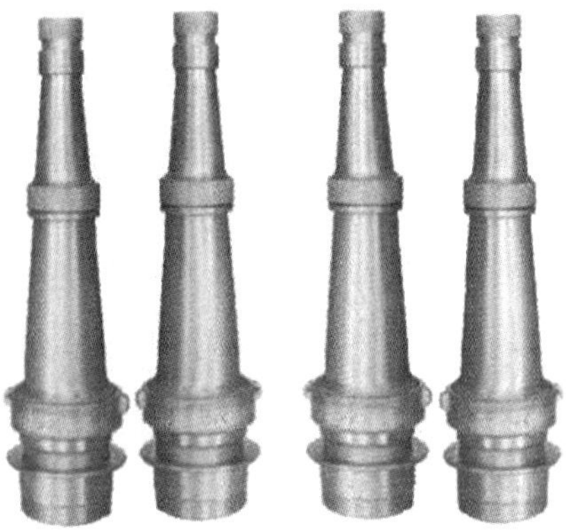

图 2－11　消防水枪

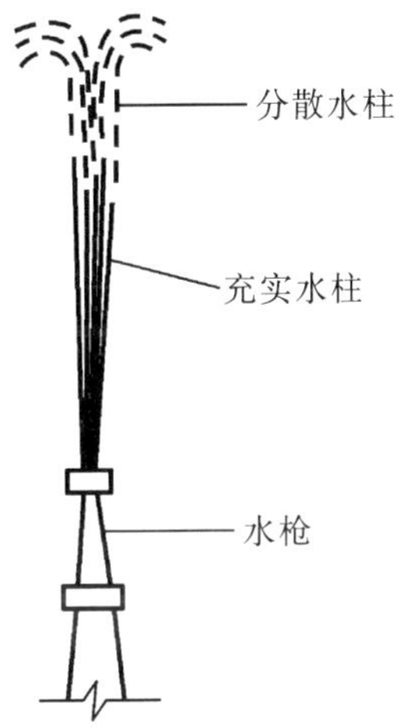

图 2－12　充实水柱长度

2. 水龙带

水龙带是麻质衬胶或涤纶聚氨酯衬里材料制成的输水软管，两端带铝制水龙带接口。其口径有 50 mm 和 65 mm 两种，长度有 10 m、15 m、20 m 和 25 m 4 种。同一建筑物内应采用统一规格的消火栓、水枪和水带，每根水带长度不应超过 25 m。

3. 消火栓

消火栓是带内扣式接口的阀门，一端接消防管网，另一端接水带。分为室内和室外消火栓，如图 2－13 所示，室内消火栓又分单栓口和双栓口。室内消火栓有 50 mm 和 65 mm 两种规格。高层建筑内的栓口直径应采用 65 mm。

4. 消防按钮

消防按钮设于临时高压给水系统中，如高层建筑和水箱不能满足最不利点消火栓的多层建筑。为及时启动消防水泵，每个消火栓处均应设置直接启动消防水泵的按钮。消防按钮应有保护措施，如设在消火栓内或带有玻璃的壁龛内。

5. 消防卷盘

消防卷盘用于扑灭在普通消火栓正式使用前的初期火灾，一般用于火灾初期的自救，由非消防专业人员使用。其栓口直径宜为 25 mm，配备的胶带内径不小于 19 mm，喷嘴口径不小于 6 mm。

室外消火栓分地下式和地上式两种，每个消火栓的用水量为10～15 L/s。

地上式消火栓规格为直径100 mm和150 mm并带直径为65 mm的两个栓口；地下式消火栓应有直径为100 mm和65 mm的栓口各一个，设置时应有明显标志。室外消火栓栓口压力不应低于10 m水柱，如图2－13所示。

图2－13　室外消火栓

知识链接6　室内消火栓的设置

1. 栓口压力要求

最低压力应满足灭火所需的充实水柱的要求。

最高压力应满足下列要求：

(1)消火栓栓口静压应小于或等于0.80 MPa，否则应采取分区给水系统。

(2)消火栓栓口出水压力应小于或等于0.50 MPa，否则应在消火栓处设减压装置，如减压孔板或减压阀。

2. 室内消火栓的设置

(1)室内消火栓的设置最大间距应符合表2－1的要求。

表2－1　消火栓的设置最大间距

建筑物类型	消火栓最大间距(m)	建筑物类型	消火栓最大间距(m)
多层民用建筑	50	高层民用建筑	30
地上多层汽车库		高层地下车库	
高层民用建筑裙房		同时使用水枪数量为2支的人防工程	
同时使用水枪数量为1支的人防工程			

(2)室内消火栓一般设置在下列部位：除无可燃物的设备层外均应设置，消防电梯前室，应设在走道、楼梯附近等明显和易于取用的场所，冷库内应设在常温穿堂或楼梯间内，多层或高层民用建筑的平屋顶(或顶层和水箱间等地)上应设置实验消火栓，如图2－14所示。

(3)栓口距地1.1 m，出水方向与墙面成90°角。

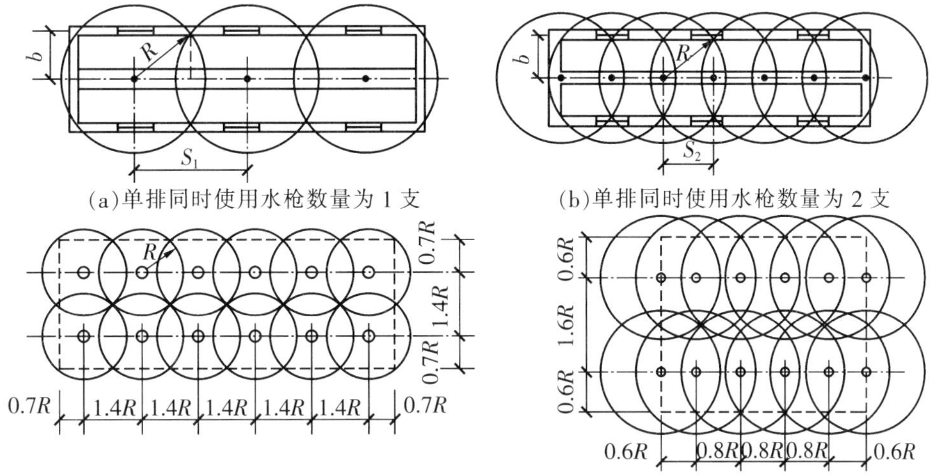

(a)单排同时使用水枪数量为 1 支　(b)单排同时使用水枪数量为 2 支　(c)双排同时使用水枪数量为 1 支　(d)双排同时使用水枪数量为 2 支

图 2-14　室内消火栓的设置间距

知识链接 7　自动喷水灭火系统分类

1. 分类

自动喷水灭火系统的类型如表 2-2 所示，选择时应考虑环境温度、保护目的、火灾燃烧特性、空间大小和喷头特性等因素。

表 2-2　自动喷水灭火系统的分类、作用和适用范围

<table>
<tr><th colspan="3">分类</th><th>作用</th><th>适用范围</th><th>报警阀组类型</th><th>喷头类型</th></tr>
<tr><td rowspan="4">闭式</td><td colspan="2">湿式系统</td><td rowspan="8">控火灭火，暴露防护</td><td>常温 4～70℃</td><td>湿式</td><td rowspan="4">闭式喷洒喷头</td></tr>
<tr><td colspan="2">干式系统</td><td>>4℃
<70℃</td><td>干式</td></tr>
<tr><td rowspan="2">预作用系统</td><td>1</td><td>严禁管道漏水和误喷</td><td>雨淋+湿式</td></tr>
<tr><td>2</td><td>替代干式</td><td>雨淋</td></tr>
<tr><td>闭式或开式</td><td colspan="2">自动喷水与泡沫联用系统</td><td>多易燃液体</td><td>各类报警阀组</td><td>闭式或者开式喷洒喷头，水雾喷头</td></tr>
<tr><td rowspan="4">开式</td><td colspan="2">雨淋系统</td><td>火灾水平蔓延快，净空高且需要快速灭火，严重危险Ⅱ级场所</td><td rowspan="4">雨淋</td><td>开式洒水喷头</td></tr>
<tr><td colspan="2">水喷雾系统</td><td>用于固体、液体、气体、电气火灾</td><td>水雾喷头</td></tr>
<tr><td rowspan="2">水幕系统</td><td>防火分隔</td><td>小于或等于 15 m×18 m 开口处</td><td>开式或水雾喷头</td></tr>
<tr><td>防护冷却</td><td>隔绝防护</td><td>防火卷帘或防火幕</td><td>水雾喷头</td></tr>
</table>

2. 几种典型系统图式

(1)湿式自动喷水灭火系统，如图 2-15 所示。

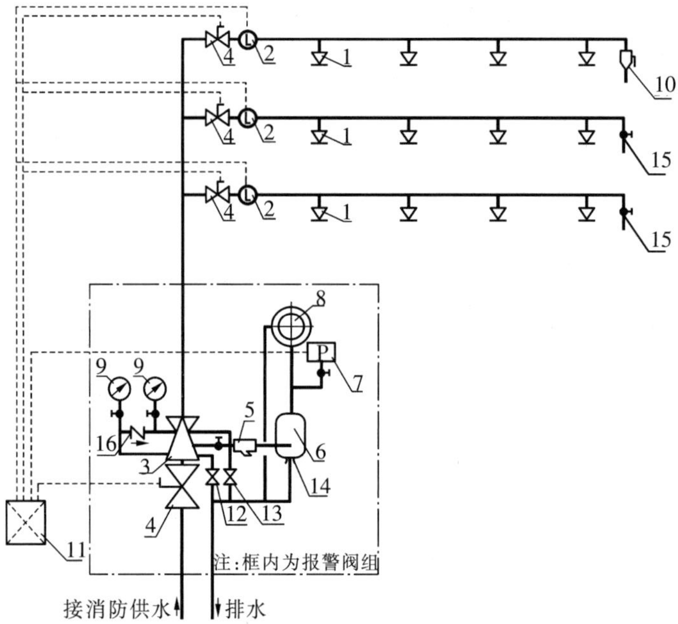

图 2-15　湿式自动喷水灭火系统示意图

1—闭式喷头　2—水流指示器　3—湿式报警阀　4—信号阀　5—过滤器　6—延迟器　7—压力开关　8—水力警铃　9—压力表　10—末端试水装置　11—火灾报警控制器　12—泄水阀　13—实验阀　14—节流器　15—试水阀　16—止回阀

(2)干式自动喷水灭火系统,如图 2-16 所示。

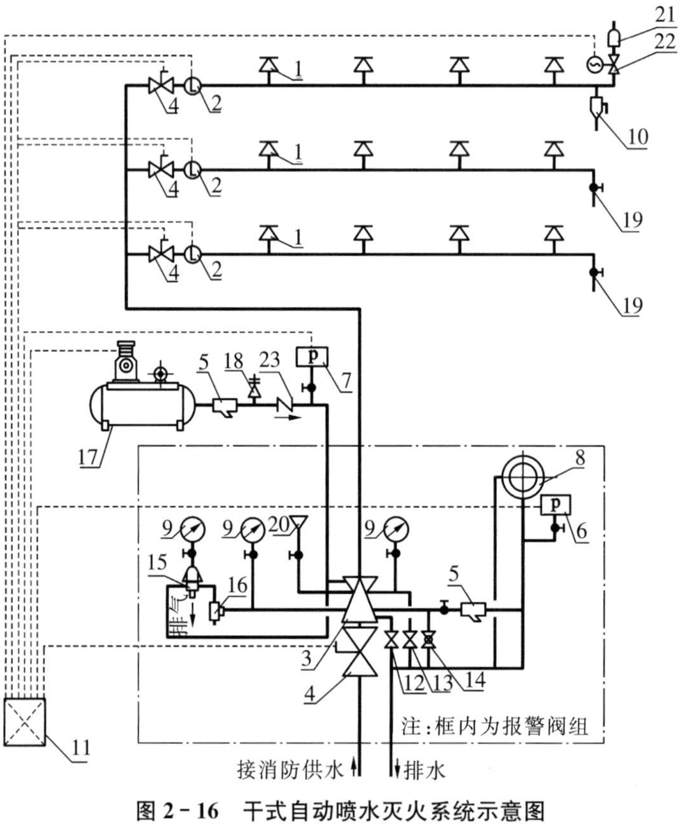

图 2-16　干式自动喷水灭火系统示意图

主要部件与湿式自动喷水灭火系统不同的是：

14—自动滴水球阀　15—加速器　16—抗洪装置　17—空压机　18—安全阀　19—注水口　21—快速排气阀　22—电动阀　23—止回阀

(3)水幕系统，如图 2 - 17 所示。

(4)水喷雾灭火系统，如图 2 - 18 所示。

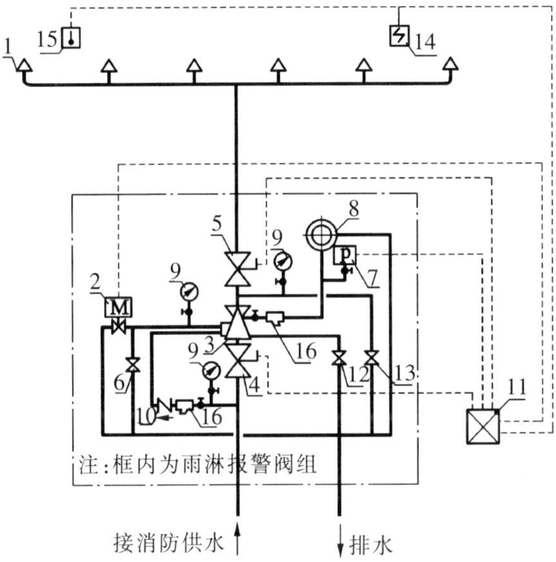

图 2 - 17　水幕系统示意图

1—开式喷头　2—电磁阀　3—雨淋报警阀
4—信号阀　5—试验信号阀　6—手动开启阀
7—压力开关　8—水力警铃　9—压力表
10—止回阀　11—火灾报警控制器　12—泄水阀
13—实验阀　14—烟感　15—温感　16—过滤器

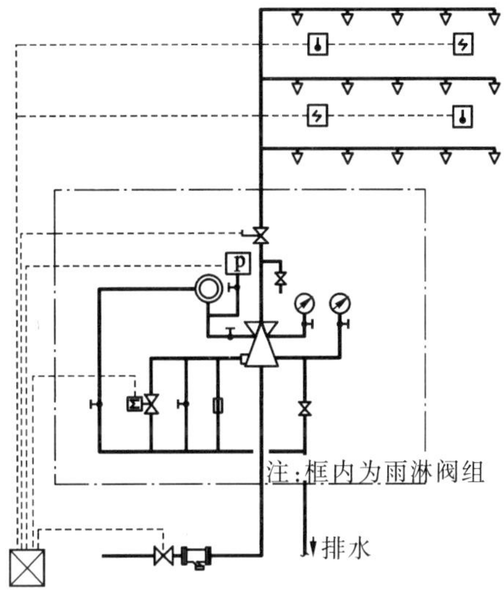

图 2 - 18　水喷雾灭火系统示意图

知识链接 8　自动喷水灭火系统工作流程

自动喷水灭火系统工作流程如下：

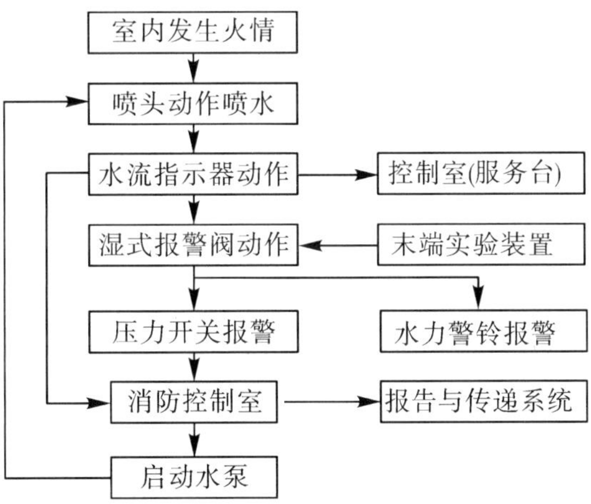

1.3 任务实施

1. 平面图的识读

(1)首先应阅读设计说明,熟悉图例、符号,明确整个工程给排水概况、管道材质、连接方式、安装要求等。

(2)给水平面图识读时应按供水方向分系统并分层识读。

①对照图例、编号、设备材料表明确供水设备的类型、规格数量,明确其在各层安装的平面定位尺寸,同时查清选用标准图号。

②明确引入管的入口位置,与入口设备水池、水泵的平面连接位置。

③明确给水干管在各层的走向、管道敷设方式、管道的安装坡度、管道的支承与固定方式。

④明确给水立管的位置、立管的类型及编号情况,各立管与干管的平面连接关系。

⑤明确横支管与用水设备的平面连接关系,明确敷设方式。

2. 系统图的识读

给水系统图的识读从入口处的引入管开始,沿干管、最远立管、最远横支管和用水设备识读,再按立管编号顺序依次识读各分支系统。

(1)引入管的标高,引入管与入口设备的连接高度。

(2)干管的走向、安装标高、坡度、管道标高变化。

(3)各条立管上连接横支管的安装标高、支管与用水设备的连接高度。

(4)明确阀门、调压装置、报警装置、压力表、水表等的类型、规格及安装标高。

3. 详图的识读

详图识读时可参照以上有关平面图、系统图识读方法进行,但应注意将详图内容与平面图及系统图中的相关内容相互对照,建立系统整体形象。

任务二 建筑消防给水系统安装前准备

建筑消防给水系统安装前,首先要知道工作的条件,立管、干管、支管安装的顺序及要求,其次要按照施工图纸准备好适合的管材、管件、附件等,最后准备好安装需要的主要机具。

2.1 任务目标

(1)将施工的作业环境符合消防系统安装的要求。

(2)能够按照图纸准备好安装所需要的材料、安装用的工具。

2.2 相关知识

知识链接9 自动喷水灭火系统组件

1. 喷头及其布置

(1)洒水喷头起灭火作用,标准喷头公称直径为 15 mm,流量系数 $K=80$。有闭式和开式两大类,闭式有玻璃球和易熔合金两种;按系统不同可分为洒水喷头、水雾喷头和水幕喷头三种。闭式喷头如图 2-19 所示。

(2)水雾喷头是在一定水压作用下,利用离心和撞击原理将水分解成细小的水滴来灭火的喷头。

(3)水幕喷头为开式喷头，喷水时形成带形水幕或水帘，只起防火分隔和冷却防火分隔物的作用，无灭火功能。分为直立型和下垂型，直立型侧向喷水布水，下垂型向下喷水布水。

(4)安装喷头不得对喷头进行拆装和改动，宜采用专用的弯头、三通，并严禁对喷头附加任何装饰性涂层；若喷头直径小于 10 mm，应在配水干管或支管上设过滤器。

(5)当通风管宽度大于 1.2 m 时，喷头应安装在风管腹面以下；当喷头溅水盘高于附近梁底或高于宽度小于 1.2 m 的风管腹面时，喷头高于梁底或风管腹面的最大垂直距离应符合要求。

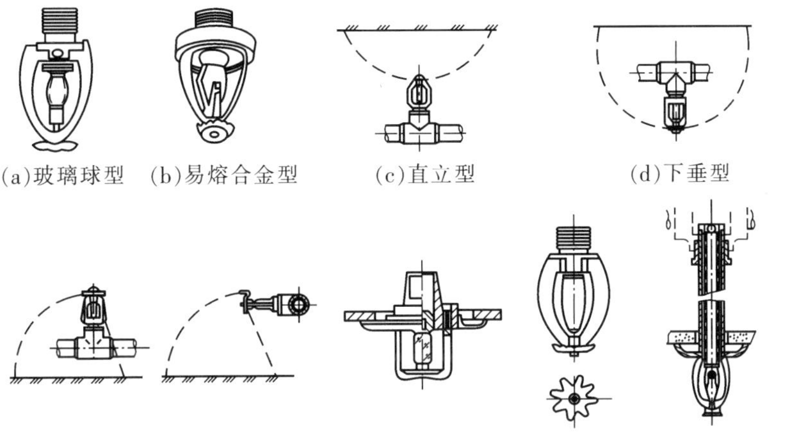

(a)玻璃球型　(b)易熔合金型　(c)直立型　(d)下垂型

(e)边墙直立型与边墙水平型　(f)吊顶装饰型　(g)普通型　(h)吊顶隐蔽型

图 2-19　闭式喷头构造示意图

(6)当喷头安装在不到顶的隔断附近时，喷头与隔断的水平距离和最小距离应符合表 2-3 的要求。

表 2-3　喷头与隔断的水平距离和最小距离

水平距离(mm)	150	225	300	375	450	600	750	>900
最小垂直距离(mm)	75	100	150	200	236	313	336	450

(7)湿式系统、预作用系统不宜超过 800 只，干式系统不宜超过 500 只；喷头与每个报警阀组供水的最高与最低位置高差不宜大于 50 m；当喷头同时保护吊顶的上方和下方时，应只将数量较多一侧的喷头计入报警阀组控制的喷头总数。

(8)喷头的布置应根据天花板、吊顶的装修要求，可以布置成正方形、矩形和菱形三种形式；水幕喷头的布置要求应呈线状，根据隔离强度要求可布置成单排、双排和防火带形式。如图 2-20 所示为喷头布置的基本形式。

(9)喷淋管网系统应根据建筑平面的具体情况布置成侧边式和中央式两种形式，如图 2-21 所示。

2. 报警阀组及其布置

如图 2-22 所示为三种典型的报警阀，报警阀组的安装应符合下列要求。

(1)报警阀组应安装在便于操作和观察的位置，距地高度宜为 1.2 m，两侧与墙距离大于或等于 0.5 m，正面与墙距离大于或等于 1.2 m，室内地面应有排水设施。

(2)雨淋阀组的电磁阀入口应设过滤器；并联设置雨淋阀组的雨淋系统，雨淋阀控制腔入口应设止回阀。

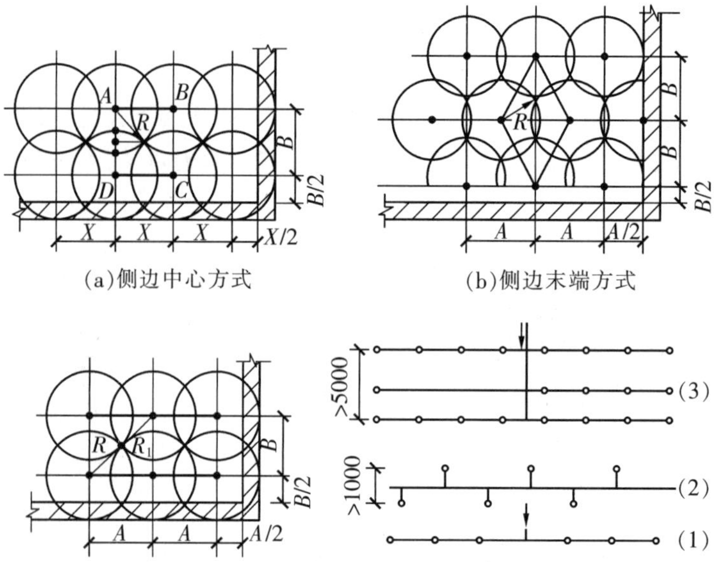

(a)侧边中心方式　(b)侧边末端方式

(c)中央中心方式　(d)中央末端方式

图 2-20　喷头布置的几种形式

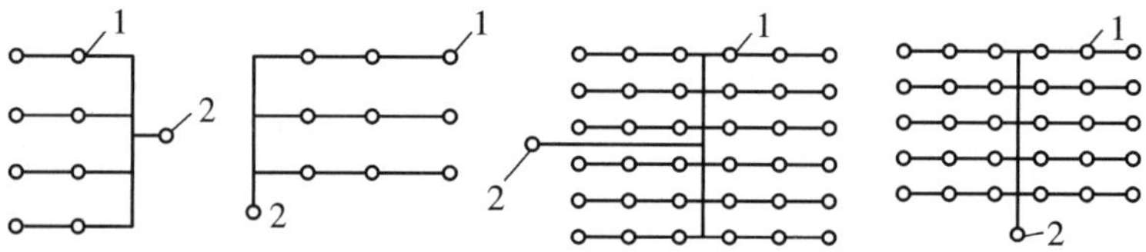

(a)侧边中心方式　(b)侧边末端方式　(c)中央中心方式　(d)中央末端方式

图 2-21　管网布置的形式

(3)报警阀上压力表等观测仪表的安装应便于观察;水源控制阀、排水管和试验阀等手动装置的安装应便于操作,且水源控制阀应有明显开闭标志和可靠锁定设施;湿式报警阀中的过滤器应安装在便于排渣操作的位置。

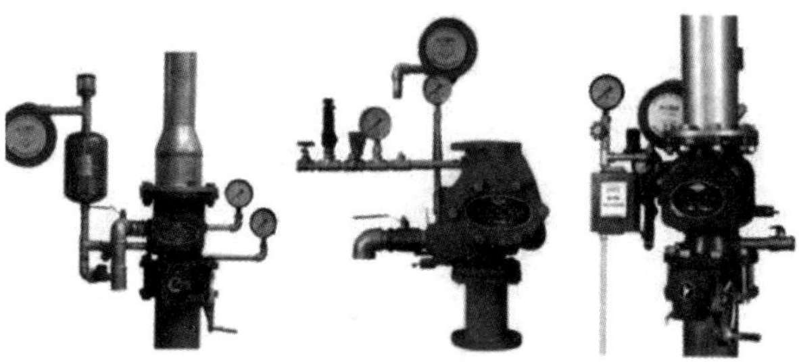

湿式　　干式　　雨淋式

图 2-22　报警阀组

3. 其他组件

(1)水力警铃应安装在公共通道或值班室附件的外墙上,且应有检修和测试用的阀门。

(2)水流指示器应在管道试压冲洗合格后,竖直安装在水平管上;信号阀安装在水流指示器前的管道上，两者间距大于或等于 300 mm。每个防火分区、每个楼层均应设水流指示器；仓库内顶板下喷头与货架内喷头应分别设置水流指示器。

(3)末端试水装置宜安装在系统管网或分区管网的末端。

(4)压力开关是一种水压传感式继电器，与水力警铃一起统称为水力报警器，安装在水力警铃前。当水流进入后，触点闭合，发出电信号并输入报警控制箱，从而启动消防水泵。如图 2－23 至图 2－26 所示。

图 2－23　水力警铃

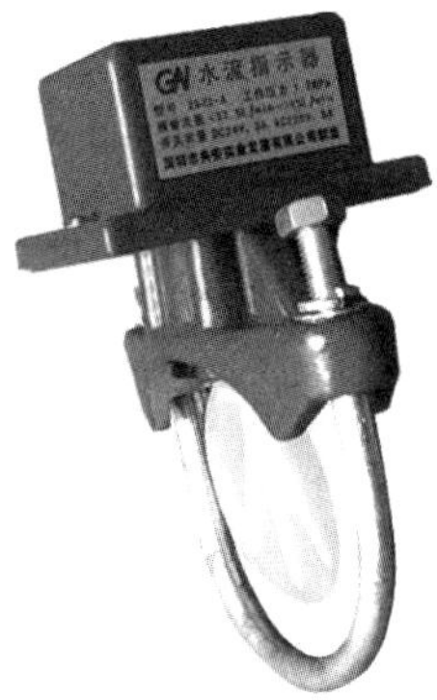

图 2－24　水流指示器

图 2－25　压力开关

图 2－26　延迟器

2.3　任务实施

1. 作业条件

(1)根据施工方案安排好适当的现场工作场地，工作棚、料具库，在管道层、地下层操作时，接通照明灯。

(2)配合土建施工进度做好各项预留孔洞、管槽、吊卡架及预埋套管。浇注楼板孔洞、堵抹墙洞工作应在土建装修工程前完成。

(3)在各项预制加工项目进行前要根据安装测绘草图及材料计划，将需用材料、设备的型号、质量和数量确认合格并准备运到现场。

(4)明装托、吊干管安装必须在安装层的结构顶板完成后进行。将管线安装位置的模板及杂物清理干净，托吊卡件均已安装牢固，位置正确。

(5)立管安装宜在主体结构完成后进行。高层建筑在主体结构达到安装条件后，适当插入进行。每层均应有明确的标高线，暗装竖井管道，应把竖井内的模板及杂物清除干净，并有防坠落安全措施。

(6)支管安装应在墙体砌筑完毕、墙面未装修前进行(包括暗装支管)。

2. 材料准备

现场材料验收。镀锌钢管的管壁厚度、椭圆度等允许偏差应符合国家标准;卡箍连接件规格数量符合要求,无明显的损伤等缺陷并应附有质量证明材料。

(1)镀锌给水管及管件质量标准应执行GB/T3091。其规格种类应符合设计要求,管内外镀锌均匀,无锈蚀,无毛刺。管件无偏扣、乱扣、丝扣不全或角度不准等现象。将几个相同直径的管件串起来,看是否乱扣、偏扣、角度不准,然后试压。

(2)消火栓系统管材按设计要求选用,一般采用碳素钢管或无缝钢管,管材不得有弯曲、锈蚀、重皮及凹凸不平等现象。

(3)消火栓箱体的规格型号应符合设计图纸要求,箱体表面平整、光洁,无锈蚀、划伤,箱门开启灵活。箱体方正,箱内配件齐全。栓阀外形规矩,无裂纹,启闭灵活,关闭严密,密封填料完好。

3. 机具准备

(1)机械:套丝机、砂轮锯、台钻、调速电锤、手电钻、电焊机、电动或手动试压泵等。

(2)工具:套丝扳、管钳、台钳、压力钳、钢锯、手锤、活扳手、链钳、煨弯器、手压泵、捻凿、大锤、断管器、射钉枪、倒链、电气焊等工具。

(3)其他:水平尺、线坠、钢卷尺、小线、压力表等。

4. 劳动力组织

按一个生产班组组织人员,以6~8人为一个班组。

任务三　建筑消防给水系统安装

3.1　任务目标

(1)能够按照建筑给排水施工图进行安装。

(2)能够按照建筑给排水施工图进行工程量的计算。

3.2　相关知识

知识链接10　镀锌钢管螺纹连接

管径小于或等于100 mm的镀锌钢管应采用螺纹连接。钢管的螺纹加工精度符合国际《管螺纹》规定,螺纹清洁规整,无断丝或缺丝,连接牢固,管螺纹根部有外露螺纹,螺纹无断丝,镀锌碳素钢管无焊接口。镀锌钢管和关键的镀锌层无破损,套丝时破坏的镀锌层表面及外露螺纹部分防腐蚀良好,接口处无外露油麻等缺陷。主要过程包括切管和套丝,切管和套丝的方法有手动和机械加工两种,这里主要介绍机械加工的方法。

1. 切管

(1)用电动套丝机切割管子时,顺时针方向转动前后卡盘,松开三爪,将管子从后卡盘装入,穿过前卡盘,伸出长约100 mm;用右手抓住管子,先旋紧后卡盘(稳住管子即可,一定要观察管子卡在三爪中心),再旋紧前卡盘,然后将锤击盘按逆时针方向适当锤紧,直至管子夹紧了,钢管固定在套丝机内和机尾架上,使钢管处于水平位置。

(2)放下割刀架,转动割刀手柄,增大刀架开度,使割刀架滚子能跨越于管子上;转动滑架手柄，使割刀移至割断（记号）位置；旋转割刀手柄，使割刀与管子靠近；摘下手套，戴护目镜按启动按钮；开动套丝机，然后将割刀切入管子，管子每转一圈进刀 0.15～0.25 mm，即主轴每转一圈割刀手柄进 1/10 转左右，切割完毕后，向右移动滑架手柄，将割刀退回，并扳起割刀架复位。（注：切割时进刀量不能过大，用力不能太猛，否则会使管子变形，割刀损坏）。

（3）用角尺检查切口断面，确保切口断面与钢管中轴线垂直。

（4）切口如果有毛刺，应用锥刀切削光滑。

（5）按管段分组编号。

如图 2－27 所示。

图 2－27　电动套丝机切割镀锌钢管

2. 套丝

（1）扳起割刀架，放下板牙头，使其与方形块接触，用锁销锁紧，当板牙头可靠定位后，调节好板牙头上的板牙开口大小，设定好丝口长短，然后顺时针扳动进刀手轮，使板牙头上的板牙刀以恒力贴紧转动的管子的端部。如图 2－28 所示。

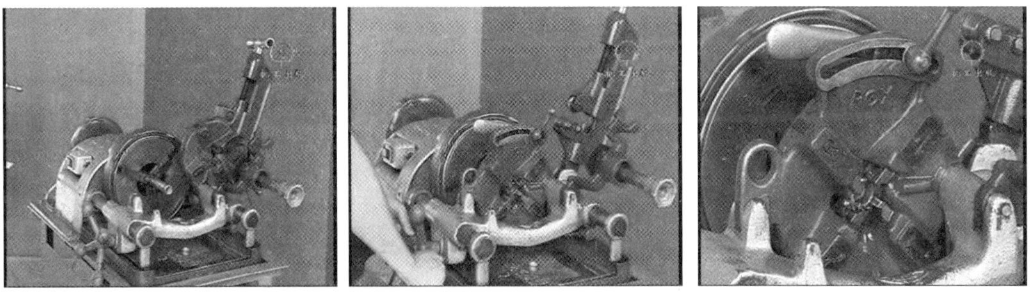

图 2－28　电动套丝机套丝

（2）摘下手套，戴护目镜按启动按钮，板牙刀就自动切削套丝，同时冷却系统自动为板牙刀喷油冷却，等丝口加工到预先设定的长度时，板牙刀就会自动张开，转动滑架手柄，移开套丝板，丝口加工结束。

（3）转动滑架手柄，移开套丝板，扳起板牙头，放下倒角架；转动滑架手柄，将倒角器进入管子内，启动按钮进行倒角；转动滑架手柄，退出倒角架，停机。

（4）关闭电源，撞开卡盘，取出管子。

（5）管径 15～32 mm 的管子套两次，40～50 mm 的管子套三次。见表 2－4。

表 2-4 管螺纹长度尺寸表

公称直径	DN15	DN20	DN25	DN32	DN40	DN50	DN70	DN80	DN100
螺纹扣数	8	9	9	9	10	11	12	13	14
螺纹长度(mm)	—	—	18	20	22	24	26	28	—

(6)管子螺纹应规整(乱丝是由于套丝板板牙没按顺序装配),如有断丝或缺丝(断丝或缺丝是由于套丝板板牙调得过紧或套丝次数少了或者是由于板牙损坏),不得大于螺纹全扣数的 10%。

(7)配装管件时应将所需管件带入管丝扣,试试松紧度(一般用手带入 3 扣为宜)。

(8)管道连接,管道缠好生料带或抹上铅油缠好麻丝,用管钳按编号依次上紧,丝扣外露 2～3 扣,安装完成后找直找正,复核甩口的位置、方向及变径无误,清除麻头,做好防腐,所有管口要加好临时丝堵。

知识链接 11 镀锌钢管道的卡箍连接

管径大于等于 DN100 的热镀锌钢管(钢塑复合管、衬塑复合管)采用沟槽连接。

1. 切管

(1)用电动砂轮切割机切割管子前,必须穿戴好劳动保护用品(合适的工作服,不可穿过于宽松的工作服,严禁戴首饰或留长发,严禁戴手套及不扣袖口操作)。使用砂轮切割机应使砂轮旋转方向避开附近工作人员,被切管道不得伸入人行道;有爆炸性粉尘的场所不得使用切割机;移动式切割机底座上四个支承轮应全齐完好,安装牢固,转动灵活,安装平衡可靠,工作时不得有明显的震动;夹紧装置应操作灵活、夹紧可靠,手轮、丝杆、螺母等应完好,螺杆螺纹不得有滑丝、乱扣现象,手轮操纵力一般不大于 6 kg;操作手柄杠杆应有足够的强度和刚度,装上全部零件后能保持砂轮自由抬起;操作手柄杠杆转轴应完好,转动灵活可靠,与杠杆装配后应用螺母锁住;操作盒或开关必须完好无损并有接地保护;传动装置和砂轮的防护罩必须安全可靠,并能挡住砂轮破碎后飞出的碎片;端部的挡板应牢固地装在壳罩上,严禁卸下;砂轮片是否有裂纹缺陷,禁止使用带病设备和不合格的砂轮片。如图 2-29 所示。

(2)抬起砂轮切割机手柄,使切割片与机座之间的间隙足够钢管放入,将钢管穿入砂轮片下并使砂轮片正对切割线,保持管子轴线与砂轮切割片垂直;将管子两端底部塞稳,以免管子切断后管子移位,损坏砂轮片和伤到人;管子夹持牢固,严禁管子没夹紧就开始切割,切割时操作者必须偏离砂轮片正面,并戴好防护眼镜;启动按钮并徐徐压下操作手柄切割管子,稳握操作手柄均匀用力垂直下切,作切割动作时,用力应均匀、平稳,切勿用力过猛以免过载使砂轮切割片崩裂;管子断后徐徐提起手柄,切断电源,做好设备及周围的卫生。

(3)中途更换切割片时,必须切断电源,不要将锁紧螺母过于用力,防止砂轮片崩裂发生意外;更换砂轮片后要试运行是否有明显振动,确认运转正常后方能使用;设备出现抖动或其他故障,应立即停机修理;在切割前要待电机转速达到全速方可进行切割作业;切割停转前,不得将手从操作柄上松离;不得将手放在距锯片 15 cm 以内;切割机在潮湿的地方操作时,人必须站在绝缘或干燥的木板上进行。

(4)用角尺检查切口断面,确保切口断面与钢管中轴线垂直。切割面最大偏差见表 2-5。

表 2－5 切割面倾斜最大偏差(mm)

公称直径	切割面倾斜最大偏差(mm)	
≤DN80	0.8	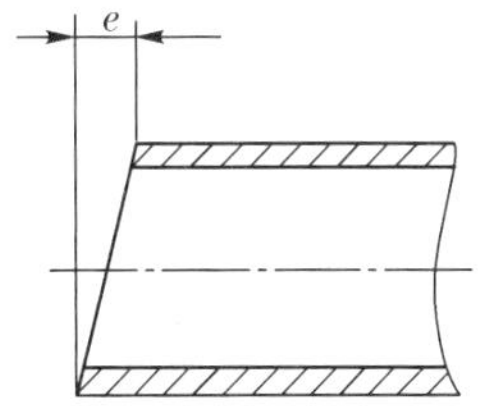
DN100～150	1.2	
≥DN200	1.6	

图 2－29 电动砂轮切割机切割镀锌钢管

2. 压槽开孔

沟槽式管道连接包括压槽式接管和开孔式接管，下面介绍压槽式接管。如图 2－30 所示。

(1)压槽，将需要加工沟槽的钢管架设在滚槽机和滚槽机尾架上，使钢管处于水平位置；将钢管加工端断面紧贴滚槽机，使钢管中轴线与滚轮面垂直；缓缓压下千斤顶，使上压轮贴紧钢管，开动滚槽机，使滚轮转动一周，此时注意观察钢管断面是否仍与滚槽机贴紧。如果未贴紧，应调整管子至水平；如果已贴紧，徐徐压下千斤顶，使上压轮均匀滚压钢管至预定沟槽深度为止；滚槽机停机时，用游标卡尺检查沟槽深度和宽度，确认符合标准要求后，将千斤顶卸掉荷载，取出钢管。

(2)压槽式接管系统包括柔性接箍、刚性接箍，以及配套的各种管件。压槽式接箍结构上主要由三部分组成，分别是卡箍、密封式胶圈、螺栓。

(3)连接时将具有密封唇边的胶圈，跨压在两个连接管端上。再用卡箍裹紧密封橡胶圈，用螺栓压紧，这时由于橡胶密封圈裹紧力和卡箍对橡胶密封圈的压缩力，已建立了一定的密封状态，当管路内有压力时，作用在密封圈唇边上工作介质的压力将进一步加大密封压力，故密封性能随工作介质压力的加大而提高。因此密封性能有良好的可靠性，卡箍式管接头具有一定的轴向伸缩量和轴向偏转角。通过轴向伸缩和轴线偏角不仅给管路的铺设带来方便，而且可以补偿部分或全部因热胀冷缩引起的管道长度变化，免除或减少管路中伸缩补偿器的安装等。

图 2－30 压槽式接管

3.3 任务实施

1. 消火栓给水系统的施工流程如下

管道定位放线→支、吊架制作安装→管道安装→道分区、分系统水压试验→消防设备安装→系统水压试验→管道冲洗→消火栓箱安装→系统通水调试

(1)消火栓管道的安装。一般是从室内消防干管上直接接出消防立管，再从消防立管上接出短支管与消火栓相连。干管布置在地下室的天花板下，用支架固定。

管道在穿墙、楼板时预留孔洞，孔洞位置应正确，尺寸比管子直径大 50 mm 左右。穿楼板层时应设套管，套管高度应高出楼板层面 20～50 mm。管道接口不得设在套管内，套管与穿管之间间隙用阻燃材料填塞。

(2)水泵接合器的安装。采用地上式水泵接合器，阀件采用法兰连接，其安装位置应有明显标志，附近不得有障碍物，止回阀安装方向准确。

(3)消火栓箱的安装。安装前检查消火栓设备配件的完整性。消火栓箱采用暗装形式，箱体在安装时必须先取下箱内的各消防部件。不允许用钢钎撬、锤子敲的办法将箱体硬塞入预留孔内。消火栓栓口距地面 1.1 m，消火栓支管要以消火栓的坐标、标高定位甩口，核定后再稳固消火栓箱，箱体找正稳固后再把消火栓安装好，消火栓栓口要垂直墙面朝外。

2. 自动喷水系统的施工流程如下

定位、放线→支架、吊架安装→水平干管、支管安装→分层水压试验→立管安装→消防设备安装→系统水压试验→管道冲洗水→水流指示器、信号蝶阀安装→报警阀组安装→喷头安装→通水调试

(1)支吊架的安装。管道支吊架根据设计要求确定位置和标高，按标高把同一水平直管段两端的吊支架位置刻画在天花板或墙上。对于要求有坡度的管道，应根据两点间的距离和坡度大小，算出两点间的高差，然后在两点间拉一根直线，按照支架的间距在天花板上刻画出每个支吊架的具体中心位置及安装的标高位置。

支吊架的位置以不妨碍喷头喷水效果为原则，一般支吊架距喷头应大于 300 mm，距末端头的距离不大于 750 mm，一般相邻两喷头之间的管段至少应设置 1 个支吊架。若两喷头间距小于 1.8 m，允许隔段设置。

(2)自喷管道的安装。管道安装前应彻底清除管道内的异物及污物。管道穿墙处不得有接口(丝接或焊接)，管道穿过伸缩缝处应有防护措施。立管暗装在竖井内时，在管井内预埋铁件上安装卡件固定管道。立管底部的支吊架要牢固，防止立管下坠。

管道的分支预留口在吊装前应先预制好，丝接的用三通定位预留口，焊接可在管上开口焊上钢制管箍，调直后吊装。所有预留口均应加好临时堵。管道中心与梁、柱、顶棚的最小距离符合设计要求，见表 2-6。

表 2-6 管道中心与梁、柱、顶棚的最小距离

公称直径(mm)	25	22	40	50	65	80	100	125	150	200
距离(mm)	40	40	50	60	70	80	100	125	150	200

吊顶内的管道安装与与通风、空调管道的位置要协调好。吊顶型喷头的末端一段支管不能与分支干管同时顺序完成，要与吊顶装修同步进行。

吊顶龙骨装完，根据吊顶材料厚度定出喷头的预留口标高，按吊顶装修图确定喷头的坐

标，使支管预留口做到位置准确。支管管径一律为DN25，末端用DN25×15的异径管箍，管箍口与吊顶装修层平齐，拉线安装。支管末端的弯头处100 mm以内应加卡件固定，防止喷头与吊顶接触不牢，上下错动。支管装完，预留口用丝堵拧紧，准备系统试压。

(3)报警阀及配件安装。报警阀应设在明显、易于操作的位置，距地面高度宜为1.2 m左右。报警阀处地面应有排水措施。

(4)减压孔板的安装。在高层建筑消防系统中，低层的喷头和消火栓流量过大，可采用减压孔板或节流管等装置均衡。减压孔板应设置在直径不小于50 mm的水平管段上，孔口直径不应小于安装管段直径的50%，孔板应安装在水流转弯处下游一侧的直管段上，与弯管的距离不应小于设置管段直径的两倍。

(5)水流指示器的安装。喷洒系统的水流指示器，一般安装在每层的水平分支干管或某区域的分支干管上。应水平立装，倾斜度不宜过大，保证叶片活动灵敏。水流指示器前后应保持有5倍安装管径长度的直管段，安装时注意水流方向与指示器的箭头一致。

(6)喷头的安装。喷头安装应在管道系统完成试压、冲洗后，并且待建筑物内装修完成后进行安装。喷头的规格、类型、动作温度要符合设计要求。喷头安装的保护面积、喷头间距及距墙、柱的距离应符合规范要求。喷头的两翼方向应成排统一安装。走廊单排的喷头两翼应横向安装，安装喷头应使用特制专用扳手，填料宜采用聚四氟乙烯生料带，防止损坏和污染吊顶。

任务四　建筑消防给水系统水压试验与调试

4.1　任务目标

掌握消防给水管水压试验的方法。

4.2　相关知识

知识链接12　消防给水系统管道试压与冲洗

1. 管道试压

(1)试压用的压力表不少于2只，其精度不应低于1.5级，量程应为试验压力的1.5～2倍。

(2)对不能参与试压的设备、仪表、阀门及附件应隔离拆除，加设的盲板应做明显标记，并记录临时盲板的数量。

(3)水压强度试验的测试点应设在系统管网的最低点，对管网注水时，应将管网内的空气排尽，并应缓慢升压，升到试验压力后稳压30 min。目测管网应无泄漏和变形，且压力降不应大于0.05 MPa。

(4)水压严密性试验应在水压强度试验和管网冲洗合格后进行，试验压力为设计工作压力，稳压24 h应无泄漏。

(5)系统试压过程中当出现泄漏时，应停止试压并放空管网中的水，消除缺陷后，重新再试。试压完成后，应及时拆除所有临时盲板及试验用的管道，并应与记录核对无误，且应按规范填写记录卡。

(6)试压时必须设有专用的放水测试阀，不得随便乱拆管道进行放水。

2. 管道冲洗

(1)管网的冲洗应在强度试验合格后分段进行，先地下，后地上，其顺序：配水干管→配水管→配水支管。

(2)冲洗前,应对系统的仪表采取保护措施,止回阀和报警阀等应拆除,在其结束后及时复位,对管道的支架、吊架进行检查,必要时应采取加固措施。

(3)对不能经受冲洗的设备和冲洗后可能存留脏物、杂物的管段应进行清理,冲洗直径100 mm 以上的管道时,应对其死角和底部进行敲打,但不得损伤管道。

(4)水压试验和冲洗应用生活用水进行,冲洗时,排水管道的截面不得小于被冲洗管道截面的60%,水流速度应大于3 m/s,其流量应大于设计流量,冲洗时应连续进行。当出水口的颜色透明度与入口一致时方可结束,水流和方向应与其工作方向一致,冲洗结束后,应将管内的水排清,并按规范填写记录卡。

4.3 任务实施

1. 管道试压

消防管道试压可分层分段进行,灌水时系统最高点要设有排气装置,高低点各装一个压力表。系统灌满水后检查管路有无渗漏,如有法兰、阀门等部位渗漏,应在加压前紧固,升压后在有部位出现渗漏时做好标记,待泄压后再进行处理,必要时放尽水后再处理。试压合格后,应及时办理验收手续。

2. 管道冲洗

消防管道在试压完毕后可连续做冲洗工作。冲洗前应先将系统中的减压孔扳、过滤装置拆除,冲洗完毕后重新装好。冲洗出的水要有排放去向,不得损坏其他成品。

3. 管道冲水调试

消防系统通水调试应达到消防部门测试规定条件。消防水泵应接通电源并已试运转,测试最不利点的喷头和屋顶消火栓的压力和流量是否满足设计要求。消防系统的调试、验收结果应由当地公安消防部门负责核定。

(三)学生实操

1. 劳动组织形式

本项目实施中,对学生进行分组,学生6~8人组成一个工作小组。各小组按照表2-7任务分配表制订出实施方案及工作计划,组长协助教师参与指导本组学生学习,检查项目实施进度和质量,并制订改进措施,共同完成项目任务。

表2-7 分组成员工作明细表

序号	成员	成员工作职责	姓名	备注
1	施工员	主要负责施工准备、技术准备		
2	材料员	主要按照图纸准备机具、材料、设备		
3	质检员	主要负责项目实施过程中的质量检查验收		
4	资料员	主要负责整体和及时上交本组作业资料		
5	安全员	主要负责项目实施过程中安全措施的落实		

2. 所需设备及器件

所需设备及器件见任务二建筑消防系统安装前准备里的材料要求和所需机具。

3. 填写室内消防给水系统安装施工管理记录

见表 2-8。

表 2-8　室内消防给水系统安装施工管理记录

<table>
<tr><td colspan="5">单位工程名称：</td><td colspan="2">部位：</td></tr>
<tr><td colspan="3">检查(管理)项目</td><td colspan="2">检查或验收内容(标准)</td><td>分管人员签字/日期</td><td>工程部经理巡查批注</td></tr>
<tr><td rowspan="2">事前控制</td><td>1</td><td>图纸审核</td><td>认真阅读图纸、施工合同、招投标文件。消火栓的位置、核对施工图纸与规范要求有无不符，管道、设备布置是否影响使用功能；核对管道施工图纸与建筑、结构、排水、通风、电力等其他图纸有无冲突；核对阀门布置是否合理，公用管道是否在公共部位，管道是否便用检修；进户门与消火栓位置是否冲突</td><td rowspan="2">▲</td><td rowspan="2"></td><td rowspan="2"></td></tr>
<tr><td>2</td><td>进场验收</td><td>检查设备、材料的品种、规格、型号是否符合施工文件要求，外观检查有无损伤</td></tr>
<tr><td rowspan="5">过程控制</td><td>1</td><td>阀门试压</td><td>每批(同牌号、同型号、同规格)抽查 10%进行强度和严密性试验，主干管上起切断作用的闭路阀门逐个检验。阀门的强度试验压力为公称压力的 1.5 倍；严密性试验压力为公称压力的 1.1 倍；试验压力在试验持续时间内应保持不变，且壳体填料及阀瓣密面无渗漏。阀门试压的试验持续时间应不少于规范规定</td><td>▲</td><td></td><td rowspan="5"></td></tr>
<tr><td>2</td><td>安装</td><td>栓口及消火栓阀门的安装尺寸应符合规范要求</td><td>△</td><td></td></tr>
<tr><td>3</td><td>水枪水带</td><td>水带与水枪和快速接头绑扎好后，挂装在箱内</td><td>△</td><td></td></tr>
<tr><td>4</td><td>喷淋头</td><td>喷淋头的温度等级、型式、标高、安装位置是否符合设计及规范要求、是否被遮挡</td><td>▲</td><td></td></tr>
<tr><td>5</td><td>末端试水阀门</td><td>阀门型式、位置是否符合设计及规范要求；安装高度不小于 2 m，防止误操作；放水管的设置是否有利于排水</td><td>△</td><td></td></tr>
<tr><td>验收</td><td>1</td><td>水枪试验</td><td>应取屋顶层(或水箱间内)试验消火栓和首层取二处消火栓做试射试验，达到设计要求为合格</td><td>▲</td><td></td><td></td></tr>
</table>

五、项目测评

1. 填写室内消火栓系统安装分项工程质量验收记录

见表 2－9。

表 2－9　室内消火栓系统安装分项工程质量验收记录

<table>
<tr><td colspan="2">工程名称</td><td></td><td colspan="2">结构类型</td><td colspan="3"></td><td colspan="2">检验批数</td><td></td></tr>
<tr><td colspan="2">施工单位</td><td></td><td colspan="2">项目经理</td><td colspan="3"></td><td colspan="2">技术负责人</td><td></td></tr>
<tr><td colspan="2">分包单位</td><td></td><td colspan="2">分包单位负责人</td><td colspan="3"></td><td colspan="2">分包项目经理</td><td></td></tr>
<tr><td>序号</td><td colspan="3">检验批部位、区段</td><td colspan="5">施工单位评定结果</td><td colspan="2">监理（建设）单位验收</td></tr>
<tr><td>1</td><td colspan="3"></td><td colspan="5"></td><td colspan="2"></td></tr>
<tr><td>2</td><td colspan="3"></td><td colspan="5"></td><td colspan="2"></td></tr>
<tr><td>3</td><td colspan="3"></td><td colspan="5"></td><td colspan="2"></td></tr>
<tr><td>4</td><td colspan="3"></td><td colspan="5"></td><td colspan="2"></td></tr>
<tr><td>5</td><td colspan="3"></td><td colspan="5"></td><td colspan="2"></td></tr>
<tr><td>6</td><td colspan="3"></td><td colspan="5"></td><td colspan="2"></td></tr>
<tr><td>7</td><td colspan="3"></td><td colspan="5"></td><td colspan="2"></td></tr>
<tr><td>8</td><td colspan="3"></td><td colspan="5"></td><td colspan="2"></td></tr>
<tr><td>9</td><td colspan="3"></td><td colspan="5"></td><td colspan="2"></td></tr>
<tr><td>10</td><td colspan="3"></td><td colspan="5"></td><td colspan="2"></td></tr>
<tr><td>检查结论</td><td colspan="5">项目专业技术负责人：
年　月　日</td><td>验收结论</td><td colspan="4">专业监理工程师：
（建设单位项目专业分包施工单位技术负责人）
年　月　日</td></tr>
</table>

2. 项目评价

按时间、质量、安全、文明、环保要求进行考核。首先学生按照表 2 - 10 项目考核评价表，先自评，在自评的基础上，由本组的同学互评，最后由教师进行总结评分。

表 2 - 10　项目考核评价表

序号	项目	标准分	内容	评分标准	学生自评	教师评价
1	态度	10	按时出勤，不迟到，不早退 勤于思考、动手，严谨认真 工作责任心强，吃苦耐劳 具有团队合作精神	迟到扣 4 分，早退扣 4 分 态度不认真扣 3～5 分 责任心不强，扣 4～8 分 团队合作意识差，扣 4 分		
2	外观检查	10	阀门与管道的连接处应无破裂、损坏	阀门破裂、损坏扣 5～10 分		
		10	水力警铃安装正确	不符合要求扣 2～10 分		
		10	压力开关安装正确	不符合要求扣 2～6 分		
		10	水流指标器安装正确	不符合要求扣 3～10 分		
		10	管道横平竖直，整齐，美观	不符合要求扣 5～10 分		
3	安装方向	10	喷带头等对安装方向有要求的部件，其安装方向应与图纸一致	安装方向错误扣 10 分		
4	工艺操作	10	符合工艺操作规范	操作不规范，酌情扣 5～10 分		
5	安全生产	10	符合安全施工要求	有安全隐患扣 1～10 分		
6	文明施工	10	符合文明施工要求	不符合要求扣 1～10 分		
合计		100	学生签名： 教师签名 ：	权重	0.3	0.7
				实际得分		

六、项目拓展

识读下列消防系统施工图。如图 2 - 31 至图 2 - 35 所示。

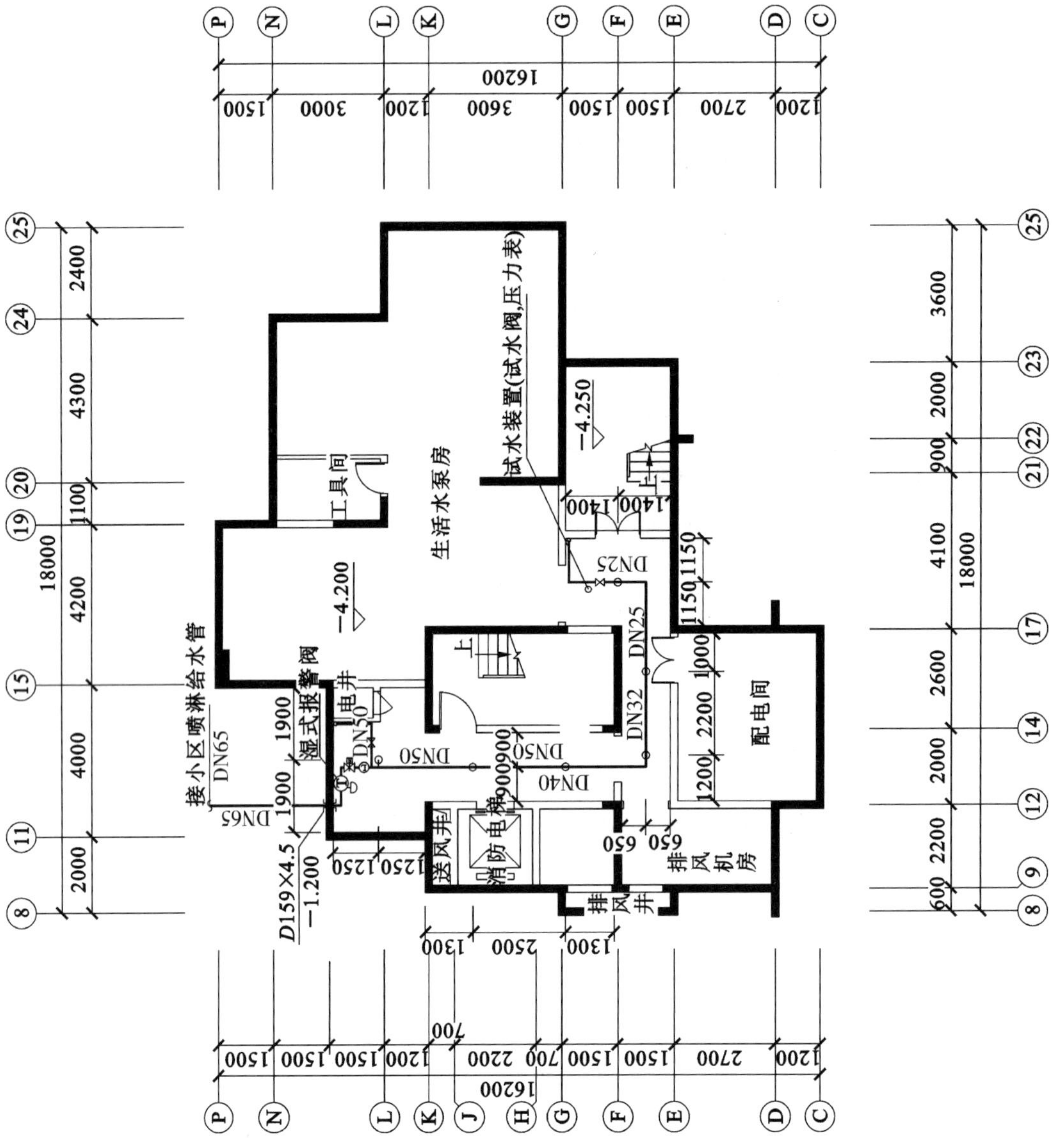

图 2-31　地下室喷淋系统平面图

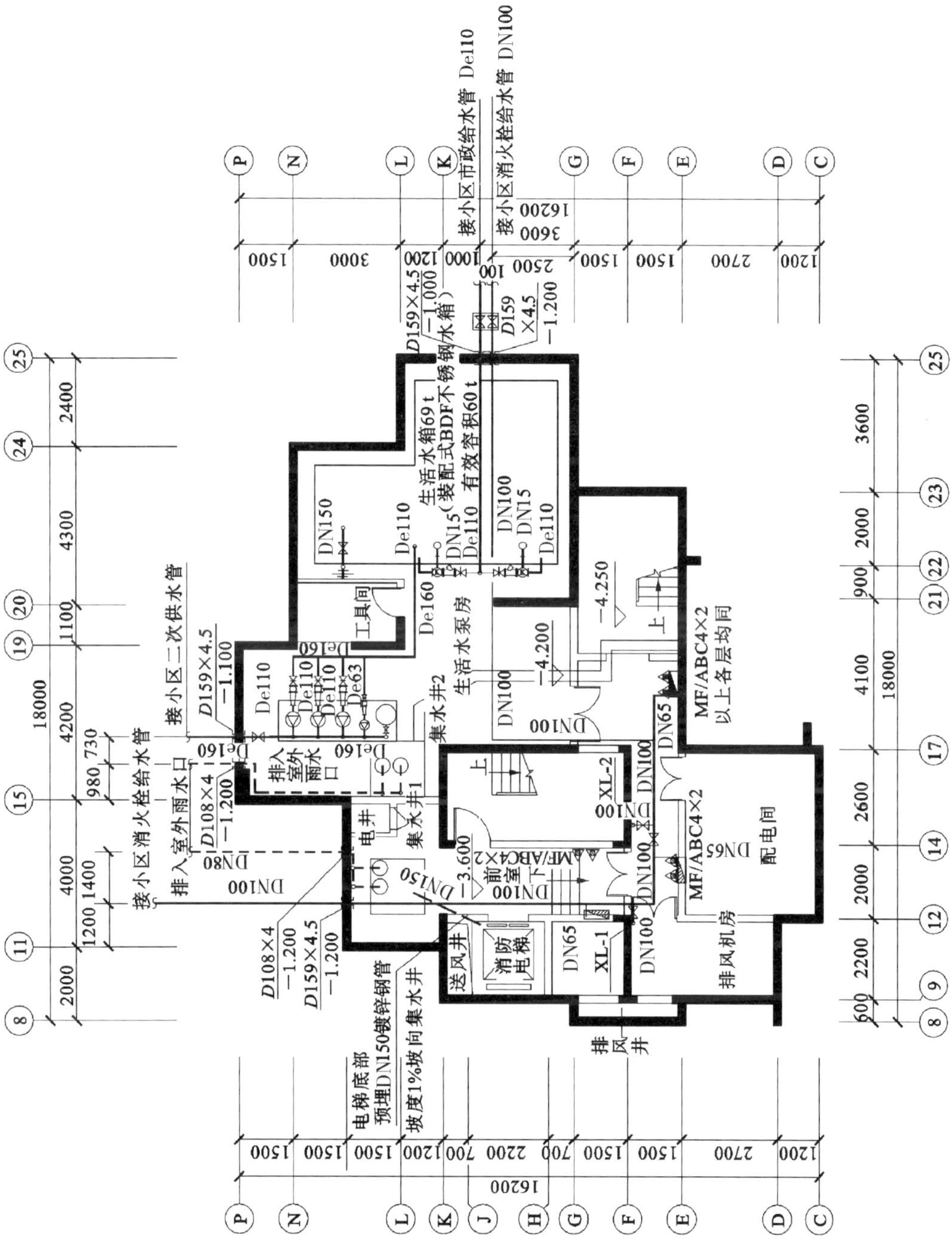

图 2–32　地下室给排水平面图

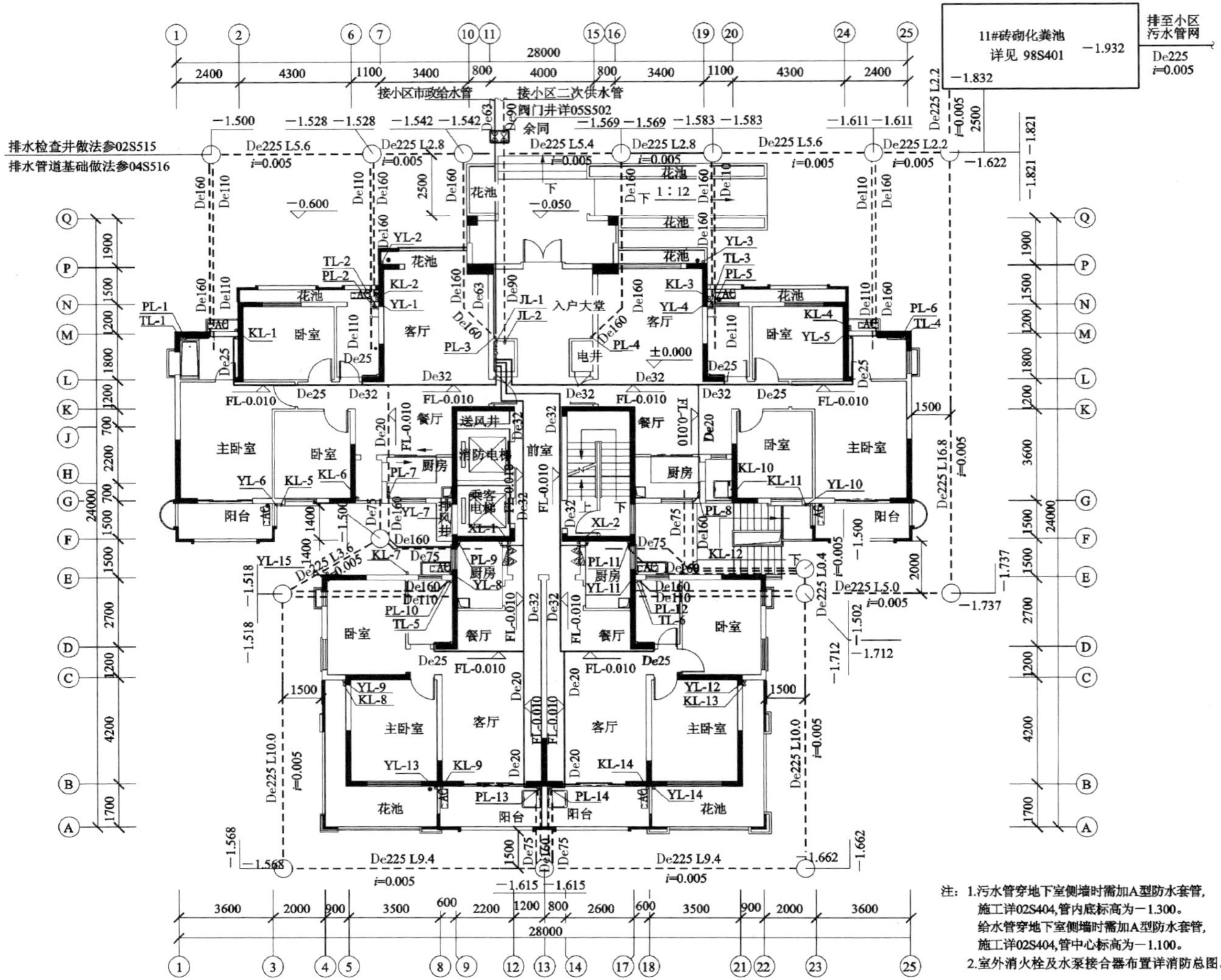

图 2–33　一层给排水平面图

注：1.污水管穿地下室侧墙时需加A型防水套管，施工详02S404，管内底标高为－1.300。
给水管穿地下室侧墙时需加A型防水套管，施工详02S404，管中心标高为－1.100。
2.室外消火栓及水泵接合器布置详消防总图。

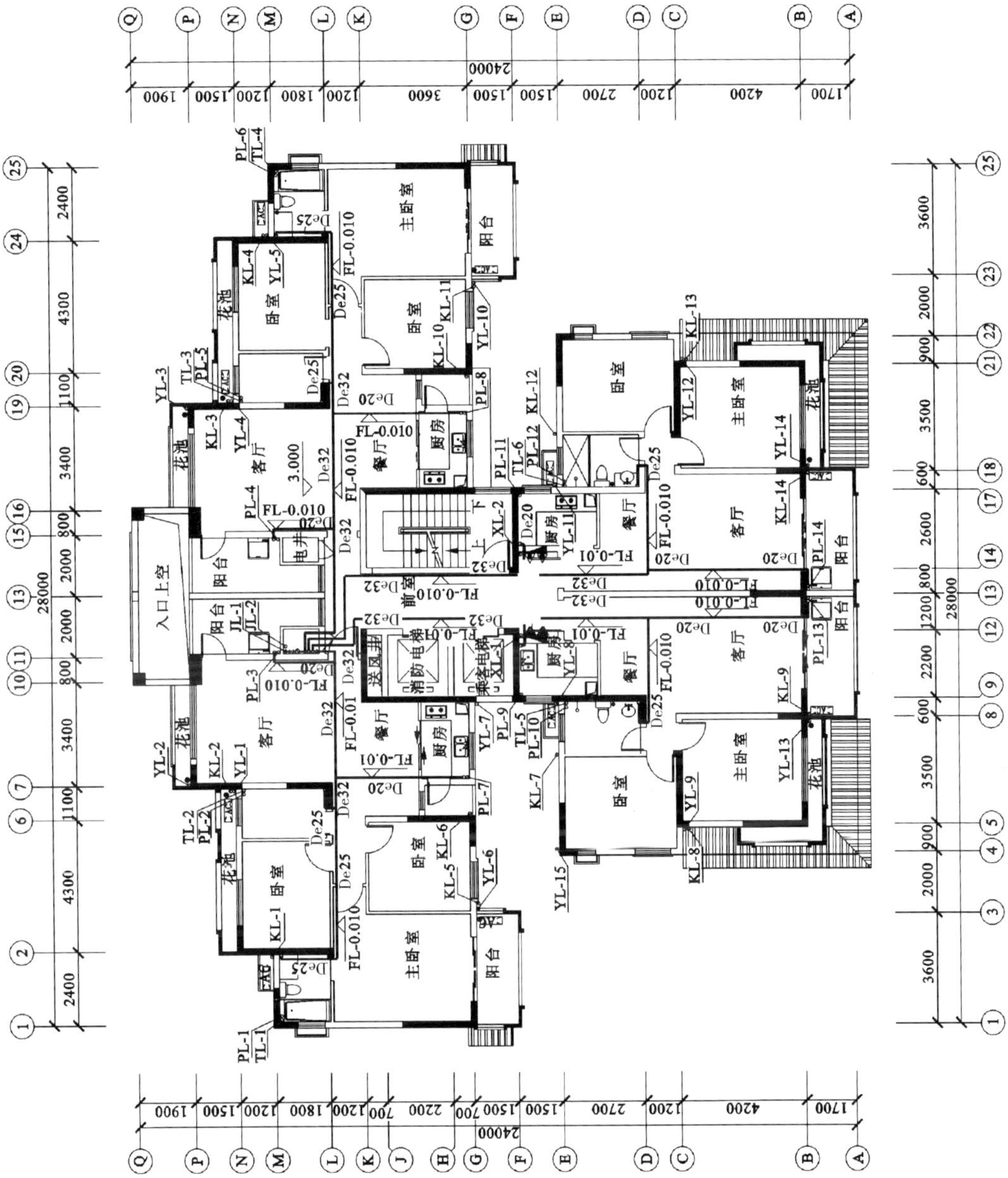

图 2-34　二至十八层给排水平面图

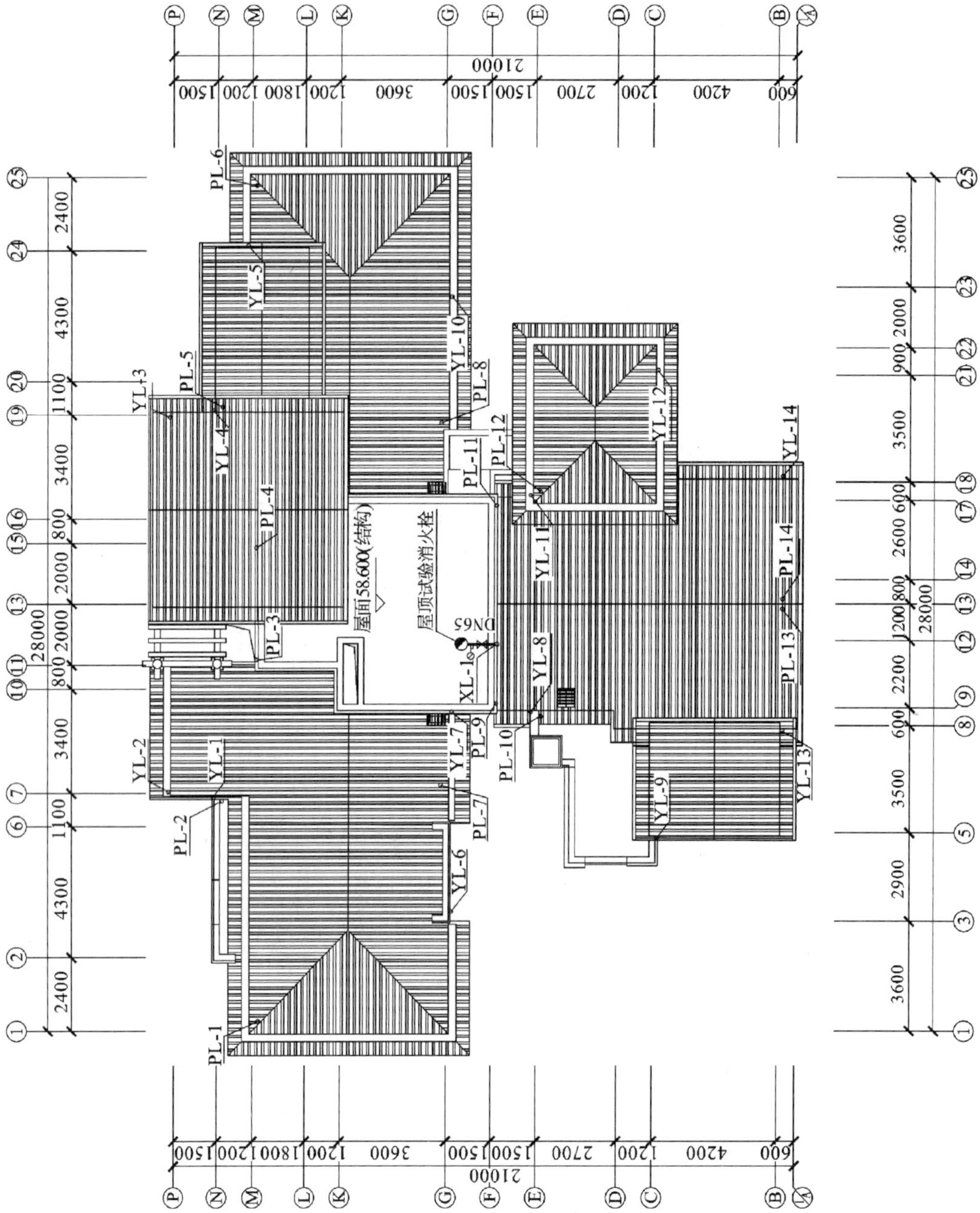

图 2-35　屋顶平面图

七、项目作业

(1)室内消火栓系统由哪几部分组成?

(2)室内消火栓的主要组成部件有哪些?如何布置室内消火栓?

(3)自动喷水灭火系统有哪几种类型?各种的适用条件是什么?

(4)自动喷水灭火系统的主要组成部件有哪些?

(5)填写室内消火栓系统安装检验批质量验收记录。

见表2－11。

表2－11　室内消火栓系统安装检验批质量验收记录

<table>
<tr><td>工程名称</td><td colspan="2"></td><td>检验批部位</td><td colspan="2"></td><td>项目经理</td><td></td></tr>
<tr><td>工程施工单位名称</td><td colspan="2"></td><td>分包项目经理</td><td colspan="2"></td><td>专业工长</td><td></td></tr>
<tr><td>分包单位</td><td colspan="2"></td><td>施工执行标准名称及编号</td><td colspan="2"></td><td>施工班组长</td><td></td></tr>
<tr><td>序号</td><td colspan="5"></td><td>施工单位检查评定记录</td><td>监理(建设)单位验收记录</td></tr>
<tr><td>主控项目</td><td colspan="5">室内消火栓系统安装完成后应取屋顶层(或水箱间内)试验消火栓和首层取二处消火栓做试射试验,达到设计要求为合格</td><td></td><td></td></tr>
<tr><td rowspan="6">一般项目</td><td>1</td><td colspan="4">安装消火栓水龙带,水龙带与水枪和快速接头绑扎好后,应根据箱内构造将水龙带挂放在箱内的挂钉、托盘或支架上</td><td></td><td></td></tr>
<tr><td rowspan="5">2</td><td>1</td><td>栓口应朝外,并不应安装在门轴测</td><td colspan="2"></td><td></td><td></td></tr>
<tr><td>2</td><td>消火栓口中心距地面</td><td>1.1 m</td><td>允许偏差±20 mm</td><td></td><td></td></tr>
<tr><td>3</td><td>阀门中心与箱侧面</td><td>140 mm</td><td>允许偏差±5 mm</td><td></td><td></td></tr>
<tr><td>4</td><td>阀门中心与箱后内表面</td><td>100 mm</td><td>允许偏差±5 mm</td><td></td><td></td></tr>
<tr><td>5</td><td colspan="2"></td><td>允许偏差 3 mm</td><td></td><td></td></tr>
<tr><td colspan="3">施工单位检查评定结果</td><td colspan="5">项目专业质量检查员：
年　　月　　日</td></tr>
<tr><td colspan="3">监理(建设)单位验收结论</td><td colspan="5">专业监理工程师(建设单位项目专业技术负责人)：
年　　月　　日</td></tr>
</table>

项目三　建筑排水系统安装

一、项目描述

某一个单元的住宅，一层四户，每户包括卫生间的厨房的排水系统，其中厨房设置洗涤盆，卫生间设置洗脸盆、淋浴器、马桶等，同时在阳台设置洗衣机排水。现在在识读卫生间和厨房大样图的基础之上，对排水系统进行安装。如图 3－1 所示。

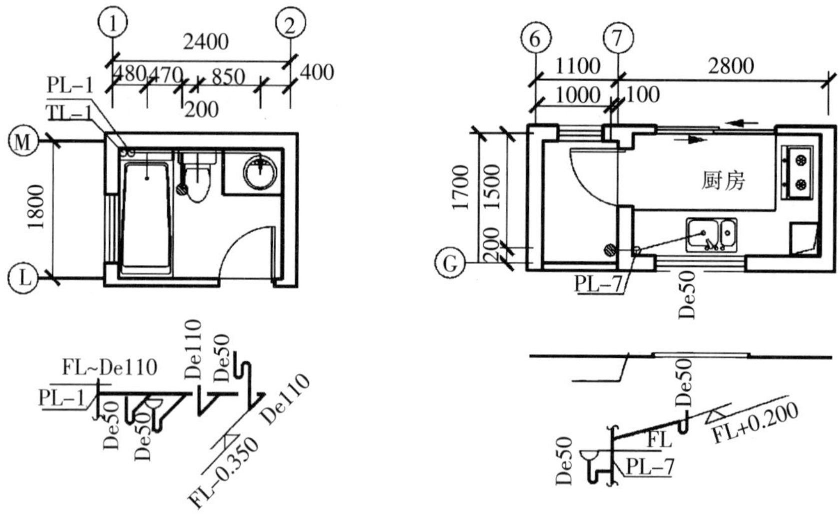

(a)卫生间大样图　　(b)厨房大样图

图 3－1　排水大样图

二、项目目标及要求

(一)项目目标

知识目标：掌握建筑排水系统的分类、建筑排水系统的体制、建筑排水系统的组成及建筑排水系统的安装。

能力目标：通过本项目的学习，能够识别建筑排水系统的图纸；能够进行建筑排水系统管道的安装；能够进行卫生器具的安装；通过活动的开展，增强学习兴趣，养成自主学习的习惯。

(二)项目要求

时间要求：教学学时 12 个课时

质量要求：施工质量符合《建筑工程施工质量验收统一标准》(GB 50300—2013)、《建筑给水排水及采暖工程施工质量验收规范》(GB 50242—2002)

安全要求：严格按照安全操作规程进行项目作业

文明要求：自觉按照文明生产规则进行项目作业

环保要求：努力按照环境保护要求进行项目作业

三、项目分析

本项目通过模拟居住建筑室内卫生间和厨房管道的安装与敷设，让学生学习识读建筑给排水施工图，了解排水系统的分类，熟悉排水系统的组成。掌握室内排水管道的布置、敷设和安装程序；熟悉安装规范，了解常用管材、管件和卫生器具的种类、规范和试用范围。

知识链接1　建筑排水系统的分类

粪便污水、生活废水、生活污水、生产污水、生产废水、工业废水、屋面雨水(雨水、雪水)等系统都属于排水系统。

1. 生活污水排水系统

用来排除人们日常生活中的盥洗、洗涤的生活废水和粪便污水。生活废水一般直接排入市政排水管道，而粪便污水通常在化粪池处理后排入市政排水管道。

2. 工业废水排水系统

用来排除工业生活过程中的污(废水)。由于工业生产门类繁多，污(废)水性质极其复杂，因此又可按其遭受污染程度分为生产废水和生产污水两种，前者仅受轻度污染，一般直接排入市政排水管道；后者污染较严重，通常需要厂内处理后排入市政排水管道。

3. 建筑雨水排水系统

用以排除多层、高层建筑和大型厂房的屋面雨雪水。

知识链接2　排水系统体制的选择

分流制：即针对各种污水分别设单独的管道系统输送和排放的排水体制；合流制：即在同一排水管道系统中可以输送和排放两种或两种以上污水的排水体制。对于居住建筑和公共建筑，指粪便污水与生活废水的合流与分流；对于工业建筑，指生产污水和生产废水的合流与分流。

1. 在下列情况下，建筑物需设单独的排水系统

(1)公共食堂、肉食品加工车间、餐饮业洗涤废水中含有大量油脂。

(2)锅炉、水加热器等设备排水温度超过40℃。

(3)医院污水中含有大量致病菌或含有放射性元素超过排放标准规定的浓度。

(4)汽车修理间或洗车废水中含有大量机油。

(5)工业废水中含有有毒、有害物质需要单独处理。

(6)生产污水中含有酸碱，以及行业污水必须处理回收利用。

(7)建筑中水系统中需要回收利用的生产废水。

(8)可重复利用的生产废水。

(9)室外仅设雨水管道而无生活污水管道时，生活污水可单独排入化粪池处理，而生活废水可直接排入雨水管道。

(10)建筑物雨水管道应单独排出。

2. 在下列情况下，建筑物内部可采用合流制排水系统

(1)当生活废水不考虑回收，城市有污水处理厂时，粪便污水与生活废水可以合流排出。

(2)生活污水与生活污水性质相近时。

四、项目实施

(一)项目流程

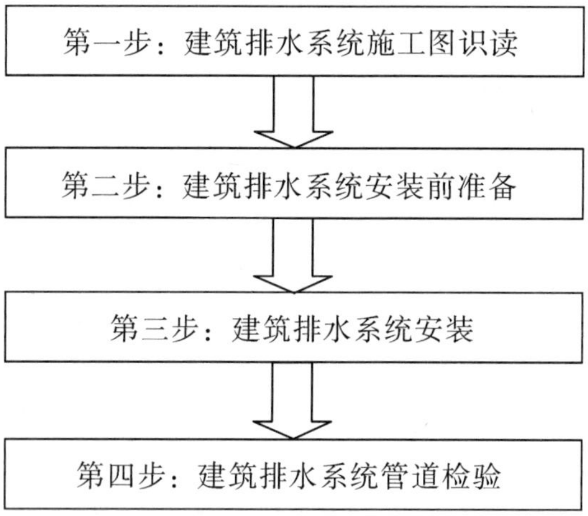

(二)项目实施过程

任务一　建筑排水系统施工图识读

建筑给排水施工图一般由图纸目录、主要设备材料表、设计说明、图例、平面图、系统图(轴测图)、施工详图等组成。

1.1　任务目标

(1)能够识读建筑排水的系统图、平面图、施工详图等。

(2)能够把施工图的内容应用到实际的安装过程中。

1.2　相关知识

知识链接 3　建筑排水系统的组成

1. 污(废)水收集器

卫生器具、生产污(废)水的排水设备(生产设备受水器)及雨水斗属于污水收集器。

(1)便溺器具。便溺器具设置在卫生间和公共厕所，用来收集粪便污水。便溺器具包括便器和冲洗设备。便器有大便器和小便器，前者分为坐式大便器、蹲式大便器和大便槽，后者分为立式小便器、挂式小便器和小便槽。便溺器具的冲洗设备有冲洗阀和冲洗水箱两类，其中冲洗水箱又分为高冲洗水箱和低冲洗水箱。

(2)盥洗、淋浴器具。盥洗、淋浴器具设置在盥洗室、浴室、卫生间和理发室内,包括盥洗槽、洗脸盆、淋浴器、浴盆和净身器等。

(3)洗涤器具。洗涤器具包括设在厨房或食堂的洗涤盆、设在化验室或实验室的化验盆、设在公共区域的污水池和用于排出地面水的地漏。

为了不让排水管道内的臭气和有害气体进入室内,在卫生器具与排水管之间需要设隔臭装置,最常见的装置是存水弯。存水弯内的存水称为水封,其作用是隔断臭气和有害气体。规定水封深度不得小于 50 mm。坐式大便器与排水管之间不需设置存水弯。

2. 排水管道

排水管道有排水横支管、排水立管、排出管。器具排水管,连接卫生器具和排水横支管之间的短管,除座式大便器等自带水封装置的卫生器具外,均应设水封装置。

3. 通气管

通气管是指没有污(废)水通过的管段,如图 3-2 所示。通气管有三个作用,向排水管系补给空气,使水流畅通,更重要的是减小排水管道内气压变化幅度,防止卫生器具水封破坏。这样使建筑物内部排水管道中散发的臭气和有害气体能排到大气中去,管道内经常有新鲜空气流通,可减轻管道内废气锈蚀管道的危害,在排水时向管内补给空气,减轻立管内气压变化的幅度,防止卫生器具的水封受到破坏,保证水流畅通。

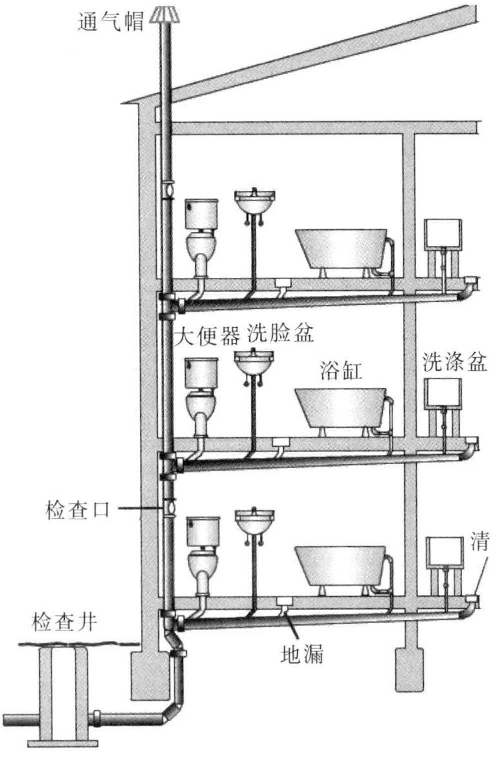

图 3-2　排水系统组成

4. 清通设备

一般有检查口(1 m)、清扫口、带有清通口的 90°弯头、三通和存水弯以及检查井(3 m)等,这些用作疏通排水管道之用,如图 3-3 所示。

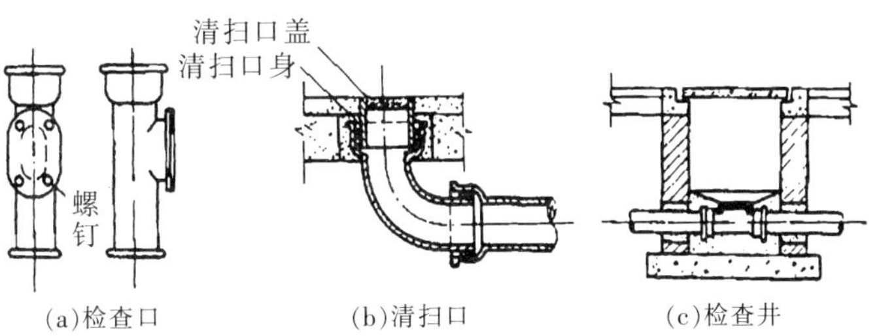

(a)检查口　(b)清扫口　(c)检查井

图 3-3　清通设备

5. 抽升设备

对于污(废)水难以自流排至室外时,须设水泵、空气扬水器和水射器等抽升设备。民用建筑的地下室、人防建筑、高层建筑的地下技术层等地下建筑物内的污(废)水不能自流排至室外时,必须设置污水抽升设备,常采用潜水排污泵。

6. 污水局部处理构筑物

当建筑内部污水不允许直接排入城市排水系统或水体时而设置的局部污水处理设施。

知识链接4　建筑雨水排水系统

屋面雨水的排放是建筑物排水系统中的重要组成部分,能否顺利将屋面雨水排放出去,直接关系到建筑物的正常使用和安全。如图3-4所示为屋面的排水系统示意图。

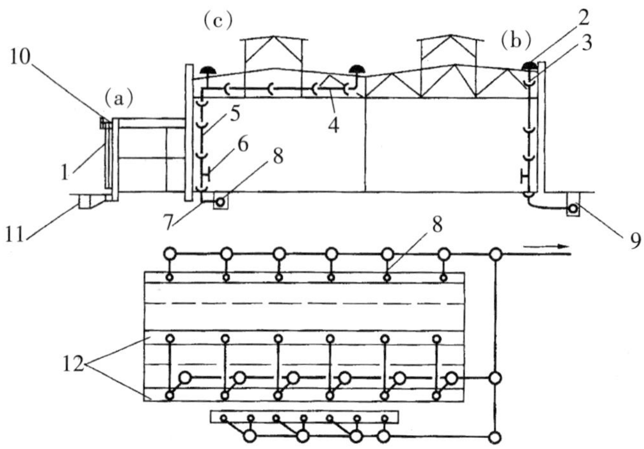

图3-4　屋面排水系统示意图

1—水落管　2—雨水斗　3—连接管　4—悬吊管　5—立管　6—检查口
7—埋地管　8—排出管　9—检查井　10—檐沟　11—雨水沟　12—天沟

1. 屋面雨水排除系统的分类

(1)外排水系统。外排水系统是指屋面不设雨水斗,建筑内部没有雨水管道的雨水排放形式。按屋面有无天沟,又可分为檐沟外排水系统和天沟外排水系统。

(2)内排水系统。是指屋面设有雨水斗,建筑物内部设有雨水管道的雨水排水系统。内排水系统可分为单斗排水系统和多斗排水系统、敞开式内排水系统和密闭式内排水系统。

(3)混合排水系统。同一建筑物采用几种不同形式的雨水排除系统,分别设置在屋面的不同部位,组合成屋面雨水混合排水系统。

2. 屋面雨水排除系统的组成、管材的选用

(1)外排水系统的分类。

①檐沟外排水系统(重力流)。

②长天沟外排水系统(单斗压力流)。

(2)内排水系统的组成。内排水系统由天沟、雨水斗、连接管、悬吊管、立管、排出管、埋地干管和检查井组成。

(3)排水系统采用的管材。外、内排水系统采用的管材有UPVC塑料管和铸铁管,其最小管径可用 DN75 mm，但注意下游管段管径不得小于上游管段管径，且在距地面以上 1 m 处设置检查口，并牢靠地固定在建筑物的外墙上。对于工业厂房屋面雨水排水管道，也可采用焊接钢管，但其内外壁应作防腐处理。

1.3　任务实施

1. 平面图的识读

(1)首先应阅读设计说明，熟悉图例、符号，明确整个工程给排水概况、管道材质、连接方式、安装要求等。

(2)排水平面图识读方法同给水平面图，识读时应明确排水设备的平面定位尺寸，明确排出管、立管、横管、器具支管、通气管、地面清扫口的平面定位尺寸，各管道、排水设备的平面连接关系。

2. 系统图的识读

排水系统图识读时应明确各类管道的管径，干管及横管的安装坡度与标高；管道与排水设备的连接方法，排水立管上检查口的位置；通气管伸出屋面的高度及通气管口的封闭要求；管道的防腐、涂色要求。

3. 详图的识读

详图识读时可参照以上有关平面图、系统图识读方法进行，但应注意将详图内容与平面图及系统图中的相关内容相互对照建立系统整体形象。

任务二　建筑排水系统安装前准备

2.1　任务目标

掌握建筑排水系统安装前准备的材料、工具。

2.2　相关知识

知识链接 5　常用排水管道材料

生活污水管道一般采用排水铸铁管或硬聚氯乙烯管。当管径小于 50 mm 时，可采用钢管；生活污水埋地管道可采用带釉的陶土管。建筑排水管材有排水铸铁管、焊接钢管、无缝钢管、陶土管、耐酸陶土管、石棉水泥管、硬聚氯乙烯塑料管及特种管道等。

1. 排水铸铁管

管材耐腐蚀性能强，直管长度一般为 1.0～1.5 m。其连接方式为承插连接，常用的接口材料有普通水泥接口、石棉水泥接口、膨胀水泥接口等。在高层建筑中，有抗震要求地区的建筑物排水管道应采用柔性接口。淘汰砂模铸造铸铁排水管用于室内排水管道，推广UPVC和符合《排水用柔性接口铸铁管及管件》(GB/T12772—1999)的柔性接口机制铸铁排水管。

2. 排水塑料管

塑料管有硬聚氯乙烯管(UPVC)、聚丙烯管(PP)、聚丁烯管(PB)和工程塑料管(ABS)等。排水塑料管道连接方法：黏结、橡胶圈连接、螺纹连接。

应用排水塑料管时，应注意的问题。

(1)污水连续排放时，水温不大于 40℃，瞬时排放温度不大于 60℃。

(2)受环境温度和污水温度变化而引起长度伸缩，为了消除管道受温度影响而产生的胀缩，通常采用设伸缩节的方法。

知识链接6　常用排水附件及管件

1. 存水弯(水封管)

存水弯是设置在卫生器具排水支管上及生产污(废)水受水器泄水口下方的排水附件，其构造有S形和P形两种。在弯曲段内存有50～100 mm高度的水柱，称作水封，其作用是阻隔排水管道内的气体通过卫生器具进入建筑内而污染环境。存水弯的最小水封高度不得小于50 mm。当卫生器具的构造已有存水弯时，在排水口以下可不设存水弯，如图3－5所示。

2. 清扫口和地漏

清扫口一般设在排水横管上，清扫口顶与地面相平。横管始端的清扫口与管道垂直的墙面距离不得小于0.15 m。埋地管道上的检查口应设在检查井内，检查井直径不得小于0.7 m。

地漏主要设在厕所、浴室和阳台等需要经常排除地面积水的地方，一般布置在易溅水的卫生器具附近地面的最低点。

3. 通气帽

在通气管顶端应设通气帽，以防止杂物进入管内。甲型通气帽采用20号铁丝编绕成螺旋形网罩，可用于气候较暖和的地区；乙型通气帽采用镀锌铁皮制成，适用于冬季室外温度低于－12℃的地区，它可避免因潮气结冰霜封闭网罩而堵塞通气口的现象发生。

(a)存水弯

(b)地漏

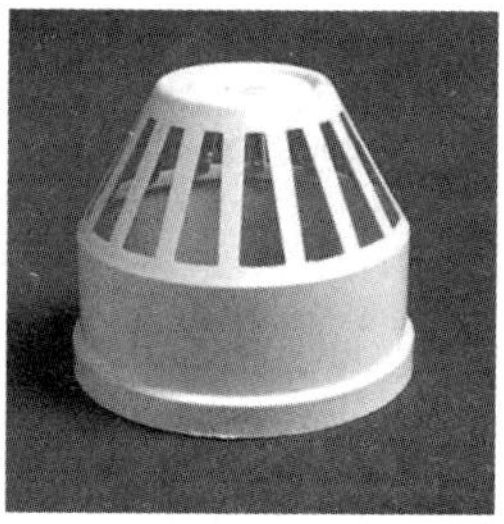

(c)通气帽

图3－5　常用排水附件

4. 排水铸铁管件

排水铸铁管件有：45°、90°弯头，45°、90°TY形三通，斜三通，正三通，TY形异径三通，T形异径三通，检查口，S形存水弯，P形存水弯，地漏和清扫口等，如图3－6所示。

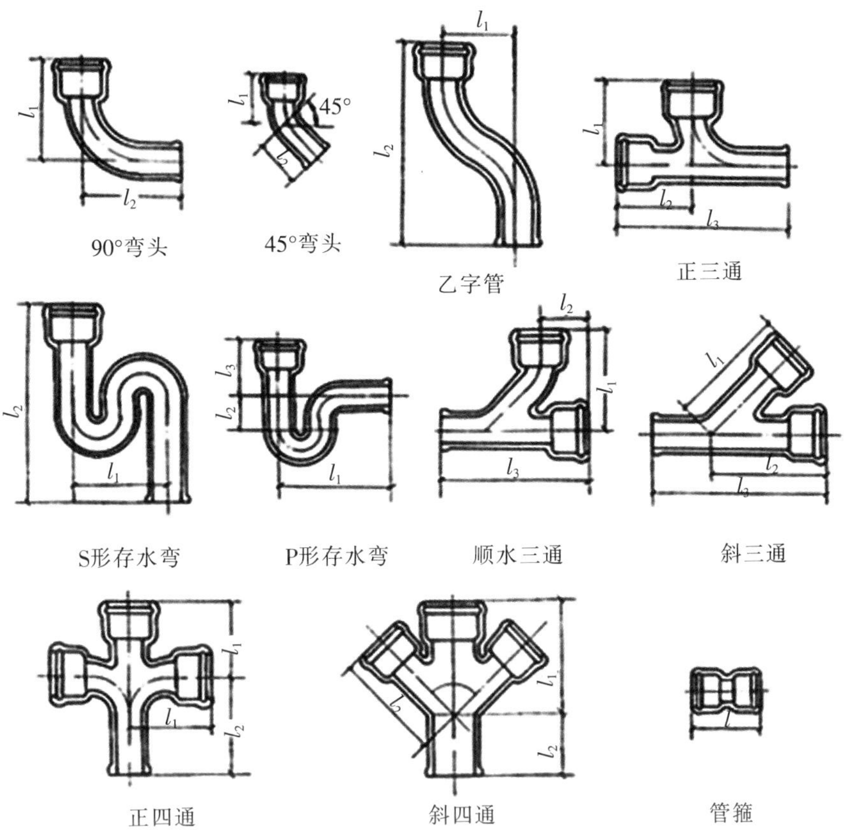

图 3－6　常用铸铁管件

2.3　任务实施

1. 作业条件

（1）埋设管道，应挖好槽沟，槽沟要平直，必须有坡度，沟底夯实。

（2）暗装管道（包括设备层、竖井、吊顶内的管道）首先应核对各种管道的标高、坐标的排列有无矛盾，预留孔洞、预埋件已配合完成，土建模板已拆除，操作场地清理干净，安装高度超过 3.5 m 应搭好架子。

（3）室内明装管道要与结构进度相隔二层的条件下进行安装。室内地平线应弹好，粗装修抹灰工程已完成，安装场地无障碍物。

2. 材料要求

（1）管材为硬质聚氯乙烯（UPVC）。所用胶黏剂应是同一厂家配套产品，应与卫生洁具连接相适宜，并有产品合格证及说明书。

（2）管材内外表层应光滑，无气泡、裂纹，管壁薄厚均匀，色泽一致。直管段挠度不大于 1%。管件造型应规矩、光滑、无毛刺。承口应有梢度，并与插口配套。

（3）其他材料：胶黏剂、型钢、圆钢、卡件、螺栓、螺母、肥皂等。

（4）管材和管件的连接方法采用承插式胶黏剂黏结。胶黏剂必须标有生产厂名称、生产日期和使用期限，并必须有出厂合格证和使用说明书。管材、管件和胶黏剂应由同一生产厂配套供应。

(5)管材和管件在运输、装卸和搬运时应小心轻放，不得抛、摔、滚、拖，也不得烈日暴晒。应分规格装箱运输，管材和管件应储存在温度不超过40°的库房内，库房应有良好的通风条件。管件应分规格水平堆放在平整的地面上，如果用垫物支垫时，其宽度应不小于75 mm，间距不大于1 mm，外悬的端部不超过0.5 m，叠置高度不得超过1.5 m，且不允许不规则堆放与暴晒，管件不得叠置过高，凡能立放的管件均应逐层码放整齐，不得立放的管件，亦应顺向或使其承插相对地整齐排列。

3. 所需机具

(1)机械：套丝机、砂轮锯、台钻、调速电锤、手电钻、电焊机、电动或手动试压泵等。

(2)工具：套丝扳、管钳、台钳、压力钳、钢锯、手锤、活扳手、链钳、煨弯器、手压泵、捻凿、大锤、断管器、射钉枪、倒链、电气焊等工具。

(3)其他：水平尺、线坠、钢卷尺、小线、压力表等。

任务三　建筑排水系统安装

3.1　任务目标

(1)能够按照建筑排水系统的图纸进行建筑排水系统的安装。

(2)能够按照建筑排水系统的图纸进行工程量的计算。

3.2　相关知识

知识链接7　排水管道布置与敷设要求

排水管道布置与敷设要求要满足三个水力要素：管道充满度、流速和坡度。

1. 管线最短、水力条件好

(1)排水立管应设在最脏、杂质最多及排水量大的排水点，以便尽快地接纳横支管的污水而减少管道堵塞机会。

(2)排水管应以最短距离通向室外。

(3)排水管应尽量直线布置，当受条件限制时，宜采用两处45°弯头或乙字弯。

(4)卫生器具排水管与排水横支管宜采用90°斜三通连接。

(5)横管与横管及横管与立管的连接宜采用45°三(四)通或90°斜三(四)通，也可采用直角顺水三通或直角顺水四通等配件。

(6)排水立管与排水管端部的连接，宜采用两个45°弯头或弯曲半径不小于4倍管径的90°弯头。

(7)排出管宜以最短距离通至室外，以免埋设在内部的排水管道太长，产生堵塞、清通维护不便等问题；排水管道过长则坡降大，必须加深室外管道的埋深。排出管与室外排水管道连接时，排出管管顶标高不得低于室外排水管管顶标高，其连接处的水流转角不得小于90°。当有跌落差并大于0.3 m时，可不受角度限制。

(8)最低排水横支管连接在排出管或排水横干管上时，连接点距立管底部水平距离不宜小于3.0 m。

(9)当排水立管仅设伸顶通气管(无专用通气管)时，最低排水横支管与立管连接处，距排水立管管底垂直距离不得小于规定。

(10)当建筑物超过10层时,底层生活污水应设单独管道排至室外。

2. 便于安装、维修和清通

(1)尽量避免排水管与其他管道或设备交叉。当排出管与给水引入管布置在同一处进出建筑物时,为便于维修和避免或减轻因排水管渗漏造成土壤潮湿腐蚀和污染给水管道的现象,给水引入管与排出管管外壁的水平距离不得小于1.0 m。

(2)管道一般应在地下埋设或敷设在地面上、楼板下明装,如建筑或工艺有特殊要求时,可在管槽、管道井、管沟或吊顶内暗设,但应便于安装和维修。

(3)管道应避免布置在可能受设备振动影响或重物压坏处,因此管道不得穿越生产设备基础。

(4)管道应尽量避免穿过伸缩缝、沉降缝,若必须穿越时应采取相应的技术措施,以防止管道因建筑内部物的沉降或伸缩受到破坏。

(5)排水立管中心与墙面距离见表3-1。

表3-1　排水立管中心与墙面距离

立管直径(mm)	50	75	100	125	150	200
管轴与墙面距离(mm)	50	70	80	90	110	130

3. 生产及使用安全

(1)排水管道的位置不得妨碍生产操作、交通运输或建筑物的使用。

(2)排水管道不得布置在遇水引起燃烧、爆炸或损坏的原料、产品与设备上面。

(3)架空管道不得布置在居室、食堂、厨房主副食操作间的上方,也不能布置在食品储藏间、大厅、图书馆和对卫生有特殊要求的厂房。

(4)架空管道不得吊设在食品仓库、贵重商品仓库、通风室及配电间内。

(5)生活污水立管应尽量避免穿越卧室、病房等对卫生及安装要求较高的房间,并应避免靠近与卧室相邻的内墙。

(6)管道不得穿过烟道、风道。

(7)当建筑物有防结露要求时,应在管道外壁有可能结露的地方,采取防露措施。

(8)管道穿越地下室外墙或地下构筑物的墙壁处,应采取防水措施。

4. 保护管道不受损坏

(1)排水埋地管道,不得布置在可能承受重物施压处或穿越生产设备基础。在特殊情况下,应与有关专业协商处理。

(2)排水管道不得穿过沉降缝、烟道和风道,并不得穿过伸缩缝。当受条件限制必须穿过时,应采取相应的技术措施。

(3)排水管道穿过承重墙或基础时,应预留孔洞。并且管顶上部净空尺寸不得小于建筑物沉降量,一般不宜小于0.15 m。

(4)排水立管穿越楼板时,应设套管,对于现浇楼板应预留孔洞或镶入套管,其孔洞尺寸要求比管径大50～100 mm。

(5)在厂房内排水管道最小埋深应符合规定,在铁轨下应采用钢管或给水铸铁管,并且最小埋深不得小于1.0 m。

(6)铸铁排水管在下列情况下,应设置柔性接口。

①高耸建筑物和建筑高度超过100 m的建筑物内。

②排水立管高度在 50 m 以上或在抗震设防的 9 度地区。

③其他建筑在条件许可时，也可采用柔性接口。

(7)排水埋地管道应进行防腐处理。

(8)排水立管应采用管卡固定，管卡间距不得超过 3.0 m，管卡宜设在立管接头处；悬空管道采用支、吊架固定，间距不大于 1.0 m。

5. 防止水质污染

(1)下列设备和容器不得与污(废)水管道系统直接连接，应采取间接排水的方式。

①生活饮用水贮水箱(池)的泄水管和溢流管。

②厨房内食品设备及洗涤设备的排水。

③医疗灭菌消毒设备的排水。

④蒸发式冷却器、空气冷却塔等空调设备的排水。

⑤贮存食品或饮料的冷藏间、冷藏库房的地面排水和冷风机溶霜水盘的排水。

间接排水是指卫生器具或用水设备排出管(口)与排水管道直接相连，中间应有空气间隔断，使排水管出口直接与大气相通，以防水质受到污染。见表 3-2。

表 3-2 间接排水口最小空气间隙

间接排水管管径(mm)	排水口最小空气间隙(mm)
≤25	50
32～50	100
>50	150

注：饮用贮水箱的间接排水口最小空气间隙，不得小于 150 mm。

(2)设备间的排水宜排入邻近的洗涤盆，如不可能时，可设置排水明沟、排水漏斗或容器。

(3)间接排水的漏斗或容器不得产生溅水、溢流，并应布置在容易检查、清洁的位置。

(4)排水管与其他管道共同埋设时，最小水平净距为 1.0～3.0 m，垂直净距为 0.15～0.2 m。如果排水管平行设在给水管之上，并高出净距 1.5 m 以上时，其水平净距不得小于 5.0 m；交叉埋设时，垂直净距不得小于 0.4 m，并且给水管应设有保护套管。

知识链接 8 检查口、清扫口和检查井的设置要求

(1)排水立管上应设检查口，其间距不宜大于 10 m，当采用机械清通时不宜大于 15 m，但在建筑物的底层和顶层必须设置。

(2)立管上检查口的中心距地面的高度一般为 1.0 m，与墙面成 15°夹角。检查口中心应高出该层卫生器具上边缘 0.15 m。

(3)立管上如果装有乙字管，则应在乙字管上装设检查口。

(4)在排水横管的直线管段上的一定距离处，应设清扫口，其最大间距符合规定。

(5)当排水横管连接卫生器具数量较多时，在横管起端应设置清扫口。

①连接 2 个及 2 个以上大便器的排水横管。

②连接 3 个及 3 个以上卫生器具的排水横管。

(6)在水流转角小于 135°的污水横管上，应设清扫口。

(7)管径小于 100 mm 的排水管道上，设置清扫口的尺寸应与管道同径；管径等于或大于 100 mm 的排水管道上设置的清扫口，其尺寸应采用 100 mm。

(8)污水立管上的检查口或排出管上的清扫口至室外排水检查井中心的最大长度,按规定确定。

(9)清扫口不能高出地面,必须与地面相平。污水横管起端的清扫口与墙面的距离不得小于 0.15 m。

(10)不散发有害气体和大量蒸汽的工业废水排水管道在下列情况下,可在室内设检查井。

①在管道转弯或连接支管处。

②在管道管径及坡度改变处。

③在直线管段上每隔一定距离处(生产废水不宜大于 30 m,生产污水不宜大于 20 m)。

知识链接 9　硬聚氯乙烯管道布置与敷设要求

硬聚氯乙烯管道布置与敷设要求应符合《建筑排水 UPVC 管道工程技术规程》GJ/T29—88的规定。

(1)管道不宜布置在热源附件,当不能避免并导致管道表面温度大于 60℃时,应采取隔热措施。立管与家用灶具边缘净距不得小于 0.4。

(2)横干管不宜穿越防火分区分隔墙和防火墙;当不可避免时,应在管道穿越墙体处的两侧,采取防火灾贯穿的措施。

(3)管道穿越地下室外墙时应采取防渗漏措施。

(4)高层建筑中室内排水管道布置应符合下列规定。

①立管宜暗设在管道井内。

②立管明设且管径大于或等于 110 mm 时,在立管穿越楼板处采取防止火灾贯穿的措施。如设阻火圈、防火套管。

③管径大于或等于 110 mm 的明敷排水横支管,当接入管道井内的立管时,在穿越管道井处应采取防止火灾贯穿的措施。

(5)排水立管仅设伸顶通气管时,最低横支管与立管连接处至排出管管底的垂直距离应符合规定。

(6)当排水立管在中间层竖向拐弯时,排水支管与横管连接点至立管底部水平距离不得小于 1.5 m,排水竖支管与立管拐弯处的垂直距离不得小于 0.6 m。

(7)伸顶通气管应高出屋面(含隔热层)0.3 m,且应大于最大积雪厚度。在经常有人活动的屋面,通气管伸出屋面不得小于 2.0 m。伸顶通气管管径不宜小于立管管径,并且最小管径不宜小于 110 m。

(8)排水立管应设伸顶通气管,顶端应设通气帽。当无条件设置伸顶通气管时,宜设置补气阀。

(9)管道设置伸缩节,应符合下列规定。

①当层高小于或等于 4 m 时,污水立管和通气立管应每层设一个伸缩节;当层高大于 4 m时,其数量应根据管道设计伸缩量和伸缩节允许伸缩量计算确定。伸缩节最大允许伸缩量见表 3-3。

②污水横支管、横干管、器具通气管、环形通气管和汇合通气管上无汇合管件的直线管段大于 2.0 m 时,应设伸缩节,伸缩节之间最大间距不得大于 4.0 m。见表 3-3。

表 3-3　伸缩节最大允许伸缩量(mm)

管 径(mm)	50	75	90	110	125	160
最大允许伸缩量	12	15	20	20	20	25

(10)伸缩节设置位置应靠近水流汇合管件,并应符合下列规定。

①立管穿越楼层处为固定支承且排水支管在楼板之下接入时,伸缩节应设置于水流汇合管件之下。

②立管穿越楼板处为固定支承且排水支管在楼板之上接入时,伸缩节应设于水流汇合管件之上。

③立管穿越楼层处如不固定支承时,伸缩节可设置于水流汇合管件之上或之下均可。

④立管上无排水支管接入时,可按伸缩节设计间距,置于楼层任何部位均可。

⑤横管上设置伸缩节应设于水流汇合管件上游端。

⑥立管穿越楼层处为固定支承时,伸缩节不得固定;伸缩节固定支承时,立管穿越楼层处不得固定。

⑦伸缩节插口应顺水流方向。

⑧埋地或埋设于墙体、混凝土柱体内的管道不应设伸缩节。

(11)清扫口或检查口设置应符合下列规定。

①立管在底层或楼层转弯处应设置检查口,在最冷月平均气温低于−13℃的地区,立管应在最高层距层内顶棚 0.5 m 处设置检查口。

②立管宜每六层设一个检查口。

③在水流转角小于 135°的横干管上应设检查口或清扫口。

④公共建筑内,在连接 4 个及 4 个以上大便器的污水横管上宜设置清扫口。

(12)当排水管道在地下室、半地下室或室外架空布置时,立管底部设支墩或采取固定措施。

知识链接 10　通气管系统

1. 伸顶通气管设置条件与要求(如图 3-7 所示)

(1)生活污水管道或散发有害气体的生产污水管道均应设置伸顶通气管。当无条件设置伸顶通气管时,可设置不通气立管。

(2)通气管应高出屋面 0.3 m 以上,并大于最大积雪厚度。通气管顶端应装设风帽或网罩,当冬季采暖温度高于−15℃的地区,可采用铅丝球。

(3)在通气管周围 4 m 内有门窗时,通气管口应高出窗顶 0.6 m 或引向无门窗一侧。在上人屋面上,通气管口应高出屋面 2.0 m 以上,并应根据防雷要求,考虑设置防雷装置。

(4)通气管口不宜设在建筑物挑出部分(如檐口、阳台和雨篷等)的下面。

(5)通气管不得与建筑物的通风道或烟道连接。

2. 专用通气系统设置条件与要求

(1)当生活污水立管所承担的卫生器具排水设计流量,超过无专用通气立管最大排水能力时,应设置专用通气立管。

(2)专用通气管应每两层设结合通气管与排水立管连接,其上端可在最高层卫生器具上边缘或检查口以上与污水立管的通气部分以斜三通连接，下端应在最低污水横支管以下与污水立管以斜三通相连接。

3. 辅助通气系统设置条件及要求

辅助通气系统由主通气立管或副通气立管、伸顶通气管、环形通气管、器具通气管和合通气管组成，其通气标准高于专用通气系统。

(1)下列污水管段应设环形通气管。连接 4 个及 4 个以上卫生器具并与立管的距离大于 12 m 的污水横支管，连接 6 个及 6 个以上大便器的污水横支管。

(2)对卫生、安静要求较高的建筑物，其生活污水管道宜设置器具通气管。

(3)通气管与污水管连接，应遵守下列规定。

①器具通气管应设在存水弯出口端；环形通气管应在横支管上最始端的两个卫生器具间接出，并应在排水支管中心线以上与排水支管呈垂直或 45°连接。

②器具通气管、环形通气管应在卫生器具上边缘之上不小于 0.15 m 处，以不小于 0.01 m 的上升坡度与通气立管相连。

③专用通气立管和主通气立管的上端可在最高层卫生器具上边缘或检查口以上与污水立管的通气部分以斜三通连接，下端应在最低污水横支管以下与污水立管以斜三通相连。

④主通气立管每 8～10 层设结合通气管与污水立管连接。

⑤结合通气管可用 H 管件替代，H 管与通气管的连接点应设在卫生器具上边缘以上不小于 0.15 m 处。

⑥当污水立管与废水立管合用一根通气立管时，H 管配件可隔层分别与污水立管和废水立管连接，但最低横支管连接点以下应装设结合通气管。

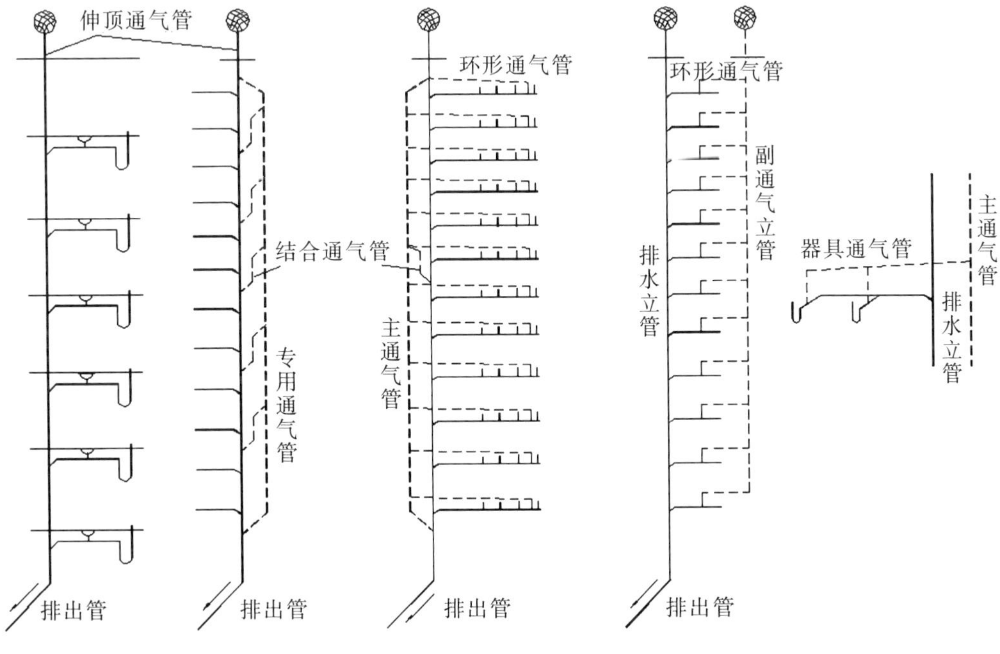

图 3-7　通气管系统

知识链接 11 UPVC 管道安装

1. 管道下料

用卷尺在系统中量出所需管道的长度，然后在 PVC-U 管子上用卷尺量出尺寸，并用记号笔画下标记线。如图 3－8 所示。

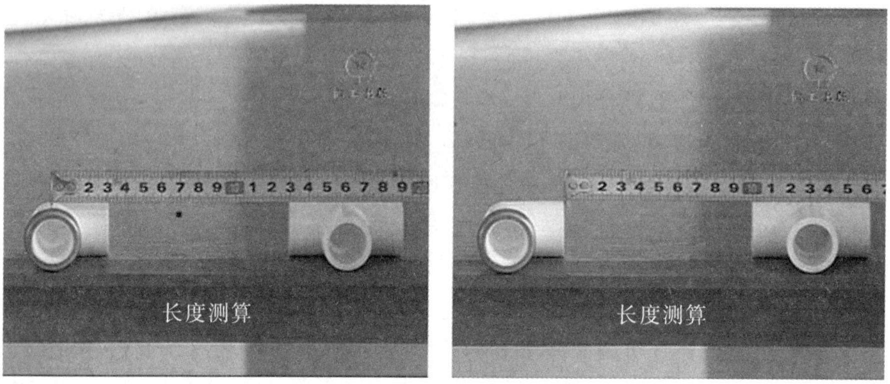

图 3－8 PVC-U 管材长度的测算

2. 管道锯切

(1)打开管子台虎钳并将三角支架支开，保持台虎钳稳定。

(2)打开管子台虎钳的牙口，将所需要切割的 PVC-U 管放入台虎钳的牙口中。

(3)用右手握住钢锯的手柄，用左手按住 PVC-U 管，钢锯锯口对准 PVC-U 管上用记号笔画下标记线，保证钢锯垂直于 PVC-U 管，然后开始锯切，直到把 PVC-U 管切断。也可用塑料管剪刀等其他工具进行剪切。如图 3－9 所示为用塑料管剪刀进行剪切。

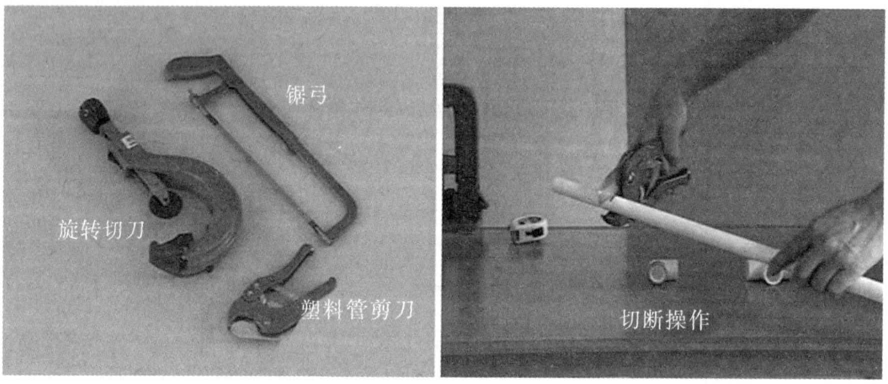

图 3－9 PVC-U 管材的剪切

3. 管道连接

(1)准备好管材和管件。

(2)用卷尺度量好管件的深度，然后在 PVC-U 管上度量出相应长度，并用记号笔画下记号。

(3)打开 UPVC 管专门黏结胶水的盖子，用盖子上毛刷调匀好胶水。

(4)用刷子将胶涂于管件内，此操作严禁胶流入管件内部。

(5)紧接着在管材插口处涂抹均匀的胶水，胶水涂抹长度为标记范围。

(6)当胶水还是湿润时，马上将管道插入管件，并用足够的力度将管材推到管件的底部，并且将管材和管件相对圆周旋转不超过 1/4 圈。

(7)按紧接好的管道接口，静止受力直到管件不会被推出为止。

(8)当接好管道工作完成后，接口应该有一圈胶水。用布擦掉接口处多余的胶水。

(9)刚黏结好的管件，应避免受力，须静置固化一段时间，牢固后方可继续安装。静置固化时间由环境温度决定。当环境温度 $T\leqslant 0℃$，固化时间为 15 min；当环境温度 $0℃<T\leqslant 10℃$，固化时间为 5 min；当环境温度 $T>10℃$时，固化时间为 2 min。如图 3－10 所示。

(10)管端插入承口深度见表 3－4。

表 3－4　管端插入承口深度

公称直径(mm)	20	25	32	40	50	75	100	125	150
插入深度(mm)	16	19	22	26	31	44	61	69	80

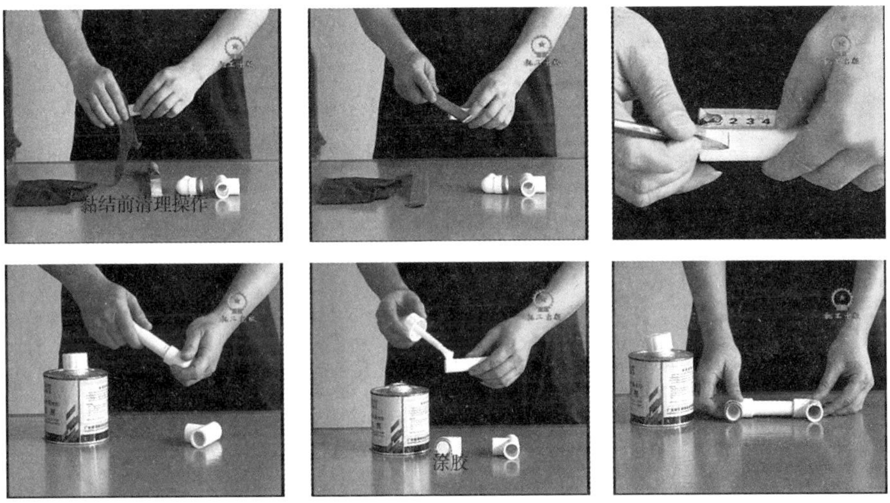

图 3－10　PVC-U 管材的黏结

知识链接 12　卫生器具安装

1. 卫生器具安装的一般规定

(1)卫生器具的位置、标高、间距等尺寸，要按施工图纸或《全国通用给水排水标准图集》90S342 将线放好。

(2)卫生器具的安装质量必须符合《全国通用给水排水标准图集》90S342。

(3)连接卫生器具的排水管管径和最小坡度，必须符合《全国通用给水排水标准图集》90S342。器具排水管上须设置水封(存水弯)，卫生器具本身有水封可不设(如坐式大便器)，以防排水管中有害气体进入室内。

(4)需装设冷水和热水龙头的卫生器具，应将冷水龙头装在右手侧，热水龙头装在左手侧。

(5)安装好的卫生器具要平、稳、准、牢、无渗漏、使用方便、性能良好。

2. 常用卫生器具的安装

(1)洗脸(手)盆安装。洗脸(手)盆主要有托架式安装、背挂式安装、立柱式安装及带面板的台上式和台下式安装。如图 3－11 所示为单柄 4″龙头背挂式洗脸盆安装图。

①洗脸(手)盆安装应在饰面装修已基本完成后进行，且进出水留口位置，标高正确。暗埋管子隐蔽验收合格。

②洗脸(手)盆安装，应以脸盆中心及高度画出十字线，将固定支架用带防腐的金属固定件安装牢固。

③安装在多孔砖墙、轻质隔墙上时，应进行加固。

④洗脸(手)盆与排水栓连接处应用浸油石棉橡胶板密封。

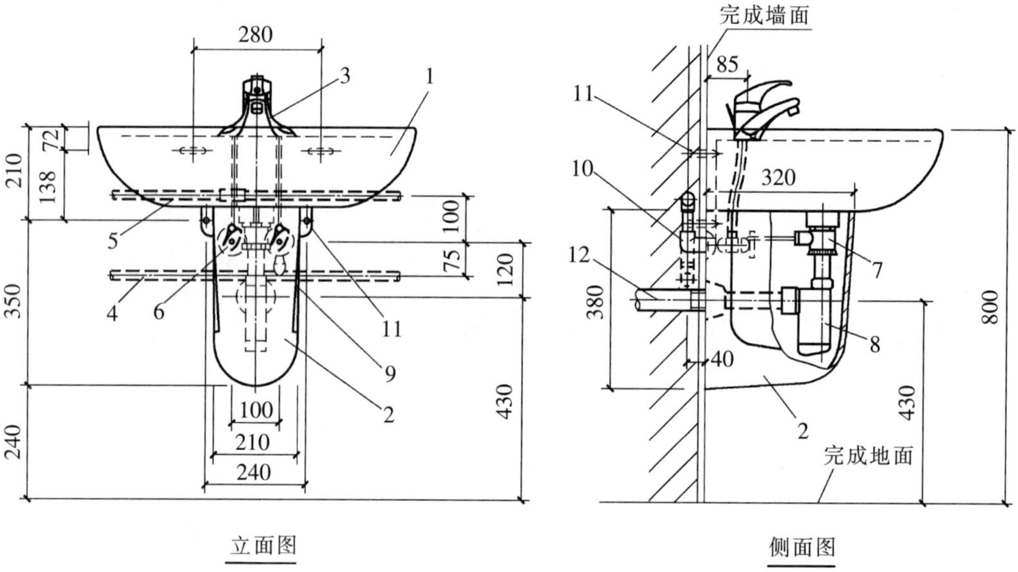

图 3－11　单柄 4″龙头背挂式洗脸盆安装图

1—台上式洗脸盆　2—洗脸盆底座　3—单柄龙头　4—冷水管　5—热水管　6—角式截止阀
7—提拉排水装置　8—存水弯　9—洗脸盆支架　10—异径三通　11—挂钩　12—排水管

(2)浴盆安装(如图 3－12 所示)。

①土建完成防水层及保护层后即可安装浴盆，同时暗埋给水管道隐蔽验收应合格，进出水留好位置，标高应正确。

②浴盆应安装平稳，并且有一定坡度，坡向排水栓。

③浴盆的翻边和裙边待装饰收口嵌入瓷砖装饰面内后，将浴盆周边与墙面、地面的接缝处用硅酮胶密封。

④有饰面的浴盆，应留有通向浴盆排水口的检修门。

(3)小便器安装(如图 3－13 所示)。

①小便器给水管多为暗装，用延时冲洗阀或红外感应冲洗阀与小便器连接，因此其出水中心应对准小便器进出口中心。

②暗埋管子隐蔽验收应合格，预留进出水口位置，标高正确。

③在墙面上画出小便器安装中心线，根据设计高度确定位置，画出十字线，将固定支架用带防腐的金属固定件安装牢固。

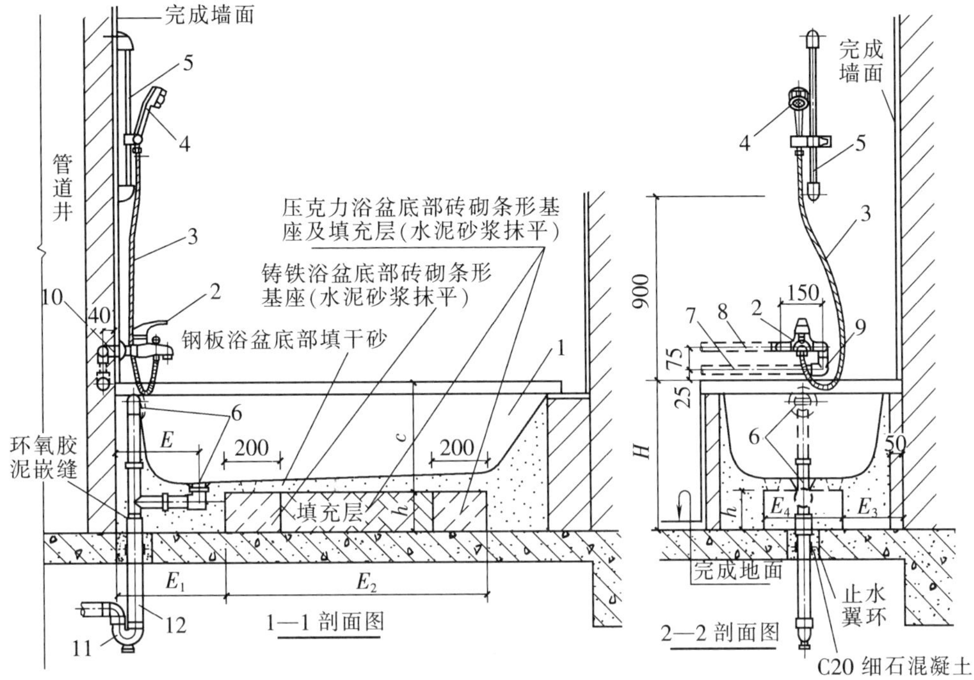

图 3－12　单柄龙头普通浴盆安装图

1—普通浴盆　2—单柄浴盆龙头　3—金属软管　4—手提式花洒　5—滑杆　6—排水配件
7—冷水管　8—热水管　9—90°弯头　10—内螺纹弯头　11—存水弯　12—排水管

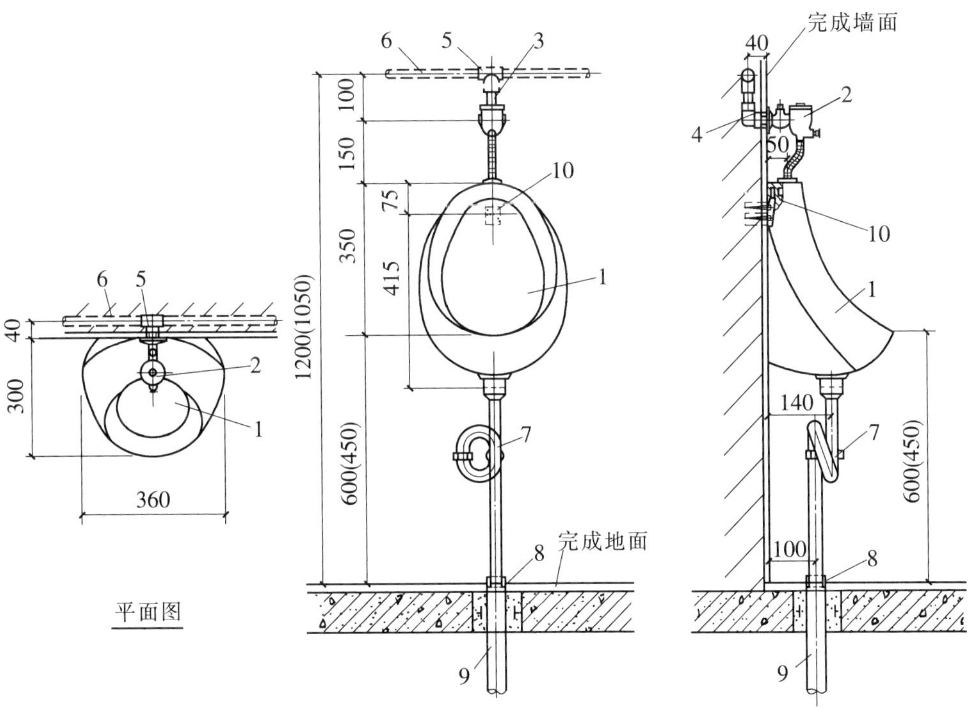

图 3－13　自闭式冲洗阀斗式小便器安装图

1—斗式小便器　2—自闭式冲洗阀　3—冷水管　4—内螺纹弯头　5—异径三通
6—冷水管　7—存水弯　8—罩盖　9—排水管　10—挂钩

(4)大便器安装(如图 3-14 所示)

①坐式便器的下水口尺寸应按所选定的便器规格型号及卫生间设计布局正确留口,待地面饰面工程完成后即可安装坐便器。坐便器与地面之间的接缝用硅酮胶密封。

②蹲式便器单独安装应根据卫生间设计布局,确定安装位置。其便器下水口中心距后墙面距离为 640 mm,且左右居中水平安装。

③带有轻质隔断的成排蹲式大便器安装,其中对中之间的距离不应小于 900 mm,且左右居中水平安装。

④蹲式大便器四周在打混凝土地面前,应抹填白灰膏,然后两侧用砖挤牢固。

⑤所有暗埋给水管道隐蔽验收合格,且留口标高、位置正确。

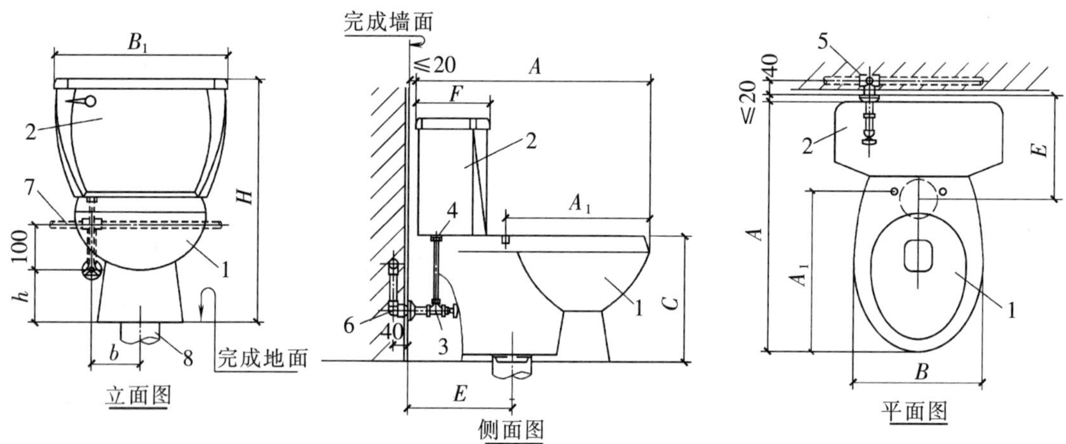

图 3-14　坐箱式坐便器安装图

1—坐便器　2—坐箱式低水箱　3—角式截止阀　4—进水阀配件
5—异径三通　6—内螺纹弯头　7—冷水管　8—排水管

3.3　任务实施

室内排水管道的安装时应保证排水通畅,力求简短,少拐弯或不拐弯,保护管道不受损害,防止污染,并兼顾其他管道的敷设,安装维修方便。

安装顺序如下:排出管→立管→通气管→支管

1. 排出管的安装

(1)埋地铺设的管道宜分两段施工。第一段先作±0.00 以下的室内部分,至伸出外墙为止。待土建施工结束后,再铺设第二段,从外墙接入室外检查井。

(2)埋地管道的管沟,沟底应平整,无突出的尖硬物,沟底坡度同管道坡度。

(3)排水管道穿越基础做预留孔洞时,应配合土建设计的位置与标高进行施工。管顶上部净空不宜小于 150 mm。

(4)为便于检修,排出管的长度不宜太长,一般自室外检查井中心至建筑基础外边缘距离不小于 3 m,不大于 10 m,见表 3-5。

表 3-5　室外检查井中心离排水立管最大长度

管径(mm)	50	75	100	>100
最大长度(m)	10	12	15	20

(5)排出管与排水立管连接，一般应采用 2 个 45°弯头或弯曲半径不小于 4 倍管径的 90°弯头，如图 3-15 所示。

(6)排出管坡度不宜大于 15%。

2. 立管安装

(1)根据施工图核对预留洞尺寸有无差错，预制混凝土楼板则需剔凿楼板洞，应按位置画好标记，对准标记剔凿。

(2)排水立管应设在排水量最大、卫生器具最集中的地点。不得设于卧室、病房等卫生条件要求较高的房间。通常沿卫生间墙角设置，宜靠外墙。立管与墙面距离见表 3-6。

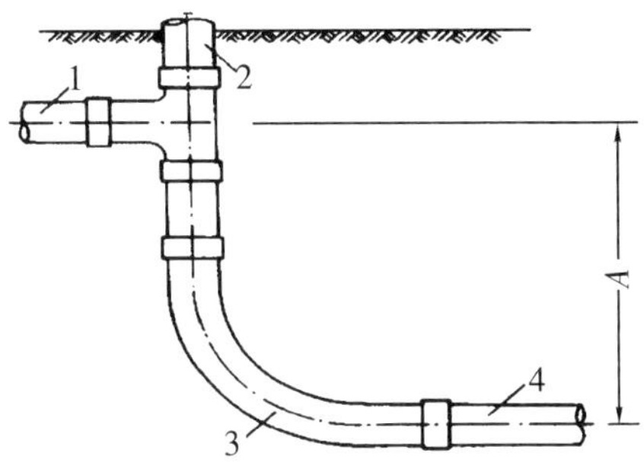

图 3-15　排出管与排水立管的连接

1—支管　2—立管　3—90°弯　4—排出管

表 3-6　立管与墙面距离

立管管径(mm)	50	75	100	120	150	200
立管与墙面距离(mm)	50	70	80	90	110	130

(3)立管穿楼板时，应预留孔洞，见表 3-7，并设套管。安装在楼板内的套管，其顶部应高出装饰地面 20 mm；安装在卫生间及厨房内的套管，其顶部应高出装饰地面 50 mm，底部与楼板地面相平。

表 3-7　立管穿楼板层预留孔洞尺寸

立管管径(mm)	50	75～100	125～150	200～300
孔洞尺寸(mm)	100×100	200×200	300×300	400×400

(4)安装立管应二人上下配合，一人在上层楼上，由管洞内投下一个绳头，下面一人将预制好的立管上半部拴牢，上拉下托将立管下部插口插入下层管承口内。立管插入承口后，下层的人把甩口及立管检查口方向找正，上层的人用木楔将管道在楼板洞处临时卡牢，然后将接口打麻、调直、捻灰。复查立管垂直度，将立管临时固定牢固。

(5)安装立管时，一定要注意将三通口的方向对准横管方向，以免在安装时由于三通口的偏斜而影响安装质量。三通口的高度，应根据横管的长度和坡度来确定。三通口中心和楼板的净距不得小于 250 mm，但不得大于 450 mm。

(6)立管的支架间距不得大于 3 m，层高小于或等于 4 m，立管可设一个支架，支架距地面 1.5～1.8 m，支架应埋设在承重墙上，立管底部的弯管处应设支墩。

(7)立管安装完毕后，配合土建用不低于楼板标号的混凝土将洞灌满堵实，并拆除临时支架。如果是高层建筑或管井内的管道，应按设计要求用型钢固定支架。

3. 通气管安装(如图 3-16 所示)

(1)对于不上人屋顶，通气帽应高出屋面 0.3 m，并大于积雪厚度。

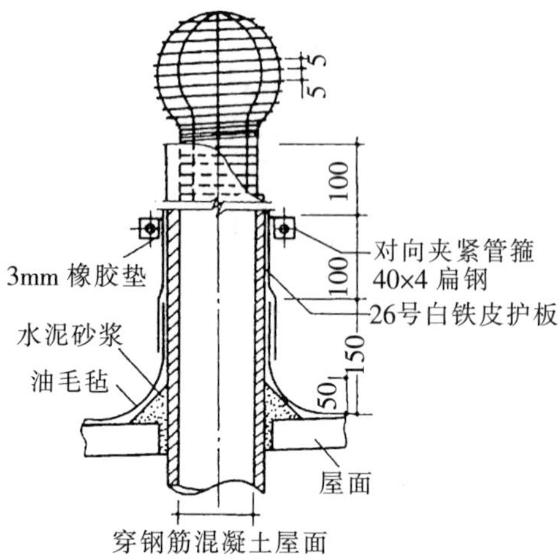

图 3-16 通气管的安装

(2)对于上人的平屋顶，通气帽应高出屋面 2 m，并设置防雷装置。在距通气管出口 4 m 以内有门窗时，通气帽应高出门窗 0.6 m 或引向无门窗的位置。

(3)通气立管不得接纳污水、废水和雨水，通气管不得与通风管道或烟道连接。

(4)对于伸顶通气管道的管径可以与排水立管管径一致。

4. 横支管的安装

(1)先将安装横管尺寸测量记录好，按正确尺寸和安装的难易程度应先行预制好(若横管过长或吊装有困难时可分段预制和吊装)，然后将吊卡装在楼板上，并按横管的长度和规范要求的坡度调整好吊卡高度，再开始吊管。

(2)排水支管不得敷设在遇水易引起燃烧、爆炸或损坏的房间。不得穿越餐厅、贵重商品仓库、变电室、通风间等。排水支管应尽量抬高在梁底上方方格空间内和贴梁底敷设。

(3)排水支管与立管的连接，应采用 45°三通和四通或 90°斜三通、斜四通，尽量少采用 90°正三通、正四通连接。吊卡的间距不得大于 2 m，且吊杆要垂直。

(4)靠近排水立管底部的排水支管连接，应符合下列要求

①排水立管仅设置伸顶通气时，最低排水横支管与立管的连接处距立管管底垂直距离不得小于表 3-8 规定，连接关系如图 3-17(a)所示。注：当与排出管连接的立管底部放大一号管径或横干管比与之连接的立管大一号管径时，可将表中垂直距离缩小一档。

表 3-8 最低排水横支管与立管连接处距立管管底垂直距离

立管连接卫生器具的层数	≤4	5～6	7～12	13～19	≥20
垂直距离(m)	0.45	0.75	1.2	3.0	6.0

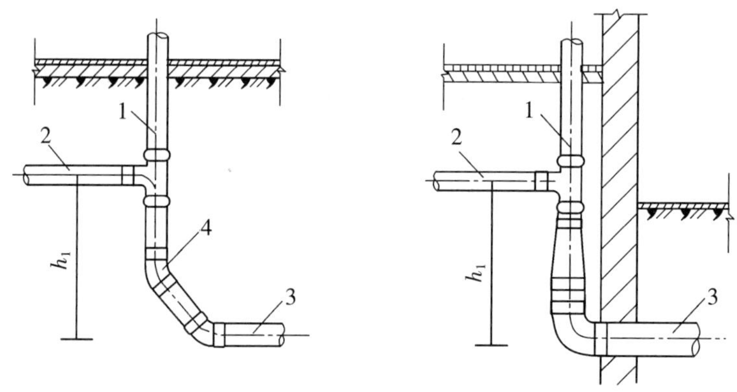

图 3-17 最低横支管与立管连接

1—立管 2—最低横支管 3—排出管 4—45°弯头

②当最低横支管与立管连接处距立管管底垂直距离不能满足表 3-8 要求时，可采用下列

形式，如图 3－17(b)所示。排水支管连接在排出管或排水横管上，连接点距立管底部水平距离不宜小于 3 m。排水支管接入横干管竖直转向管段时，连接点应距转向处以下不得小于 0.6 m。

③当排水支管都不满足上述垂直距离和水平距离时，采用单独排放的形式或采取有效的防压措施。

任务四　建筑排水系统管道检验

4.1　任务目标

掌握建筑排水管道系统的检验方法。

4.2　相关知识

知识链接 13　建筑排水系统管道检验

1. 通球试验

卫生器具安装后，排水系统管道的立管、主干管应进行通球实验。

(1)立管通球试验，应由屋顶透气口处投入不小于管径 2/3 的试验球，用水冲洗试验球至室外第一个检查井。在室外第一个检查井内临时设网截取试验球，取出试验球为合格，通球率须要达到 100%。

(2)主干管通球试验，从干管其端投入塑料小球，并向干管内通水。在户外第一个检查井处观察，发现小球流出为合格，通球率须要达到 100%。

2. 灌水试验

暗装或埋地的排水管道，在隐蔽前必须做灌水试验，灌水试验合格后方可回填土或进行隐蔽。对生活和生产排水管道系统，管内灌水高度须达一层楼高度(不超过 0.05 MPa)。埋地的排水管道，其灌水高度不低于底层地面高度。高层建筑的排水管道进行灌水试验时，灌水高度不能超过 8 m。雨水内排水管灌水高度必须到每根立管上部的雨水斗。

4.3　任务实施

(1)闭水实验，排水管道安装完毕后，按规定要求，必须进行闭水实验。灌水高度视其立管高度。满水 15 min 后，若水面下降再灌满延续 5 min，液面不下降为合格。

(2)通球实验，隐蔽管道分项分工序进行，卫生洁具及设备安装后进行通球实验。

(3)通水试验，管道系统安装完毕，应对管道的外观质量和安装尺寸进行复核检查，检查无误后，再分层进行通水试验。排水系统按给水系统 1/3 配水点同时开放，检查排水是否畅通，有无渗漏。

(4)灌水试验，埋地管灌水试验的灌水高度不低于底层地面高度。灌满水 15 min 后，若水面下降，再灌满延续 5 min，以液面不下降为合格。

(三)学生实操

1. 劳动组织形式

本项目实施中，对学生进行分组，学生 6～8 人组成一个工作小组。各小组按照表 3－9 任务分配表制订出实施方案及工作计划，组长协助教师参与指导本组学生学习，检查项目实施进度和质量，并制订改进措施，共同完成项目任务。

表 3-9 分组成员工作明细表

序号	成员	成员工作职责	姓名	备注
1	施工员	主要负责施工准备、技术准备		
2	材料员	主要按照图纸准备机具、材料、设备		
3	质检员	主要负责项目实施过程中的质量检查验收		
4	资料员	主要负责整体和及时上交本组作业资料		
5	安全员	主要负责项目实施过程中安全措施的落实		

2. 所需设备及材料

见任务二的材料要求和所需机具。

3. 填写室内排水系统安装施工管理记录

见表 3-10。

表 3-10 室内排水系统安装施工管理记录

单位工程名称：					部位：	
检查(管理)项目			检查或验收内容(标准)		分管人员签字/日期	工程部经理巡查批注
事前控制	1	图纸审核	认真阅读图纸、施工合同、招投标文件。核对施工图纸与规范要求有无不符,管道、设备布置是否影响使用功能。核对排水管道施工图纸与建筑、结构、给水、通风、电力等其他图纸有无冲突			
	2	进场验收	检查管道及配件的品牌、规格是否符合设计及合同要求,并查验出厂合格证			
过程控制	1	管道坡度	管道安装坡度符合施工文件和材料要求	▲		
	2	伸缩节和阻火圈	排水塑料管应按要求设伸缩节,高层建筑中排水管应按要求设阻火圈或防火套管	△		
	3	清扫口和检查口	按规范和设计要求设置,便于清扫和检查,密封圈及盖板应匹配,不渗漏	△		
	4	支、吊、托架	按规范和设计要求设置	△		
	5	排水通气管	通气管应高出屋面 300 mm,并大于最大积雪厚度。通气管出口 4 m 内有门、窗时,应高出门窗顶 600 mm。上人屋面,通气管应高出屋面 2 m,铸铁管应设防雷装置	△		
	6	水平管与水平管、立管连接	水平管道与水平管道、水平管道与立管的连接,应采用 45°三通或 45°四通和 90°斜三通或 90°斜四通。立管与排出管端部的连接,应采用两个 45°弯头或曲率半径不小于 4 倍管径的 90°弯头	△		
	7	灌水试验	隐蔽或埋地管道在隐蔽前必须做灌水试验	▲		
	8	存水弯	地漏、台盆、淋浴间、浴盆等下水管道应做存水弯,水封高度不小于 50 mm	▲		
验收	1	通球试验	排水主立管及水平干管应做通球试验,通球球径不小于排水管道管径的 2/3,通过率必须达到 100%	▲		
	2	管道冲洗与检查	交付应对所有管道进行冲洗并检查,保证管道畅通无杂物等	▲		
	3	安装偏差	按规范和设计要求	▲		

五、项目测评

1. 填写室内消火栓系统安装分项工程质量验收记录

见表 3 - 11。

表 3 - 11　室内排水管道及配件安装分项工程质量验收记录

<table>
<tr><td colspan="2">工程名称</td><td></td><td>结构类型</td><td></td><td>检验批数</td><td></td></tr>
<tr><td colspan="2">施工单位</td><td></td><td>项目经理</td><td></td><td>技术负责人</td><td></td></tr>
<tr><td colspan="2">分包单位</td><td></td><td>分包单位负责人</td><td></td><td>分包项目经理</td><td></td></tr>
<tr><td>序号</td><td colspan="2">检验批部位、区段</td><td colspan="2">施工单位评定结果</td><td colspan="2">监理(建设)单位验收</td></tr>
<tr><td>1</td><td colspan="2"></td><td colspan="2"></td><td colspan="2"></td></tr>
<tr><td>2</td><td colspan="2"></td><td colspan="2"></td><td colspan="2"></td></tr>
<tr><td>3</td><td colspan="2"></td><td colspan="2"></td><td colspan="2"></td></tr>
<tr><td>4</td><td colspan="2"></td><td colspan="2"></td><td colspan="2"></td></tr>
<tr><td>5</td><td colspan="2"></td><td colspan="2"></td><td colspan="2"></td></tr>
<tr><td>6</td><td colspan="2"></td><td colspan="2"></td><td colspan="2"></td></tr>
<tr><td>7</td><td colspan="2"></td><td colspan="2"></td><td colspan="2"></td></tr>
<tr><td>8</td><td colspan="2"></td><td colspan="2"></td><td colspan="2"></td></tr>
<tr><td>9</td><td colspan="2"></td><td colspan="2"></td><td colspan="2"></td></tr>
<tr><td>10</td><td colspan="2"></td><td colspan="2"></td><td colspan="2"></td></tr>
<tr><td>11</td><td colspan="2"></td><td colspan="2"></td><td colspan="2"></td></tr>
<tr><td>检查结论</td><td colspan="2">项目专业技术负责人：
年　月　日</td><td>验收结论</td><td colspan="3">专业监理工程师：
(建设单位项目专业分包施工单位技术负责人)
年　月　日</td></tr>
</table>

2. 项目评价

按时间、质量、安全、文明、环保要求进行考核。首先学生按照表3-12项目考核评价表，先自评，在自评的基础上，由本组的同学互评，最后由教师进行总结评分。

表3-12　项目考核评价表

序号	项目	标准分	内容	评分标准	学生自评	教师评价
1	态度	10	按时出勤，不迟到，不早退 勤于思考、动手，严谨认真 工作责任心强，吃苦耐劳 具有团队合作精神	迟到扣4分，早退扣4分 态度不认真扣3～5分 责任心不强，扣4～8分 团队合作意识差，扣4分		
2	管路连接	10	管路应该横平竖直	管路损坏破裂扣5～10分		
		10	管道的连接处存在缺陷	存在缺陷扣2～10分		
		10	管道接口处应干净、美观	不符合要求扣2～6分		
		10	排水管道路进行通水试验，管路系统应该不渗漏	管路渗漏扣3～10分		
		10	通球实验的通球率必须达到100%	不符合要求扣5～10分		
3	卫生器具安装	10	见卫生器具安装要求	不符合要求扣5～10分		
4	工艺操作	10	符合工艺操作规范	操作不规范，酌情扣5～10分		
5	安全生产	10	符合安全施工要求	有安全隐患扣1～10分		
6	文明施工	10	符合文明施工要求	不符合要求扣1～10分		
合计		100	学生签名： 教师签名：	权重	0.3	0.7
				实际得分		

六、项目拓展

识读下列给排水施工图，如图3-18至图3-23所示。

本工程施工说明如下。

(1)图中尺寸标高以m计，其余均以mm计。本住宅楼日用水量为13.4 t。

(2)给水管采用PP—R管材与管件连接；给水管De16及De20管的壁厚为2.0 mm，De25管的壁厚为2.5 mm。排水管采用UPVC塑料管，承插黏结。

(3)给排水支吊架安装见98S10，地漏采用高水封地漏。

(4)坐便器安装见98S1—85，洗脸盆安装见98S1—41，住宅洗涤盆安装见98S1—9，拖布池安装见98S1—8，浴盆安装见98S1—73。

(5)给水采用一户一表出户安装，安装详见市供水公司图集XSB—01。所有给水阀门均采用铜质阀门。

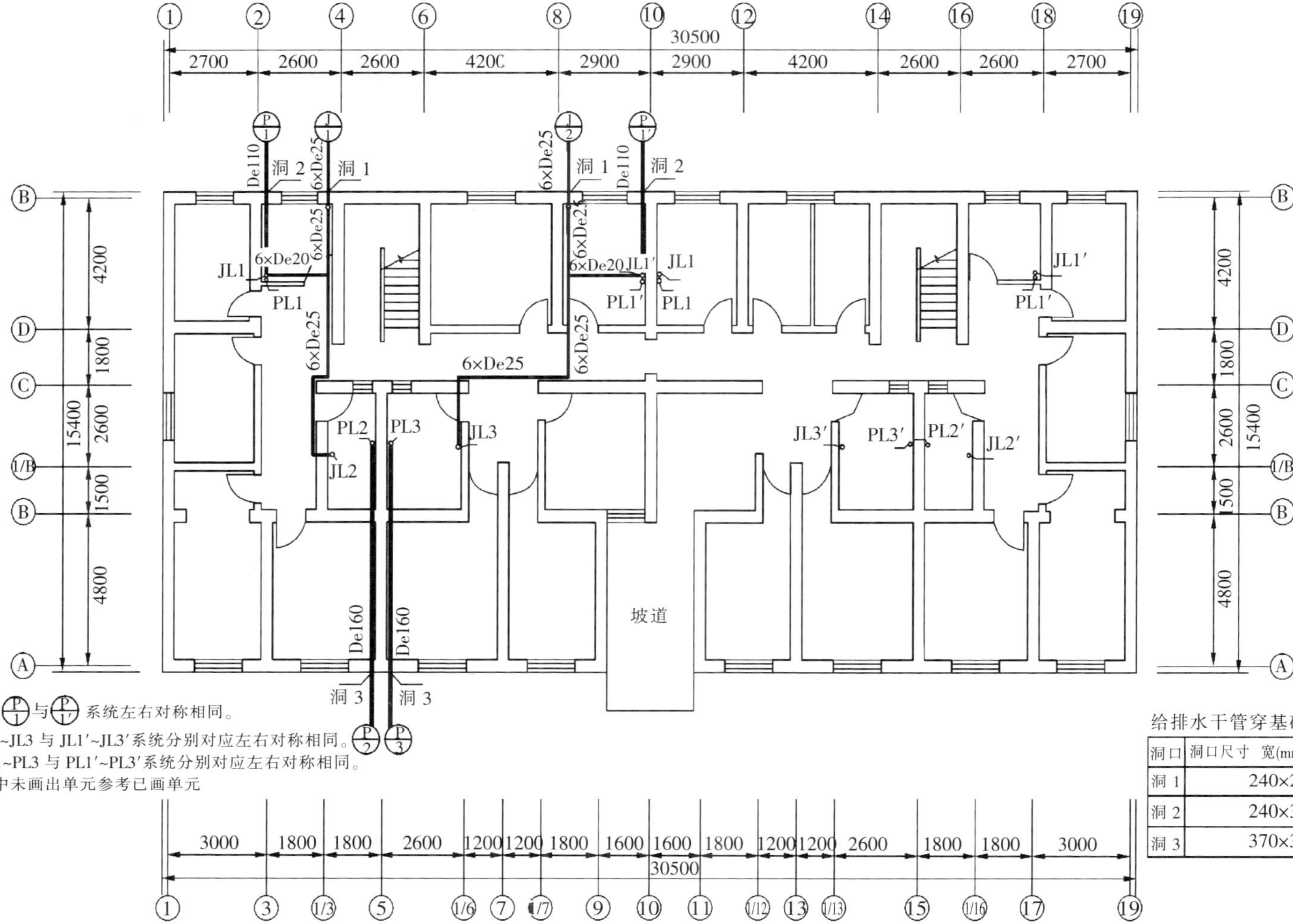

P1 与 P1′ 系统左右对称相同。
JL1~JL3 与 JL1′~JL3′系统分别对应左右对称相同。
PL1~PL3 与 PL1′~PL3′系统分别对应左右对称相同。
图中未画出单元参考已画单元

给排水干管穿基础预留洞

洞口	洞口尺寸 宽(mm)×高(mm)	洞底标高(m)
洞 1	240×240	−1.88
洞 2	240×370	−1.90
洞 3	370×370	−1.93

图 3–18　一层给排水平面图

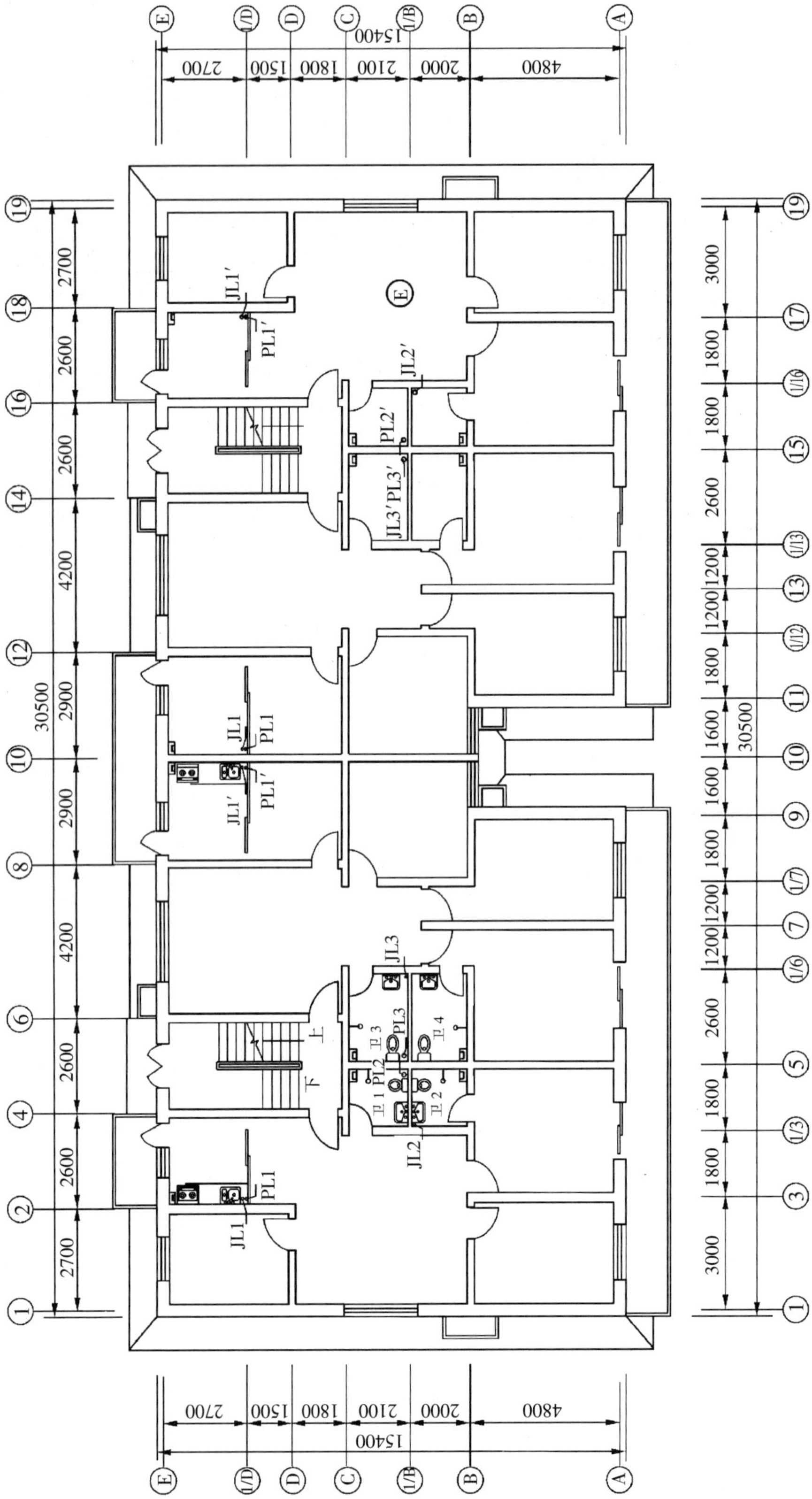

图 3-19　一至六层给排水平面图

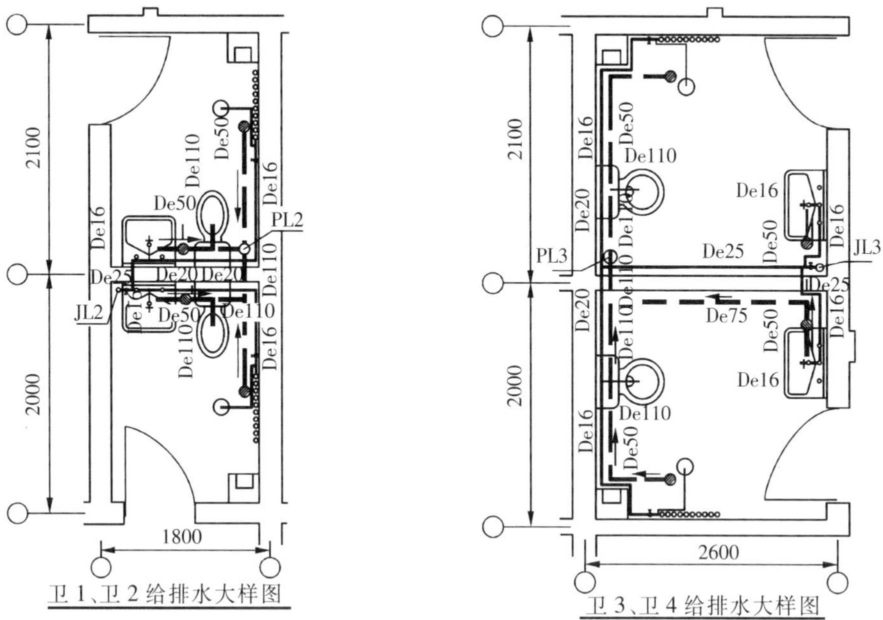

图 3-20　卫生间给排水大样图

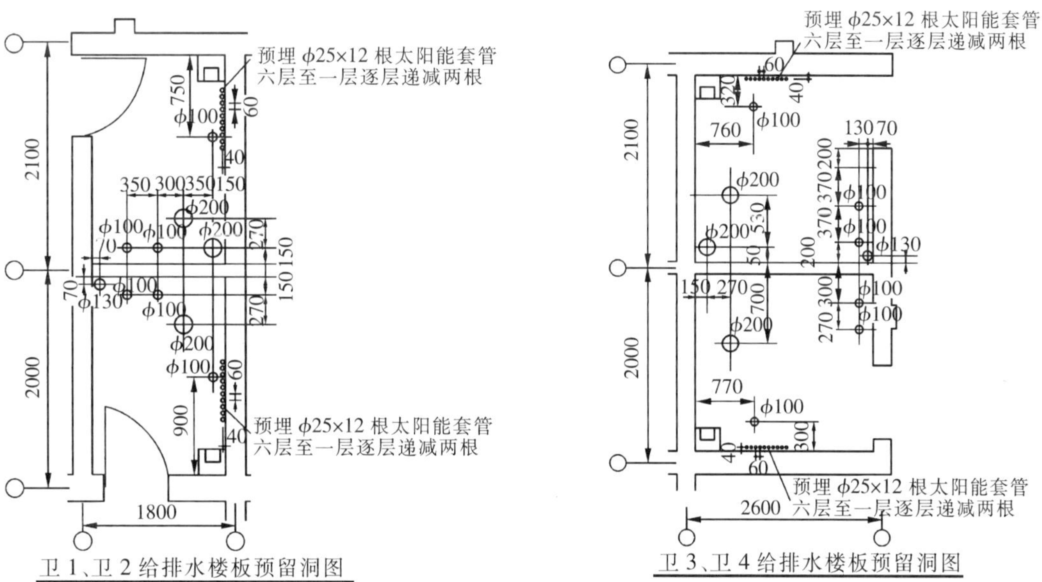

图 3-21　卫生间预留孔洞图

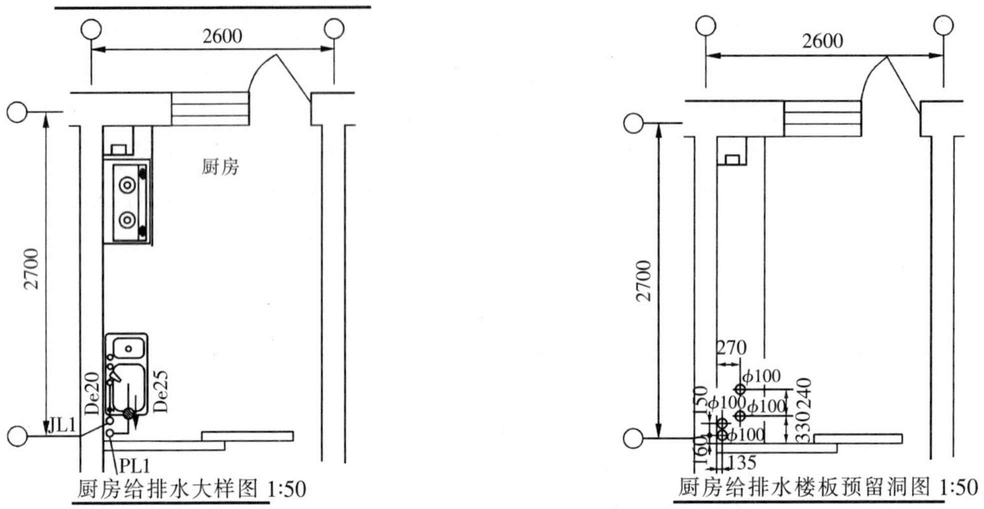

图 3-22　厨房给排水大样图及预留孔洞图

(6)排水立管在每层标高 250 mm 处设伸缩节，伸缩节作法见 98S1—156～158。

(7)排水横管坡度采用 0.026。

(8)凡是外露与非采暖房间给排水管道均采用 40 mm 厚聚氨酯保温。

(9)卫生器具采用优质陶瓷产品，其规格型号由甲方定。

(10)安装完毕进行水压试验，试验工作严格按现行规范要求进行。

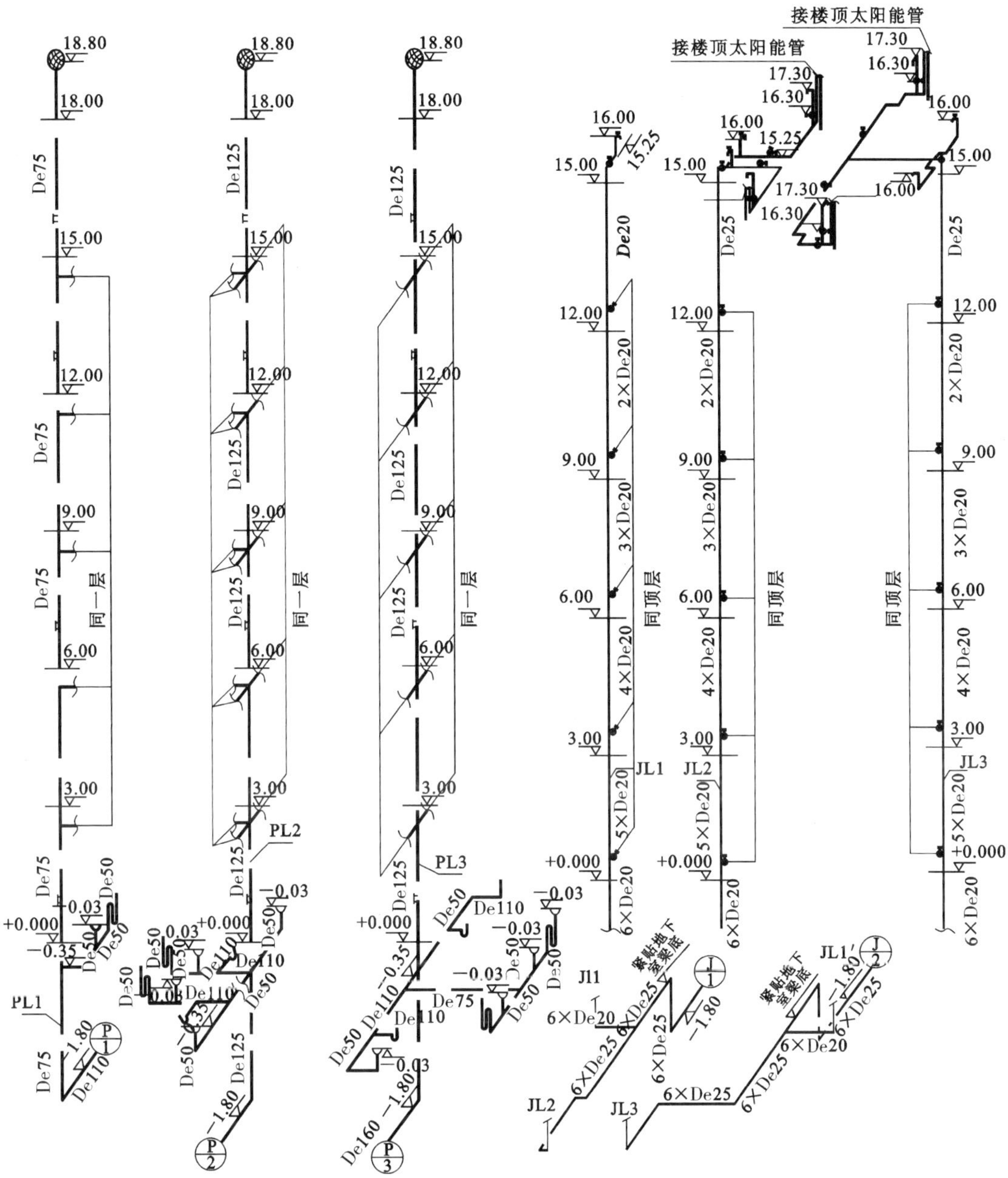

图 3-23　给排水系统图

七、项目作业

(1)室内排水系统由哪些部分组成?

(2)卫生器具有哪些种类?安装有哪些具体要求?

(3)排水管道材料有哪些?

(4)什么是通气管系统?包括哪些类型?

(5)填写室内卫生器具安装工程检验批质量验收记录。

见表 3－13。

表 3－13　卫生器具安装工程检验批质量验收记录

<table>
<tr><td colspan="2">工程名称</td><td colspan="2"></td><td>检验批部位</td><td></td><td>项目经理</td><td></td></tr>
<tr><td colspan="2">工程施工
单位名称</td><td colspan="2"></td><td>分包项目经理</td><td></td><td>专业工长</td><td></td></tr>
<tr><td colspan="2">分包单位</td><td colspan="2"></td><td>施工执行标准
名称及编号</td><td></td><td>施工班组长</td><td></td></tr>
<tr><td colspan="2">序号</td><td colspan="4">GB50242—2002 的规定</td><td>施工单位
检查评定记录</td><td>监理(建设)
单位验收记录</td></tr>
<tr><td rowspan="2">主控项目</td><td>1</td><td colspan="4">排水栓和地漏的安装应平正、牢固，低于排水表面，周边无渗漏。地漏水封高度不得小于 50 mm</td><td></td><td rowspan="2"></td></tr>
<tr><td>2</td><td colspan="4">卫生器具交工前应做满水和通水试验</td><td></td></tr>
<tr><td rowspan="10">一般项目</td><td rowspan="7">1</td><td>项次</td><td colspan="2">项　　目</td><td>允许偏差(mm)</td><td></td><td rowspan="10"></td></tr>
<tr><td rowspan="2">1</td><td rowspan="2">坐标</td><td>单独器具</td><td>10</td><td></td></tr>
<tr><td>成排器具</td><td>5</td><td></td></tr>
<tr><td rowspan="2">2</td><td rowspan="2">标高</td><td>单独器具</td><td>±15</td><td></td></tr>
<tr><td>成排器具</td><td>±10</td><td></td></tr>
<tr><td>3</td><td colspan="2">器具水平度</td><td>2</td><td></td></tr>
<tr><td>4</td><td colspan="2">器具垂直度</td><td>3</td><td></td></tr>
<tr><td>2</td><td colspan="4">有饰面的浴盆，应留有通向浴盆排水口的检修门</td><td></td></tr>
<tr><td>3</td><td colspan="4">小便槽冲洗管，应采用镀锌钢管或硬质塑料管。冲洗孔应斜向下方安装，冲洗水流与墙面成 45°角。镀锌钢管钻孔后应进行二次镀锌</td><td></td></tr>
<tr><td>4</td><td colspan="4">卫生器具的支、托架必须防腐良好，安装平整、牢固，与器具接触紧密、平稳</td><td></td></tr>
<tr><td colspan="2">施工单位
检查评定结果</td><td colspan="6">项目专业质检员：
年　月　日</td></tr>
<tr><td colspan="2">监理(建设)单位
验收结论</td><td colspan="6">专业监理工程师(建设单位项目专业技术负责人)：
年　月　日</td></tr>
</table>

项目四　建筑供暖系统安装

一、项目描述

某三层办公楼采用热水采暖系统，现在在识读一层采暖平面图基础之上，理解管径的大小、管路的走向、散热器的位置，然后对采暖系统的管道和设备进行安装。如图 4－1 所示。

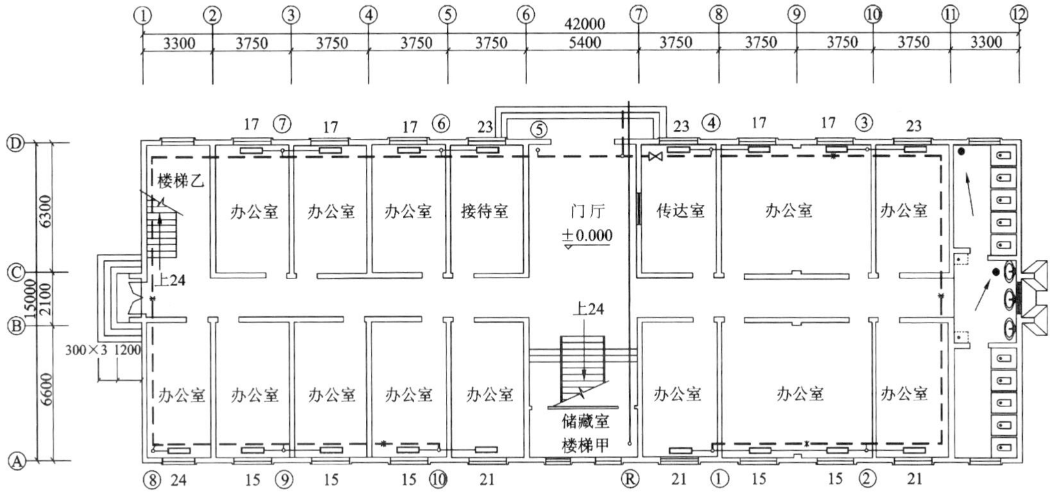

图 4－1　一层采暖平面图

二、项目目标及要求

(一)项目目标

知识目标：掌握采暖系统的分类，其中重点掌握热水采暖系统，包括自然循环采暖系统、机械循环采暖系统；掌握采暖系统的施工图识读方法，掌握热水采暖系统管道的布置与安装。

能力目标：通过本项目的学习，能够掌握自然循环和机械循环热水采暖系统的基本形式；能够进行热水采暖系统管路布置和敷设；通过活动的开展，增强学习兴趣，养成自主学习的习惯。

(二)项目要求

时间要求：教学学时 12 个课时。

质量要求：施工质量符合《建筑工程施工质量验收统一标准》(GB 50300－2013)、《建筑给水排水及采暖工程施工质量验收规范》(GB 50242－2002)。

安全要求：严格按照安全操作规程进行项目作业。

文明要求：自觉按照文明生产规则进行项目作业。

环保要求：努力按照环境保护要求进行项目作业。

三、项目分析

本项目通过模拟居住建筑室内采暖管道的安装与敷设，让学生学习识读建筑采暖施工图；掌握室内热水采暖管道的布置、敷设与安装；熟悉采暖系统的分类与组成，采暖系统的主要设备和附件等，最终掌握整个采暖系统。

知识链接 1　采暖系统的基本概念

冬季室外气温较低，室内的热量会通过维护结构和冷风渗透不断地传到室外。为了保持室内所要求的温度，必须向室内供给相应的热量，以维持人们的日常生活、工作和生产活动需要的环境，这就是供暖系统的任务和目的。

建筑采暖也称作建筑供暖，就是通过供热管道将热量从热源不断地输送给用户，并通过散热设备将热量传递给室内空间，同时又将冷却的热媒输送回热源再次加热的过程。

知识链接 2　采暖系统的分类

1. 按照供暖范围划分

局部供暖系统。当热源、管道与散热器连成整体而不能分离时，称为局部供暖系统。如锅炉供暖、电热供暖、煤气红外线辐射器等。

集中供暖系统。采用锅炉或加热器对水集中加热，通过管道同时向多个房间供暖的系统，称为集中供暖系统。

区域供暖系统。以集中供热的热网作为热源，用以满足一个建筑群或一个区域供暖用热需要的系统，称为区域供暖系统。

2. 按照热媒的不同划分

（1）热水供暖系统。

①按照系统循环动力的不同可以分为自然循环热水供暖系统和机械循环热水供暖系统，如图 4－2 所示。

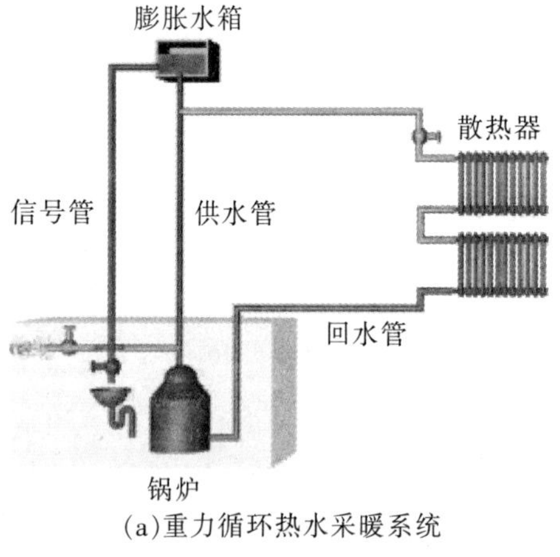

(a)重力循环热水采暖系统

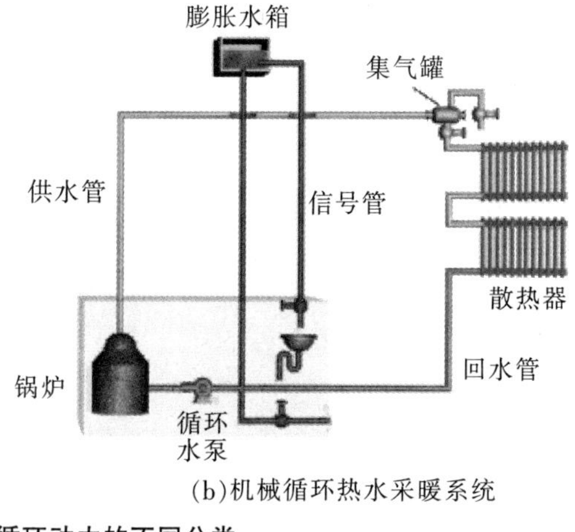

(b)机械循环热水采暖系统

图 4－2　按照系统循环动力的不同分类

②按照供回水方式的不同可分为单管系统和双管系统，如图 4－3 所示。

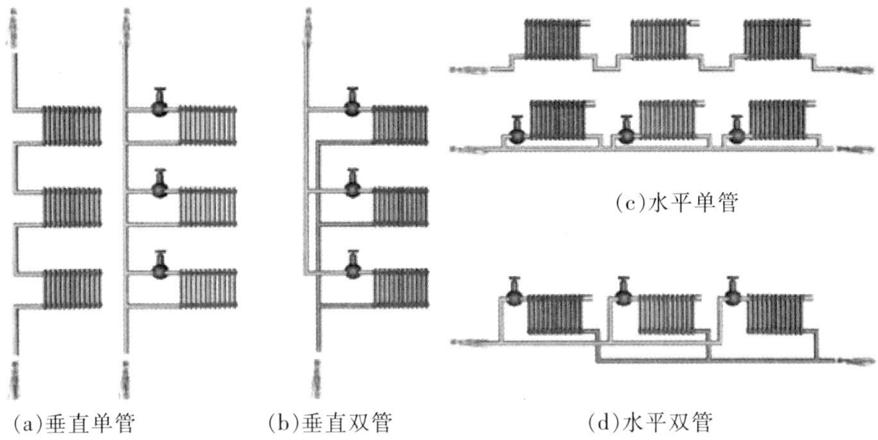

图 4－3　按照供回水方式的不同分类

③按照管道敷设方式的不同可分为垂直式和水平式，如图 4－4 所示。

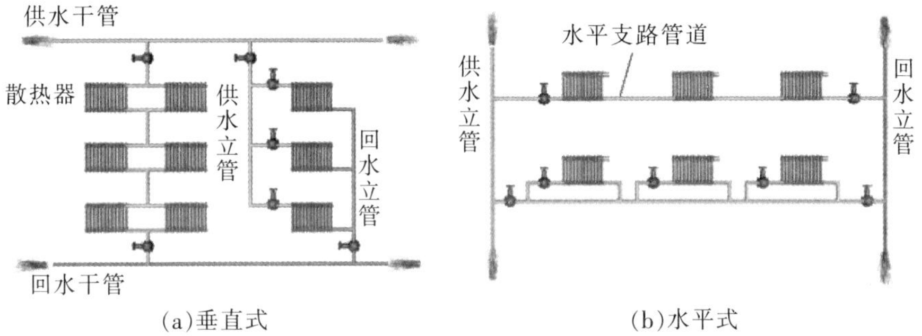

图 4－4　按照管道敷设方式的不同分类

④按照热媒温度的不同可分为低温水供暖系统和高温水供暖系统。

(2)蒸汽供暖系统的分类。

①按照供汽压力的大小，可分为高压蒸汽供暖、低压蒸汽供暖和真空蒸汽供暖。

②按照蒸汽干管布置的不同，可分为上供式、中供式、下供式。

③按照回水动力的不同，可分为重力回水和机械回水。

三、项目实施

(一)项目流程

第一步：建筑采暖系统施工图识读

↓

第二步：建筑采暖系统安装前准备

↓

第三步：建筑采暖系统安装

↓

第四步：建筑采暖系统调试

(二)项目实施过程

任务一　建筑采暖系统施工图识读

建筑采暖施工图一般由图纸目录、主要设备材料表、设计说明、图例、平面图、系统图(轴测图)、施工详图等组成。

1.1　任务目标

能够识读采暖的系统图、平面图、施工详图等。

1.2　相关知识

知识链接 3　自然循环热水采暖系统

1. 自然循环热水采暖系统的工作原理

如图 4－5 所示，假想在循环管路的最低点断面 $A—A$ 处有一阀门，若阀门突然关闭，$A—A$ 断面两侧会受到不同的水柱压力，两侧的水柱压力差就是推动水在系统中循环流动的自然循环作用压力。左侧压力 $P_{左}=g(h_0\rho_h+h\rho_g+h_1\rho_g)$，右侧压力 $P_{右}=g(h_0\rho_h+h\rho_h+h_1\rho_g)$，因为 ρ_h 大于 ρ_g，系统的循环作用压力为：

$$\Delta p=P_{右}-P_{左}=gh(\rho_h-\rho_g) \qquad (4-1)$$

式中　Δp ——自然循环系统的作用压力，Pa；

g——重力加速度，m/s^2；

h——加热中心至冷却中心的垂直距离，m；

ρ_h——回水密度，kg/m^3；

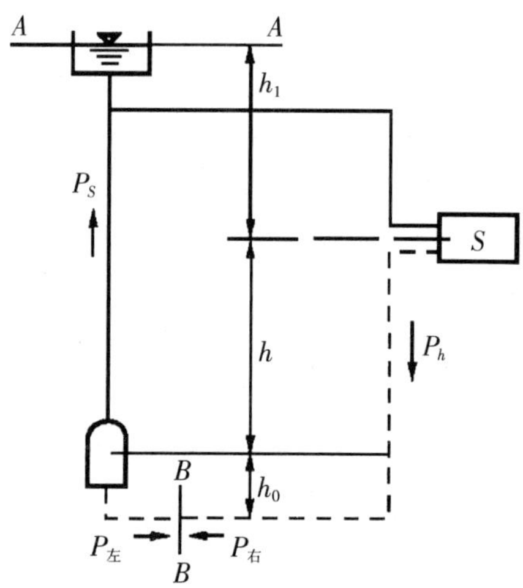

图 4－5　自然循环热水采暖系统工作原理图

ρ_g——供水密度，kg/m^3。

2. 自然循环热水采暖系统的基本形式

如图 4-6(a)(b)所示是自然循环热水采暖系统的两种主要形式。上供下回式系统的供水干管敷设在所有散热器之上，回水干管敷设在所有散热器之下。

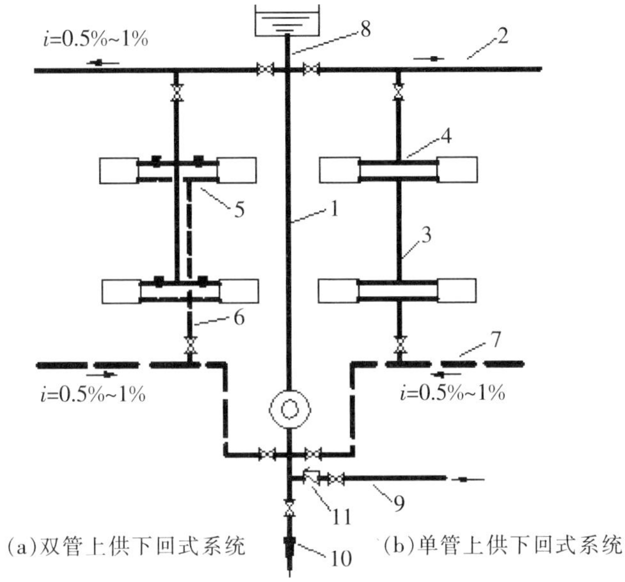

图 4-6　自然循环热水采暖系统

1—总立管　2—供水干管　3—供水立管　4—散热器供水支管
5—散热器回水支管　6—回水立管　7—回水干管　8—膨胀水箱连接管
9—充水管(接上水管)　10—泄水管(接下水道)　11—止回阀

在自然循环系统中，水的循环作用压力较小，流速较低，水平干管中水的流速小于 0.2 m/s，而干管中空气气泡的浮升速度为 0.1～0.2 m/s。立管中约为 0.25 m/s，一般超过了水的流动速度，因此空气能够逆着水流方向向高处聚集，通过膨胀水箱排除。

3. 设计注意事项

(1)一般情况下，重力循环系统的作用半径不宜超过 50 m。

(2)通常宜采用上供下回式，锅炉位置应尽可能降低，以增大系统的作用压力。如果锅炉中心与底层散热器中心的垂直距离较小时，宜采用单管上供下回式重力循环系统，而且最好是单管垂直串联系统。

(3)不论采用单管系统还是双管系统，重力循环的膨胀水箱应设置在系统供水总立管顶部(距供水干管顶标高 300～500 mm 处)。

知识链接 4　机械循环热水采暖系统

1. 机械循环热水采暖系统的工作原理

如图 4-7 所示为机械循环上供下回式系统，系统中设置了循环水泵、膨胀水箱、集气罐和散热器等设备。现比较机械循环系统与自然循环系统的主要区别。

(1)循环动力不同。机械循环系统靠水泵提供动力，强制水在系统中循环流动。循环水泵一般设在锅炉入口前的回水干管上，该处水温最低，可避免水泵出现气蚀现象。

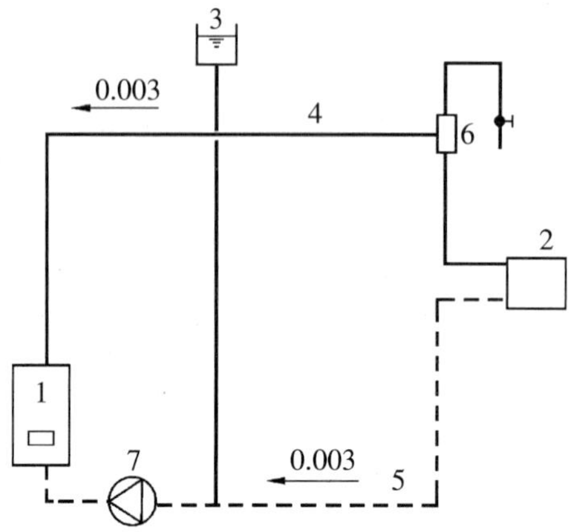

图 4－7　机械循环上供下回式系统

1—热水锅炉　2—散热器　3—膨胀水箱　4—供水管　5—回水管　6—集气罐　7—循环水泵

(2)膨胀水箱的连接点和作用不同。机械循环系统膨胀水箱设置在系统的最高处，水箱下部接出的膨胀管连接在循环水泵入口前的回水干管上。其作用除了容纳水受热膨胀而增加的体积外，还能恒定水泵入口压力，保证采暖系统压力稳定。

(3)排气方式不同。机械循环系统中水流速度较大，一般都超过水中分离出的空气泡的浮升速度，易将空气泡带入立管引起气塞。所以机械循环上供下回式系统水平敷设的供水干管应沿水流方向设上升坡度，坡度宜采用 0.003，不得小于 0.002。在供水干管末端最高点处设置集气罐，以便空气能顺利地和水流同方向流动，集中到集气罐处排除。

2. 机械循环热水采暖系统的形式

(1)按供回水干管布置的方式分类。采暖工程中，按供回水干管布置的方式不同，热水采暖系统可分为如图 4－8 所示的上供下回式、上供上回式、下供下回式和下供上回式。另外，还有中供式系统。

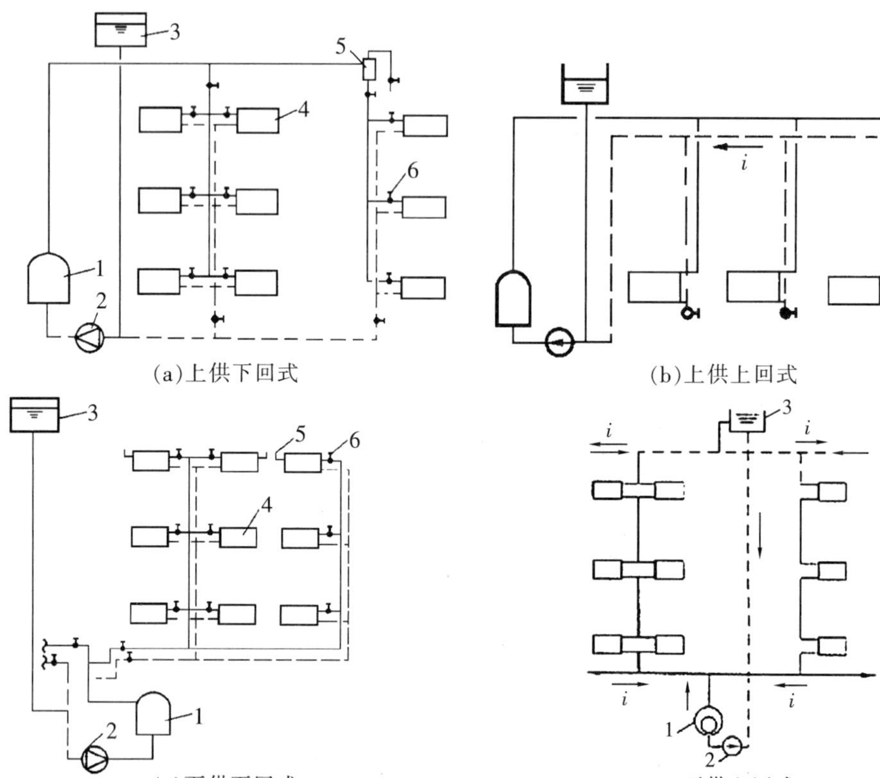

图 4－8　按供、回水方式分类的采暖系统

1—锅炉　2—循环水泵　3—膨胀水箱　4—散热器　5—跑风门　6—阀门

①上供下回式系统[如图 4-8(a)]的供回水干管分别设置于系统最上面和最下面，布置管道方便，排气顺畅，是用得最多的系统形式。

②上供上回式系统[如图 4-8(b)]的供回水干管均位于系统最上面。采暖干管不与地面设备及其他管道发生占地矛盾。但立管消耗管材量增加，立管下面均要设放水阀。主要用于设备和工艺管道较多的、沿地面布置干管发生困难的工厂车间。

③下供下回式系统[如图 4-8(c)]的供回水干管均位于系统最下面。与上供下回式相比，供水干管无效热损失小，可减轻上供下回式双管系统的垂直失调(沿垂直方向各房间的室内温度偏离设计工况称为垂直失调)。因为上层散热器环路重力作用压力大，但管路亦长，阻力损失大，有利于水力平衡。顶棚下无干管比较美观，可以分层施工，分期投入使用。底层需要设管沟或有地下室以便于布置两根干管，要在顶层散热器设放气阀或设空气管排除空气。

④下供上回式系统[如图 4-8(d)]的供水干管在系统最下面，回水干管在系统最上面。如供水干管在一层地面明设时其热量可加以利用，因而无效热损失小。与上供下回式相比，底层散热器平均温度升高，从而减少底层散热器面积，有利于解决某些建筑物中一层散热器面积过大、难于布置的问题。立管中水流方向与空气浮升方向一致，在 4 种系统形式中最有利于排气。当热媒为高温水时，底层散热器供水温度高，回水静压力也大，有利于防止水的汽化。

⑤中供式系统。如图 4-9 所示。它是供水干管位于中间某楼层的系统形式。供水干管将系统垂直方向分为两部分。上半部分系统可为下供下回式系统[如图 4-9(a)的上半部分]或上供下回式系统[如图 4-9(b)的上半部分]，而下半部分系统均为上供下回式系统。中供式系统可减轻垂直失调，但计算和调节都比较麻烦。

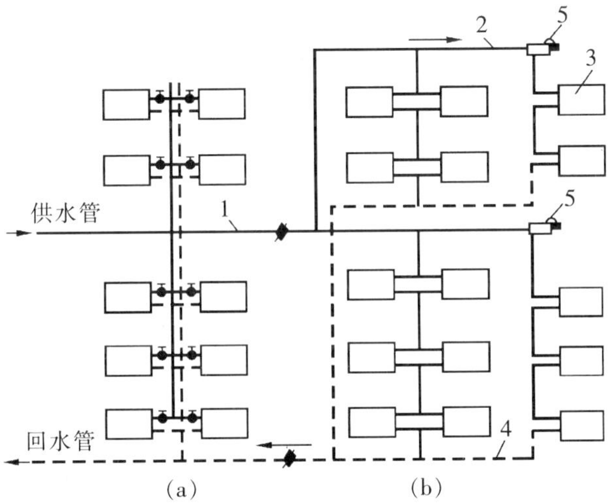

图 4-9　中供式热水采暖系统

1—中部供水管　2—上部供水管　3—散热器　4—回水干管　5—集气罐

(2)按散热器的连接方式分类。按散热器的连接方式将热水采暖系统分为垂直式与水平式系统(如图 4-10 所示)。垂直式采暖系统是指不同楼层的各散热器用垂直立管连接的系统，如图 4-10(a)；水平式采暖系统是指同一楼层的散热器用水平管线连接的系统，如图 4-10(b)。

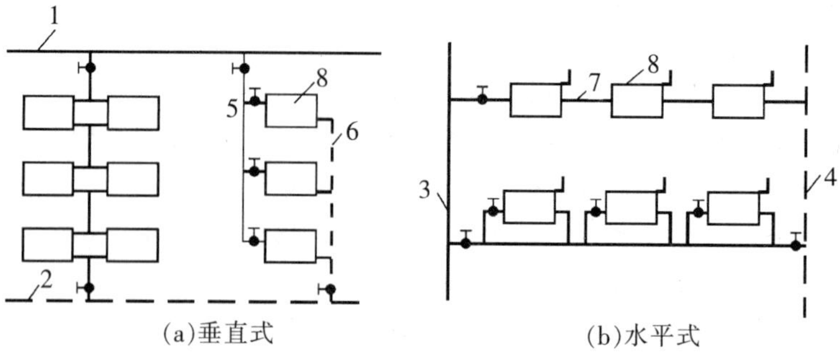

图 4-10 垂直式与水平式采暖系统

1—供水干管 2—回水干管 3—水平式系统供水立管 4—水平式系统回水立管 5—供水立管 6—回水立管 7—水平支路管道 8—散热器

水平式系统可用于公用建筑楼堂馆所等建筑物。用于住宅时便于设计成分户热计量的系统。该系统大直径的干管少,穿楼板的管道少,有利于加快施工进度。室内无立管比较美观。设有膨胀水箱时,水箱的标高可以降低,便于分层控制和调节。用于公用建筑如水平管线过长时容易因胀缩引起漏水。为此要在散热器两侧设乙字弯,每隔几组散热器加乙字弯管补偿器或方形补偿器,水平顺流式系统中串联散热器组数不宜太多。可在散热器上设放气阀或多组散热器用串联空气管来排气,如图 4-11 所示。

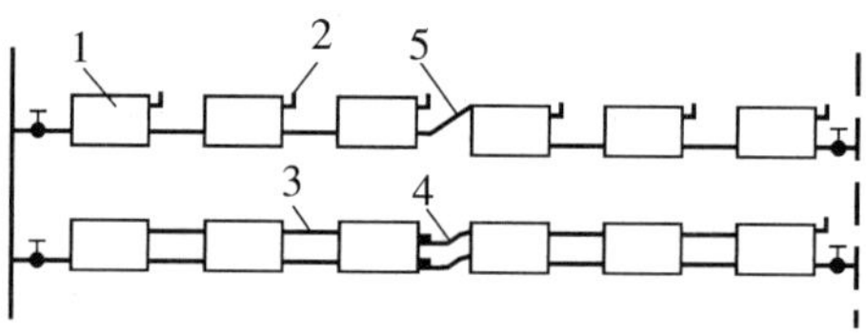

图 4-11 水平式系统的排气及热补偿措施

1—散热器 2—放气阀 3—空气管 4—方形补偿器 5—乙字弯管补偿器

(3)按连接散热器的管道数量分类。按连接相关散热器的管道数量将热水采暖系统分为单管系统与双管系统(如图 4-12 所示)。单管系统是用一根管道将多组散热器依次串联起来的系统,双管系统是用两根管道将多组散热器相互并联起来的系统。多个散热器与其关联管一起形成采暖系统的基本组合体。如所关联的散热器位于不同的楼层,则基本组合体形成垂直单管;如所关联的散热器位于同一楼层,则基本组合体形成水平单管。图 4-12(a)表示垂直单管的基本组合体,其左边为单管顺流式,右边为单管跨越管式;图 4-12(b)为垂直双管基本组合体;图 4-12(c)为水平单管组合体,其上图为水平顺流式,下图为水平跨越管式;图 4-12(d)为水平双管组合体。多个基本组合体形成系统。

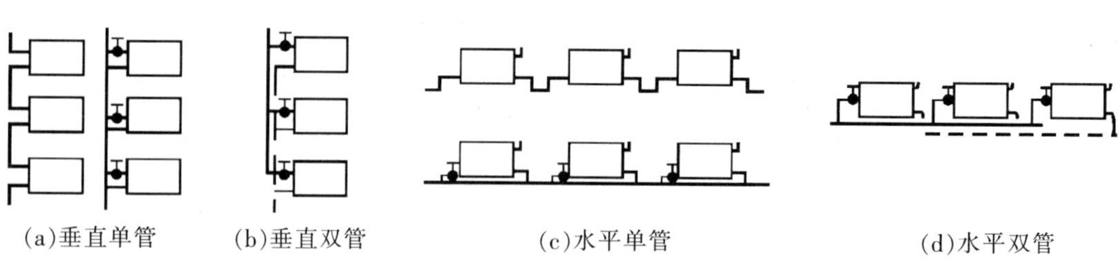

图 4-12 单管系统与双管系统的基本组合体

单管系统节省管材，造价低，施工进度快，顺流单管系统不能调节单个散热器的散热量，跨越管式单管系统采取多用管材（跨越管）、设置散热器支管阀门和增大散热器的代价换取散热量在一定程度上的可调性；单管系统的水力稳定性比双管系统好。如采用上供下回式单管系统，往往底层散热器较大，有时造成散热器布置困难。双管系统可单个调节散热器的散热量，管材耗量大、施工麻烦、造价高，易产生垂直失调。

(4)按并联环路水的流程分类。按各并联环路水的流程，可将采暖系统划分为同程式系统与异程式系统（如图 4－13 所示）。热媒沿各基本组合体流程相同的系统，即各环路管路总长度基本相等的系统称同程式系统，如图 4－13(a)，热媒沿各基本组合体流程不同的系统为异程式系统，如图 4－13(b)。

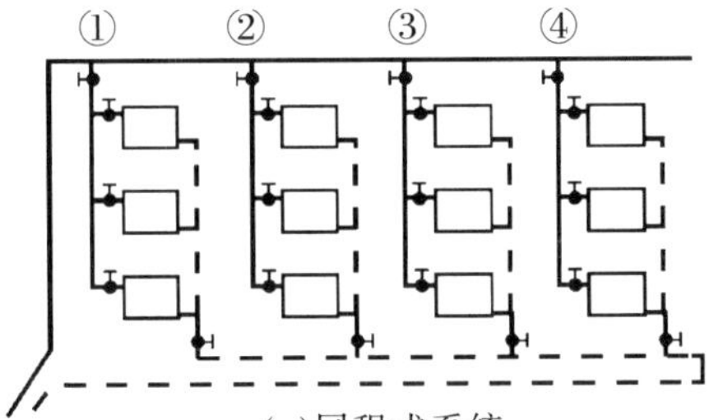

(a)同程式系统

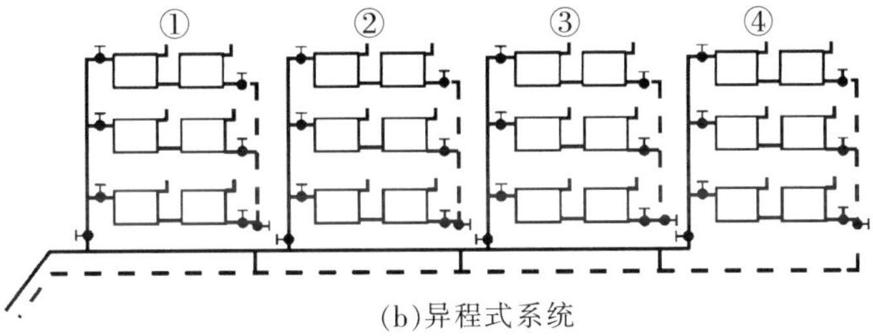

(b)异程式系统

图 4－13　同程式系统与异程式系统

3. 设计注意事项

(1)机械循环系统作用半径大，适应面广，配管方式多，系统选择应根据卫生要求和建筑物形式等具体情况进行综合技术、经济比较后确定。

(2)在系统较大时，宜采用同程式，以便于压力平衡，如图 4－13 所示。

(3)由于机械循环系统水流速度大，易将空气泡带入立管造成局部散热器不热，故水平敷设的供水干管必须保持与水流方向相反的坡度，以便空气能顺利地和水流同方向集中排除。

(4)因管道内水的冷却而产生的作用压力，一般可不予考虑；但散热器内水的冷却而产生的作用压力却不容忽视。一般应按下述情况考虑：双管系统，由于立管本身连接的各层散热器均为并联循环环路，故必须考虑各层不同的重力作用压力，以避免水力的竖向失调。重力循环的作用压力可按设计水温条件下最大压力的 2/3 计算；单管系统，若建筑物各部分层数不同，则各立管所产生的重力循环作用压力亦不相同，故该值也应按最大值的 2/3 计算；当建筑物各部分层数相同，且各立管的热负荷相近似时，重力循环作用压力可不予考虑。

(5)在单管水平串联系统中，设计时应考虑水平管道热胀补偿的措施。此外，串联环路的大小一般以串联管管径不大于 DN32 mm 为原则。

4. 高层建筑热水采暖系统

高层建筑采暖系统的形式还应有利于减轻垂直失调。在遵照上述原则下，高层建筑热水采暖系统可有多种形式。

(1)分区式高层建筑热水采暖系统。分区式高层建筑热水采暖系统是将系统沿垂直方向分成两个或两个以上独立系统的形式，即将系统分为高、低区或高、中、低区，其分界线取决于集中热网的压力工况、建筑物总层数和所选散热器的承压能力等条件。低区可与集中热网直接或间接连接，高区部分可根据外网的压力选择下述形式。分区式系统可同时解决系统下部散热器超压和系统易产生垂直失调的问题。

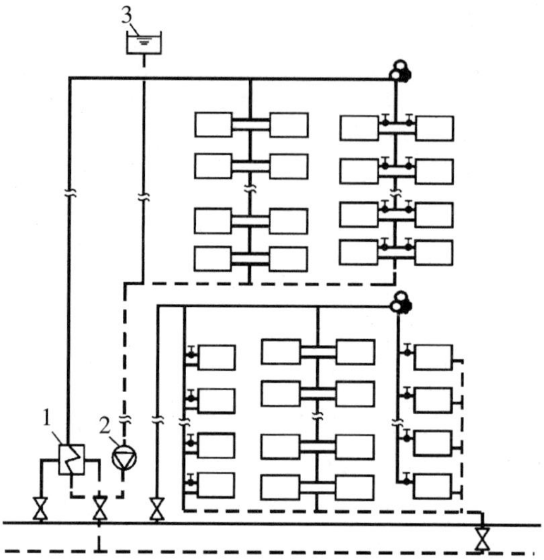

图 4-14 高层建筑分区式采暖系统

1—换热器 2—循环水泵 3—膨胀水箱

①高区采用间接连接的系统。高区采暖系统与热网间接连接的分区式采暖系统，如图 4-14 所示，向高区供热的换热站可设在该建筑物的底层、地下室及中间技术层内，还可设在室外的集中热力站内。室外热网在用户处提供的资用压力较大、供水温度较高时可采用高区间接连接的系统。

②高区采用双水箱或单水箱的系统。高区采用双水箱或单水箱的系统如图 4-15 所示。在高区设两个水箱，用泵 1 将供水注入供水箱 3，依靠供水箱 3 与回水箱 2 之间的水位高差，如图 4-15(a)中的 h，或利用系统最高

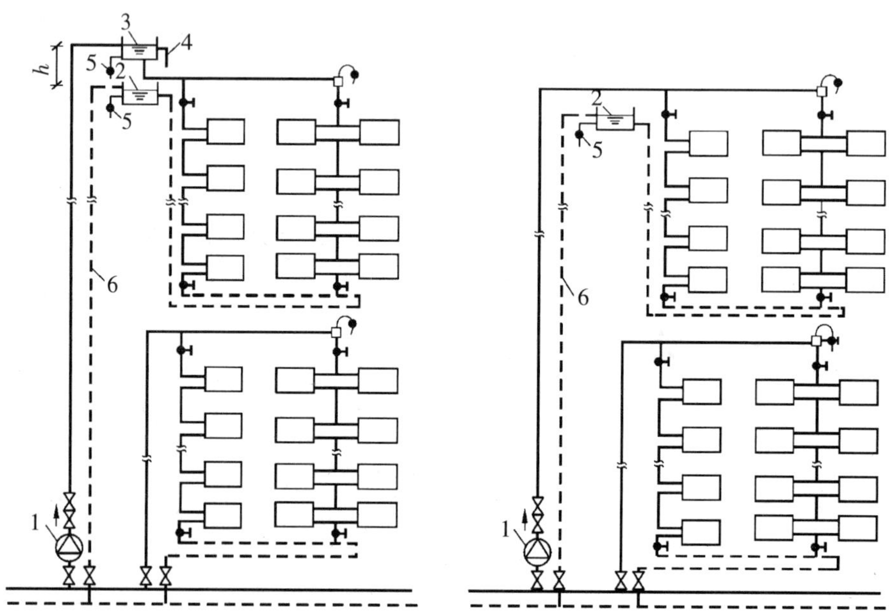

(a)高区双水箱　　(b)高区单水箱

图 4-15 高区双水箱或单水箱高层建筑热水采暖系统

1—加压水泵 2—回水箱 3—进水箱 4—供水箱溢流管 5—信号管 6—回水箱溢流管

点的压力，如图 4－15(b)，作为高区采暖的循环动力。系统停止运行时，利用水泵出口止回阀使高区与外网供水管断开，高区高静水压力传递不到底层散热器及外网的其他用户。由于回水竖管 6 的管内水高度取决于外网回水管的压力大小，回水箱高度超过了用户所在外网回水管的压力。竖管 6 上部为非满管流，起到了将系统高区与外网分离的作用。室外热网在用户处提供的资用压力较小、供水温度较低时可采用这种系统。该系统简单，省去了设置换热站的费用，但建筑物高区要有放置水箱的地方，建筑结构要承受其载荷。水箱为开式，系统容易进空气，增大了氧化腐蚀的可能。

(2)双线式采暖系统。双线式采暖系统只能减轻系统失调，不能解决系统下部散热器超压的问题。分为垂直双线和水平双线系统，如图 4－16 所示。

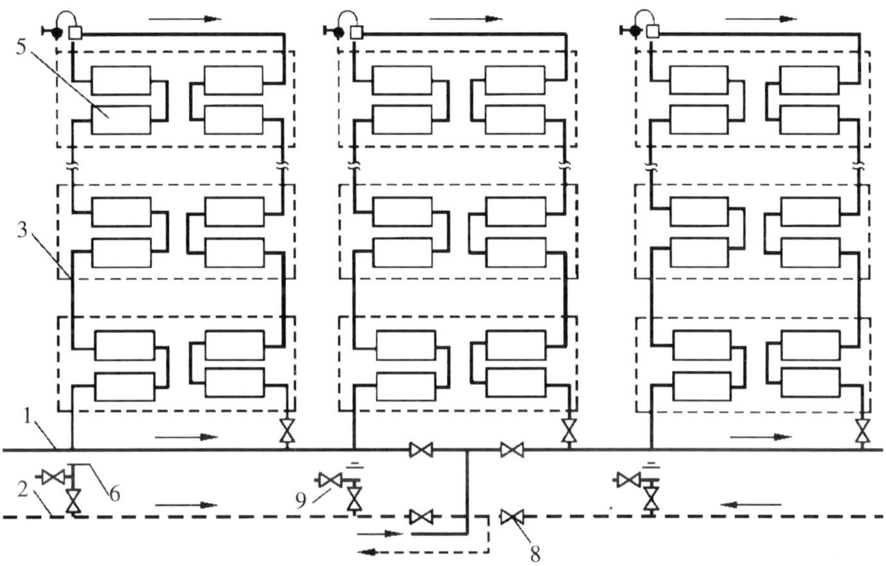

(a)垂直双线系统

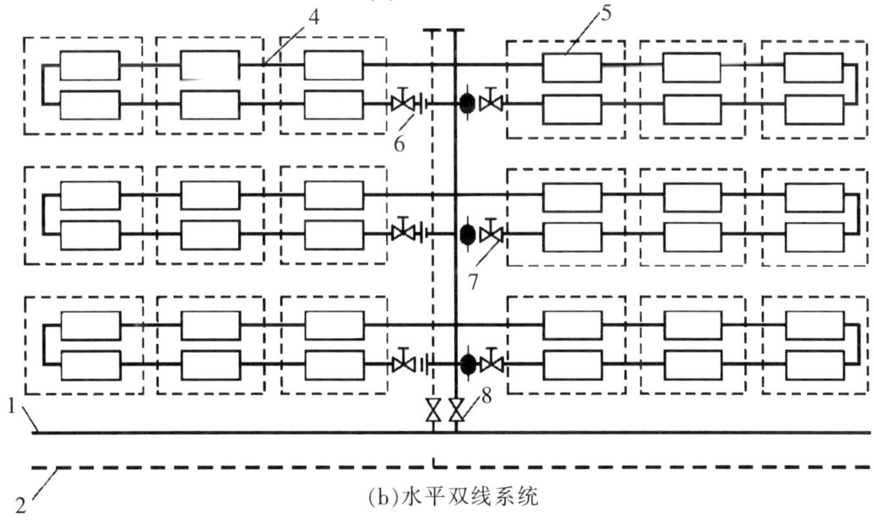

(b)水平双线系统

图 4－16　双线式热水采暖系统

1—供水干管　2—回水干管　3—双线立管　4—双线水平管

5—散热设备　6—节流孔板　7—调节阀　8—截止阀　9—排水阀

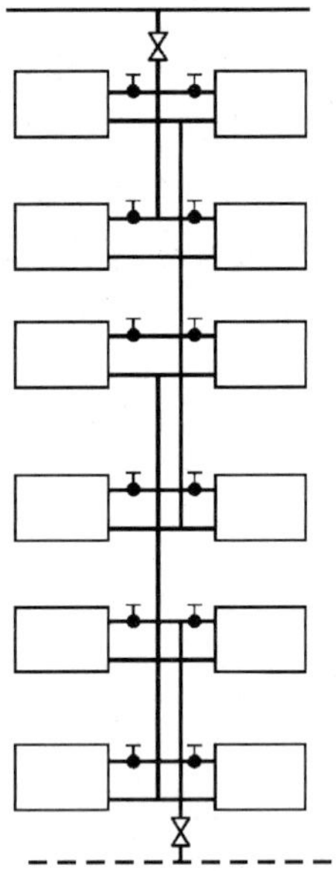

图 4－17　单双管混合式系统

①垂直双线热水采暖系统。图 4－16(a)为垂直双线热水采暖系统，图中虚线框表示出立管上设置于同一楼层一个房间中的散热器，按热媒流动方向每一个立管由上升和下降两部分构成。各层散热器的平均温度近似相同，减轻了垂直失调。立管阻力增加，提高了系统的水力稳定性。适用于公用建筑一个房间设置两组散热器或两块辐射板的情形。

②水平双线热水采暖系统。图 4－16(b)为水平双线热水采暖系统，图中虚线框表示出水平支管上设置于同一房间的散热器，与垂直双线系统类似。各房间散热器平均温度近似相同，减轻水平失调，在每层水平支线上设调节阀 7 和节流孔板 6，实现分层调节和减轻垂直失调。

(3)单双管混合式系统。如图 4－17 所示为单双管混合式系统。该系统中将散热器沿垂向分成组，每组为双管系统，组与组之间采用单管连接。利用了双管系统散热器可局部调节和单管系统可提高系统水力稳定性的优点，减轻了双管系统层数多时，重力作用压头引起的垂直失调严重的倾向，但不能解决系统下部散热器超压的问题。

知识链接 5　蒸汽采暖系统的基本原理

以水蒸气作为热媒的采暖系统称为蒸汽采暖系统，如图 4－18 所示是蒸汽采暖系统的原理图。水在锅炉中被加热成具有一定压力和温度的蒸汽，蒸汽靠自身压力作用通过管道流入散热器内，在散热器内放热后，蒸汽变成凝结水，凝结水经过疏水器后沿凝结水管道返回凝结水箱内，再由凝结水泵送入锅炉重新被加热变成蒸汽。

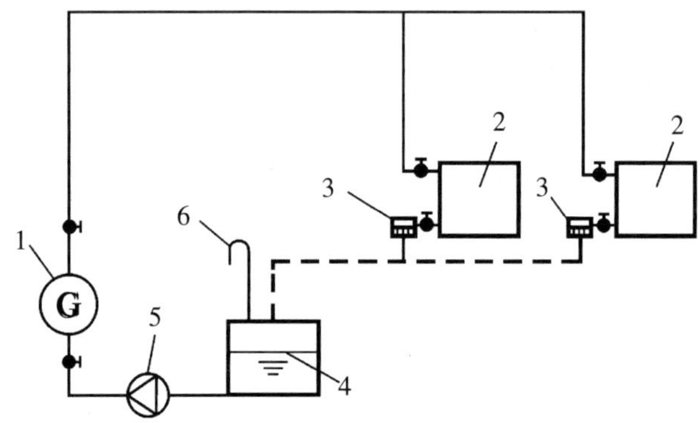

图 4－18　蒸汽采暖系统原理图

1—蒸汽锅炉　2—散热器　3—疏水器　4—凝结水箱　5—凝水泵　6—空气管

蒸汽采暖系统的凝结水回收方式，应根据二次蒸汽利用的可能性及室外地形、管道敷设方式等决定，可采用以下几种回水方式。

(1)闭式满管回水。

(2)开式水箱自流或机械回水。

(3)余压回水。

与热水相比，蒸汽作为热媒有如下特点：

(1)用蒸汽作为热媒，可同时满足对压力和温度有不同要求的多种用户的用热要求。

(2)蒸汽在散热设备内定压放出汽化潜热，热媒平均温度为相应压力下的饱和温度。

(3)蒸汽和凝结水在管路内流动时，状态参数(密度和流量)变化大，甚至伴随相变。

(4)蒸汽密度比水小，适用作高层建筑高区的(特别是高度大于 160 m 的特高层建筑)采暖热媒，不会使建筑物底部的散热器超压。

(5)蒸汽热惰性小，供汽时热得快，停汽时冷得也快。

(6)蒸汽流动的动力来自于自身压力。

(7)用蒸汽作热媒时，散热器和管道的表面温度高于 100 ℃。以水为热媒时，大部分时间散热器表面平均温度低于 80 ℃。

(8)蒸汽管道系统间歇工作。

知识链接 6　采暖系统主要设备

1. 锅炉

供热系统通常是利用锅炉及锅炉房设备生产出蒸汽(或热水)，而后通过热力管道，将蒸汽(或热水)输送至用户，以满足生产工艺或生活采暖等方面的需要。因此，锅炉是供热之源。锅炉及锅炉房设备的任务，在于安全可靠、经济有效地把燃料的化学能转化为热能，进而将热能传递给水，以生产热水或蒸汽。如图 4－19 所示为 SHL 型锅炉示意图。基本构造如下。

(1)汽锅。由锅筒(又称汽包)、管束、水冷壁、集箱和下降管等组成的一个封闭汽水系统。

(2)炉子。由煤斗、炉排、除渣板、送风装置等组成的燃烧设备。

(3)附件。蒸汽锅炉还必须装设安全阀、水位表、高低水位警报器、压力表、主汽阀、排污阀、止回阀等。还有用来消除受热面上积灰以利于传热的吹灰器，以提高锅炉运行的经济性。

2. 散热器

散热器是安装在采暖房间内的散热设备，热水或蒸汽在散热器内流过，它们所携带的热量便通过散热器以对流、辐射方式不断地传给室内空气，达到供暖的目的。

(1)散热器的散热过程。

①散热器内热媒(热水、蒸汽)把热传给散热器内壁(主要以对流方式)。

②内壁靠导热把热量传给外壁(主要以导热方式)。

③外壁靠对流换热把大部分热量传给空气，又靠辐射把另一部分热量传给室内的物体和人(兼有对流、辐射)。

(2)散热器的基本要求主要有以下几点。

①热工性能方面的要求。散热器的传热系数 K 值越高，说明其散热性能越好。可以采用增加外壁散热面积(在外壁上加肋片)，提高散热器周围空气流动速度和增加散热器向外辐射散热的比例等措施来提高散热器的传热系数。

②经济方面的要求。散热器传给房间的单位热量所需金属耗量越少，成本越低，其经济性越好。

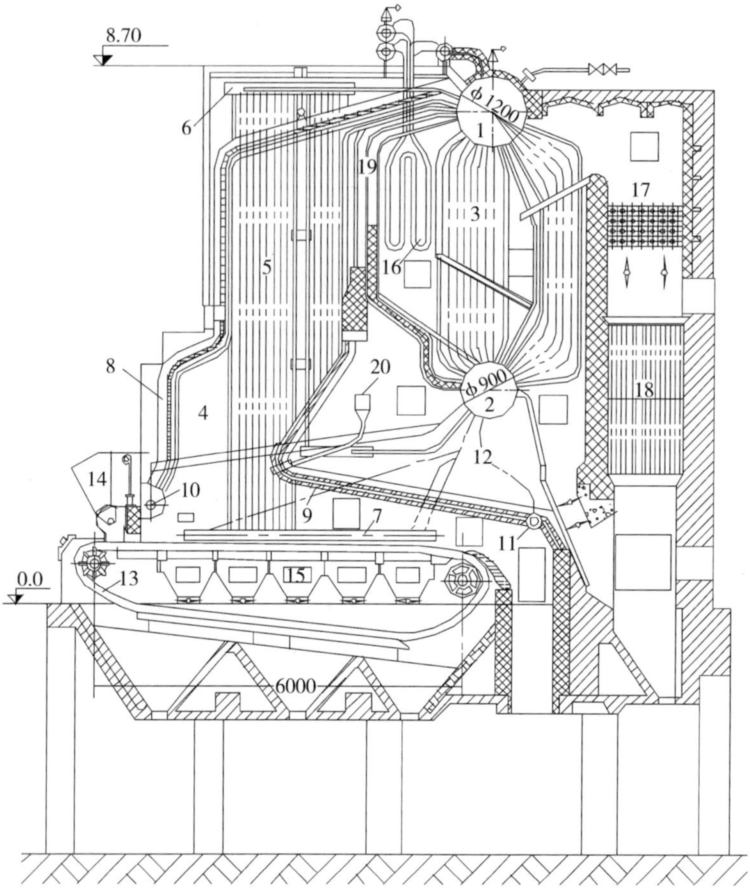

图 4-19 SHL 型锅炉

1—上锅筒 2—下锅筒 3—对流管束 4—炉膛 5—侧墙水冷 6—侧水冷壁上集箱 7—侧水冷壁下集箱 8—前水冷壁 9—后墙水冷壁 10—前水冷壁下集箱 11—后水冷壁下集箱 12—下降管 13—链条炉排 14—加煤斗 15—风仓 16—蒸汽过热器 17—省煤器 18—空气预热器 19—烟窗及防渣管 20—二次风管

③安装使用和工艺方面的要求。散热器应具有一定机械强度和承压能力;散热器的结构形式应便于组合成所需要的散热面积,结构尺寸要小,少占房间面积和空间;散热器的生产工艺应满足大批量生产的要求。

④卫生美观方面的要求。散热器外表面光滑,不积灰和易于清扫。在公共建筑中,散热器的形式、色泽、装潢应与房间的内部装饰相协调。

⑤使用寿命的要求。散热器应耐腐蚀,不易损坏和使用年限长。

(3)散热器分类。

目前国内生产的散热器种类繁多,按其制造材质,主要有铸铁、钢制散热器两大类,其他材质(铝合金、混凝土等)散热器,按其构造形式主要分为柱型、翼型、管型、平板型等。

①铸铁散热器。铸铁散热器的优点是结构简单,防腐性好,使用寿命长以及热稳定性好;缺点是其金属耗量大,金属热强度低于钢制热器。如图 4-20 所示为铸铁散热器样图。我国目前应用较多的铸铁散热器如下。

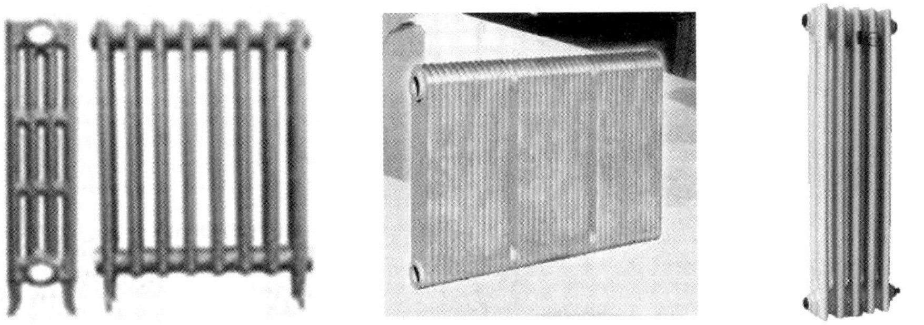

(a)圆翼型散热器 (b)长翼型散热器 (c)柱型散热器

图 4-20 铸铁散热器

翼型散热器。翼型散热器包括圆翼型散热器和长翼型散热器，如图 4-20(a)和图 4-20(b)所示。翼型散热器的金属热强度和传热系数比较低，外形不美观，灰尘不易清扫，特别是它的单体散热量较大，设计选用时不易恰好组成所需的面积，因而目前不少设计单位，倾向不选用这种散热器。

柱型散热器。柱型散热器是呈柱状的单片散热器，如图 4-20(c)所示。外表面光滑，每片并行几个中空的立柱相互连通。根据散热面积的需要，可把各个单片组装在一起形成一组散热器。

柱型散热器与翼型散热器相比，金属热强度及传热系数高；外形美观，易清除积灰；容易组成所需的面积，因而柱型散热器得到较广泛的应用。

②钢制散热器。目前我国生产的钢制散热器主要有下面几种形式：闭式钢串片对流散热器、板型散热器、钢制柱型散热器、扁管型散热器。

闭式钢串片对流散热器由钢管、钢片、联箱及管接头组成。闭式钢串片式散热器规格以高×宽表示，其长度可按设计要求制作，如图 4-21(a)所示。

板型散热器由面板、背板、进出水口接头、放水门固定套及上下支架组成。背板有带对流片和不带对流片两种类型，如图 4-21(b)所示。

钢制柱型散热器，其构造与铸铁柱型散热器相似，每片也有几个小空立柱。这种散热器是采用 1.25～1.5 mm 厚冷轧钢板冲压延伸形成片状半柱型，将两片片状半柱型经压力滚焊复合成单片，单片之间经气体弧焊连接成散热器，如图 4-21(c)所示。

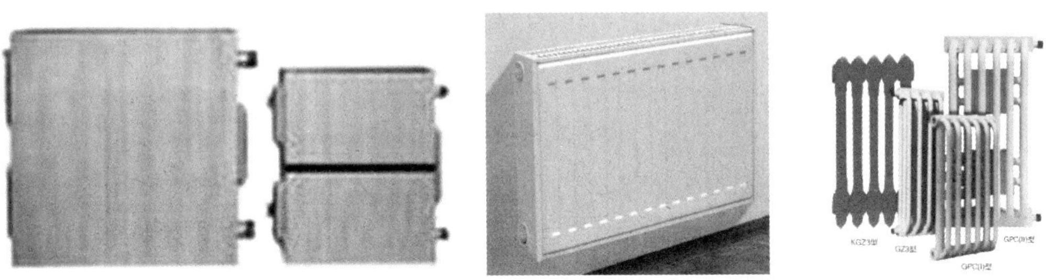

(a)闭式钢串片散热器 (b)板型散热器 (c)钢制柱型散热器

图 4-21 钢制散热器

钢制散热器与铸铁散热器相比，具有的优点是金属耗量少，耐压强度高，外形美观整洁，占地小，便于布置。

钢制散热器与铸铁散热器相比，具有的缺点是除钢制柱型散热器外，钢制散热器的水容量较少，热稳定性差些。在供水温度偏低而又采用间歇供暖时，散热效果明显降低。钢制散热器的主要缺点是容易被腐蚀，使用寿命比铸铁散热器短。在蒸汽供暖系统中不应采用钢制散热器。对具有腐蚀性气体的生产厂房或相对湿度较大的房间，不宜设置钢制散热器。

知识链接7 采暖系统附件

1. 膨胀水箱

膨胀水箱的作用用来贮存热水供暖系统加热的膨胀水量，恒定供暖系统的压力。在重力循环上供下回式系统中起着排气作用。

膨胀水箱一般用钢板制成，通常是圆形或矩形。箱上连有膨胀管、溢流管、信号管、排水管及循环管等管路。膨胀水箱在系统中的安装位置如图4－22所示。

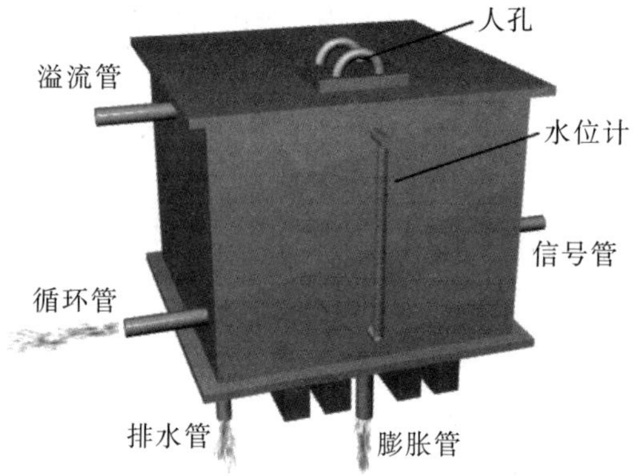

图4－22 膨胀水箱

(1)膨胀管。膨胀水箱设在系统最高处，系统的膨胀水通过膨胀管进入膨胀水箱。

(2)循环管。为了防止水箱内的水冻结，膨胀水箱需设置循环管。

(3)溢流管。用于控制系统的最高水位，当水的膨胀体积超过溢流管口时，水溢出就近排入排水设施中。

(4)信号管。用于检查膨胀水箱水位，决定系统是否需要补水。

(5)排水管。用于清洗、检修时放空水箱用，可与溢流管一起就近接入排水设施，其上应安装阀门。

2. 集气罐

集气罐一般是用直径ϕ100～250的钢管焊制而成的，分为立式和卧式两种，如图4－23所示。集气罐一般设于系统供水干管末端的最高处，供水干管应向集气罐方向设上升坡度以使管中水流方向与空气气泡的浮升方向一致，以有利于空气聚集到集气罐的上部，定期排除。当系统充水时，应打开排气阀，直至有水从管中流出时方可关闭排气阀。系统运行期间，应定期打开排气阀排除空气。

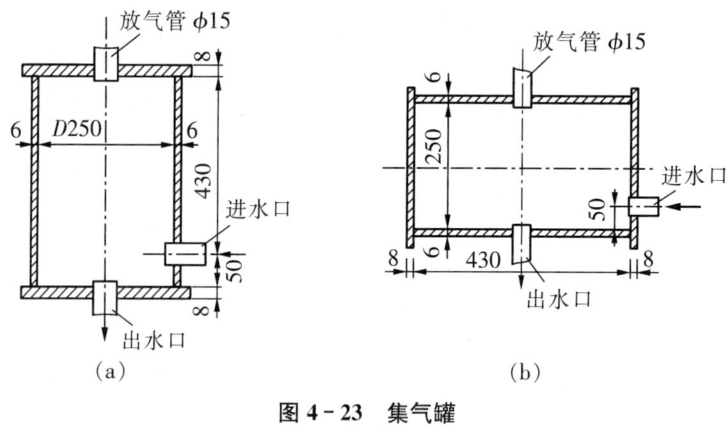

图4－23 集气罐

3. 除污器

除污器是一种钢制筒体，它可用来截流、过滤管路中的杂质和污物，以保证系统内水质洁净，减少阻力，防止堵塞压板及管路。除污器一般应设置于采暖系统入口调压装置前、锅炉房循环水泵的吸入口前和热交换设备入口前，如图 4－24 所示。

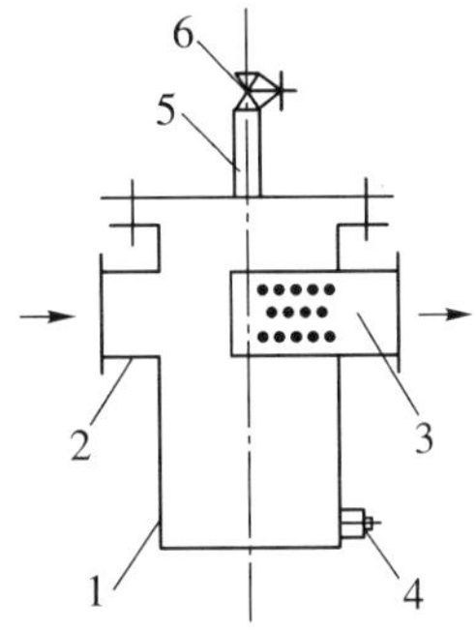

图 4－24　除污器

1—外壳　2—进水管　3—出水管
4—排污管　5—放气管　6—截止阀

4. 疏水器

蒸汽疏水器的作用是自动而且迅速地排出用热设备及管道中的凝水，并能阻止蒸汽逸漏。在排出凝水的同时，排出系统中积留的空气和其他非凝性气体。

对疏水器的要求应包括排凝水量大，漏蒸汽量小，能排出空气；能承受一定的背压，要求较小的凝水入口压力和凝水进出口压差，对凝水流量、压力、温度的适应性广，可以在凝水流量、压力、温度等波动的较大范围内工作而不需经常的人工调节；疏水器体积小，质量轻，有色金属耗量少，价格便宜，结构简单，可活动部件少，长期运行稳定，维修量少且费用低，寿命长，不怕垢渣，不怕冻裂等。

按其工作原理分为机械型疏水器、热动力型疏水器和恒温型疏水器。

机械型疏水器主要有浮筒式、钟形浮子式和倒吊筒式，这种类型的疏水器是利用蒸汽和凝结水的密度差，以及利用凝结水的液位变化来控制疏水器排水孔自动启闭工作的。如图 4－25所示为机械型浮筒式疏水器。热动力式疏水器主要有脉冲式、圆盘式和孔板式等。这种类型的疏水器是利用相变原理靠蒸汽和凝结水热动力学特性的不同来工作的。

5. 减压阀

减压阀靠启闭阀孔对蒸汽进行节流达到减压的目的。减压阀应能自动地将阀后压力维持在一定范围内，工作时无振动，完全关闭后不漏汽。目前国产减压阀有活塞式、波纹管式和薄片式等几种形式，如图 4－26 所示为波纹管减压阀。

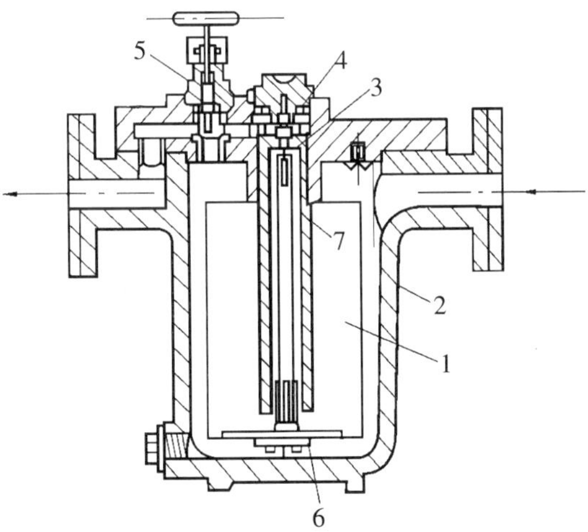

图 4－25　浮筒式疏水器

1—浮筒　2—外壳　3—顶针　4—阀孔
5—放气阀　6—重块　7—水封套筒排气孔

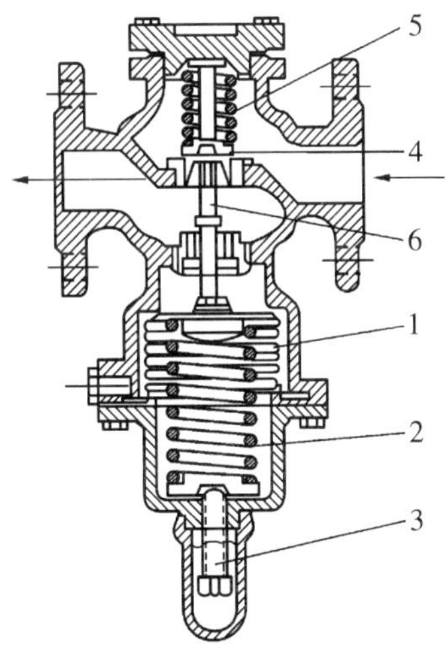

图 4－26　波纹管减压阀

1—波纹箱　2—调节弹簧　3—调整螺钉
4—阀瓣　5—辅助弹簧　6—阀杆

6. 补偿器

(1)自然补偿器。自然补偿不必特设补偿器，因此布置供热管道时，应尽量利用其自然弯曲的补偿能力。自然补偿的缺点是管道变形时会产生横向的位移，而且补偿的管段不能很长，如图 4－27 所示。

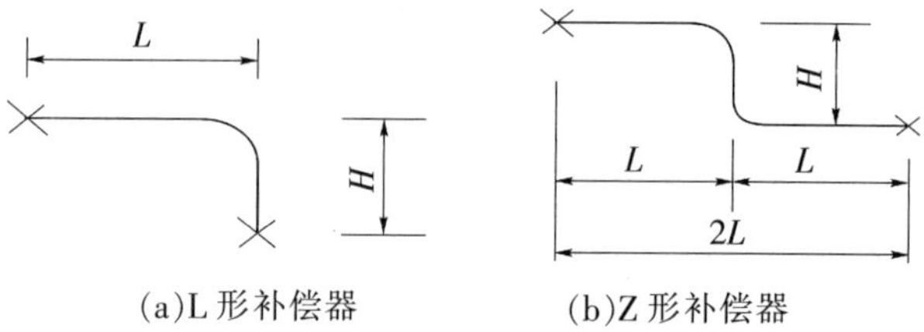

(a)L 形补偿器　(b)Z 形补偿器

图 4－27　自然补偿器

(2)方形补偿器。方形补偿器制造方便，与套管补偿器相比，作用在固定支架上的轴向推力较小；补偿能力大；不需要经常维修，因而不需要为它设置检查井。其缺点是外形尺寸较大，占地面积较多；热媒流动阻力较大。由于它具有上述的优点，方形补偿器在供热管道上应用得最普遍，如图 4－28 所示。

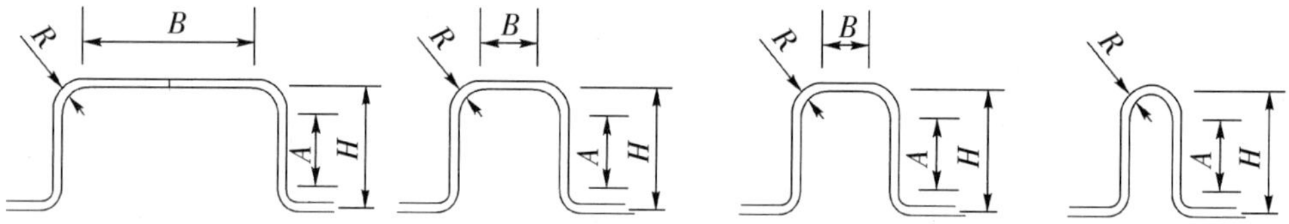

图 4－28　方形补偿器

(3)套管补偿器。套管补偿器的补偿能力大，一般可达 400 mm；尺寸紧凑，因而占地较小，对热媒流动的阻力比弯管式补偿器小。套管补偿器的缺点是：轴向推力较大，需要经常检修和更换填料，否则容易漏水、漏汽。如管道变形有横向位移时，易造成填料圈卡住。这种补偿器主要用在安装方形补偿器的空间不够的场合，如图 4－29 所示。

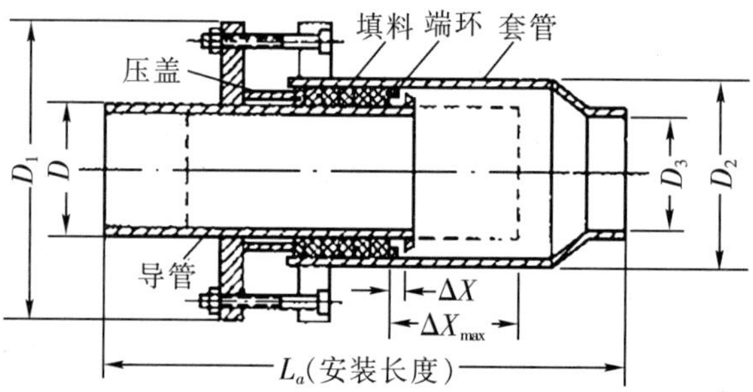

图 4－29　套管补偿器

知识链接 8　采暖系统施工图识读

采暖系统的施工图包括平面图、系统(轴测)图、详图、设计施工说明、目录、图例和设备、材料明细表等。

1. 平面图样画法

(1)采暖平面图上的建筑物轮廓应与建筑专业图一致。

(2)管线系统用单线绘制。

(3)平面图上散热器用图例表示,画法如图4-30所示。柱式散热器只标注片数,圆翼型散热器应注明根数、排数,串片式散热器应注明长度、排数如图4-31所示。

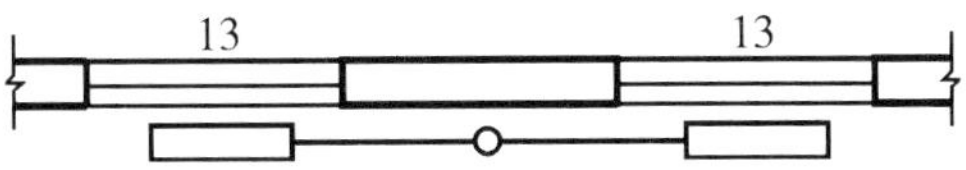

图4-30 平面图上散热器画法

图4-31 圆翼型、串片式散热器标注法

(4)散热器的供回水管道画法如图4-32所示。

2. 系统图的图样画法

采暖管道系统图通常45°正斜面轴测投影法绘制,布图方法应与平面图一致,并采用与之对应的平面图相同的比例绘制。

(1)系统图上图样画法及数量、规格的标注如图4-33所示。

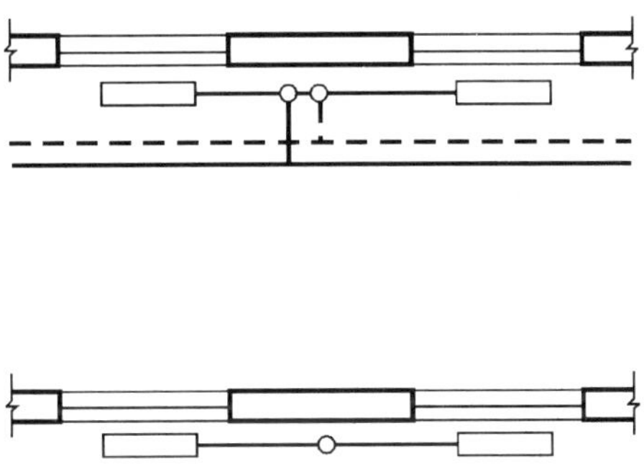

图4-32 散热器的供回水管道画法

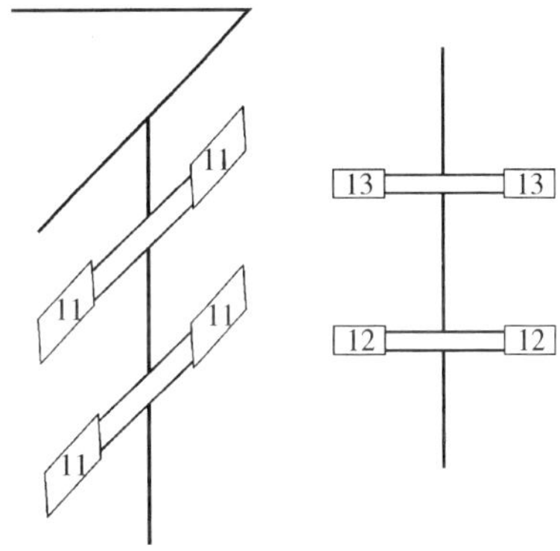

图4-33 系统图上散热器的画法及标注

(2)系统中的重叠、密集处可断开引入绘制,相应的新断开处宜用相同的小写拉丁字母注明。

(3)柱形、圆翼形等散热器的数量应标注在散热器内,串片、光面管等散热器的数量、规格应标注在散热器上方。

3. 标高与坡度

采暖管道在需要限定高度时,应标注相对标高。管道的相对标高以建筑物底层室内地坪(±0.00)为界,低于地坪的为负值,高于地坪的为正值。

(1)管道标高一般为管中心标高,标注在管段的始端或末端。

(2)散热器宜标注底标高,同一层、同标高的散热器只标注右端的一组。

(3)管道的坡度用单面箭头表示,坡度符号用“i”表

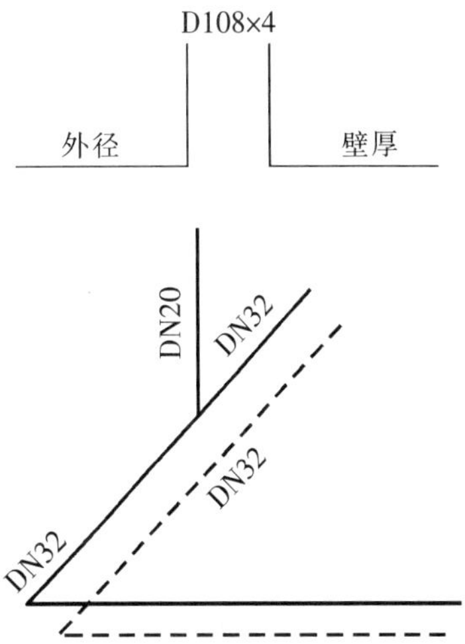

图4-34 管径标注法

示。箭头指向低处,箭尾指向高处。

4. 管径与尺寸的标注

(1)焊接钢管用公称直径 DN 表示管径规格,如 DN15、DN40。

(2)无缝钢管用外径和壁厚表示,如 D219×7。

(3)管径标注位置如图 4 - 34 所示,应标注在变径处。水平管道应标注在管道上方,斜管道应标注在管道斜上方,竖管道应标注在管道左侧。当管道规格无法按上述位置标注时,可另找适当位置标注,但应用引出线示意。同一种管径的管道较多时,可不在图上标注,但需用文字说明。

(4)管道施工图中注有详细的尺寸,以此作为安装制作的主要依据。尺寸符号由尺寸界线、尺寸线、箭头和尺寸数字组成。一般以"mm"为单位,当取其他单位时必须加以注明。如果有些尺寸线在施工图中注明得不完整,施工、预算时可根据比例,用比例尺量出。

1.3 任务实施

识别采暖施工图的方法如下:

(1)在识读图样前应查阅和掌握有关的图例。

(2)按照图样种类,先读平面图,然后对照平面图读系统图,最后读详图。

(3)读平面图时,先读底层平面图,再读各楼层平面图。读底层平面图时,按照热水或蒸汽的流向,从锅炉或热媒入口开始,经供水干管、立管、回水立管、回水干管、水泵,回锅炉的顺序识读。

(4)读系统图时,先找系统图与平面图相同编号的立管,然后对照平面图识读。

(5)结合图样说明来识读平面图和系统图,以了解设备管道材料、安装要求及所需的标准图和详图。

任务二 建筑采暖系统安装前准备

2.1 任务目标

(1)能够按照图纸准备好采暖系统安装所需要的材料,安装用的工具。

(2)熟悉采暖系统安装作业指导书。

2.2 相关知识

知识链接 9 采暖系统的常用管材及连接方式

1. 采暖系统常用管材

(1)钢管。钢管包括无缝钢管和焊接钢管,焊接钢管根据焊缝的不同有螺旋缝和直缝。管道附件材料主要有圆钢、扁钢、角钢、槽钢等。

(2)非金属管。非金属管材料主要有 PB 管、PPR 管等。

2. 管道连接方式

见表 4 - 1。

(1)焊接连接

①适用于无缝钢管。

②适用于焊接钢管管径>32 mm 的采暖管道。

③适用于室外采暖管道。

④管道焊接时应有防风、防雨雪措施，焊区环境温度低于－20℃，焊口应预热，预热温度为 100～200℃，预热长度为 200～250 mm。

⑤一般管道焊接为对口形式及组对。

⑥焊接前要将两管轴线对中，先将两管端部点焊牢，管径在 100 mm 以下可点焊三点，管径在 150 mm 以上以点焊 4 点为宜。

⑦管材壁厚在 5 mm 以上者应对管端焊口部位铲坡口，如用气焊加工管道坡口，必须除去坡口表面的氧化皮，并将影响焊接质量的凹凸不平处打磨平。

(2)螺纹连接

①适用于当焊接钢管管径≤32 mm 时。

②采用镀锌钢管管径≤100 mm 时应采用螺纹连接。

(3)法兰连接

①当采暖热媒为 110～130℃时，管道可拆卸件应使用法兰，不得使用长丝和活接头。

②管径大于 100 mm 的镀锌管应采用法兰或卡套式专用管件连接。

③采暖管道设计要求用法兰连接的特殊部位。

④凡管段与管段采用法兰盘连接或管段与法兰阀门连接者，必须按照设计要求和工作压力选用标准法兰盘。

⑤法兰盘的连接螺栓直径、长度应符合规范要求，紧固法兰盘螺栓时要对称拧紧，紧固好的螺栓外露丝扣应为 2～3 扣，不宜大于螺栓直径的二分之一。

⑥法兰盘连接衬垫，一般给水(冷水)采用厚度为 3 mm 的橡胶垫，供热、蒸汽、生活热水管道应采用厚度为 3 mm 的石棉橡胶垫。垫片要与管径同心，不得放偏。

表 4－1　采暖系统管道材料与连接方式对照表

采暖	系统类别	管材			
		工作压力	温度	材质	连接方式
室内	热水	<1.0MPa	<150℃	宜采用普通焊接钢管或无缝钢管	DN≤32 螺纹连接
					DN>32 焊接
室外	蒸汽	<0.8MPa		宜采用普通焊接钢管或无缝钢管	P≤0.2MPa 螺纹连接
		>0.8MPa		宜采用无缝钢管或镀锌无缝钢管	P>0.2MPa 焊接
	热水	<1.0MPa	≤150℃	宜采用普通焊接钢管或无缝钢管	DN≤32 螺纹连接
		>1.0MPa	>150℃	宜采用镀锌无缝钢管	DN>32 焊接

2.3 任务实施

1. 作业条件

(1)干管安装：位于地沟内的干管，应把地沟内杂物清理干净，安装好托吊、卡架，未盖沟盖板前安装。位于楼板下及顶层的干管,应在结构封顶后或结构进入安装层的一层以上后安装。

(2)立管安装必须在确定准确的地面标高后进行。

(3)支管安装必须在墙面抹灰后进行。

2. 材料要求

(1)管材:碳素钢管、无缝钢管。管材不得弯曲、锈蚀,无飞刺、重皮及凹凸不平现象。

(2)管件:无偏扣、方扣、乱扣、断丝,不得有砂眼、裂纹和角度不准确现象。

(3)阀门:铸造规矩、无毛刺、无裂纹,开关灵活严密,丝扣无损伤,直度和角度正确,强度符合要求,手轮无损伤。安装前应进行强度、严密性试验,主控阀门100%试验;其他阀门抽检10%;若有不合格,则抽查20%;还有不合格,则逐个检验。

(4)其他材料:型钢、圆钢、管卡子、螺栓、螺母、油、麻、垫、电气焊条等。选用时应符合设计要求。

(5)在住宅工程中的室内部分中,禁止使用铸铁截止阀。

(6)各类管材、阀门、调压装置、绝热材料应有产品质量合格证和材质检验报告,热量表应有计量检定证书等。

3. 准备好主要机具

(1)机械:套丝机、砂轮锯、台钻、调速电锤、手电钻、电焊机、电动或手动试压泵等。

(2)工具:套丝扳、管钳、台钳、压力钳、钢锯、手锤、活扳手、链钳、煨弯器、手压泵、捻凿、大锤、断管器、射钉枪、倒链、电气焊等工具。

(3)其他:水平尺、线坠、钢卷尺、小线、压力表等。

任务三　建筑采暖系统安装

3.1　任务目标

(1)能够按照建筑采暖系统施工图进行安装。

(2)能够按照建筑采暖系统施工图进行工程量计算。

3.2　相关知识

知识链接10　热水采暖系统管道的布置和敷设

1. 管道布置的基本原则

管路布置的基本原则是使系统构造简单,节省管材,各个并联环路压力损失易于平衡,便于调节热媒流量、排气、泄水,便于系统安装和检修,以提高系统使用质量,改善系统运行功能,保证系统正常工作。

2. 管路敷设要求

室内采暖管道有明装和暗装两种方式。一般民用建筑与工业区规划厂房宜明装,在装饰要求较高的建筑中用暗装。敷设时应作如下考虑。

(1)上供下回式系统的顶层梁下和窗顶之间的距离应满足供水干管的坡度(如图4-35所示)和集气罐的设置要求。集气罐应尽量设在有排水设施的房间,以便于排气。回水干管如果敷设在地面上,底层散热器下部和地面之间的距离也应满足回水干管敷设坡度的要求。如果地面上不允许敷设或净空高度不够时,应设在半通行地沟或不通行地沟内。供、回水干管的敷设坡度应满足《暖通空调规范》的要求。

(2)管路敷设时应尽量避免出现局部向上凹凸现象，以免形成气塞。在局部高点处，应考虑设置排气装置。局部最低点处，应考虑设置排水阀。

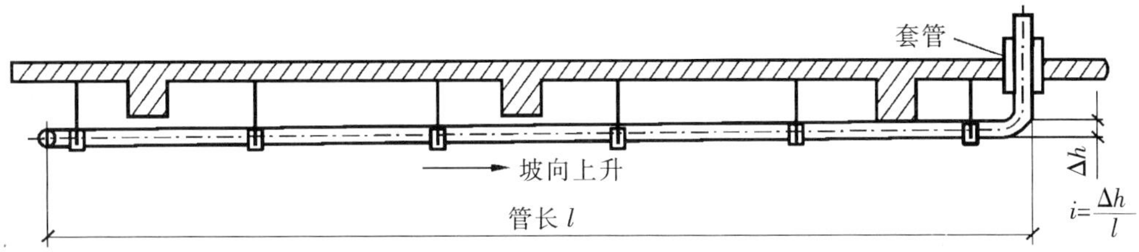

图 4－35　在楼板下方敷设的管道应保证一定的坡度

(3)回水干管过门时，如果下部设过门地沟或上部设空气管，应设置泄水和排空装置。具体做法如图 4－36 和图 4－37 所示。两种做法中均设置了一段反坡向的管道，目的是为了顺利排除系统中的空气。

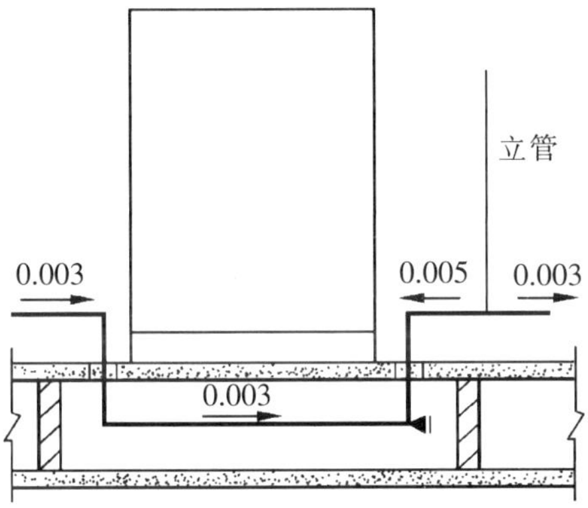

图 4－36　回水干管下部过门

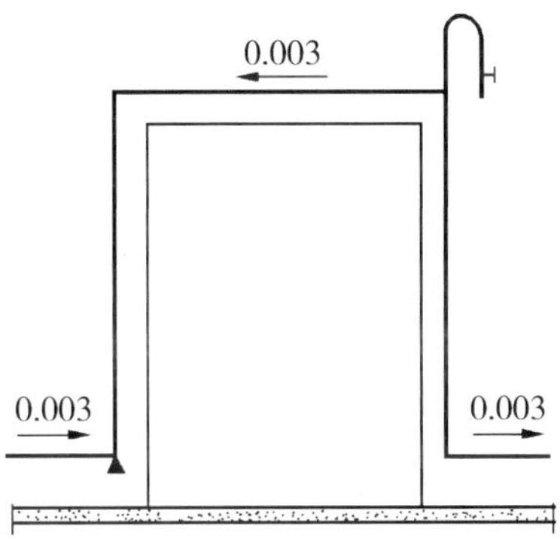

图 4－37　回水干管上部过门

(4)立管应尽量设置在外墙角处，以补偿该处过多的热损失，防止该处结露。楼梯间或其他有冻结危险的场所，应单独设置立管，该立管上各组散热器的支管均不得安装阀门。

(5)室内采暖系统的供水、回水管上应设阀门；划分环路后，各并联环路的起、末端应各设一个阀门，立管的上、下端应各设一个阀门，以便于检修、关闭。热水采暖系统热力入口处的供水、回水总管上应设置温度计、压力表及除污器。必要时，应装设热量表。

(6)散热器的供、回水支管应考虑避免散热器上部积存空气或下部放水时放不尽，应沿水流方向设下降的坡度。如图 4－38 所示，坡度不得小于 0.01。

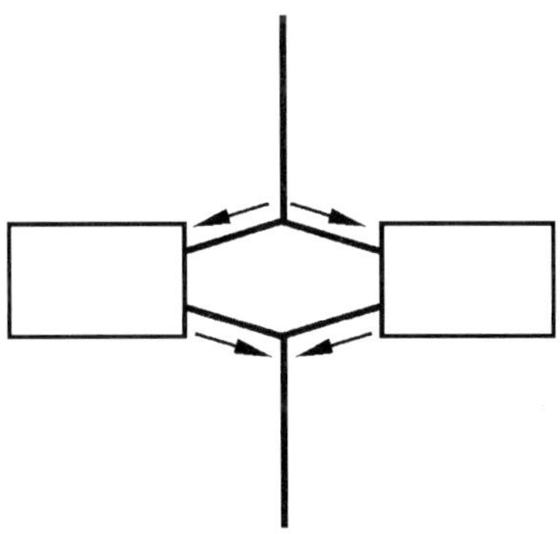

图 4－38　散热器支管的坡向

(7)穿过建筑物基础、变形缝的采暖管道，以及埋设在建筑结构里的立管，应采取防止由于建筑物下沉而损坏管道的措施。当采暖管道必须穿过防火墙时，在管道穿过处应采取防火封堵措施，并在管道穿过处采取固定措施，使管道可向墙的两侧伸缩。采暖管道穿过隔墙和楼板时，宜装设套管。采暖管道不得同输送蒸汽燃点低于或等于120 ℃的可燃液体或可燃、腐蚀性气体的管道在同一条管沟内平行或交叉敷设。

(8)采暖管道在管沟或沿墙、柱、楼板敷设时，应根据设计、施工与验收规范的要求，每隔一定间距设置管卡或支、吊架。为了消除管道受热变形产生的热应力，应尽量利用管道上的自然转角进行热伸长的补偿。管线很长时，应设补偿器，适当位置设固定支架。

知识链接11 热水采暖供回水管道固定与补偿的要求

1. 热水采暖供回水管道固定与补偿应符合下列要求

(1)干管管道的固定点应保证管道分支接点由管道胀缩引起的最大位移不大于40 mm，连接散热器的立管应保证管道分支接点由管道胀缩引起的最大位移不大于20 mm。

(2)计算管道膨胀量取用的管道安装温度应考虑冬季安装环境温度，宜取－5～0℃。

(3)室内采暖系统供回水干管环管布置应为管道自然补偿创造条件。没有自然补偿条件的系统宜采用波纹管补偿器，补偿器设置位置及导向支架设置应符合产品技术要求。

(4)采暖系统主立管应按要求设置固定支架，必要时应设置补偿器，宜采用波纹管补偿器。

(5)垂直双管系统散热器立管、垂直单管系统中带闭合管或直管段较长的散热器立管应按要求设置固定支架，必要时应设置补偿器，宜采用波纹管补偿器。

(6)管径大于等于DN50的管道固定支架应进行支架推力计算，验算支架强度。立管固定支架荷载力计算应考虑管道膨胀推力和管道及管内水的质量荷载。采用自然补偿的管段应进行管道强度校核计算。

(7)采暖管道多采用水、煤气钢管，可采用螺纹连接、焊接和法兰连接。管道应按施工与验收规范要求作防腐处理。敷设在管沟、技术夹层、闷顶、管道竖井或易冻结地方的管道，应采取保温措施。

(8)室内采暖管道与电气、燃气管道净距应符合表4－2的规定。

表4－2 室内采暖管道与电气、燃气管道最小净距(mm)

热水管	导线穿金属管在上	导线穿金属管在下	电缆在上	电缆在下	明敷绝缘导线在上	明敷绝缘导线在下	裸母线	吊车滑轮线	燃气管
平行	300	100	500	500	300	200	1000	1000	100
交叉	200	100	100	100	100	100	500	500	20

2. 室内采暖管道一般应避免设置于管沟内

当必须设置管沟时，应符合下列要求。

(1)宜采用半通行管沟，管沟净高应不低于1.2 m，通道净宽应不小于0.6 m。支管连接处或有其他管道穿越处通道净高宜大于0.5 m。

(2)管沟应设置通风孔，通风孔间距不大于20 m。

(3)应设置检修人孔，人孔间距不大于30 m，管沟总长度大于20 m时人孔数不少于2个。检修阀处应设置人孔。人孔不应设置于人流主要通道上、重要房间、浴室、厕所和住宅户内，必要时可将管沟延伸至室外设人孔。

(4)管沟不得与电缆沟、通风道相通。

知识链接 12 散热器的安装

1. 散热器组对

散热器组对前，应对每片散热器片内部和管口清理干净，散热器片表面要除锈，刷一遍防锈漆。组对时，先将一片散热器放到组对平台上，把对丝套上垫片放入散热器接口中，再将第二片散热器(这片散热器相对接口的螺纹方向必须是相反的)的接口对准第一片散热器接口中的对丝，用两把散热器钥匙同时插入对丝孔内，同时、同向、同速度转动，使对丝同时在两片散热器接口入扣，利用对丝将两片散热器拉紧。每组散热器的片数与组数按设计规定事先应统计好，然后组对。

2. 散热器试压

散热器水压试验的标准是：水压试验时间为 2～3 min，不漏不渗为合格。表 4－3 为散热器试验压力。

表 4－3 散热器试验压力

散热器型号	60 型、M 型、柱型、圆翼型		扁管型		板式	串片	
工作压力/MPa	≤0.25	>0.25	≤0.25	>0.25		≤0.25	>0.25
试验压力/MPa	0.4	0.6	0.6	0.8	0.75	0.4	1.4

3. 散热器安装

(1)确定散热器的位置。

(2)埋设散热器托钩。

(3)安装散热器。

3.3 任务实施

室内采暖管道安装流程如下：

管道的加工准备→管道的切断→弯管加工→管道的连接→管道的安装

1. 管道的加工准备

室内采暖管道安装，首先要测绘，实测出在建筑结构上的安装尺寸和施工图纸上的差异，然后，据此绘制实际安装草图和计算、量取管段及管件的实际加工制作尺寸，然后按其下料加工。在下料时，应以施工图标注的建筑长度为依据，确定每个管段的尺寸。

(1)确定水平管段尺寸时，可由两个连接管件的中心距(建筑长度)减去其中管件的有效尺寸即为安装长度。若此管段为直管段，则安装长度就是加工长度；若此管段中有弯管，则安装长度加上管段因弯曲而增加的长度为加工长度。如图 4－39(a)所示。

(2)确定立管尺寸时，首先应根据某两个管件(管段)的标高差，确定两个管件(管段)之间的建筑长度。加工长度确定后，首先进行管子的变形检查和调直。管道的弯曲变形可采用目测检查法和滚动检查法来进行检测。如果存在变形，可采用冷态校正法、热态校直法或残缺割除法予以调直。如图 4－39(b)所示。

2. 管道的切断

管道切断时可用人工切断法、机械切断法、热力切断法。

3. 弯管加工

焊接弯头由几个有斜截面的直管段焊接而成，加工时应注意各直管段的下料。折皱弯

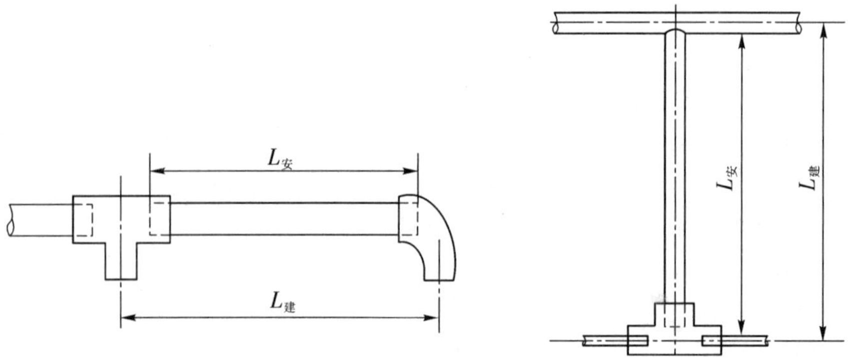

(a)水平管段下料示意图　　(b)竖直管段下料示意图

图 4－39　管道下料示意图

头利用加热挤压，在弯曲管段内侧形成褶皱而加工成型。加工时主要皱纹的成型，对皱纹的要求是分布均匀、大小统一、形状一致不歪斜。光滑弯曲弯头是采用冷弯法或热弯法将直管段直接弯曲成型制成。

4. 管道的连接

管道的连接主要有螺纹连接、焊接连接、法兰连接。

5. 管道的安装

(1)主立管安装。具体的方法是由孔洞挂铅垂线，配以尺寸测量，若有不符合要求之处应及时加以调整。还应在主立管的下部弯头处设支座承受主立管的重量。

主立管通常都是采用焊接，自下而上逐层安装。安装时，穿楼板管段应加上套管并加以临时固定，再把管子固定在支架上。

(2)干管安装。干管安装首先应确定干管的安装位置，可由施工图上标出的干管标高、管径以及是否保温等情况，在建筑物墙(柱)上画出支架的位置。一般施工图只标出干管一端的标高，可由此根据管长和坡度推算出另一端的标高和支架位置以及过墙洞位置，打通墙洞后由两端支架拉线得出干管上各支架的标高。

采暖干管上的支架，可根据不同的建筑物、不同的敷设位置和并行敷设管道的数量，采用托架或吊架。管道支架具体可分为悬臂托架、三角托架和吊架等，如图 4－40 所示。

采暖干管管段的下料长度，应根据施工现场的条件决定，尽可能用整条管子减少接口数量。管段在支架上做最后的接口后对其位置进行调整，干管离墙距离、干管的标高和坡度均应符合规范要求，然后用管卡将管道固定在支架上。

(3)立管安装。立管安装前也应对预留孔洞的位置和尺寸检查、修整，直至符合要求在建筑结构上标出立管的中心线。按照立管中心线在干管上开孔焊制三通管，一般此管段采用带乙字弯的短管。根据建筑物层高和立管的根数，按规范要求，在相应的位置上埋好立管管卡。待埋设管卡的水泥砂浆达到强度后，进行立管的固定和支管段的安装。

(4)散热器支管安装。散热器支管一般很短，根据设计上的不同要求，散热器支管可由三段或两段管组成，为保证散热器支管安装的准确性，施工时可取管子配件或阀门实物逐段比量后下料、安装。

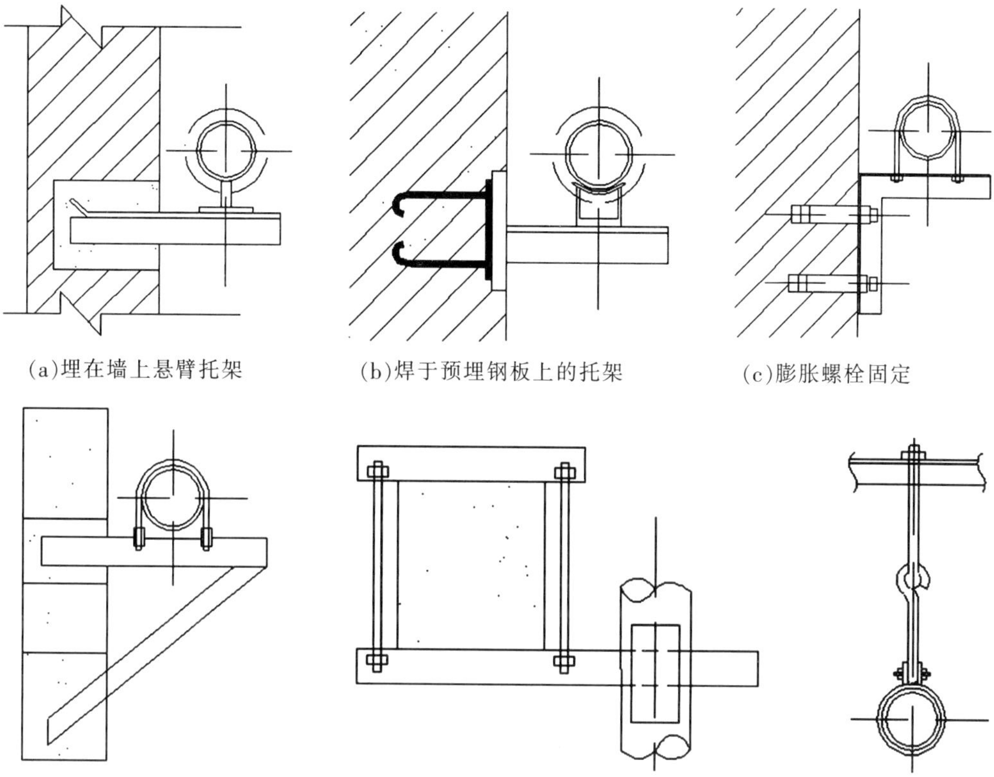

(a)埋在墙上悬臂托架　(b)焊于预埋钢板上的托架　(c)膨胀螺栓固定

(d)埋栽在墙上的三角支架　(e)夹在柱子上的支架　(f)吊架

图 4－40　管道支架的形式

任务四　建筑采暖系统调试

4.1　任务目标

掌握采暖系统调试的方法。

4.2　相关知识

知识链接 13　采暖系统的试压

1. 试压分类

试压分单项试压和系统试压。单项试压，干管敷设后或隐蔽部位的管道安装完毕按设计和规范要求进行水压试验；系统试压，采暖系统安装完毕，管道保温之前应按设计和规范要求进行系统水压试验。

2. 试压程序

首先检查整个系统中的所有控制阀门是否打开，系统与外管网应隔开，打开集气罐的放气阀或散热器上的手动放风门；将给水干管、试压泵等临时用的试压管道接在供水总干管上，并向系统内灌水，待系统灌满水并将管道系统内的空气排尽后(放风门或放气阀流出水为止)，关闭放气阀；操作试压泵进行升压，升压过程中应注意检查管道、管件及配件是否有渗漏处，如渗漏严重应停止打压，并且降压后进行修理、换垫、拧紧等工作；系统无渗漏后，打压并升压到试验压力，停泵检查，并观察压力表，要求 10 min 内压降不超过 0.02 MPa，即为合格。

3. 试压要求

试验压力应符合设计要求，当设计未注明时，应符合下列规定。

蒸汽、热水采暖系统，应以系统顶点工作压力加 0.1 MPa 作水压试验，同时在系统顶点的试验压力不小于 0.3 MPa。

高温热水采暖系统，试验压力应以系统顶点工作压力加 0.4 MPa。使用塑料管及复合管的热水采暖系统，应以系统顶点工作压力加 0.2 MPa 作水压试验，同时在系统顶点的试验压力不小于 0.4 MPa。

4.3 任务实施

1. 试压

(1)试压准备:打开系统最高点的排气阀、阀门;打开系统所有的阀门;采取临时措施隔断膨胀水箱和热源;在系统下部安装手摇泵或电动泵，接通自来水管道。

(2)系统充水:依靠自来水的压力向管道内充水，系统充满水后不要进行加压，应反复地进行充水、排气，直到将系统中的空气排除干净，关闭排气阀。

(3)系统加压:确定试验压力，用试压泵加压。一般也应分 2～3 次升至试验压力。在试压过程中，每升高一次压力，都应停下来对管道进行检查，无问题再继续升压，直至升到试验压力。

(4)系统检验:金属及金属复合管的采暖系统，在试验压力下观测 10 min，压力降不应大于 0.02 MPa，然后降到工作压力进行检查，不渗不漏为合格。采用塑料管的采暖系统，在试验压力下稳压 1 h，压力降不得超过 0.05 MPa，然后在工作压力的 1.15 倍状态下稳压 2 h，压力降不大于 0.03 MPa，检查各连接处，不渗漏。

(5)试压注意事项

①气温低于 4℃时，试压结束后及时将系统内的水放空，并关闭泄水阀。

②系统试压时，应拆除系统的压力表，打开疏水器旁通阀，避免压力表、疏水器被污物堵塞。

③试压泵上的压力表应为合格的压力表。

2. 冲洗

系统投入使用前必须冲洗，冲洗前将管道上安装的流量孔板、滤网、温度计、调节阀及恒温阀等拆除，待冲洗合格后再装上。热水管道供回水管及凝结水管用清水冲洗，冲洗时以系统能达到的最大压力和流量进行，直到出水口水色和透明度与入水口目测一致为合格，冲洗后泄水。

3. 管道防腐和保温

设计无要求时，管道明装，应该刷一遍防锈漆，刷两遍面漆;暗装应该刷两遍面漆;采暖管道敷设在地沟、吊顶内、易冻的过厅、楼梯间及非采暖间均应做保温;穿越壁橱、吊柜内采暖管道均应采取保温措施，保温材料由设计确定，不得使用对环境及人体有害的保温材料。

4. 通暖

首先联系好热源，根据供暖面积确定通暖范围，制订通暖人员的分工，检查供暖系统中的泄水阀门是否关闭，干、立、支管的阀门是否打开。

向系统内充软化水，先打开系统最高点的放风阀，安排专人看管。慢慢打开系统回水干管的阀门，待最高点的放风阀见水后即关闭放风阀，再开总进口的供水管阀门高点放风阀，要反复开放几次，使系统中的冷风排尽为止。

正常运行半小时后，开始检查全系统，遇有不热处应先查明原因，需冲洗检修时，则关闭供回水阀门泄水，然后分先后开关供回水阀门放水冲洗，冲净后再按照上述程序通暖运行，直到正常为止。

冬季通暖时，必须采取临时取暖措施，使室温保持 5°及以上才可进行。遇有热度不均，应调整各分路立管、支管上的阀门，使其基本达到平衡后，进行正式检查验收，并办理验收手续。

(三)学生实操

1. 劳动组织形式

本项目实施中，对学生进行分组，学生 6～8 人组成一个工作小组。各小组按照表 4－4 任务分配表制订出实施方案及工作计划，组长协助教师参与指导本组学生学习，检查项目实施进度和质量，并制订改进措施，共同完成项目任务。

表 4－4　分组成员工作明细表

序号	成员	成员工作职责	姓名	备注
1	施工员	主要负责技术准备、施工		
2	材料员	主要按照图纸准备机具、材料、设备		
3	质检员	主要负责项目实施过程中的质量检查验收		
4	资料员	主要负责整体和及时上交本组作业资料		
5	安全员	主要负责项目实施过程中安全措施的落实		

2. 所需设备及器件

所需设备及器件见任务二建筑采暖系统安装前准备里的材料要求和所需机具。

3. 填写室内采暖散热器安装工程施工管理记录

见表 4－5。

表 4－5 采暖散热器安装工程施工管理记录

单位工程名称： 部位：

检查(管理)项目			检查或验收内容(标准)		分管人员签字/日期	工程部经理巡查批注
事前控制	1	材料进场验收	散热器的品牌、材质、规格、型号应符合设计及施工规范、合同要求	▲		
			散热器的质量保证书、产品合格证应齐全并符合国家有关规定要求			
			散热器的外观应完好、无破损及缺陷			
过程控制	1	水压试验	安装前抽样对散热器进行水压试验	▲		
	2	散热器外表	外表应洁净、无变形，翼片或肋片应完好、无破损	△		
	3	散热器位置	安装位置应符合设计要求，与墙身、开关、插座、窗的关系是否协调，是否方便客户家具摆放、室内装修	▲		
	4	安装质量	安装应牢固，与管道的连接紧密，无渗漏水，进出水管应正确，排气阀灵活，可靠	△		
	5	支、吊、托架	数量、构造及位置应符合设计及施工规范要求，排列整齐，接触紧密	▲		
	6	成品保护	措施是否到位，能否满足要求，对空关房内的散热器应有防止冻裂的措施	▲		
验收	1	水压试验	系统安装完成后，应进行水压试验	▲		
	2	观感质量	散热器安装符合设计及施工规范要求，表面洁净、无污染、无破损			
	3	资料	资料是否准确、齐全，能否满足归档要求			

五、项目测评

1. 填写室内采暖系统水压试验及调试分项工程质量验收记录

见表 4-6。

表 4-6 室内采暖系统水压试验及调试分项工程质量验收记录

<table>
<tr><td>工程名称</td><td colspan="2"></td><td>结构类型</td><td></td><td>检验批数</td><td></td></tr>
<tr><td>施工单位</td><td colspan="2"></td><td>项目经理</td><td></td><td>技术负责人</td><td></td></tr>
<tr><td>分包单位</td><td colspan="2"></td><td>分包单位负责人</td><td></td><td>分包项目经理</td><td></td></tr>
<tr><td>序号</td><td colspan="2">检验批部位、区段</td><td colspan="2">施工单位评定结果</td><td colspan="2">监理(建设)单位验收</td></tr>
<tr><td>1</td><td colspan="2"></td><td colspan="2"></td><td colspan="2"></td></tr>
<tr><td>2</td><td colspan="2"></td><td colspan="2"></td><td colspan="2"></td></tr>
<tr><td>3</td><td colspan="2"></td><td colspan="2"></td><td colspan="2"></td></tr>
<tr><td>4</td><td colspan="2"></td><td colspan="2"></td><td colspan="2"></td></tr>
<tr><td>5</td><td colspan="2"></td><td colspan="2"></td><td colspan="2"></td></tr>
<tr><td>6</td><td colspan="2"></td><td colspan="2"></td><td colspan="2"></td></tr>
<tr><td>7</td><td colspan="2"></td><td colspan="2"></td><td colspan="2"></td></tr>
<tr><td>8</td><td colspan="2"></td><td colspan="2"></td><td colspan="2"></td></tr>
<tr><td>9</td><td colspan="2"></td><td colspan="2"></td><td colspan="2"></td></tr>
<tr><td>10</td><td colspan="2"></td><td colspan="2"></td><td colspan="2"></td></tr>
<tr><td>检查结论</td><td colspan="2">项目专业技术负责人：
年 月 日</td><td>验收结论</td><td colspan="3">专业监理工程师：
(建设单位项目专业技术负责人)
年 月 日</td></tr>
</table>

2. 项目评价

按时间、质量、安全、文明、环保要求进行考核。首先学生按照表 4-7 项目考核评价表，先自评，在自评的基础上，由本组的同学互评，最后由教师进行总结评分。

表 4－7　项目考核评价表

序号	项目	标准分	内容	评分标准	学生自评	学生互评	教师评价
1	态度	10	按时出勤，不迟到，不早退 勤于思考、动手，严谨认真 工作责任心强，吃苦耐劳 具有团队合作精神	迟到扣 4 分，早退扣 4 分 态度不认真扣 3～5 分 责任心不强，扣 4～8 分 团队合作意识差，扣 4 分			
2	施工准备	5	正确识别图纸	识别错误扣 1～5 分			
		5	准备工具	准备错误扣 1～5 分			
		5	材料准备	准备错误扣 1～5 分			
3	管道安装调试	10	干管安装	不符合要求扣 5～10 分			
		10	立管安装	不符合要求扣 5～10 分			
		10	支管安装	不符合要求扣 5～10 分			
		10	支吊架安装	不符合要求扣 5～10 分			
		10	试压调试	不符合要求扣 5～10 分			
4	工艺操作	10	符合工艺操作规范	操作不规范，酌情扣 5～10 分			
5	安全生产	10	符合安全施工要求	有安全隐患扣 1～10 分			
6	文明施工	5	符合文明施工要求	不符合要求扣 1～5 分			
合计		100	学生签名： 教师签名 ：	权重	0.1	0.3	0.6
				实际得分			

六、项目拓展

识读下列采暖施工图

1. 采暖施工图说明

(1)本工程采用低温水供暖，供回水温度为 70～95 ℃。

(2)系统采用上分下回单管顺流式。

(3)管道采用焊接钢管，DN32 以下为丝扣连接，DN32 以上为焊接。

(4)散热器选用铸铁四柱 813 型，每组散热器设手动放气阀。

(5)集气罐采用《采暖通风国家标准图集》N103 中Ⅰ型卧式集气阀。

(6)明装管道和散热器等设备、附件及支架等刷红丹防锈漆两遍、银粉两遍。

(7)室内地沟断面尺寸为 500 mm×500 mm，地沟内管道刷防锈漆两遍，50 mm 厚岩棉保温，外缠玻璃纤维布。

(8)图中未注明管径的立管均为 DN20，支管为 DN15。

(9)其余未说明部分,按施工及验收规范有关规定进行。

2. 采暖施工图识读

(1)平面图。识读平面图的主要目的是了解管道、设备及附件的平面位置和规格、数量等。在一层平面图(如图 4-41 所示)中,热力入口设在靠近⑥轴右侧位置,供、回水干管管径均为 DN50。供水干管引入室内后,在地沟内敷设,地沟断面尺寸为 500 mm×500 mm。主立管设在建筑比例⑦轴处。回水干管分成两个分支环路,右侧分支连接共 7 根立管,左侧分支连接共 8 根立管。回水干管在过门和厕所内局部做地沟。

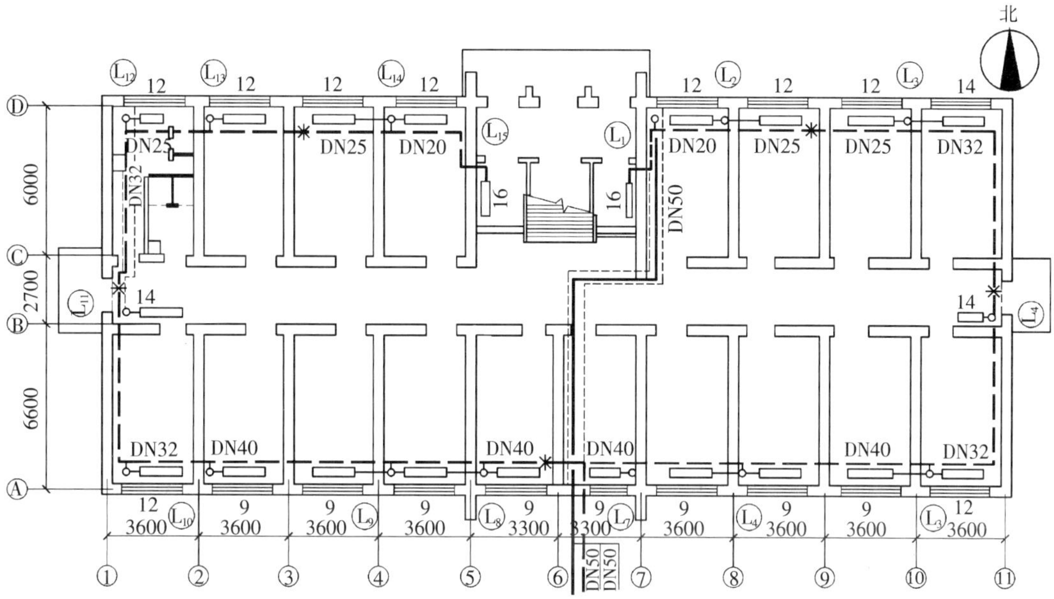

图 4-41　供暖一层平面图

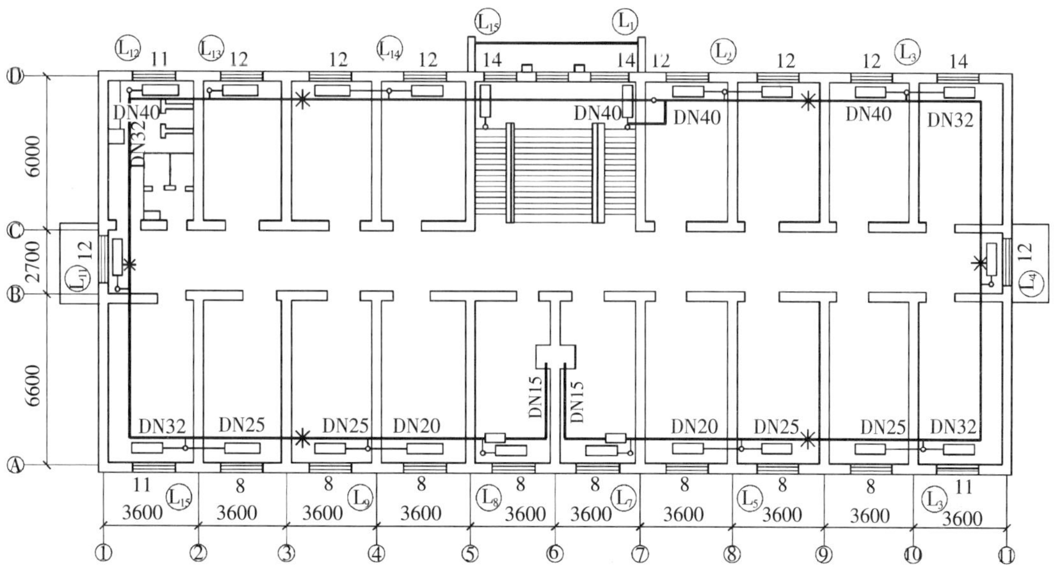

图 4-42　供暖二层平面图

在二层平面图(如图 4-42 所示)中,从供水主立管⑥轴和⑦轴交界处分为左、右两个分支环路，分别向各立管供水。末端干管分别设置卧式集气罐，型号详见说明。放气管管径为DN15，引至二层水池。

建筑物内各房间散热器均设置在外墙窗下。一层走廊、楼梯间因有外门，散热器设在靠近外门内墙处；二层设在外窗下。散热器为铸铁四柱 813 型（见设计说明），各组片数标注在散热器旁。

（2）系统图。阅读供暖系统图时，一般从热力入口起，先弄清干管的走向，再逐一看各立、支管。如图 4－43 所示，系统热力入口供、回水干管均为 DN50，并设同规格阀门，标高为－0.900 m。引入室内后，供水干管标高为－0.300 m，有 0.003 上升的坡度，经主立管引到二层后，分为两个分支，分流后设阀门。两分支环路起点标高均为 6.500 m，坡度为 0.003，供水干管始端为最高点，分别设卧式集气罐，通过 DN15 放气管引至二层水池，出口处设阀门。各立管采用单管顺流式，上下端设阀门。图中未标注的立、支管管径详见设计说明（立管为 DN20，支管为 DN15）。

回水干管同样分为两个分支，在地面以上明装，起点标高为 0.100 m，有 0.003 沿水流方向下降的坡度。设在局部地沟内的管道，末端为最低点，并设泄水丝堵。两分支环路汇合前设阀门，汇合后进入地沟，回水排至室外。

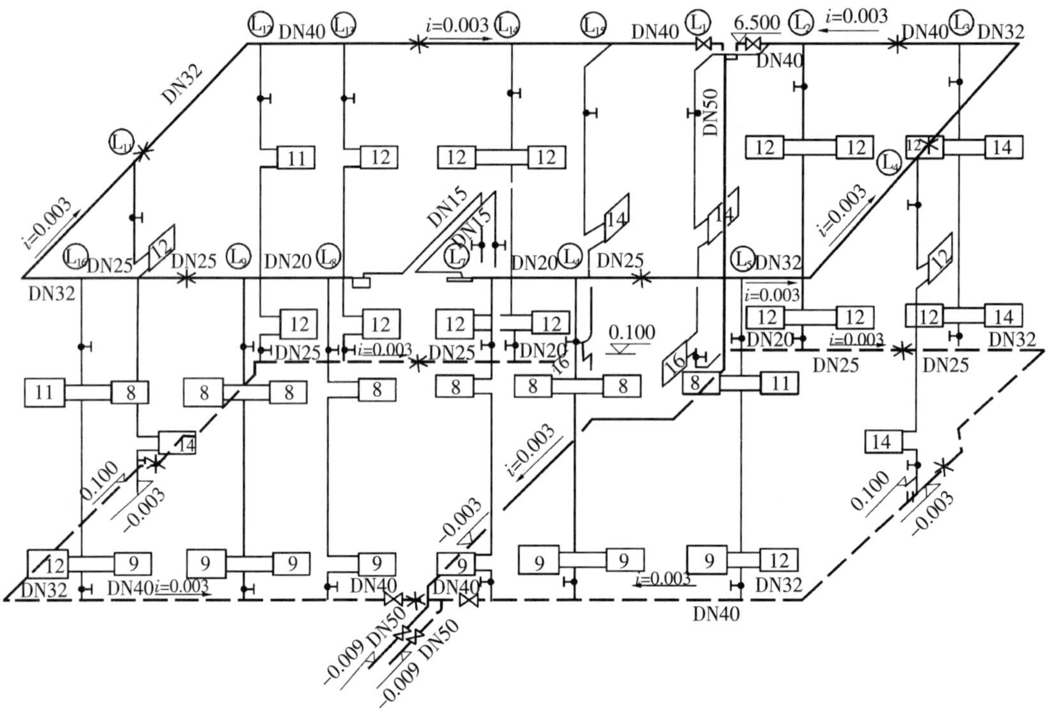

图 4－43　供暖系统图

七、项目作业

（1）供暖系统由哪几部分组成？

（2）自然循环热水供暖系统的工作原理是什么？

（3）机械循环热水供暖系统的主要形式有哪些？各有何特点？

(4)散热器有哪些种类？有何特点？

(5)膨胀水箱有何作用？

(6)补偿器有何作用？

(7)填写室内采暖系统水压试验及调试安装分项工程检验批质量验收记录。

见表 4－8。

表 4－8　室内采暖系统水压试验及调试安装分项工程检验批质量验收记录

工程名称		检验批部位		项目经理	
工程施工单位名称		分包项目经理		专业工长	
分包单位		施工执行标准名称及编号		施工班组长	
序号		GB50242—2002 的规定		施工单位检查评定记录	监理(建设)单位验收记录
主控项目	1	采暖系统安装完毕，管道保温之前应进行水压试验。试验压力符合设计要求。当设计未注明时，应符合下列规定： 1. 蒸汽、热水采暖系统，应以系统顶点工作压力加 0.1 MPa 作水压试验，同时在系统顶点的试验压力不小于 0.3 MPa。 2. 高温热水采暖系统，试验压力应为系统顶点工作压力加 0.4 MPa。 3. 使用塑料管及复合管的热水采暖系统，应以系统顶点工作压力加 0.2 MPa 作水压试验，同时在系统顶点的试验压力不小于 0.4 MPa			
	2	系统试压合格后，应对系统进行冲洗并清扫过滤器及除污器			
	3	系统冲洗完毕应充水、加热，进行试运行和调试			
施工单位检查评定结果	项目专业质检员： 年　月　日				
监理(建设)单位验收结论	专业监理工程师(建设单位项目专业技术负责人)： 年　月　日				

项目五　建筑通风系统安装

一、项目描述

一层住宅通风系统的安装，通风机为离心式，通风附件包括百叶窗、保温阀、空气过滤器、空气加热器、帆布软接头、电动机、密闭式斜插板阀（如图 5－1 所示）。

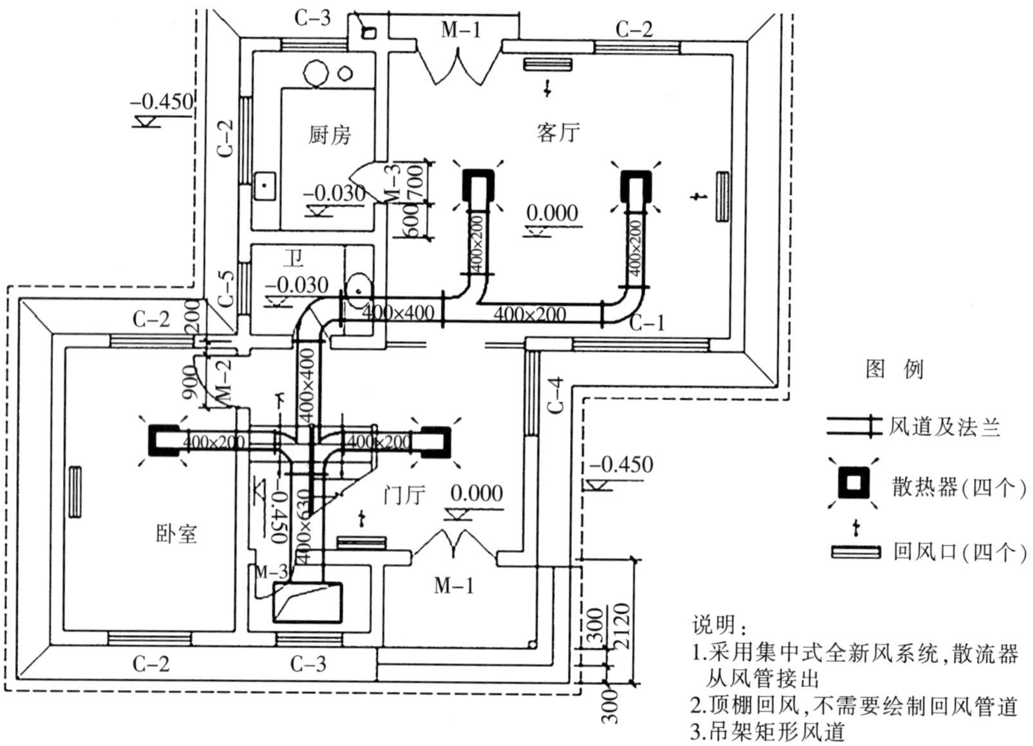

图 5－1　一层通风系统平面图

二、项目目标及要求

(一)项目目标

知识目标：掌握通风系统的分类和方式，掌握管道安装所涉及的管材、管件、管道的连接方式、通风设备的安装及工具的使用方法。

能力目标：通过本项目的学习，能够识读建筑通风系统的图纸；能够进行建筑通风系统的安装；通过活动的开展，增强学习兴趣，养成自主学习的习惯。

(二)项目要求

时间要求：教学学时12个课时。

质量要求：施工质量符合《通风与空调工程施工及验收规范》(GB50234－2002)。

安全要求：严格按照安全操作规程进行项目作业。

文明要求：自觉按照文明生产规则进行项目作业。

环保要求：努力按照环境保护要求进行项目作业。

三、项目分析

本项目通过模拟某住宅通风管道的安装与敷设，让学生学习识读建筑通风系统施工图；了解建筑通风系统的分类与方式；掌握管道安装所涉及的管材、管件、管道的连接方式、通风设备的安装及工具的使用方法；掌握实际工程中对通风管道敷设、安装、验收等各方面的要求。

知识链接1　认识通风系统

1. 通风的概念

通风，就是把污浊的或含有大量热蒸气和有害物质的、不符合卫生标准的室内空气直接或加以净化后排至室外，把新鲜空气送入室内，从而使室内的空气环境符合卫生标准、满足生活和生产工艺的需要。通风是为改善生活和生产环境，以创造安全卫生的适宜条件而进行换气的技术。为实现通风所采用的一系列设备、装置的总体称为通风系统。

在许多生产车间里，由于生产过程中释放出大量的热量及湿气，各种工业粉尘以及有害气体和蒸气，如果不采取有效的防护措施，将会污染和恶化车间的空气，严重地危害工人的身体健康，也会损坏机器设备和建筑结构，对产品质量也有不良影响。例如，在铸造和石棉生产中产生的矽尘和石棉粉尘，可以使人患矽肺和石棉肺等职业病。大量的粉尘和有害气体排入大气，会导致大气污染，破坏生态环境，不仅影响广大人民的健康，也危及各种动植物的正常生长。因此，通风的任务就是：保持室内空气清洁，保证人民的健康；消除工业有害物的危害，提高产品质量和延长机器的使用寿命，有效地防止大气污染。

2. 通风系统

通风包括排除室内污浊的空气和向室内补充新鲜的空气。前者称为排风，后者称送风(进风)。

3. 通风系统分类

(1)按作用范围分类。按作用范围的不同，通风系统可分为局部通风和全面通风两种方式。

①局部通风：局部通风的作用范围仅限于房间的个别地点或局部区域。局部排风的作用是将有害物质在产生地点就地排除，以防止其扩散；局部送风的作用是将新鲜空气或经过处理的空气送到车间的局部地区，以改善局部区域的空气环境。

②全面通风：是对整个房间或车间进行通风换气，用新鲜空气把原有空气中的有害物质的浓度降低到规定的标准，或达到改变温、湿度的目的。

局部通风所需的风量小、设备少、经济适用、效果好。全面通风所需的风量大、设备复杂、造价高。当采用局部通风达不到技术要求时,应采用全面通风。

(2)按工作动力分类。按工作动力的不同,通风系统可分为自然通风和机械通风两种形式。自然通风又可分为有组织通风和无组织通风两类。

①自然通风:是借助于空气的自然压力(风压或热压)促使室内外空气的流通。风压作用下的自然通风:是利用室外空气流动时对建筑物迎风面产生正压、背风面产生负压造成的室内外空气交换。在风压的作用下,室外空气通过建筑物迎风面上的门、窗、进风口进入室内,室内空气则通过背风面上的门、窗、排风口排出,如图 5-2 所示。

热压作用下的自然通风:是利用室内外空气温度的不同形成的空气密度差而造成的室内外空气交换。当室内空气的温度高于室外时,室外空气的密度较大,便从建筑下部的门、窗、孔洞进入室内,室内空气则从上部的窗口排出,如图 5-3 所示。

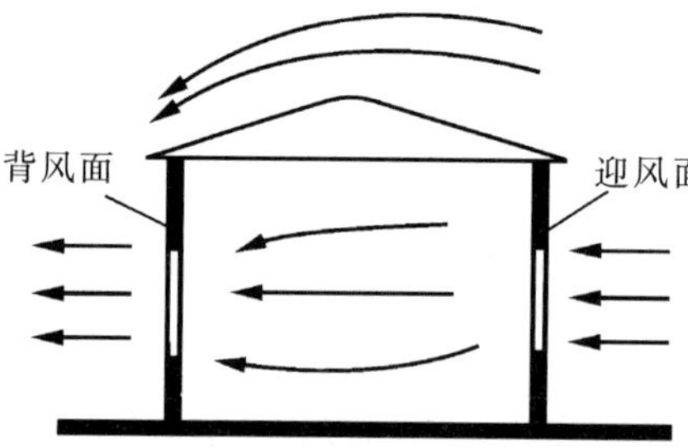

图 5-2 风压作用下的自然通风

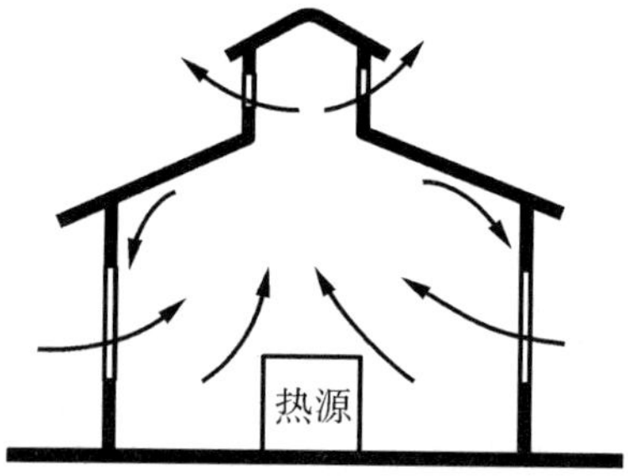

图 5-3 热压作用下的自然通风

无组织的自然通风:是通过门、窗缝隙及围护结构不严密处进行通风换气的方式,亦称为渗透通风。一般的民用建筑与公共建筑要求的换气量不大时,往往仅设无组织的自然通风,室内空气补充依靠渗透解决。

有组织的自然通风:是指依靠风压、热压的作用,通过墙和屋面上的专设的孔口、风道而进行通风换气的方式。如图 5-4、图 5-5 所示为管道式自然通风。

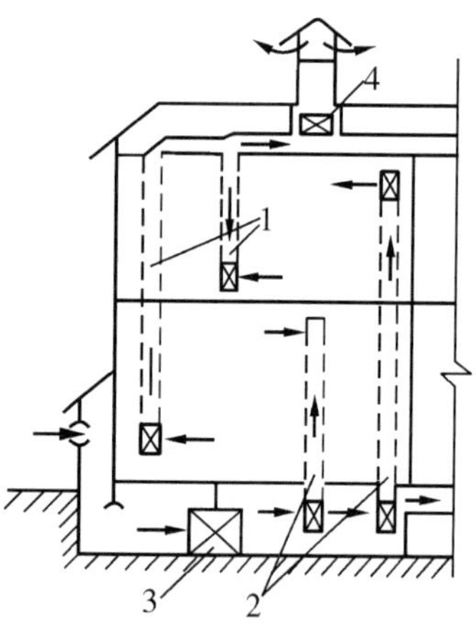

图 5-4 管道式自然通风

1—排风管道 2—送风管道
3—进风加热设备 4—排风设备

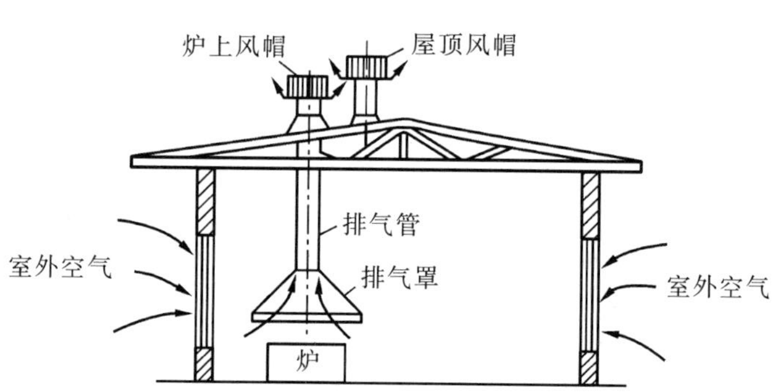

图 5-5 利用热压的自然通风

管道式自然通风:是依靠热压通过管道输送空气的一种有组织的自然通风方式。集中采暖地区的民用和公共建筑，常采用自然通风作为寒冷季节的排风措施或做成热风采暖系统。

利用风压和热压以及无风时只利用热压进行通风换气，是一些工业厂房，特别是对产生大量余热的锻造、铸造、转炉、平炉等车间的一种经济、有效的通风措施。自然通风不消耗电能，系统简单，比较经济，使用管理也比较方便。

②机械通风：是依靠风机产生的压力强制空气进行流动的通风。它不受自然条件的限制，可以通过风机把空气送至室内任何指定地点，也可以从室内任何指定地点把空气排出。

局部机械通风是指采用既有送风又有排风的局部通风装置，如图 5－6 所示。局部机械送风系统：仅向房间局部工作地点送入新鲜空气或经过处理的空气(送出的气流不得含有害物，可以进行加热和冷却处理)，造成局部区域的空气环境的系统，如图 5－7 所示。气流应该从人体前侧上方倾斜吹到头、颈和胸部，必要时可从上向下送风。分散式局部送风，一般采用轴流风扇或喷雾风扇。

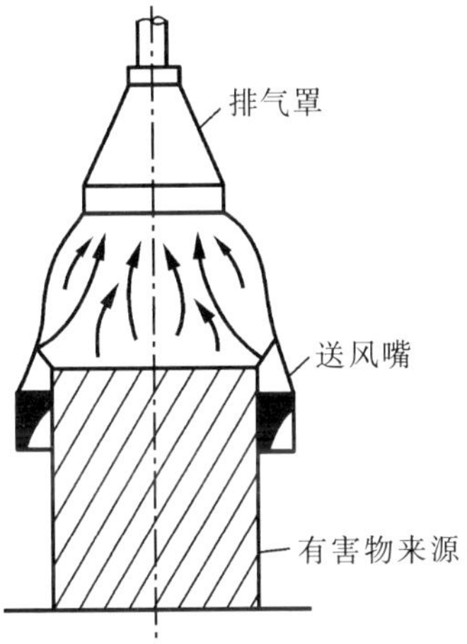

图 5－6　局部机械通风

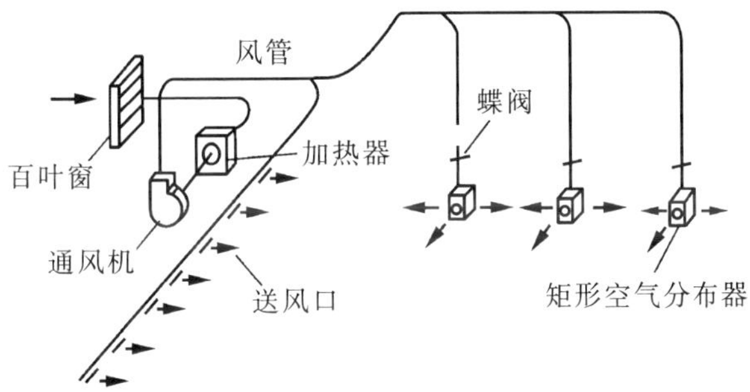

图 5－7　局部机械送风系统

局部机械排风系统：局部机械排风系统如图 5－8 所示。这种系统由吸气罩、风管、除尘器、风机等主要设备组成。吸气罩是一个重要部件，常用的有防尘密闭罩、通风柜、上部吸气罩、槽边排风罩等形式。通风管道用以输送空气。除尘器为空气净化设备，使含尘气体中粉尘与空气分开。风机为空气流动提供动力。风帽位于系统末端，将室内气体排至室外。

全面机械通风：既设有全面送风系统又设有全面排风系统称为全面机械通风系统，如图 5－9 所示。

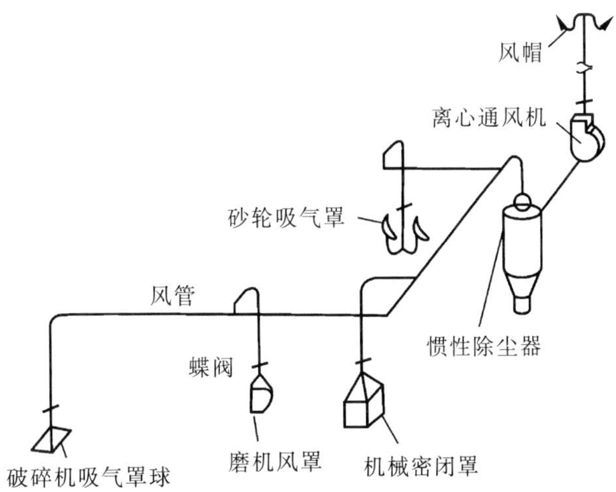

图 5－8　局部机械排风系统

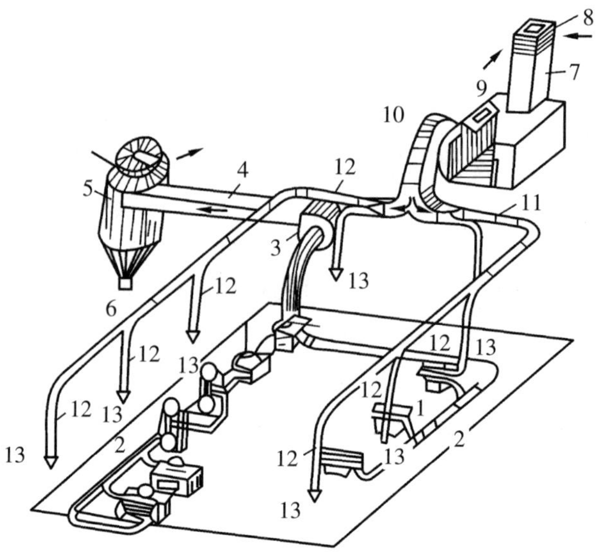

图 5-9 全面机械通风

1—排气口 2—排风管 3—排风机 4—总排风管 5—除尘器 6—集尘箱 7—进风井 8—百叶窗 9—进风室 10—送风机 11—风道 12—支管 13—送风口

全面机械送风系统：利用送风机把室外的新鲜空气(必要时经过过滤和加热)送入室内，在室内造成正压，使室内污浊的空气通过门窗或排风口排出，达到全面通风的效果。此种方式多用于不希望邻室或室外空气渗入室内，又希望进入的空气是经过简单处理的情况。进风口应设于室外空气较清洁的地点，设百叶窗以阻挡空气中的杂物，通常把过滤、加热设备、通风机集中设于一个专用房间内，称为通风室。空气经过风管由送风口送入室内，如图5-10所示。

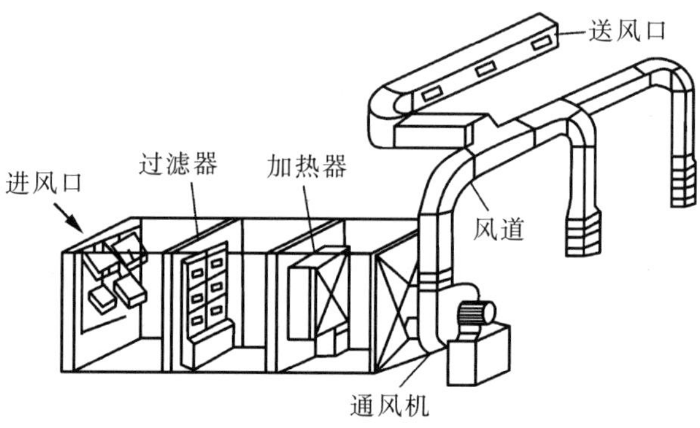

图 5-10 全面机械送风

全面机械排风系统：为了使室内产生的有害物质尽可能不扩散到其他区域或邻室去，可以在有害物质比较集中产生的区域或房间采用全面机械排风，如图 5-11 所示。全面机械排风使室内造成一定的负压，可防止有害物质向卫生条件好的区域或邻室扩散。

(3)通风方式的选择。通风方式的选择应根据车间卫生标准、生产工艺对环境的要求、有害物质的性质和数量、生产工艺条件、室外气象参数、污染情况以及通风工程本身的技术

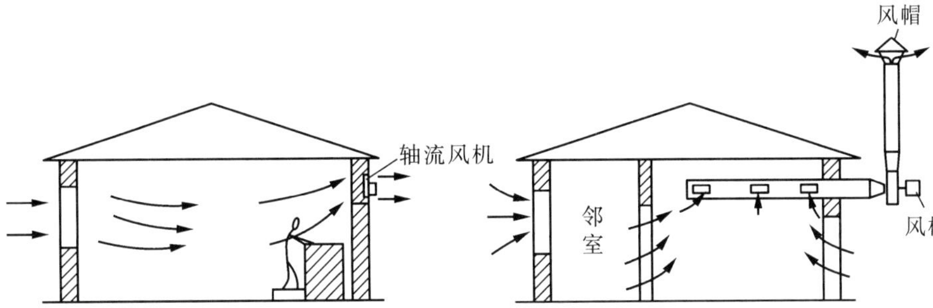

图 5-11　全面机械排风

经济比较等多种因素来综合考虑。一般来说,应优先采用局部通风,在不能设置局部通风或局部通风不能满足要求时辅助以全面通风。设计局部排风或全面排风时应尽量采用自然通风,当自然通风达不到技术要求时,应采用局部机械通风或自然与机械联合通风。

民用建筑的盥洗室、厨房、厕所和浴室等,宜设置自然通风或机械通风进行局部排风或全面换气。普通民用建筑的居住、办公用房等,宜采用自然通风。当位于严寒或寒冷地区时,还应设置可开启的气窗进行定期换气。

设置集中采暖且有排风的建筑物,应考虑自然补风(包括利用相邻的清洁空气)的可能性;当自然补风达不到室内卫生条件、生产要求或技术经济不合理时,宜设置机械送风系统。

设置机械通风的民用建筑和生产厂房以及辅助建筑中要求室内空气清洁的房间,室内应保持正压。当周围的环境较差时,室内应保持正压;当室内的有害气体和粉尘有可能污染相邻房间时,室内应保持负压。根据室内空气正负压力的要求,合理选择通风(送风、排风)系统。

知识链接 2　通风系统管道及附件

1. 通风管道与管件

在通风和空调系统中,通风管道起着输送空气的作用,是通风系统的重要组成部分。制作通风管道的材料有很多,一般可分为金属材料和非金属材料两类。常用的金属材料有普通酸洗薄钢板、镀锌薄钢板和型钢等黑色金属材料。若有特殊需要(如防腐、防火等要求时),可采用不锈钢板、铝板等材料。

非金属材料有玻璃钢和硬聚氯乙烯板。近年来,由于玻璃钢材料的防火阻燃性能得到了改善,其使用日趋广泛。在民用和公共建筑中,为了节省资金,也常使用砖砌风道、矿渣石膏板或矿渣混凝土板风道以及预制石棉水泥管道等。

管道的截面形状有很多,常见的有圆形和矩形,如图 5-12 所示。

圆形管道的强度大,耗用材料少,但占用空间大,一般不易布置得美观,通常用于暗装管道。矩形管道易于布置,弯头及三通均比圆形管道小,可明设或暗设,故采用较为普遍。有时为利用建筑空间,管道也可做成三角形和多边形。

风道的截面积一般都比较大。为了实现管道的工厂化施工,即施工企业在预制加工厂按统一规格制作出大量的管道和配件,供现场安装时选用。用钢板和塑料管制作的风管,应执行基本系列的统一规格标准。

通风管道除直管外,根据工程需要还需配有各种管件:弯头、三通、四通、变径等。

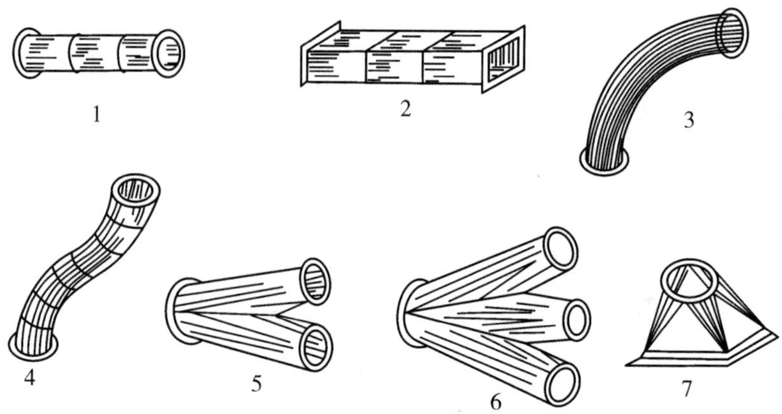

图 5-12　通风管道与异型管件

1—圆直管　2—矩形直管　3—弯头　4—来回弯　5—三通　6—四通　7—变径管

2. 常用阀门

通风系统中常见的阀门有蝶阀、多叶阀、菱形阀、插板阀、防火阀和止回阀等几种，主要是用于风机的启动和系统中阻力平衡，控制和调节风流量，安全防火和防止空气倒流。空调施工过程中常用施工图例见附录 2。

如图 5-13(a)所示为斜插板阀，多用于除尘系统，安装时有方向性，不得倒置。

如图 5-13(b)所示为蝶阀，主要设在分支管道或室内送风口之前调节风量。

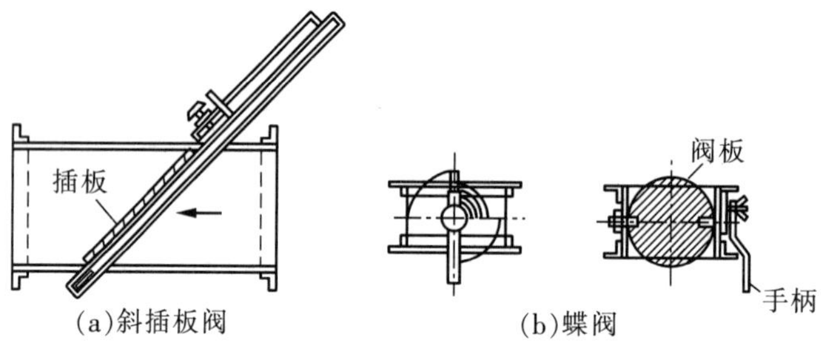

图 5-13　通风管道阀门

如图 5-14 所示为管道防火阀，是通风系统中的安全装置。阀内装有易熔锁片，一旦房间发生火灾，火焰或高温烟气通过通风管道时，易熔锁片熔化，使阀板脱落关闭，防止火灾蔓延。

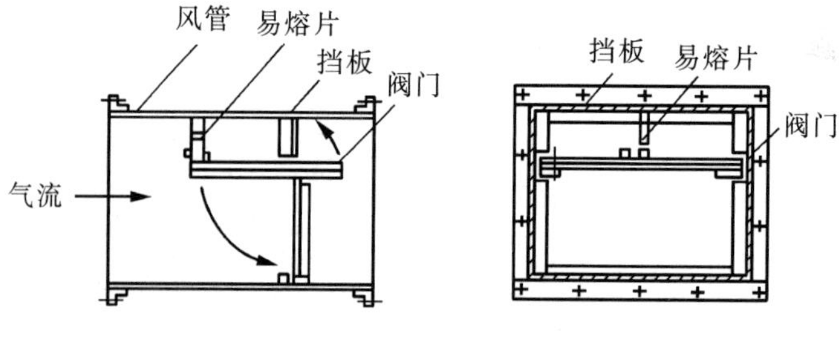

图 5-14　管道防火阀

3. 进、送、排风口

根据其使用场所不同，风口可分为室内和室外两种。

室内风口指设置在室内不同位置的各种类型的送风口、排(回)风口。其作用是合理地组织室内气流，保证房间工作区的空气状态均匀。

(1)送风口。送风口有侧向送风口、散流器、孔板送风口等几种形式，如图 5－15 至图 5－17所示。

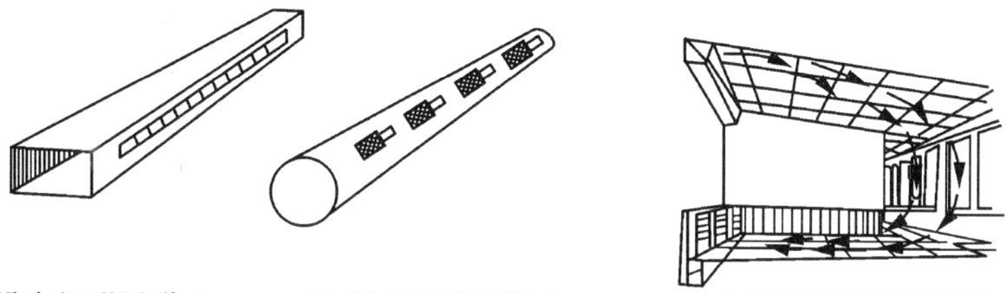

(a) 设在矩形风道上　(b) 设在圆形风道上　(c) 上送下回风气流组织

图 5－15　侧向送风口

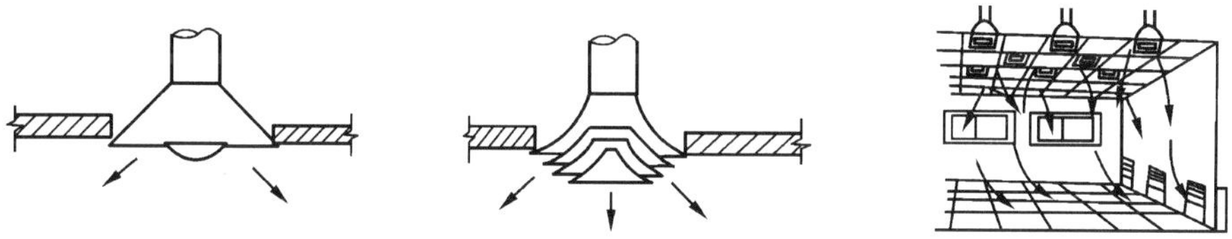

(a)盘式　(b)流线型　(c)散流器送气气流组织

图 5－16　散流器

(2)室内(回)排风口。通常在房间的下部，可安装于风管、墙侧壁或安装于地面，如图 5－18 所示。

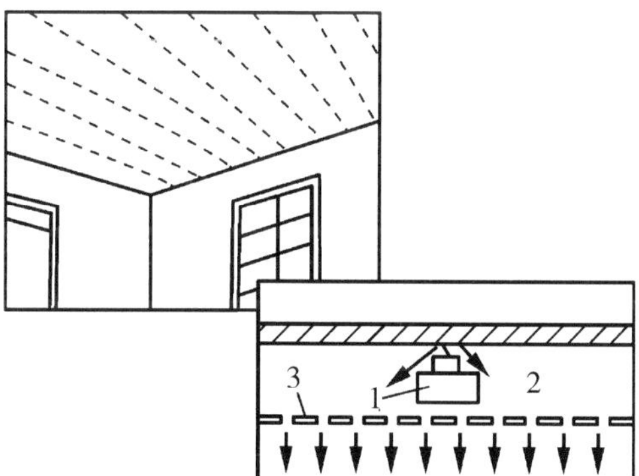

图 5－17　孔板送风口

1—风管　2—静压层　3—孔板

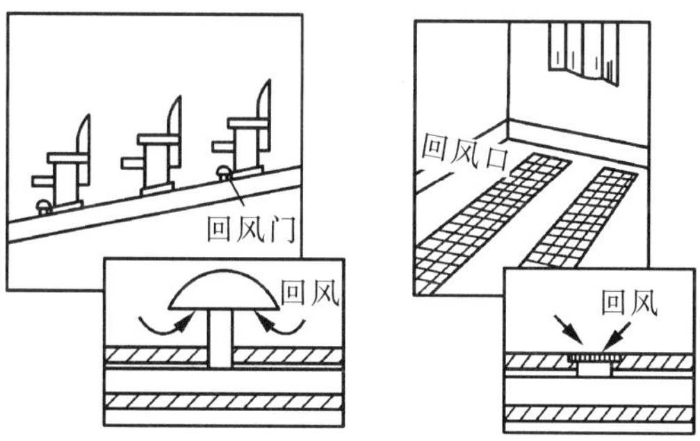

(a)散点式排(回)风口　(b)格栅式排(回)风口

图 5－18　地面散点式排(回)风口和格栅式排(回)风口

(3)室外进风口。是室外空气的采进装置，应设在室外空气比较洁净的地点。进风口的底部距室外地坪不宜小于 2.0 m，进口处应装置用木板或薄钢板制作的百叶窗。如图 5－19(a)所示是设于围护结构上的墙壁式进风口，图 5－19(b)所示是专门的进风塔，图 5－19(c)所示是设在屋顶的进风塔。

(4)室外排风口。一般设在屋顶排风，以减轻对附近环境的污染。为保证排风效果，往往在排风口上加设风帽，如图 5－19(d)所示。

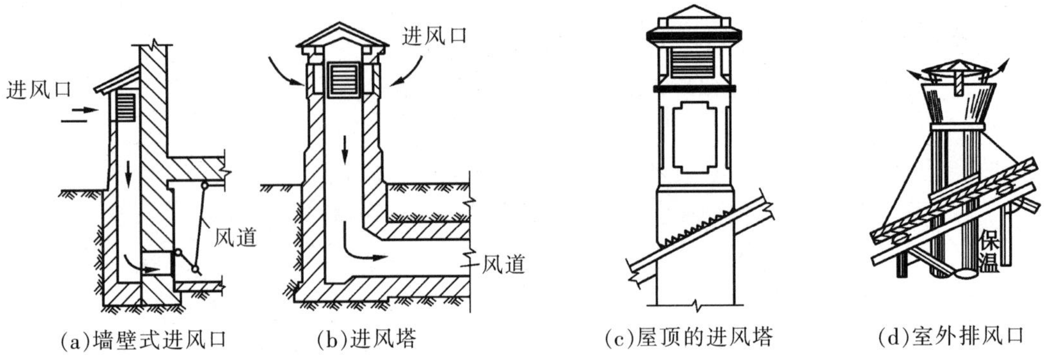

图 5－19　室外风口

4. 消声与减振

通风和空调系统由于空气的压缩和流动及通风机等设备和管道的振动，会产生噪声，造成噪声污染，影响人们的身体健康，所以通风系统应进行消声处理。常用的消声方法有机械设备的减振消声、阻断设备振动向管道的传递、管道减振消声、限制管内空气的流速、隔音消声等。

(1)机械设备的减振。减少设备本身的振动，可以减少因动力机械运转时振动而产生的噪声。常用的方法是做减振基础或设置减振器。如图 5－20、图 5－21 所示。

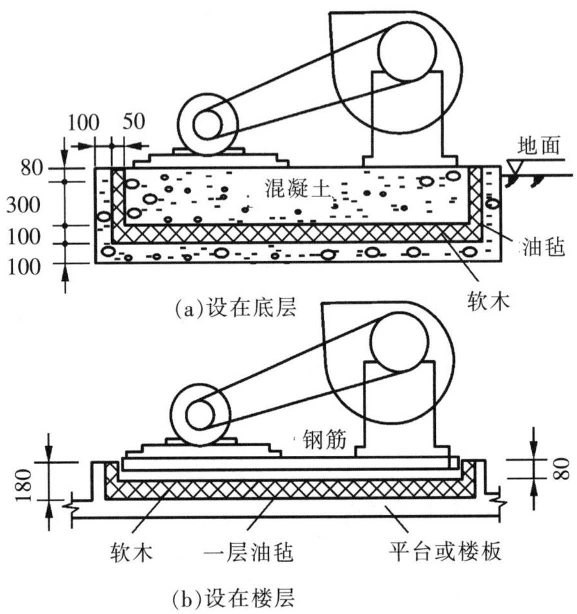

图 5－20　风机的减振

通风机与通风管道连接采用柔性接头，以防设备的振动通过管道传递。柔性接头一般采用双层帆布、人造革或软橡胶等材料制作。

(2)防止产生气流噪声。降低管内空气的流速，管件的形状应减少涡流的产生。

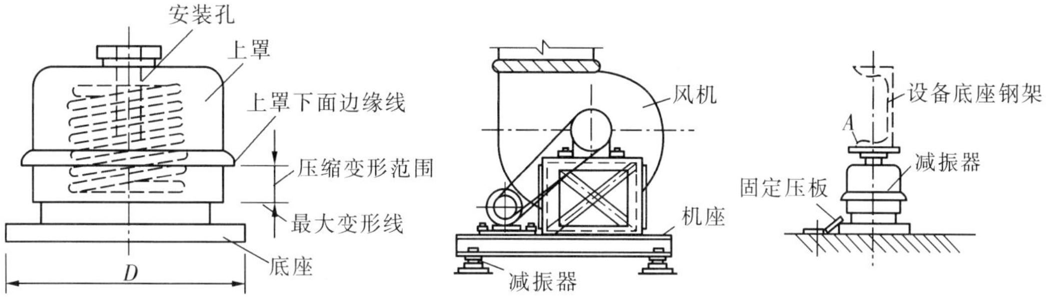

图 5-21　减振器

避免突然改变管道断面面积或气流方向，每个部件之间的直管段应保持 5～10 倍管径长度，弯头及分支处等气流急剧转弯处宜装设导流叶片。

(3)设置消声器。采用消声器降低系统中空气流动产生的噪声。消声器是用吸声材料制作成的消声装置，消声材料大多是疏松和多孔性的物质，常用的有玻璃棉、矿渣棉、泡沫塑料、毛毡、棉绒、超细玻璃纤维等。常用的消声器有管式、片式、格式和折板式。

(4)隔音消声。通风机房由于风机的振动和风机对空气的压缩产生的噪声较大。除采取上述措施外，还可以采取隔音消声。提高机房围护结构(墙体、楼板、底板和门窗)的隔声能力。墙体通常采用墙体加厚、中空或中间填料或与加气混凝土复合等措施。机房的密闭门应设计得厚、重、严密，其隔声能力应等于或接近围护结构的隔声能力。设置双道门。机房的窗户是机房传递噪声的敏感部位，它的隔声量取决于玻璃厚度和缝隙的严密程度。窗户面积除采光要求外，应尽量开小些。墙内表面设置吸声材料等。增加通风管道的刚度，外包吸(隔)声材料。

知识链接 3　通风系统常用设备

1. 风机

风机是输送气体的机械。在通风系统中，常用的风机有离心式和轴流式两种类型。根据风机用途的不同，又可分为一般通风机、排尘通风机、防爆通风机、防腐通风机等。

(1)离心式风机。由叶轮、机壳、机轴、吸气口、排气口及轴承、底座等部件组成，如图 5-22 所示。

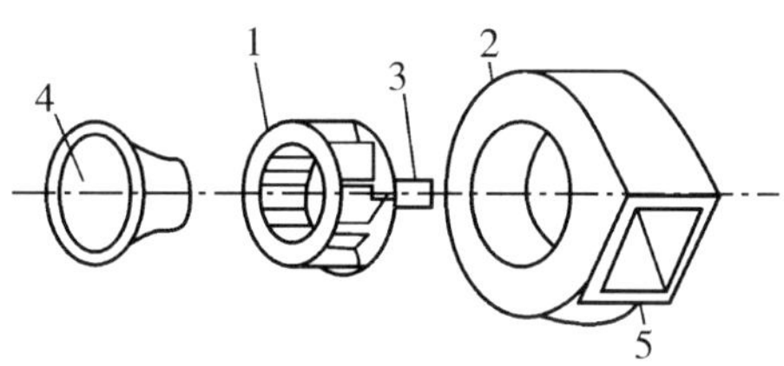

图 5-22　离心式风机构造

1—叶轮　2—机壳　3—机轴　4—吸气口　5—排气口

离心式风机的工作主要借助于叶轮旋转产生的离心力而使气体获得机械能，风机的主要性能参数有风量、全压、功率和效率等。

(2)轴流式风机。轴流式风机的构造如图 5-23 所示。叶轮由轮毂和铆在其上的叶片组成，叶片与轮毂平面安装成一定的角度。当电动机带动叶轮旋转时，空气沿轴向自左向右排出。大型轴流风机的叶片安装角度是可以调节的，借以改变风量和全压。轴流式风机分为高压式风机（全压 $P \geqslant 500$ Pa）和低压式风机（全压 $P < 500$ Pa）。

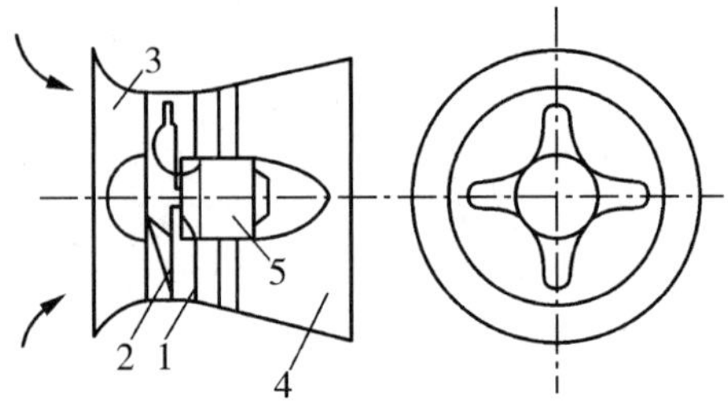

图 5－23　轴流式风机构造

1—机壳　2—叶轮　3—吸气口　4—扩压段　5—机轴

轴流式风机与离心式风机性能上的最主要差别：轴流式风机产生的全压小，离心式风机产生的全压较大。轴流式风机只用于无须设置管道的场合及管道阻力较小的系统，而离心通风机则往往用于阻力较大的系统中。

不同用途的风机，在制作材料及构造上有所不同。用于一般通风换气的普通风机，通常用钢板制作，小型风机也可以用铝板制作；除尘风机要求耐磨和防止堵塞，因此钢板较厚，叶片较少并呈流线型；防腐风机一般用硬聚氯乙烯板或不锈钢板制作；防腐风机的机壳和叶轮均用铝、铜等有色金属制作，或机壳用钢板而叶轮用有色金属制作。

2. 风机的安装

轴流式风机一般安装在墙壁、柱子和窗户上以及顶棚下。如果安装在墙内，应在土建施工时配合预留孔洞或预埋地脚螺栓；安装在外墙上时，应装防雨雪的弯头或装铝制调节百叶。轴流式风机安装如图 5－24 所示。

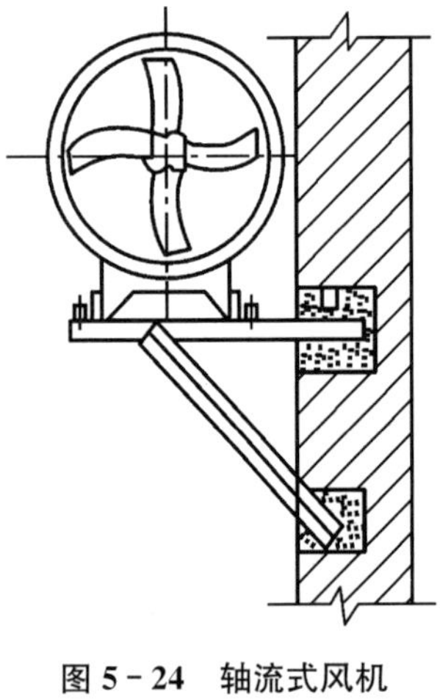

图 5－24　轴流式风机

在管道中安装轴流式风机和在单独支架上安装相同，都是把风机固定在用角钢制作成的支架上。支架应按图纸要求的位置和标高安装牢固，支架螺孔位置应和风机底座螺孔尺寸相符。

将风机放在支架上，支架与风机底座之间应垫橡胶板，找平找正后把螺栓拧紧，安装时要注意气流方向与叶轮转向，防止反转。连接管道时，管道中心应与风机中心对正。

小型直联传动的离心式风机，可以用支架安装在墙上、柱上及平台上，或者利用地脚螺栓安装在混凝土基础上，如图 5－25 所示。直接安装在基础上的风机，各部分的尺寸应符合设计要求，预留孔灌浆前应清除杂物，将风机用成对斜垫铁找平，最后用细石混凝土灌浆。在支架上的安装灌浆所用的混凝土标号应比基础高一级，并捣固密实，地脚螺栓不准歪斜。

大中型带传动的离心式风机，一般都安装在混凝土基础上，安装完毕先进行试运转，正常后才允许投入使用。

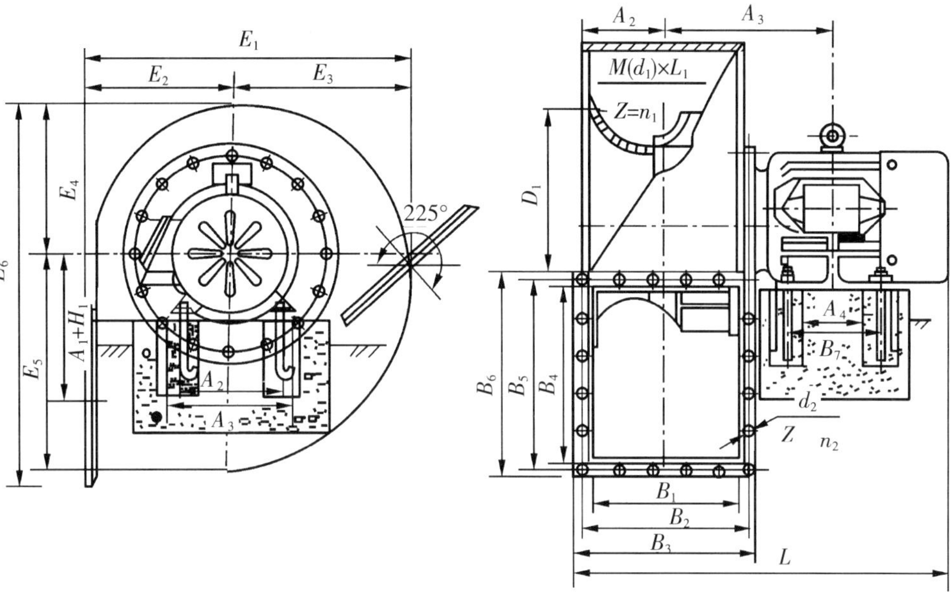

图 5－25　离心式风机的安装

3. 空气除尘净化设备

许多生产过程中都会产生大量粉尘，如果利用机械排风系统直接将其排入大气，就会使周围的空气环境受到污染，危害人民健康，影响工农业生产。因此含尘空气必须通过适当的净化处理，达到排放标准才能排入大气。在有些净化除尘过程中还能够回收有用的物料，具有很大的经济意义，这时除尘设备既是环保设备又是生产设备。

目前常用的除尘方法有重力除尘、惯性除尘、离心除尘、过滤除尘、洗涤除尘、静电除尘等几类。

(1)重力沉降室。是靠重力作用使尘粒从气流中分离出来的除尘装置，其结构如图 5－26 所示。重力沉降室实际上就是一个比输送气体的管道尺寸增大了若干倍的除尘室，含尘气流进入沉降室后，由于过流断面面积突然增大，流动速度迅速下降，气流中的尘粒在重力作用下，缓慢向灰斗沉降，净化后的空气由沉降室的另一端排出。重力沉降室结构简单，造价低，易于制作；阻力小且不受温度和压力的限制；可回收干灰，运行可靠，维修费用少。但除尘效率低，占地面积大，不能分离微小粉尘，所以在通风过程中应用较少。重力沉降室一般适用于要求不高的小型锅炉、化铁炉等产生热烟气的地方，也可作为除尘器使用。

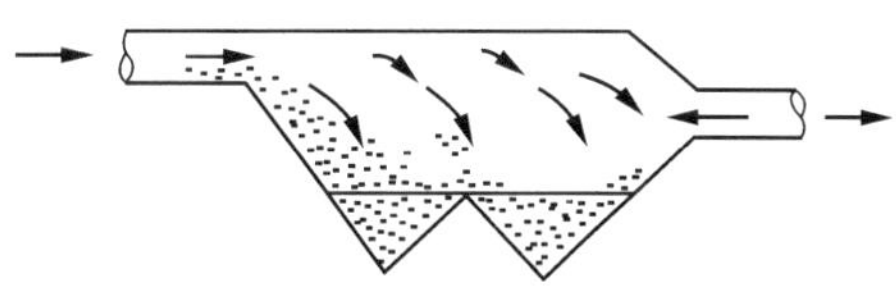

图 5－26　重力沉降室

为了提高沉降室的除尘效果，常在沉降室的内部增设一些挡板，利用惯性使尘粒与隔板碰撞，此时可称为惯性除尘器。

(2)旋风除尘器。旋风除尘器属于离心除尘器，其结构如图 5－27 所示。旋风除尘器由进气口、圆筒体、圆锥体、排气管等组成。含尘气流由切线进气口进入除尘器，沿外壁由上向下作螺旋形旋转运动，气流到达锥体底部后，转而沿轴心向上旋转，最后由排气管排除。气流作旋转运动时，尘粒在离心力的作用下，被甩到外壳的内部表面。尘粒和外壳壁相碰后，失去原有的速度，在重力作用下沿壁面下滑落入灰斗。

旋风除尘器耐高温、耐压力、结构简单、体积小、造价低、维护方便，但对微细粉尘的捕集效率不高。旋风除尘器在通风过程中应用较广，特别是用于小型锅炉和多级除尘中的第一级除尘。

(3)过滤除尘是使用滤料(纤维、织物、棉布等)做成滤袋并装在箱体内，对含尘气流进行过滤的除尘设备，如图 5-28 所示。

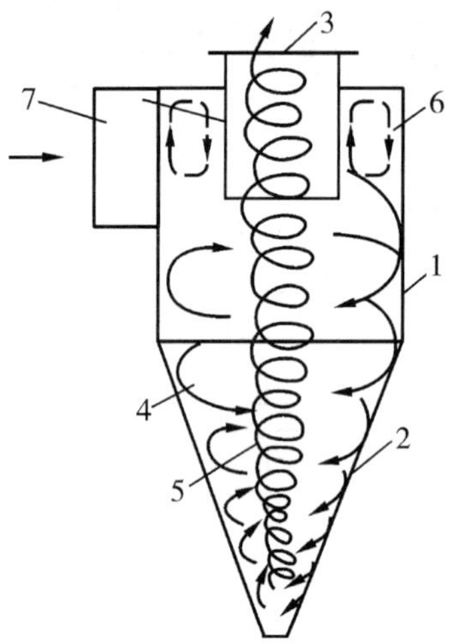

图 5-27　旋风除尘器

1—圆筒体　2—圆锥体　3—排出管　4—外涡旋　5—内涡旋　6—上涡旋　7—进气口

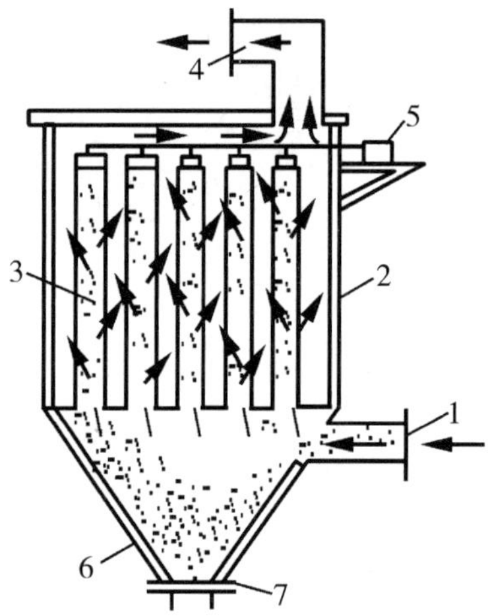

图 5-28　袋式除尘器

1—进气口　2—箱体　3—滤袋　4—净化气体出口　5—振打装置　6—灰斗　7—插板

袋式除尘器在冶金、水泥、化学、食品的工业部门得到广泛应用。

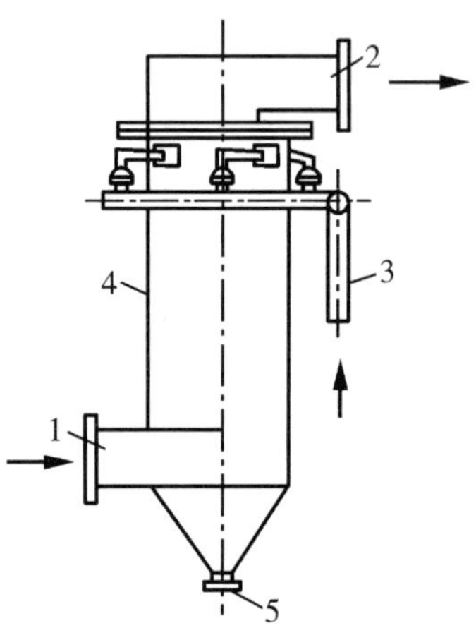

图 5-29　旋风水膜除尘器

1—进气口　2—出气口　3—给水管　4—圆筒形壳体　5—排污口

(4)湿式除尘器是通过含尘气流与液滴或液膜的接触，使尘粒从气流中分离的除尘设备。常用的有喷淋塔、旋风水膜除尘器、泡沫塔、自激式除尘器等。湿式除尘器结构简单，投资低，占地面积小，除尘效率高，能同时对有害气体进行净化，因而它适于处理高温、高湿的烟气，有爆炸危险或同时含有多种有害物的气体。它的缺点是有用物料不能用干法回收，所排泥浆需要处理。如图 5-29 所示为旋风水膜除尘器的示意图。

(5)静电除尘器又称电除尘器，它是利用电场产生的静电力使尘粒从气流中分离的，如图 5-30 所示。电除尘器是一种高效除尘设备，理论上可达到任何要求的效率。但随着效率的提高，会增加除尘设备的造价。

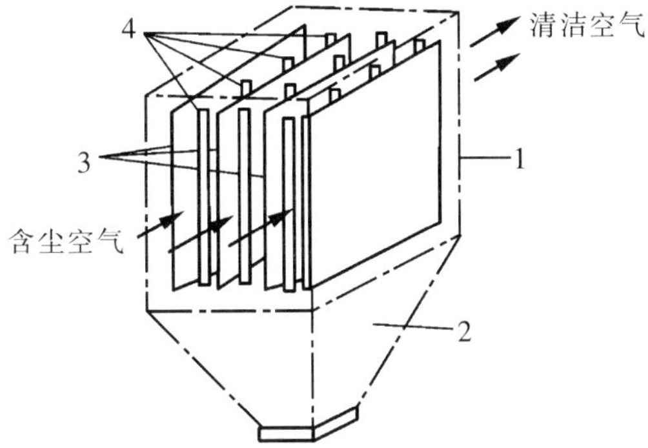

图 5－30　静电除尘器

1—壳体　2—灰斗　3—集尘极　4—电晕板(放电极)

四、项目实施

(一)项目流程

第一步：建筑通风系统施工图识读

↓

第二步：建筑通风系统安装前准备

↓

第三步：建筑通风系统安装

↓

第四步：建筑通风系统严密性试验

↓

第五步：通风管道刷油和防腐

↓

第六步：建筑通风系统竣工验收

(二)项目实施过程

任务一　建筑通风施工图识读

通风系统施工图主要包括图纸目录、设计施工说明、设备及主要材料表、通风系统平面图、系统图、剖面图、原理图、详图等。

结合自身的实训设备，认真识读图 5－1 所示的建筑通风系统图，了解系统组成、管道安装、设备安装等相关内容。

任务二　建筑通风系统安装前准备

首先了解施工现场作业的条件，掌握管道安装的要求及顺序；其次要选择适合的管材、管件及附件；最后准备好施工的主要机具。

2.1　管材、管件选择

本项目为某住宅送风系统安装工程，风管为矩形风管，采用镀锌薄钢板制成（厚度为 0.6 mm）。根据图纸要求，明确所需要的管道型号，系统中主要使用的是 400 mm×650 mm、400 mm×400 mm、400 mm×200 mm 三种规格管道。通风机为离心式，系统中附件还包括钢百叶窗、保温阀、空气过滤器、空气加热器、帆布软接头、电动机、密闭式斜插板阀。

知识链接 4　通风管道管材

通风空调工程所用材料一般分为主材和辅材两类。主材主要指板材和型钢，辅助材料指常用紧固件、塑料等。

1. 板材

（1）镀锌薄钢板风管：最早使用的风管之一，采用镀锌薄钢板制作，一般不用刷漆，常用于制作不含酸、碱气体的通风系统和空调系统的风管及部件。薄钢板选用时，要求表面平整、光滑，厚薄均匀，允许有紧密的氧化铁薄膜，但不得有裂纹、结疤等缺陷。

（2）不锈钢板：不锈钢板表面光洁，耐酸（碱）气体、溶液及其他介质的腐蚀。所以，不锈钢板制成的风管及部件常用于化工、食品、医药、电子、仪表等工业通风系统和有较高净化要求的送风系统。

不锈钢板是一种不容易生锈的合金钢，但不是绝对不生锈，在堆放和加工时，应不使表面划伤或擦毛，避免与碳素钢长期接触而发生电化学反应，从而保护其表面形成的钝化膜不受破坏。另外，不锈钢板价格高出镀锌钢板 10 倍以上。

（3）铝板：铝板有纯铝和合金铝两种，用于通风空调工程的铝板多以纯铝制作。铝板质轻、表面光洁，具有良好的可塑性，对浓硝酸、醋酸、稀硫酸有一定的抗腐蚀能力，同时在摩擦时不会产生火花，常用于化工工程通风系统和防爆通风系统的风管及部件。

铝板不能与其他金属长期接触，否则将对铝板产生电化学腐蚀，所以铝板铆接加工时不能用碳素钢铆钉代替铝铆钉。铝板风管用角钢作为法兰时，必须做防腐绝缘处理，如镀锌或喷漆。铝板风管的价格一般高出镀锌钢板风管 1 倍左右，因而比不锈钢风管用得多。

（4）硬聚氯乙烯塑料板：硬聚氯乙烯塑料板是由聚氯乙烯树脂掺入稳定剂和少量增塑剂加热制成的。它具有良好的耐腐蚀性，对各种酸碱类的作用均很稳定，但对强氧化剂如浓硝酸、发烟硫酸化合物以及氯化碳氢化合物是不稳定的。同时，它还具有一定强度和弹性，线膨胀系数小，导热系数也不大，又便于加工成型等优点，所以用它制作的风管及加工的风机，常用于输送温度在－10～60 ℃含腐蚀性气体的通风系统中。

2. 玻璃钢

玻璃钢是以玻璃纤维为增强材料，以耐腐蚀合成树脂为胶黏剂复合而成。玻璃钢制品如玻璃钢风管及部件等，具有质量轻、强度高、耐腐蚀、抗老化、耐火性好，但刚度差等特点，广泛用于纺织、印染、化工等行业中排除带有腐蚀性气体的通风系统中。

玻璃钢风管及部件，其表面不得扭曲，内表面应平整光滑，外表面应整齐美观，厚薄均匀，并不得有气泡、分层现象。

3. 垫料

在通风空调系统中，风管间、风管与配件间、风管与部件间等常用法兰连接，为保证接口处的严密性，两法兰接口间需加垫料。垫料的厚度为 3～5 mm。垫料的材质若设计无要求时，可接下列规定选用。

(1)输送空气温度低于 70℃的风管，使用橡胶板或闭孔海绵橡胶板等。

(2)输送空气或烟气温度高于 70℃的风管，使用石棉或石棉橡胶板等。

(3)输送含有腐蚀性介质气体(酸洗或碱性气体)的风管，使用耐酸橡胶板或软聚氯乙烯板等。

(4)输送产生凝结水或含有蒸汽的潮湿空气的风管，应用橡胶板或闭孔海绵橡胶板。

(5)除尘系统的风管，应使用橡胶板。

(6)净化系统的风管，应选用不漏气、不产尘、弹性好及具有一定强度的材料。

2.2　管道加工机具准备

龙门卷板机、电冲剪、手动电动剪、倒角机、咬口机、压筋机、折方机、合缝机、振动式曲线筒板机、卷圆机、液压钳、钉钳、电动拉铆枪、台钻、手电钻、冲孔机、插条、法兰机、螺旋卷管机、电(气)焊设备、空气压缩机、油漆、喷漆等设备及不锈钢板钢直尺、角尺、量角器、划规、划针、洋冲、铁锤、木锤、拍板等小型工具。

任务三　建筑通风系统安装

3.1　风管制作

本工程采用厚度为 0.6 mm 的镀锌薄钢板制成风管。检查镀锌钢板是否有划伤或其他伤痕及孔洞，将洗涤剂倒入盆内用水稀释后，用擦机布擦洗镀锌钢板表面，达到去污的日的，干燥后备用。

风管制作工艺流程：

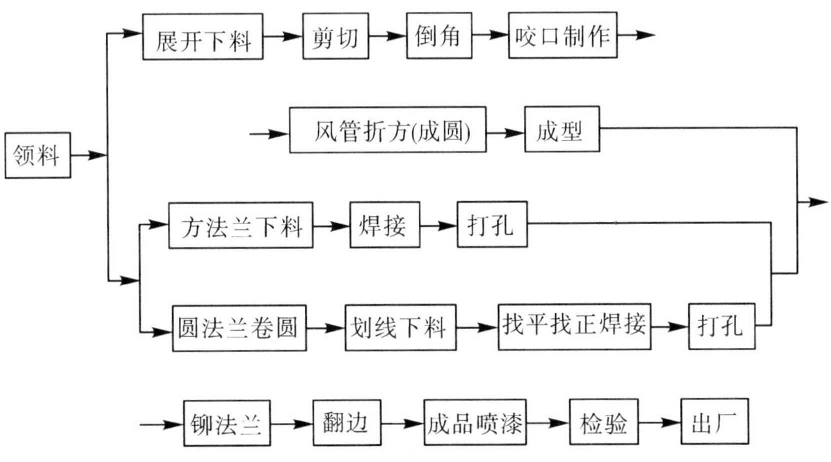

注：设计无要求时镀锌风管成品不喷漆。

(1)放样划线：划线要据风管的不同尺寸形状和规格分别进行，同时对同一段风管要完整进行，防止划线错孔和下料的多少有误。

(2)板材剪切：板材剪切依据划线的阶段不同，分别进行，同时必须进行下料的复核，以免有误。按划线形状用机械剪刀和手工剪刀进行剪切。剪切时，手严禁伸入机械压板空隙中，上刀架不准放置工具等物品，调整板料时，脚不能放在踏板机上，使用固定式震动剪两手要扶稳钢板，手离刀口不得小于 5 cm，用力均匀适当。

(3)板材倒角：板材下料后在轧口之前，必须用倒角机或剪刀进行倒角工作，倒角形状如图 5 - 31 所示。

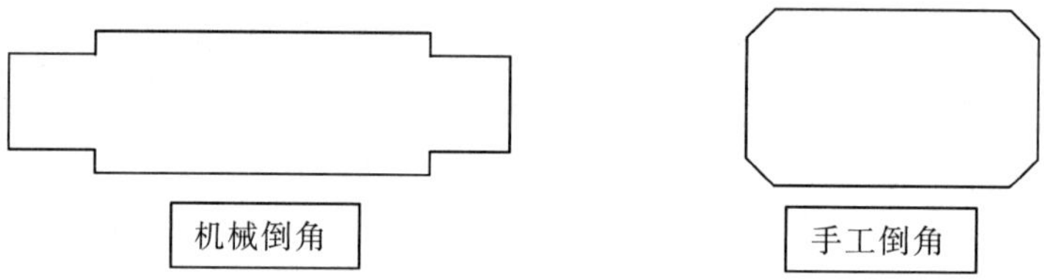

图 5 - 31　倒角形状

(4)咬口连接：金属薄钢板制作的风管用咬口连接、铆钉连接、焊接等不同方法，不同板材咬口或焊接界限见表 5 - 1 规定。咬口宽度和留量根据板材厚度而定，应符合表 5 - 2 的规定。

(5)风管折方：折方用于矩形风管的直角成型，卷圆用于制作圆形风管时的板材卷圆。该工程为矩形管，选择手工折方。手工折方时，先将厚度为 0.6 mm 的薄钢板放在工作台上，使划好的折方线与槽钢边对齐，将板材打成直角，然后用硬木方尺进行修整，打出棱角，使表面平整。

(6)风管成型：折方后的钢板用合缝机或手工进行合缝。操作时，用力要均匀，不宜过重；咬口缝结合应紧密，不得有胀裂和半咬口现象。

表 5 - 1　金属风管的咬接或焊接界限

<table>
<tr><th rowspan="2">板厚(mm)</th><th colspan="3">材质</th></tr>
<tr><th>钢板(不包括镀锌钢板)</th><th>不锈钢板</th><th>铝板</th></tr>
<tr><td>$\delta\leq1.0$</td><td rowspan="2">咬接</td><td>咬接</td><td rowspan="2">咬接</td></tr>
<tr><td>$1.0<\delta\leq1.2$</td><td rowspan="3">焊接
(氩弧焊及电焊)</td></tr>
<tr><td>$1.2\leq\delta\leq1.5$</td><td></td><td rowspan="2">焊接
(气焊或氩弧焊)</td></tr>
<tr><td>$\delta>1.5$</td><td>焊接(电焊)</td></tr>
</table>

表 5 - 2　咬口宽度(mm)

钢板厚度	平咬口宽	角咬口宽
0.7 以下	6～8	6～7
0.7～0.82	8～10	7～8
0.9～1.2	10～12	9～10

3.2　法兰加工

(1)法兰盘制作:方法兰由4根角钢组焊而成,划线下料时考虑无齿锯片切去的角钢料,通常多划角钢的1.5倍厚度的长度,划线完毕用无齿锯切割,折方时组焊成的成品法兰内径不至于小于风管外径;下料调直后组对,放在焊接平台焊接。并应采取防止变形措施,孔距不应大于50 mm;采用8501阻燃密封胶条做垫料时螺栓孔距适当放大,不得大于300 mm;其次,放在台钻或摇臂钻上,用钻模钻孔;最后,进行法兰整形和修整焊缝,除去打孔毛刺等。

(2)风管与法兰的连接:风管与法兰采用铆钉连接,先进行技术质量和尺寸的复核,合格后将法兰套在风管上,管端留出6～9 mm翻边量,风管折方线与法兰平面应垂直。然后用铆钉将法兰与风管锚固,待所有螺栓都穿上后,再把螺栓拧紧,为避免螺栓滑扣,紧固螺栓时应按十字交叉、对称均匀地拧紧。连接好的风管,应以两端法兰为准,拉线检查风管连接是否平直。露出高度在3～4 mm,后将露出的6～9 mm的翻边打平使其贴在角铁面上。

风管与法兰铆接组合时应经常用角尺检验风管与法兰的垂直度和法兰与法兰面的平行度尺寸偏差,及时调整,避免超差。

3.3　风管排列安装及安装就位

(1)检查现场结构预留孔洞的位置、尺寸,符合设计图纸要求,按照设计图纸找出风管所处位置及走向,参照土建给出的基准线确定风管管底标高。标高确定后,按风管所在空间的位置及周围环境,标明支架形式、数量、标高。

(2)设置吊点、安装吊架,结合本工程的实际情况,将采用膨胀螺栓法。用电锤打出膨胀螺栓配套的眼,然后镶入膨胀螺栓。吊杆根据吊件形式,用螺母拧在角钢挂件上。按风管的中心线,找出吊杆敷设位置,双吊杆按托盘的螺孔间距或风管的中心线对称安装。可先把两端的支架安好,然后以两端的支架为基准,用拉线法找出中间支架的标高进行安装。矩形风管的横担,一般用角钢制成,风管较重时,也可用槽钢。

(3)将在地面上连接好的风管,运用倒链升至吊架上。在梁、柱上选择两个以上可靠的吊点,然后挂好倒链、滑轮。用绳索将风管捆绑结实,开始起吊,当风管离地面200～300 mm时,停止起吊,仔细检查倒链和滑轮受力点及捆绑风管的绳索、绳扣是否牢靠,风管重心是否正确。调整好,没问题后,再继续起吊。风管升至吊架上后,将所有托板和吊杆连接好,确定风管稳固后,解开绳扣,进行下一段的安装。

知识链接5　风管排列安装及就位

1. 法兰连接

(1)为保证法兰接口严密性,法兰之间应有垫料。

(2)垫料密封胶带使用方法

①将风管法兰表面的异物和积水清理掉,并擦干净。

②从法兰一角开始粘贴胶带,胶带端头应略长于法兰。

③沿法兰均匀平整地粘贴,并在粘贴过程中用手将其按实,不得脱落,接口处应严密,各部位均不得凸出风管内,沿法兰粘贴一周后与起端交叉搭接,剪去多余部分。

(3)法兰连接时,要求规定垫料,把两个法兰对正,穿螺栓并戴上螺母,暂时不要上紧,直到所有螺栓都穿上后,再把螺栓拧紧。连接好风管,应以两端法兰为准,拉线检查风管连接是否平直。

(4)垫法兰垫料和法兰连接时，应注意的问题。

①正确选用垫料，避免用错垫料。

②法兰表面应干净无异物。

③法兰垫料不能挤入或凸入管内，否则会增大流动阻力，增加管内积尘。

④法兰连接后，严禁往法兰缝隙填塞垫料。

⑤连接法兰的螺母应在同一侧。

2. 风管排列无法兰连接

(1)抱箍式连接：主要用于钢板圆风管和螺旋风管连接，先把每一管段的两端轧出鼓筋，并使其一端缩小为小口。安装时按气流方向把小口插入大口，外面用钢制抱箍将两个端的鼓箍抱紧连接，最后用螺栓穿在耳环中间固定拧紧。

(2)插接式连接：主要用于矩形或圆形风管连接。先制作连接管，然后插入两侧风管，再用拉铆钉将其紧密固定。

(3)插条式连接：主要用于矩形风管连接。将不同形式的插条插入风管两端，然后压实。其形状和接管方法如图 5-32 所示。

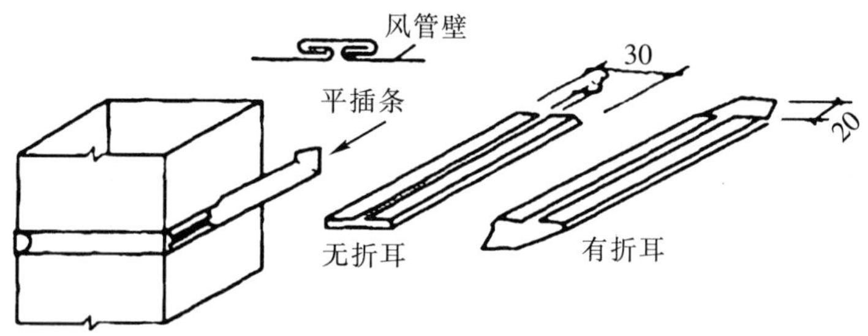

图 5-32　插条式连接形状和接管方法

3. 风管安装就位

根据现场情况，把风管一节一节地放在支架上，逐节连接。一般顺序是先干管，后支管。立管的安装一般是由下向上安装，安装就位后进行找平、找正，达到设计规定的要求。

风管安装应注意的问题如下：

(1)风管采用无法兰连接时，接口处应严密、牢固。矩形风管四角必须有定位及密封措施。风管连接两平面应平直，不得错位及扭曲。

(2)安装在支架的圆形风管应设托座。

(3)风管穿出屋面外应设置防雨罩。

(4)输送易产生冷凝水的风管，应按设计要求的坡度安装。风管底部不能有纵向接缝，如有接缝应用密封处理。

(5)保温风管的支、吊架宜设在保温层外部，并不得损坏保温层。

(6)送风管和与总管采用垂直插接时，接口处应设置导风调节装置。

4. 风管部件安装

(1)风阀安装：风阀安装前检查其框架结构是否牢固，调节装置是否灵活。安装时，使风阀调节装置设在便于操作的部分。水平安装时，阀板顺气流方向插入。风阀安装后做动作试验，手动、电动操作灵敏可靠，阀板关闭时严密。

(2)风口的安装：风口边框与建筑面贴实，外表面应平整不变形；同一房间内的相同风口的安装高度应一致，排列整齐。风口水平安装，水平度的偏差<3/1 000，风口垂直安装，垂直度的偏差<2/1 000。风口安装前应清扫干净，其边框与建筑顶棚或墙面间的接缝处应加设密封垫料或密封胶，不应漏风。风口与风管的连接应严密、牢固。

5. 通风系统设备安装

(1)通风机的安装：支架安装牢固后，把风机吊放在支架上，支架与底座间垫上厚度为4～5 mm的橡胶板，穿上螺栓，找正、找平后，上紧螺母。连接风管时，风管中心应与风机中心对正。设检查孔，为方便检查和接线。

(2)过滤器的安装：安装前，清洗过滤器。安装时，注意过滤器的方向，将大孔径金属网格朝迎风面，以提高过滤效率。

任务四　建筑通风系统严密性试验

通常采用漏光法进行试验，即对于一定长度的风管，在漆黑的周围环境下，用一个电压不高于 36 V，功率 100 W 以上带保护罩的灯泡，在风管内从一端缓慢移向另一端。若风管外能观察到光线射出，说明风管有泄漏，应进行修补后再试。如此循环，直至风管不漏风为止。

知识链接 6　通风系统严密性检查

风管制作完成后，进行强度和严密性试验，对其工艺性能进行检测或验证。

(1)风管的强度应能满足 1.5 倍工作压力下接缝处无开裂。

(2)用漏光法检测系统风管严密程度：漏光法检测是利用光线对小孔的穿透力进行检验的方法。漏光检测时，光源应沿着被检测接口与接缝部位缓慢移动，在另一侧观察，如发现有光线射出，则有明显漏风处，应做密封处理。低压系统风管以每 10 m 接缝，漏光点不大于 2 处，且 100 m 接缝平均不大于 16 处为合格；中压系统风管以每 10 m 接缝，漏光点不大于 1 处，且 100 m 接缝平均不大于 8 处为合格。漏风量测试可以整体或分段进行，测试时被测系统的所有开口均应封闭，不应漏风。启动试验风机，逐步打开进风挡板，直到风管内静压值达到要求，读取孔板两侧压差，按公式计算漏风量。如漏风量超过规定，应查出漏风部位修补后，重新测试，直至合格。

低压系统风管的严密性检验采用抽检，检验率为 5%，但不能少于 1 个系统，采用漏光法检测，检测不合格时，做漏风量测试。中压系统风管的严密性检验应在漏光法检测合格后，对系统漏风量测试进行了抽检，抽检率为 20%，但不能少于 1 个系统。高压系统风管的严密性检验，为全部进行漏风量测试，若全部合格，则认为通过。

任务五　通风管道防腐

对管道进行除锈、清扫、磨砂处理后，按设计要求对管道、部件、支架与设备刷油、涂漆。

任务六　建筑通风系统竣工验收

本项目系统安装完成后，需对通风系统进行相应的质量验收，根据《通风与空调工程施工及验收规范》(GB50234—2002)填写质量验收表 5－3。

表 5-3　建筑通风管道安装质量验收表

<table>
<tr><td colspan="2">工程名称</td><td></td><td>专业工长/证号</td><td></td></tr>
<tr><td colspan="2">分部工程名称</td><td></td><td>施工班、组长</td><td></td></tr>
<tr><td colspan="2">分项工程施工单位</td><td></td><td>验收部位</td><td></td></tr>
<tr><td rowspan="3">施工依据</td><td>标准名称</td><td></td><td>材料/数量</td><td></td></tr>
<tr><td>编号</td><td></td><td>设备/台数</td><td>/</td></tr>
<tr><td>存放处</td><td></td><td>连接形式</td><td>/</td></tr>
<tr><td rowspan="4">主控项目</td><td>《规范》章、节、条款</td><td>质量规定</td><td>施工单位检查评定结果</td><td>监理(建设)单位验收</td></tr>
<tr><td>4.2.1</td><td>风管厚度符合要求</td><td></td><td></td></tr>
<tr><td>4.2.5</td><td>风管的强度和严密性要求</td><td></td><td></td></tr>
<tr><td>4.2.8</td><td>金属风管的连接要求</td><td></td><td></td></tr>
<tr><td rowspan="5">一般项目</td><td>4.2.6</td><td>管道及管件焊缝表面质量</td><td></td><td></td></tr>
<tr><td>6.3.1</td><td>管道制作符合要求</td><td></td><td></td></tr>
<tr><td>6.3.6</td><td>管道之间的连接紧密</td><td></td><td></td></tr>
<tr><td>6.3.3</td><td>管道支、吊架安装平稳、牢固</td><td></td><td></td></tr>
<tr><td>6.3.4</td><td>各类风阀安装符合规范</td><td></td><td></td></tr>
<tr><td colspan="2">施工单位检查评定结果</td><td colspan="3">项目专业质量检查员：　　　　项目专业质量(技术)负责人：
年　月　日</td></tr>
<tr><td colspan="2">监理(建设)单位验收结论</td><td colspan="3">监理工程师：
(建设单位项目专业技术负责人)
年　月　日</td></tr>
</table>

(三)学生实操

1. 劳动组织形式

本项目实施中，对学生进行分组，学生 4～5 人组成一个工作小组。各小组按照表 5-4 任务分配表制订出实施方案及工作计划，组长协助教师参与指导本组学生学习，检查项目实施进度和质量，并制订改进措施，共同完成项目任务。

表 5-4　分组成员工作明细表

序号	成员	成员工作职责	姓名	备注
1	施工员	主要负责施工准备、技术准备		
2	材料员	主要按照图纸准备机具、材料、设备		
3	质检员	主要负责项目实施过程中的质量检查验收		
4	资料员	主要负责整体和及时上交本组作业资料		
5	安全员	主要负责项目实施过程中安全措施的落实		

2. 所需设备及器件

板材、通风系统管件、通风设备以及“项目步骤”中所列的机具。

五、项目测评

按时间、质量、安全、文明、环保要求进行考核。首先学生按照表5－5项目考核评价表，先自评，在自评的基础上，由本组的同学互评，最后由教师进行总结评分。

表5－5　项目考核评价表

<table>
<tr><th>序号</th><th>项目</th><th>标准分</th><th>内容</th><th>评分标准</th><th>学生自评</th><th>教师评价</th></tr>
<tr><td>1</td><td>态度</td><td>10</td><td>按时出勤，不迟到，不早退
勤于思考、动手，严谨认真
工作责任心强，吃苦耐劳
具有团队合作精神</td><td>迟到扣4分，早退扣4分
态度不认真扣3～5分
责任心不强，扣4～8分
团队合作意识差，扣4分</td><td></td><td></td></tr>
<tr><td rowspan="5">2</td><td rowspan="5">外观检查</td><td>10</td><td>管道制作应均匀、平整、严密</td><td>不符合规范扣5～10分</td><td rowspan="5"></td><td rowspan="5"></td></tr>
<tr><td>10</td><td>管道的连接处存在缺陷</td><td>存在缺陷扣2～10分</td></tr>
<tr><td>10</td><td>风阀的方向正确</td><td>不符合要求扣2～6分</td></tr>
<tr><td>10</td><td>风口应安装在同一高度</td><td>高度不一致扣3～10分</td></tr>
<tr><td>10</td><td>吊架安装高度一致</td><td>不符合要求扣5～10分</td></tr>
<tr><td>3</td><td>安装方向</td><td>10</td><td>通风机安装平稳</td><td>安装方向错误扣10分</td><td></td><td></td></tr>
<tr><td>4</td><td>工艺操作</td><td>10</td><td>符合工艺操作规范</td><td>操作不规范，酌情扣5～10分</td><td></td><td></td></tr>
<tr><td>5</td><td>安全生产</td><td>10</td><td>符合安全施工要求</td><td>有安全隐患扣1～10分</td><td></td><td></td></tr>
<tr><td>6</td><td>文明施工</td><td>10</td><td>符合文明施工要求</td><td>不符合要求扣1～10分</td><td></td><td></td></tr>
<tr><td colspan="2" rowspan="2">合计</td><td rowspan="2">100</td><td colspan="2" rowspan="2">学生签名：
教师签名 ：</td><td colspan="0">权重</td><td>0.3</td><td>0.7</td></tr>
<tr><td>实际得分</td><td></td><td></td></tr>
</table>

六、项目拓展

根据已给项目资料，完成以下内容：

(1)识读通风系统安装施工图。

(2)编写通风系统安装指导书。

说明：如图5－33所示为某住宅的通风系统图，学生在项目实施过程中，要前往施工现场，并与施工人员交流、学习，采集更多的施工图，结合自己收集的施工图纸，编写通风系统安装指导书。

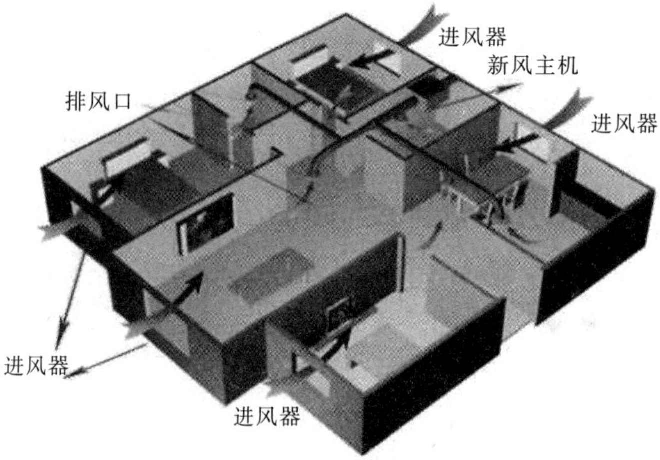

图 5－33　某住宅通风系统图

七、项目作业

(1)编制本项目建筑通风系统材料清单,清单格式见表 5－6。

表 5－6　各系统管路材料清单

管路名称:					
序号	材料名称	规格	数量	单位	备注
1					
2					
3					
4					
5					
6					

(2)编写本项目建筑通风系统验收记录表。

(3)通风系统分为哪几类?通风系统由什么组成?

(4)通风管道安装技术措施有哪些?

(5)管道防腐的做法与要求有哪些?

项目六　建筑空调制冷系统安装

一、项目描述

根据图 6－1 的要求，完成某房间的分体式空调安装。

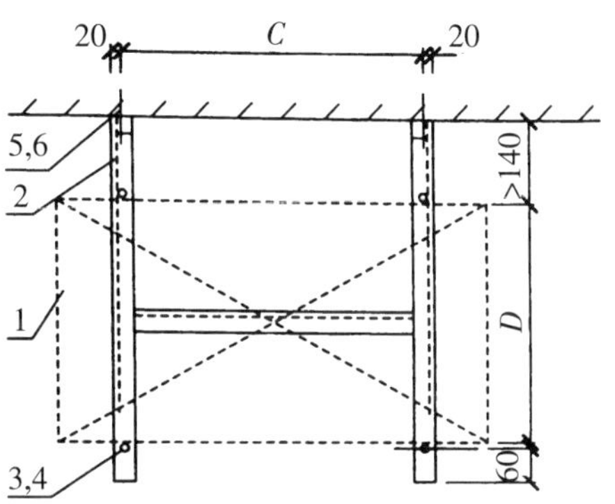

编号	名称	单位	数量
1	空调器室外机	台	1
2	室外机支架	个	1
3	室外机地脚螺栓和垫圈	套/台	4
4	橡胶垫圈 35×35×5 孔 ϕ10	块/台	4
5	钢制胀锚螺栓或钢制栓头螺栓	套/台	2
6	钢制胀锚螺栓或钢制栓头螺栓	套/台	2

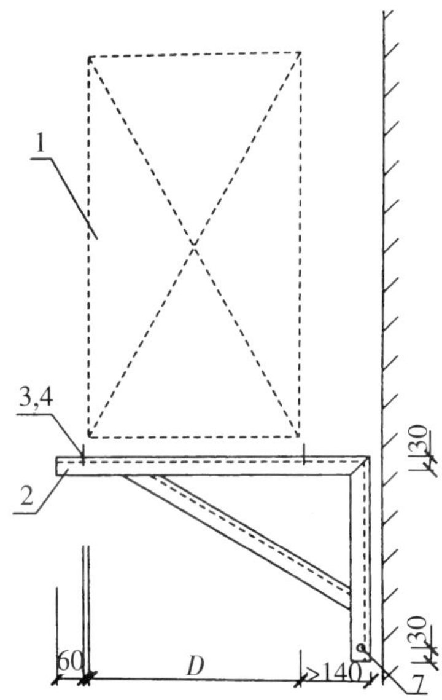

图 6－1　分体式空调安装图

二、项目目标及要求

(一)项目目标

知识目标：掌握空调制冷的基本原理，空调制冷系统涉及的各类连接管、连接线、水管等在系统中的作用及各自的安装要点。

能力目标：通过本项目的学习，能够识读建筑制冷系统的图纸；能够进行建筑制冷系统的安装；通过活动的开展，增强学习兴趣，养成自主学习的习惯。

(二)项目要求

时间要求：教学学时 12 个课时

质量要求：施工质量符合《通风与空调工程施工质量验收规范》(GB50243－2002)施工验收国家标准及分体式空调器安装图集 94K303 的要求

安全要求:严格按照安全操作规程进行项目作业
文明要求:自觉按照文明生产规则进行项目作业
环保要求:努力按照环境保护要求进行项目作业

三、项目分析

本项目通过实际操作居住建筑户内分体式空调的安装,让学生学习识读空调制冷系统安装图;了解空调制冷的基本原理,空调制冷系统涉及的各类连接管、连接线、水管等在系统中的作用及各自的安装要点;掌握分体式空调安装、选型的基础知识以及操作过程中各类工具的使用;拓展了解实际工程中各类空调制冷系统的安装验收规范等。

本项目的分体式空调器由室内机组、室外机组和连接铜管与导线三部分组成。室内机组由室内侧换热器、电源变压器、控制线路板、离心风扇、风扇启动电容和外壳等组成,如图6-2所示。

控制线路板控制着室外侧压缩机、风扇电机的电源,控制着热泵空调的四通换向阀线圈的电源,控制着室内侧风扇电机的电源。室外机组由压缩机、启动电容、风扇风机、轴流风机、室外侧换热器,四通换向阀、外壳底盘和高低压保护器等组成。

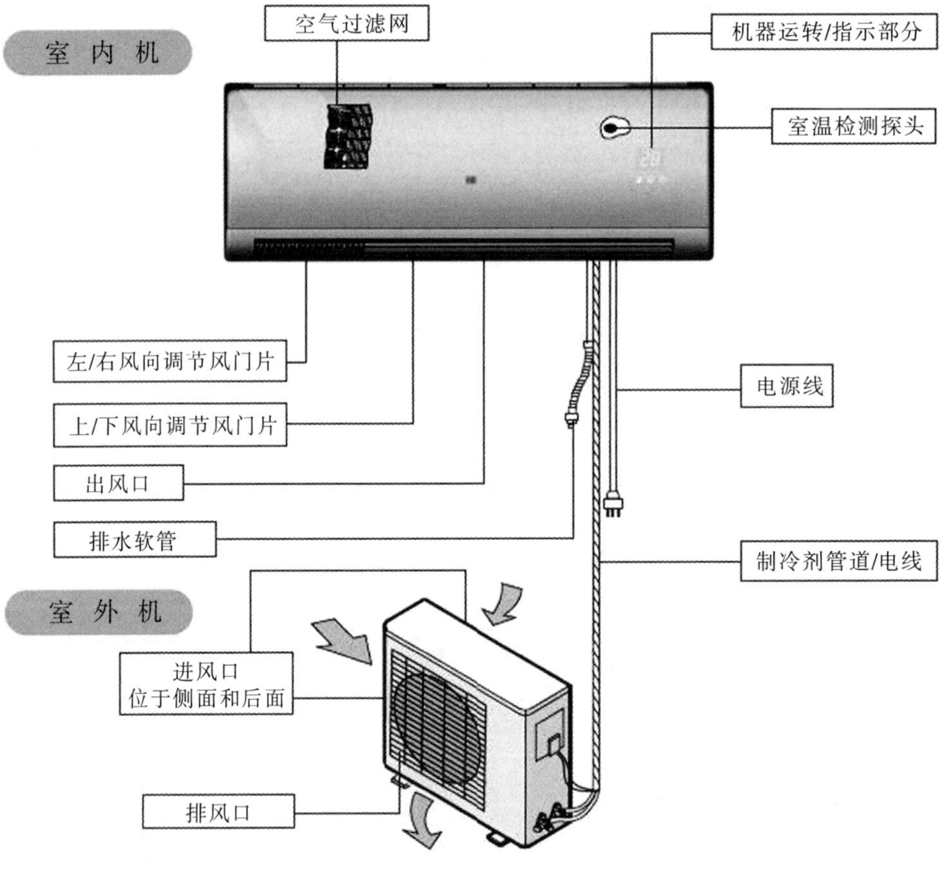

图6-2 分体式空调

知识链接 1　空调系统简介及分类

(1)空气调节：为满足生活、生产或工作的需要，改善劳动卫生条件，用人工的方法使室内空气的温度、湿度、清洁度和气流速度达到一定要求的工程技术。

(2)空调系统：为使空气温度、湿度、清洁度和气流速度等参数达到一定的要求，所采用的一系列设备、装置的总体。

空调系统分类：空调系统的分类方法很多，空调系统的分类见表 6-1。

表 6-1　空调系统的分类

<table>
<tr><td rowspan="10">空调系统</td><td rowspan="6">集中式空调系统</td><td rowspan="3">全空气系统</td><td rowspan="2">定风量系统</td><td>单风道式系统</td></tr>
<tr><td>双风道式系统</td></tr>
<tr><td colspan="2">变风量系统</td></tr>
<tr><td rowspan="2">空气-水系统</td><td colspan="2">风机盘管系统</td></tr>
<tr><td colspan="2">诱导式系统</td></tr>
<tr><td colspan="3">小型直冷式机组</td></tr>
<tr><td rowspan="4">分散式空调系统</td><td colspan="3">窗式空调器式系统</td></tr>
<tr><td colspan="3">分体式空调器式系统</td></tr>
<tr><td colspan="3">整体式空调器式系统</td></tr>
<tr><td colspan="3">热泵式空调器式系统</td></tr>
</table>

知识链接 2　空调系统的组成

1. 集中式空调系统

(1)空气处理部分。集中式空调的空气处理部分是一个包含各种处理设备的空气处理室。可以按照设计图纸在施工现场建造，其外壳多为砖制或钢筋混凝土结构；也可以选用工厂制造的定型产品，其外壳是用钢板或玻璃钢制成。组合式空调机组如图 6-3 所示。

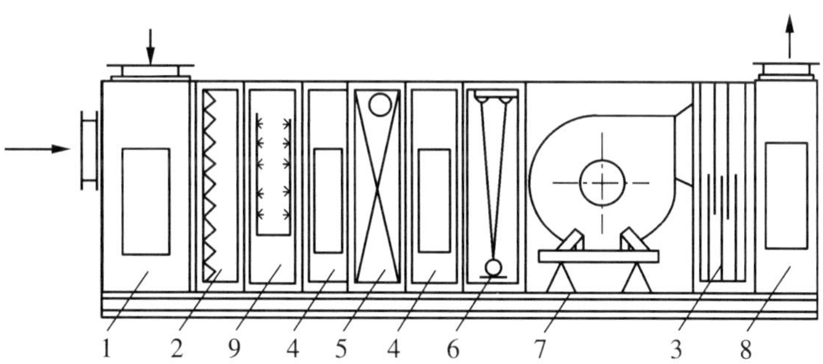

图 6-3　组合式空调机组

1—混合段　2—初效过滤段　3—消声段　4—中间段　5—表冷段
6—电加热段　7—送风机段　8—送风段　9—淋水室

①新风采入：新鲜空气自进气竖风道或设在墙上的百叶窗被吸入，百叶窗的作用是防止杂物或雨雪落入。在寒冷地区应设密闭的保温窗，以防止系统停止运行时，冻坏设备。新风

与回风在混合段混合。

②空气净化:空气净化包括除尘、消毒、除臭和离子化等,其中除尘是经常遇到的。除尘处理通常使用过滤器。根据过滤效率的高低分为低效、中效和高效过滤器。一般的空调系统,通常只设一级低效过滤器;有较高要求时,设低效和中效两级过滤器;有超净要求时,在两级过滤后,再用高效过滤器进行第三级过滤。

③空气加湿与减湿:空气的加湿与减湿处理可以在喷水室内完成,夏季在淋水室喷低温水对空气进行冷却减湿处理,其他季节可以喷循环水对空气进行加湿处理。

④ 空气加热与冷却:集中式空调系统处理多采用以热水或蒸气作为热媒的表面式空气加热器对送风进行加热处理,也可采用表面式空气冷却器使空气冷却。表面式空气冷却器与加热器的构造相同,只是将热媒换成冷媒(冷水)而已。

(2)空气输送部分。空气输送部分包括送风机、排(回)风机、风道以及风量调节装置。其作用是将已经处理的符合要求的空气,用送风机通过风道送到各空调房间,然后再把室内状态的空气经回风口、风道用排风机排出。

(3)空气分配部分。这部分主要指设置在不同位置的各种类型的送风口、排(回)风口。其作用是合理地组织室内气流,保证房间内工作区的空气状态均匀。

集中式空调系统除了以上三个组成部分外,还应有为空气处理部分服务的冷源、热源及输送热媒的管道系统。

2. 回风式空调系统

回风式空调系统指系统使用的空气一部分是室外新风,另一部分为室内回风,如图 6-4 所示。由回风机输送的回风,一部分由排风风帽排到室外,另外一部分与新风混合,重新输入空调房间。该种系统冬季节约能量,夏季节约冷量,还能满足室内对新风量的要求,既经济又卫生,是集中式空调系统的常见形式。

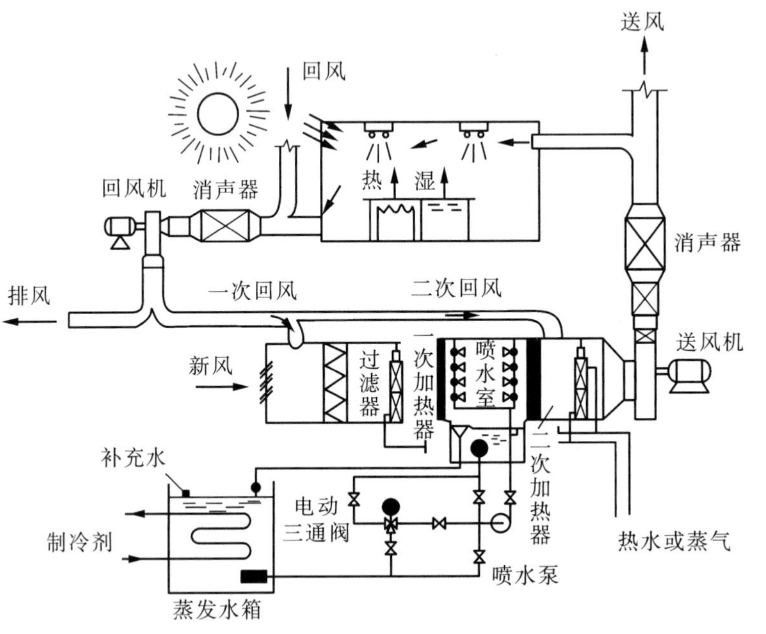

图 6-4　回风式空调系统

3. 风机盘管空调系统

风机盘管系统属于半集中式空调系统。空调房间所需的新风可以由新风机组供给，新风可以承担室内负荷，也可以不承担。风机盘管系统有全水系统和空气-水系统两种形式。不带新风的风机盘管系统为全水系统，空调房间的热(冷)、湿负荷全靠水作为介质负担。

由于水的比热容比空气大得多，所以在相同的条件下只需较小的水量和较小的管道，而不需要大的风道，从而使管道所占的空间减小许多。

带新风的风机盘管系统属于空气-水系统，系统同时使用空气和水来负担空调房间的热湿负荷，这样既节约了建筑空间，又保证了室内的通风换气。

由于现代多层、高层建筑受到建筑空间的限制以及考虑用户调节使用的方便，因此风机盘管系统形式被大量采用。

(1)系统的组成与形式。系统的冷量由来自制冷机蒸发器的冷媒水供给；热水由蒸气-水换热器供给(或由热水锅炉直接供给)；水循环所需的动力由循环水泵提供；水与空调房间内空气的热湿交换通过安装在室内的风机盘管机组完成；系统有相应的电器控制系统与之匹配，对系统的运行进行调节控制。水系统根据其管道的数量，有双管制、三管制和四管制等形式。

①双管制系统：双管制系统的冬季供热水、夏季供冷水，都是在同一管道中进行，进入风机盘管只有一根供水管和一根回水管。系统管路简单，初期投资省，但无法同时满足供冷、供热的要求。在全年空调的过渡季节，会出现朝阳房间需要供冷，而阴面房间则需加热的情况，这种系统不能全部满足各房间的要求，如图 6－5 所示。

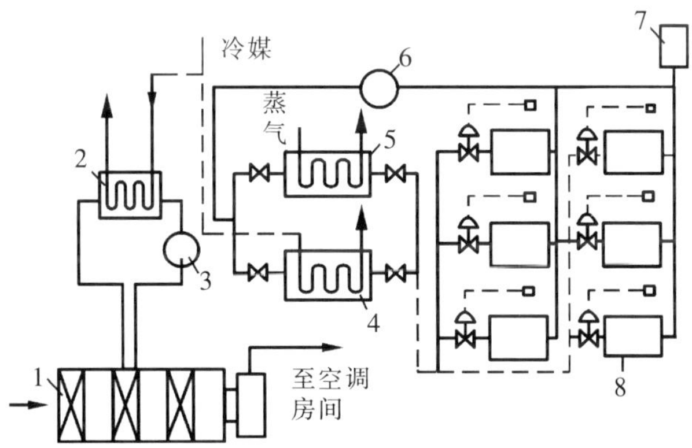

图 6－5　双管制系统

1—组合式空调机组的表冷器　2、4—制冷机的蒸发器　3、6—水泵
5—蒸气与水的换热器　7—膨胀水箱　8—风机盘管

②三管制系统：在进入盘管处设有程序控制的三通阀，由室内恒温器控制，根据需要使冷水或热水进入(不能同时进入)；分别设置供冷、供热管路与加热器、冷水机组相连，但回水管共用一根。该系统能满足同时供冷、供热的要求，管路系统比四管制简单，投资高于双管制系统，管路布置复杂，如图 6－6 所示。

③四管制系统：有送水管道和回水管道各两根，冷水和热水分开循环，可采用单一盘管自不同侧接入，也可以采用分开盘管的设置，如图 6－7 所示。

(2)风机盘管机组。由风机、盘管(换热面)、凝水盘、空气过滤器、送风口、回风口和箱体

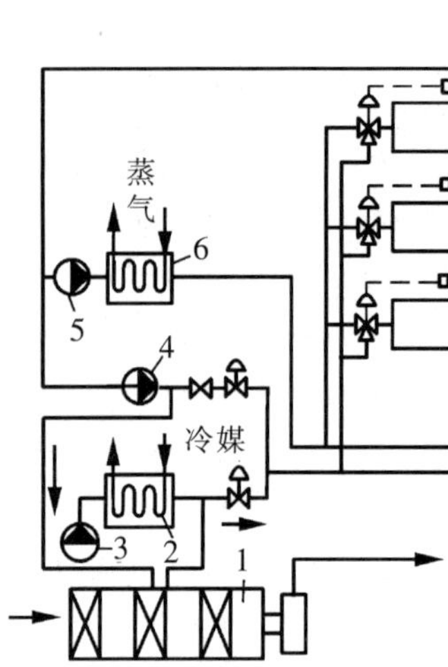

图 6-6　三管制系统

1—组合式空调机组的表冷器　2—制冷机的蒸发器　3、4、5—水泵
6—蒸气与水的换热器　7—膨胀水箱　8—风机盘管

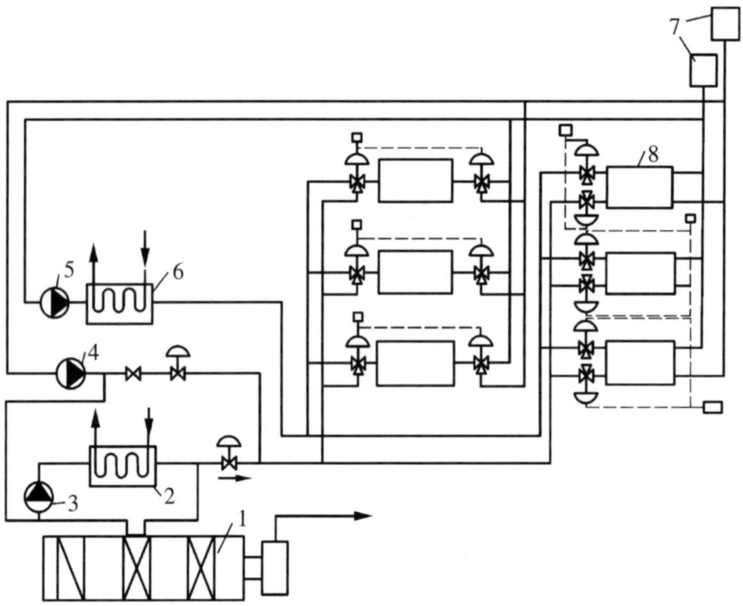

图 6-7　四管制系统

1—组合式空调机组的表冷器　2—制冷机的蒸发器　3、4、5—水泵
6—蒸气与水的换热器　7—膨胀水箱　8—风机盘管

组成，有立式和卧式两种形式，如图 6-8 所示。风机由电动机驱动，通常有高、中、低三速，由电磁开关控制。盘管是换热设备，承担房间冷、热负荷，凝水盘用以承接凝结水。

4. 诱导器空调系统

诱导器空调系统是以诱导器作为末端装置的一种半集中式空调系统，空气诱导器是以集中处理后的空气（一次风）作为动力，诱导室内空气（二次风）循环，同时对空气进行加热或

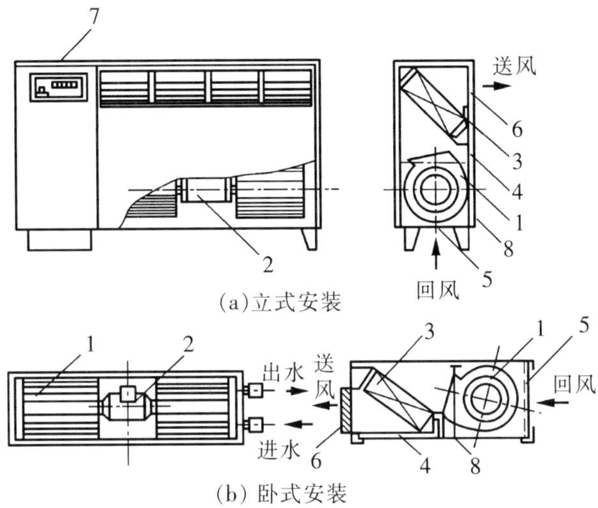

图 6-8　风机盘管机组

1—双进风低噪声离心风机　2—低噪声电动机　3—盘管　4—凝水盘
5—空气过滤器　6—出风格栅　7—控制阀(电动阀)　8—箱体

冷却处理。该系统由空气处理室、送风机和风道组成,如图 6-9 所示。

空气诱导器是设置在空调房间内的局部处理和送风设备(如图 6-10 所示),主要由静压箱、喷嘴、盘管、混合段、旁通风门和凝结水盘组成。

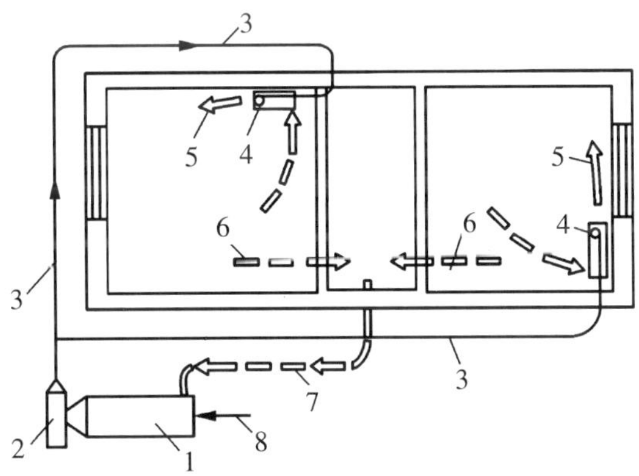

图 6-9　诱导式空调系统图

1—空气处理室　2—送风机　3—风道　4—诱导器
5—送风　6—回风　7—回风道　8—室外新风

5. 分体式空调器

分体式空调器由室内机和室外机组成,通过制冷剂输送管和配电导线连接,另外还配有自动调节控制系统。

室内机一般包括膨胀阀(节流减压使制冷剂液体具有吸取热量的能力)、蒸发器或冷凝器(用以向室内散冷、热量的换热器)、轴流风机(作为室内空气循环的动力)。

室外机包括压缩机(使制冷剂气体升压、升温并具有向室外环境散热的能力)、冷凝器或蒸发器(制冷剂与室外空气换热、冷量的换热器)、轴流风机(为室外空气循环提供动力)。

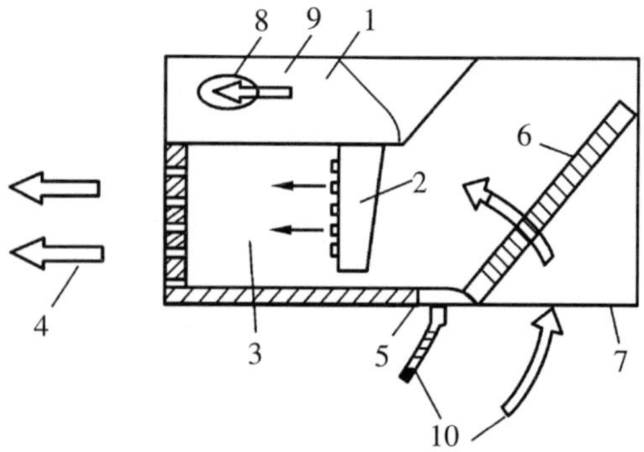

图 6-10　空气诱导器的构造及原理示意图

1—静压箱　2—喷嘴　3—混合段　4—送风　5—旁通风门　6—盘管
7—凝结水盘　8——次性连接管　9——次风　10—二次风

6. 柜式空调器

如图 6-11 所示为柜式空调器，即风冷分体式空气调节机，由室内机组和室外机组组成，中间有制冷剂输送管和配电导线连接。室内机通常包括蒸发器(冷凝器)、膨胀阀和轴流风机(对于恒温恒湿的空调机，还需要加热器、加湿器)等；室外机包括压缩机、冷凝器(蒸发器)、轴流风机等。它实质上就是分体落地式空调器，只是室内机组竖立于地面，形成一个“立柜”。

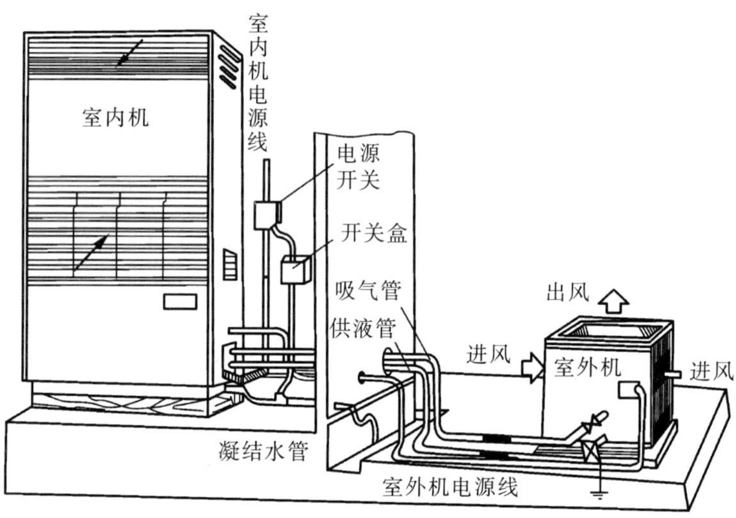

图 6-11　柜式空调器

7. 整体式空调机

整体式空调机的全部设备均装在一个立柜中，一般采用水冷式凝结器，需外接水泵、冷却塔及水管路，如图 6-12 所示。

8. 小型直冷式集中空调机组

小型直冷式集中空调机组是指一台室外机带动几台室内机的直接蒸发式系统，如图 6-13 所示。与分体式空调比较，该种系统拥有更加先进的控制系统，提高了室内机的连接能力。例如：室外机为 14kW，最多可以连接 6 台 2.8kW 的室内机(约 17kW)。室内机形式多

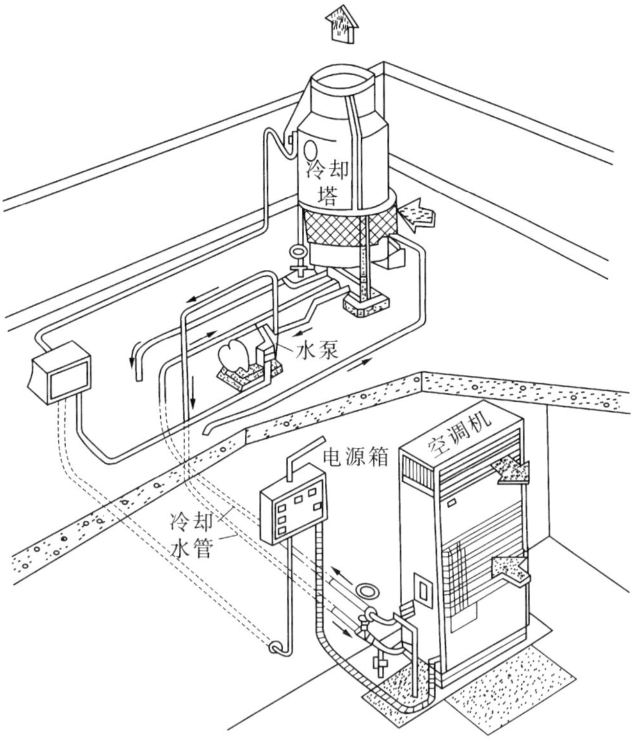

图 6－12　整体式空调器

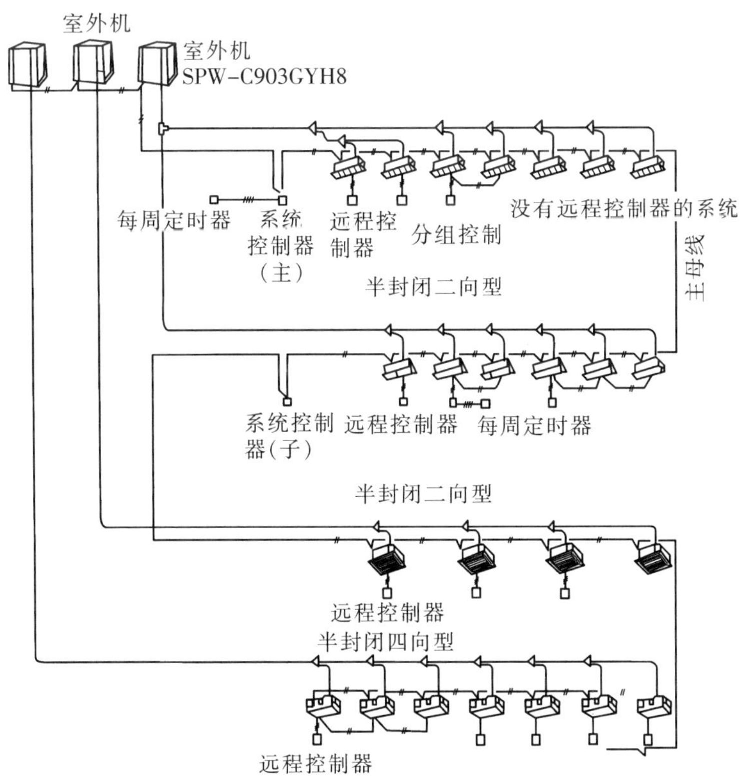

图 6－13　小型直冷式集中空调机组

种多样，有天花板型、壁挂型、隐藏管路型等，既能明装于室内，也可以同室内的装修装饰相配合，采取暗装的方式。小型直冷式集中空调机组适用于单户面积较大的单元式住宅和小型公共建筑的空气调节。

空调器的室外机大多挂在外墙表面。

知识链接3　空调系统冷源及制冷原理

1. 空调系统的冷源

空调冷源分为天然冷源和人工冷源。

天然冷源地下水是常用的一种天然冷源。在我国的大部分地区，用地下水喷淋空气都具有一定的降温效果。

地道风(包括地下隧道、人防地道以及天然隧洞)也是一种天然冷源。由于夏季地道壁面的温度比外界空气的温度低得多，有条件时，使空气通过一定长度的地道，也能实现对空气的冷却或减湿处理。

此外，还有天然冰、深湖水和山洞等，也都是可以利用的天然冷源。

人工冷源。当天然冷源不能满足空调需要时，则需要采用人工冷源，即用各种形式的制冷机来制备的冷量。下面重点介绍人工冷源制冷系统的工作原理及其主要设备。

2. 制冷的基本原理

空调工作中使用的制冷机按工作原理的不同可分为压缩式、吸收式和蒸气喷射式三大类。其中，压缩式制冷机应用较为广泛，有活塞式、螺杆式、旋转式和离心式等形式。

(1)蒸气压缩式制冷。其工作原理是利用低沸点的液体在汽化过程吸收周围物体的热量使周围物体由于失去热量，温度下降，从而达到制冷目的。

制冷循环内的工作物质即工质，称为制冷剂。目前常用的制冷剂有氨和氟利昂，它们各具特点。氨有良好的热力学性质，价格便宜，但对人体有强烈的刺激作用，并容易燃烧和爆炸。氟利昂是饱和碳氢化合物的卤族衍生物的总称，氟利昂种类很多，根据其成分可分成氢氯氟烃、氯氟烃(不含氢)和氢氟烃(不含氯)。氟利昂无毒、无臭、无燃烧爆炸危险，可以满足各种制冷的要求。氟利昂对制冷技术的应用和发展起到了非常大的作用，给人类带来了巨大的好处，但是氯氟烃对地球的臭氧层有破坏作用，同时也加剧温室效应，国际社会正在限制其使用。

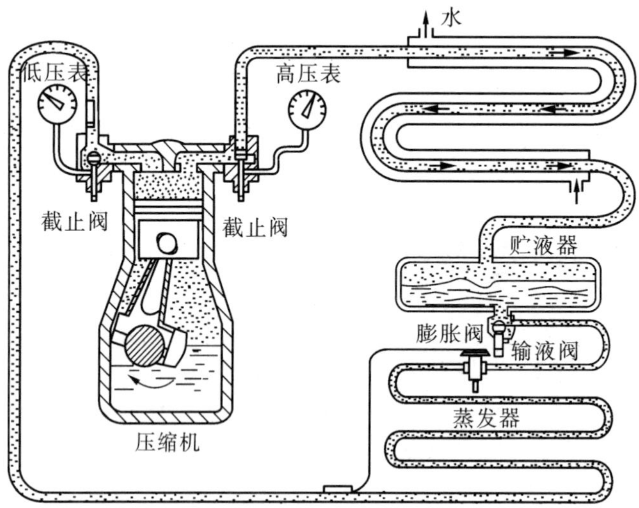

图6-14　压缩式制冷循环

蒸气压缩式制冷系统由制冷压缩机、冷凝器、膨胀阀和蒸发器4个主要部分组成，并用管道连接，构成一个封闭的循环系统，如图6-14所示。

其工作过程如下：低压高温制冷剂气体经过压缩机压缩(吸收机械能)，变为高压高温制冷剂气体；高压高温制冷剂气体经过冷凝器(放出热量给冷却水或空气),变为高压低温制冷剂液体;高压低温制冷剂液体通过膨胀阀(降压)后,进入蒸发器,在蒸发压力和蒸发温度下汽化,利用“液体汽化吸热”这一物理原理,吸收被冷却物体(水或空气)的热量而沸腾,变成低压高温的蒸气,随即被压缩机吸入,完成一个制冷循环。如此往复循环,通过制冷剂不断吸收周围物体(水或空气)的热量,得到低温水或空气,达到制冷的目的。

(2)吸收式制冷。吸收式制冷和压缩式制冷一样同属于液体汽化法制冷,即都是利用低沸点的液体或者让液体在低温下汽化,吸收汽化潜热而产生冷效应。然而也有所不同,吸收式制冷循环是依靠消耗热能作为补偿,从而实现“逆向转热”。其对热能的要求不高,它们可以是工厂余热和废热,也可以是热水、燃气或太阳能转化成热能,能源的利用范围很广。对于有余热和废热可利用的用户,吸收式制冷机应在首选之列。当前广泛使用的吸收式制冷主要有氨-水吸收式和溴化锂-水溶液两种,前者可以制取获得 0 ℃以下的冷量,用于生产工艺所需要的制冷;后者,溴化锂-水溶液吸收式制冷只能制取 0 ℃以上的冷量,主要用于大型空调系统的冷源。

溴化锂吸收式制冷有利用蒸气间接加热和依靠燃油或燃气直接加热作为热源的直燃型机组两种形式。

(3)常用的制冷设备。蒸气压缩式制冷的主要热力设备包括制冷压缩机、冷凝器、膨胀阀和蒸发器。

①制冷压缩机:是蒸气压缩式制冷装置的一个重要设备。根据工作原理的不同,可分为容积式压缩机和离心式压缩机。

②冷凝器:是制冷剂与周围环境进行换热(放热)的一种热交换设备,空调制冷系统中常用的冷凝器有立式壳管型和卧式冷凝器两种。

③膨胀阀:是蒸气压缩式制冷装置的一个节流减压设备。空调制冷系统中常用的膨胀阀有手动膨胀阀、浮球式膨胀阀、热力膨胀阀等。

④蒸发器:是制冷剂与周围环境进行换热(吸热)的另一种热交换设备,是制冷系统中制取冷量和输出冷量的设备。

目前,很多空调系统普遍采用制冷机组,制冷机组就是将制冷系统中的部分设备或全部设备配套组装在一起,成为一个整体。

(4)制冷机房。制冷机房一般设置在建筑物的地下室,但要处理好防振、隔声和通风等问题。由于条件所限不宜设置在地下室时,也可以与主体建筑分开独立设置。

制冷机房应尽可能靠近冷负荷中心布置,并应符合有关规定:大中型制冷机房与控制间之间应设玻璃隔断,并做好隔声处理;小型机房视具体情况而定。活塞式制冷机、小型螺杆式制冷机,机房的净高应达到 4.5 m。离心式制冷机,大中螺杆制冷机,其机房净高控制在 4.5~5.0 m,有电动起吊设备时,还应考虑起吊设备的安装和工作高度。吸收式制冷机设备最高点到梁下不小于 1.5 m;设备间的净高不应小于 3 m;制冷机房、辅助设备间和水泵房采用压光水泥地面,并有冲水的上下水设施,设备易漏水的地方,应设置地漏或排水明沟。大型制冷机房应有修理间、值班室、厕所以及电话和事故照明,并考虑设备的运输进口。制冷机房的设备布置应保证操作方便并有适当的检修空间,设备的布置应尽量紧凑以节省建筑面积。大型制冷机组的制冷机房上部最好预留起吊最大部件的吊钩或设置电动起吊设备。

知识链接 4　空调器的表示方法

1. 房间空调器

空调器的结构形式不同,其型号的表示方法也不相同。如图 6－15 所示。

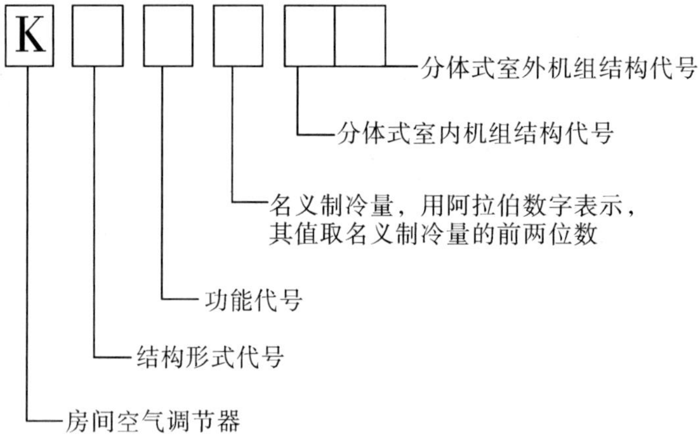

图 6－15　房间空调器型号的表示方法

结构形式代号(C 或 F)

功能代号:冷风型 L,热风型 R,电热型 D,吊顶型 D,挂式 G,落地式 L,嵌入式 Q,台式 T

举例 1:KCD-46(4620)——其中 K 表示房间空调器,C 表示窗机,D 表示电热型,46 表示制冷量是 4 600W。

举例 2:KFR-25GW——其中 K 表示房间空调器,F 表示分体式,R 表示热泵型,25 表示制冷量是 2 500W,G 表示挂壁式,W 表示室外机代号。

2. 单元式空调器型号的表示方法

如图 6－16 所示。

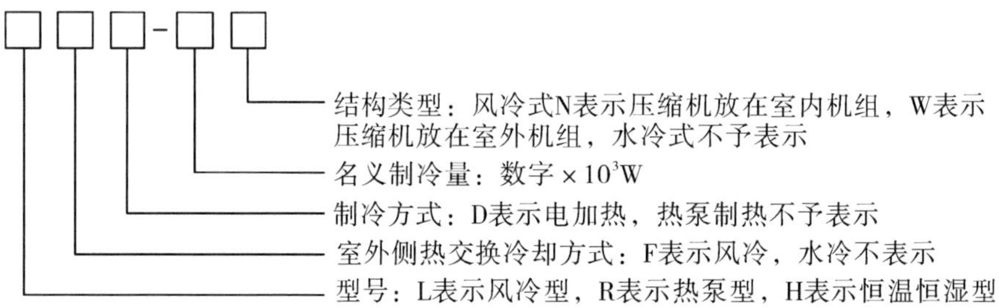

图 6－16　单元式空调器型号的表示方法

举例 1:LF58N——制冷量为 57.6 kW 的风冷冷风型单元式空调机,压缩机置于室内。

举例 2:RF34H——制冷量为 33.6 kW 的风冷热泵型单元式空调机,制冷剂为 R407C,压缩机置于室外。

举例 3:SW-10——表示压缩机功率为 10 HP 的风冷室外机,压缩机置于室外。

四、项目实施

(一)项目流程

第一步：建筑通风系统施工图识读

↓

第二步：空调系统安装前准备

↓

第三步：空调系统安装

↓

第四步：空调系统排空气

↓

第五步：系统检查与运行调试

↓

第六步：空调系统竣工验收

(二)项目实施过程

任务一　空调系统施工图识读

空调系统施工图主要包括图纸目录、设计与施工说明、设备及主要材料表、平面图、剖面图、详图、系统图和原理图等。

知识链接5　空调系统施工图的组成

1. 空调系统施工图的基本内容

通风空调工程制图的标准应符合《暖通空调制图标准》(GB/T 50114—2001)、《给水排水制图标准》(GB/T50106—2001),采用的各种线型、标高、比例等要求与采暖工程规定一致,但应注意以下几点。

(1)风管规格的标注:风管规格对圆形风管用管径“₵”表示(如₵300);对矩形风管用断面尺寸“宽×高”表示(如360×120),单位为mm。

(2)标高:矩形风管为风管底标高,圆形风管为风管中心标高。

2. 空调系统施工图的组成

空调系统施工图主要包括图纸目录、设计与施工说明、设备及主要材料表、平面图、剖面图、详图、系统图和原理图等。

(1)设计施工说明。设计与施工说明的主要内容有:空调系统采用的设计气象参数;空调房间的设计参数，包括夏季和冬季的温度、湿度，风速，新风量要求和噪声标准等；冷热源设备、风管系统、水管系统的一般规定；风管材料及加工方法、管材、支吊架及阀门安装要求、保温、减震做法；水管系统的试压和清洗要求；管道的防腐、保温做法；有关施工及验收规范等。

(2)设备及主要材料明细表。包括材料(设备)名称、规格或性能参数、技术要求、数量等。

(3)空调系统平面图。包括建筑物各层空调系统的平面图、空调机房平面图、制冷机房平面图。主要说明空调系统的设备、风管系统、冷热媒管道、凝结水管道的平面布置。

风管系统：包括风管系统的构成、布置，风管上各部件、设备的位置，并注明系统编号、送回风口空气流向。一般双线绘制。

水管系统：包括冷、热水和凝结水管道的构成、布置及水管上各部件、仪表、设备的位置等，并注明各管道的介质流向、坡度。一般单线绘制。

空气处理设备：应标注按产品样本要求或标准图集所采用的空调器组合段代号。空调箱内风机、表面式换热器、加湿器等设备的型号、数量以及该设备的定位尺寸。

(4)空调系统剖面图。用来说明平面图上无法表明的内容。主要有系统剖面图、机房剖面图、冷冻机房剖面图等，剖面图上的内容应与在平面图剖切位置上的内容对应一致，并标注设备、管道及配件的标高。

(5)空调系统图。系统图的作用主要是说明系统中的设备、配件的各种尺寸、型号、数量以及连接于各设备之间的管道在空间的联系，并应注明系统编号。系统图可用单线绘制也可用双线绘制。

(6)详图。详图用来说明在其他图纸中无法表达但又必须表达清楚的内容，有安装详图、结构详图、标准图等。

3. 空调系统施工图的识读

在识读通风与空调施工图时，首先必须看懂设计安装说明，从而对整个工程建立一个全面的概念。接着识读冷冻水和冷却水流程图以及送、排风示意图。流程图和示意图反映了空调系统中两种工质的工艺流程。领会了其工艺流程后，再识读各楼层、各空调房间的平面图就比较清楚了。局部详图则是对平面图上无法表达清楚的部分做出补充。

识读过程中，除要领会通风与空调施工图外，还应了解与土建图纸的地沟、孔洞、竖井、预埋件的位置是否相符，与其他专业(如水、电)图纸的管道布置有无碰撞，发现问题应及时同相关人员协商解决。

知识链接6 分体式空调安装安全要求

空调的安装必须由经过培训的专业人员进行安装，在安装过程中应注意安全，以免由于安装不当而引入不安全的因素，进而影响空调器的使用。

1. 电气安全

空调器的电源为 220 V 或 380 V(50 Hz)。

(1)严禁使用不符合标准的插头、插座及电源线；所有空调器的专用线路上都应装有空气开关、漏电保护等线路保护装置(特别是制冷量为 5 000 W 及以上的空调器)，否则，可能会因为插头、插座、电线等发热而引发火灾；如没有相应的空气开关或漏电保护开关，会造成由机器故障或意外情况引起短路、漏电事故时，无法断开电源，造成火灾及人身伤亡事故。

(2)检查电源：单相 220 V、50 Hz，三相 380 V、50 Hz，其电压波动范围±10%，如不符应采取措施修正，否则不能安装。

(3)空调器一般应安装在电源插头附近以确保电源线长度能覆盖。

(4)严禁用铜丝或导线代替熔断器，熔断器烧断应换同规格熔断器；否则，熔断器不起作用，使电路板失去保护，容易烧坏电路。

(5)进行电气作业时，必须同时参照空调器说明书及机器内粘贴的电气线路图，查明实物正确无误才能进行。不允许随意更改线路，不准偷工减料，否则会引起空调器不能正常运转或制冷、制热效果差。

2. 机械安全

(1)安装架：空调支架的承载能力不能低于空调器机组自重的 4 倍，室外机组安装承载能力不能低于 200 kg，支架寿命不低于空调寿命 10～20 年。安装架固定在外墙上，应用膨胀螺栓固定，膨胀螺栓的螺母应加防松垫圈以防振动引起移动。

(2)室外机的固定：室外机必须与安装架用螺栓固定，螺栓应加防松垫片，以免在不停振动下引起室外机跌落或螺栓、螺母坠落引起事故。

(3)严禁在安装室内外机时，不上或少上固定螺栓。室内外机安装必须牢固，否则，会因机器振动而产生较大噪声，甚至会从高空坠落，给人身安全带来隐患。

3. 其他安全注意事项

(1)凡属二楼以上空调外机的安装、维修都应系安全带，安全带另一端应牢固地固定，以防坠落。

(2)高空作业时，应注意防止工具和配件跌落，砸伤行人。

(3)带电检查线路时应防止人体任何部位触及电路，发生电击事故，检查电容时，应先给电容放电(用带绝缘把的螺丝刀将电容两极短路)。

(4)更换电器配件时应先断开空调电源，防止触电。

(5)更换室外机制冷配件时，应先将氟利昂排出室外机并妥善处理，防止氟利昂受热爆出，造成人身伤害，换内机制冷配件应先将氟利昂收到外机。

任务二　空调系统安装前准备

2.1　检查与准备

(1)检查空调器包装箱是否完整无损。

(2)开箱检查。

(3)阅读产品说明书。

(4)选择安装位置。

(5)检查电源。

(6)工具和材料：a. 一字和十字头螺丝刀、斜口钳、尖嘴钳；b. 卷尺、水平仪；c. 内六角扳手、活动扳手；d. 抹布、导线、绝缘胶带、冲击钻、锤子、电锤或水钻、钻头(应与安装机型匹配)；e. 制冷工具：割刀胀口器、真空泵、储液钢瓶、加液管、肥皂水、毛刷；f. 电工工具：钳形电流表、电笔、温度计、压力表、钳子；g. 其他材料：与所用冲击钻头配套的膨胀螺栓螺母、固定螺栓、制冷剂。

2.2 安装位置的选择

根据用户提供的空调工作环境，综合考虑下列因素。

(1)避开易燃气体发生泄漏的地方或有强腐蚀气体的环境。

(2)避开人工强电、磁场直接作用的地方，如高压电房、大变压器房、CT 放射室、高频设备及高功率无线电装置等的地方。

(3)尽量避开易产生噪声、振动的地方。

(4)尽量避开周围环境恶劣的地方(油烟大、风沙多、阳光直射、室内外通风散热不畅及有高温热源的地方等)。

(5)儿童不易触及的地方。

(6)尽量减少室内机与室外机连接长度的地方。

(7)便于维修、通风良好的地方。

2.3 打穿墙孔

分体式空调器的结构，决定了其必然由室内机和室外机两部分组成。机组间用管路、线路连接，因此需要在墙体上进行开孔作业。注意事项如下。

(1)根据选择的安装位置并考虑走管的合理性，小心避开线管和水管，测量并确定开孔位置，注意穿墙孔位置应略低于室内机挂墙板。

(2)打墙洞时，开出的穿墙孔应该大小适当，高度应低于室内机托水盘的高度且内高外低，由内向外向下倾斜 9°，以便空调器的冷凝水顺利排出。在开墙洞时，要有人在楼下指挥，防止行人接近危险区域，且尽量往室内排泄砖石和水泥，孔径应与穿墙管适宜，一般为孔径 65～80 mm。

(3)打孔时应将附近的物品、电器搬走并用盖布盖好，打孔时使用防尘罩，在打孔后放入穿墙保护套管，立即清扫现场，减少粉尘。

知识链接 7　空调系统常见风口和阀门

1. 常见风口

如图 6－17 所示。

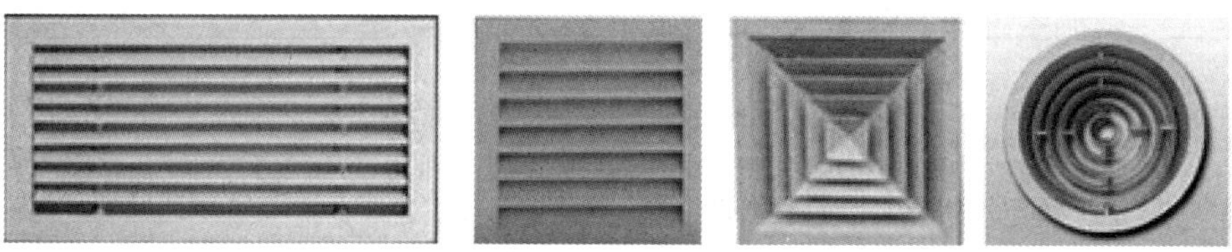

图 6－17　各类风口

2. 常见阀门

如图 6－18 所示。

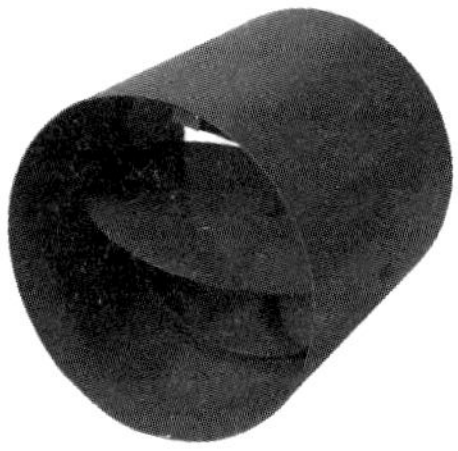
(a)风量调节阀

(b)风量调节阀

(c)自动防火阀

图 6-18　空调系统常见阀门

知识链接 8　常用空调水系统管材

1. 常用管材

镀锌钢管：材质为易焊接的碳素钢，它的管壁纵向有一条焊缝，并且经镀锌处理。可分有普通管（公称压力 PN≤1.0 MPa），加厚管（公称压力 PN≤1.6 MPa）。管长一般为 4～9 m，其规格用公称直径 DN150 表示，DN<80 用丝扣连接，DN>80 用焊接。

无缝钢管：材质为低碳素钢用热轧或冷拔法制成，无缝钢管的规格用外径×壁厚表示。

空调水系统，当管径<DN125 时，可采用镀锌钢管；当管径>DN125 时，采用无缝钢管。高层的建筑一般采用无缝钢管。

2. 保温材料

空调冷（热）水管、冷凝水管都要保温，采用保温管套是最方便的。

保温管套的功能：良好的隔热保温性能，良好的防潮抗水性能和防火性能。

目前常用的保温材料：PE 保温板、玻璃棉、岩棉、发泡橡胶保温材料等。

任务三　空调系统安装

合理选择空调机型和安装位置；掌握安装要求，正确安装。

3.1　室内机的安装

（1）室内机组安装高度一般在 2 m 左右，以利于室内空气的流动。

（2）将机组背面的安装板取下，将安装板放到房顶的安装墙壁上确定出安装位置，并用铅笔将安装位置划线，此时应注意保持机组与房顶周围墙壁间的距离。位置确定好后，用铅笔标出打孔固定位置，并确定好连接室外机用的墙洞位置。

（3）用电钻在标出的打孔固定位置上打好直径为 5 mm 的安装固定孔，并放入塑料胀塞。为保持墙的牢固和美观，专业安装人员都用水钻打室内机与室外机的连接管路。电线及排水管等用的穿墙孔，孔径为 65～80 mm，并嵌入穿墙套筒。打孔前，要观察了解墙壁打孔位置内是否有暗埋的电线，是否有钢筋构件，免得造成事故，或进钻困难。从室内向室外打孔时，水钻要抬高 5°，打好的过墙孔里高外低，便于冷凝水流出，下雨时流水也不能流进室内。

用水钻打孔要掌握好冷却水的注水量，注水量过大，水会沿墙壁飞溅，周围被砖灰浆弄脏后很难擦净；注水量过小，容易烧坏钻头。合适的情况是注进钻头的水，正好被钻头产生的热量蒸发和墙体吸收，这要在实践中逐渐掌握。打孔时进钻宁慢勿快，如果钻头抖动剧烈，双手把握不住，说明要换钻头了。

(4)用母螺钉将安装板固定在墙壁上。

(5)将与室内机组的连接管的两个管头与室内机组连接好，同时将室内机组的排水管及电源线、信号控制线也一并与室内机组接好。

(6)用绑扎带将两根室内机组制冷系统连接管套好保温套后包扎在一起，绑扎应从室外机喇叭口 10 cm 处向室内机进行，这样绑扎雨水不容易进保温套。绑扎不要用力过大，避免将出水管压瘪。全部管线绑扎好后，不能把管路上的保护螺栓去掉，以免灰尘、水分、杂物进入铜管，造成故障。将与室外连接的制冷管道、排水管等端部包裹好一并从墙洞穿出到室外侧，准备与室外机组连接(也可以等到室外机组安装好后，将制冷连接管上紧并进行保温，再与冷凝水管和电缆线一起用包扎带包扎，将经包扎的连管伸出墙洞并挂好室内机)。

(7)将室内机组挂到固定安装板上(应事先弯好室内机组连接管并弯曲成直角)。

3.2 蒸发器连接管及排水管的安装

连接管安装前先用胶带将已套上隔热管的配套管和信号线、电源连接线、排水软管包紧，采取配线在上、排水软管在下的方式包扎，然后将配管口盖封好、顺着墙孔穿出室外(注意：如果变换方向，一定要用手在弯曲管道处压紧，以免管道摆动、弯管压扁造成裂漏)。配管连接时，将室内机配管接头处的螺帽拧下擦净，并在连接锥头上涂冷冻油，再对准连接管喇叭口中心(喇叭口两侧涂冷冻油)。先用手拧紧，后用扳手拧紧，紧固时应保持连接锥头不动，用另一把扳手转动螺帽，用力要均匀，避免用力过大而损坏喇叭口及螺帽。

连接排水管时，加长软管的直径应大于排水管接头的直径，用防水胶带妥善包扎排水软管及加长管路的接口处，应注意排水软管的任何部位都应低于室内的排水口，以确保冷凝水流动顺畅。配管连接头部分需用附件的隔热保温管包扎。连接头在安装时容易拧不紧或拧过头引起泄露，所以要密封紧固。经检漏后，才能把连接部分的全部空隙用隔热保温套管及胶带包扎好。

操作中注意，为使排水顺畅，应如图 6-19(a)所示向下倾斜配管，切勿形成图(b)至图(e)所示情况。

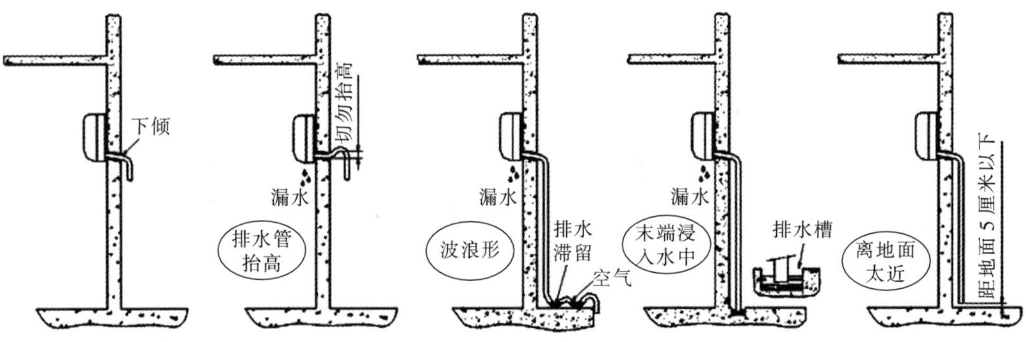

图 6-19 蒸发器连接管及排水管安装

3.3 室外机安装

(1)外机的安装要按照前面所述选择合适的安装位置，安装人员的户外操作必须系好安全带。

(2)空调器的室外机安装面为建筑物的屋顶或墙体,其固定支架的膨胀螺栓必须打在实心砖或混凝土内;如安装面为木质、空心砖表面时,应采取相应加固,使用穿墙螺栓固定。

(3)室外振动大时,垫上抗震的橡胶垫。

(4)安装支架要留有活动空间,以便安全操作。

(5)固定安装支架的螺栓至少要用ϕ 10 mm×100 mm 的 6 根以上,二匹以上的不少于 8 根螺栓。

(6)安装支架的承重不低于人员和设备自重之和的二倍,安装支架要做除锈和防锈处理。

(7)根据设备提供的安装说明书,应充分考虑空调器安装后的通风、噪声及环境等要求。

3.4　室外机管路导线的连接和绑扎

这一环节是为连接内外机组做准备。需要绑扎的管路或导线有:平直的粗铜管称为低压气管,细铜管称为低压液体管。另一条是塑料软管的出水管。控制线则包括电源线和信号线。先在地板上,用双手把低压液体管和低压气管分别顺直,再将这两根管子分别包上厂家提供的隔热材料。再把它们与出水管、控制线用塑料袋绑扎在一起,将室内机组和管道装好后,先固定好室内机组与管道。然后进行室外机组与管道连接,用室外机的制冷剂压力对室内机组与管道进行排空,再对其进行电路连接和排水管的安装,包扎连机管线。

这是空调器安装的关键一步。连接前,先仔细检查铜管两端的喇叭口是否完好,不应有变形和裂纹。连接室内机前,拧开室内机配管上的保护螺帽,应听到机内氮气放出的“嗞～”的一声。如果没有氮气放出声,表明室内机有漏气,不能使用。

室内机配管与管路连接时,应当对制冷连接管逐段进行缓慢调整,使布管顺畅并带有存油弯,整理到合适位置后,必须先用手将铜管雏形螺母拧在配管螺纹上,再用力矩扳手拧紧螺母,直到扳手发出“咔塔”声为止。对于直径 6 mm 铜管,扳手力矩应为 18 N·m;对直径 9 mm铜管应为 40 N·m;对直径 12 mm 铜管应为 52 N·m。千万不能在螺母纹没有对齐认扣时,就用扳手拧紧螺母。这种蛮干的做法,会造成管口严重损坏,一旦螺纹乱扣,只能报废。

没有力矩扳手时,只能用开口扳手拧紧螺母,这就要凭经验掌握用力的大小。安装人员要明确认识到用力过大、过小都是有害的,掌握管路连接时的拧紧力度,是成功安装空调器的关键。

连接管路穿过墙孔后,根据室外机的安装位置,将多余的管路调整到靠墙一侧。管路过长时,可用双手把它盘绕成直径 60 cm 左右的圆环,并用铁丝将它捆在室外机支架上,防止在大风时来回摆动。如果管路不够盘绕成环形,可以弯成 U 形,防止雨水沿管路流到室外机锁母处。

调整后,整个管路走向应漂亮美观。先用手上好低压气管锁母,并用扳手以 40 N·m 力矩拧紧。再用手上好低压液体管锁母,并用扳手掌握在 18 N·m 力矩拧紧。低压液体管比较细,容易调整。

3.5　线路连接(如图 6－20 所示)

(1)接线前必须弄清铭牌上所示的空调器使用电源,严格按机身贴的接线示意图接线。

(2)空调器应配专用电源插座,应装有电源漏电开关或空气开关,以起到安全保护作用。

(3)空调器必须有可靠接地,以避免绝缘失效造成危害。重点检查用户电源插头有无接地线,变频空调器使用时对接地要求更高。

(4)电线不能触及冷媒水管和压缩机或风扇等部件。

(5)不能随意改动内部接线。

(6)若空调器装在易受电压波动干扰或电磁干扰的地方,控制线最好加磁环或用双绞线,以免空调器因干扰而导致失灵。尤其是变频空调器、嵌入式空调器必须使用机器本身配带的信号控制线,不得自己加长或不使用机身黄绿双色线。

(7)接线端子螺钉一定要拧紧,不能松动。电线松动将导致终端过热或部件失灵,有引起火灾的危险,因此务必把电线连接紧密可靠,定期检查。

(8)接线前必须检查所配接控制线、电源线及接线端子的可靠性。

(9)电线的连接必须由能看懂电路图、能排除常见电气故障的安装人员完成。

(10)用户家的空调器专用线路容量应足够,电源线不够长需增加时,最好使用原机的规格型号电源线;使用稳压器、电能表和漏电开关的容量,应考虑空调器的功率和其他家用电器的功率。

(11)检查电气绝缘性能。

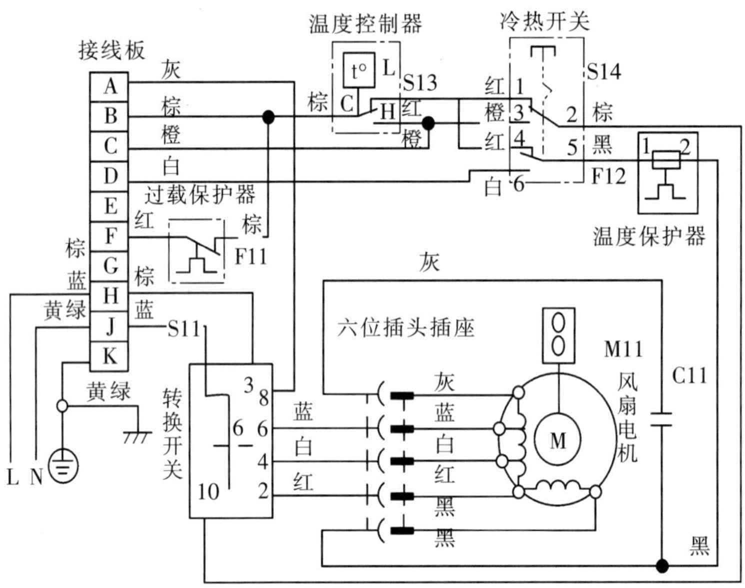

图 6-20 分体式空调电气接线示意图

知识链接 9 空调器的选型

根据单位面积空调制冷量选择。

用户选择空调器时,应充分考虑到房间面积的大小、门窗结构、朝向、顶层、墙壁、密封条件以及房间热源等因素;室外机安装要考虑避阳、避尘、排风是否顺畅等情况。如用户选择空调器的制冷量不够,房间温度降不下来,会影响使用效果。根据不同场所单位面积所需的空调制冷量,具体见表 6-2。

例如:30 m^2 的房间,已经简单装修,需求的空调器制冷量是:30 m^2 × 130 W/m^2 = 3 900 W,应该选择型号为 KFR-40GW 的空调器(制冷量为 4 000 W)。这个数据用于普通定速空调器。对于变频空调器，由于其能力输出范围大，适应的面积也大一些，一般比定速空调器大10%～15%。

表6-2　不同场所单位面积所需空调制冷量

场所	空调冷负荷（W/m^2）/（$kcal/m^2$）
普通房间	115～145/100～125
客厅	145～175/125～150
小办公室	145/125
一般办公室	175/150
理发厅	220～340/190～300
图书馆、博物馆	145～185/125～150
服装店、珠宝店	160～205/140～175
百货商店	175～340/150～190
银行营业厅	160～200/140～170
会议室、餐厅	340～450/300～390
小餐馆	160～340/140～190
影剧院（每人）	300/260

知识链接10　空调系统管道及部件的安装、防腐和保温

1. 风管安装

（1）风管接长吊装。这是一种将在地面上连接好的、连接长度在10～20 m的风管，用倒链或滑轮将风管升至吊架上的方法。风管吊装步骤如下。

①首先应根据现场具体情况，在梁、柱上选择两个以上可靠的吊点，然后挂好倒链或滑轮。

②用绳索将风管捆绑结实。塑料风管、玻璃钢风管如需整体吊装时，绳索不得直接捆绑在风管上，应用长木板托住风管底部，四周应有软性材料做垫层，方可起吊。

③起吊时，当风管离地面200～300 mm时，应停止起吊。仔细检查倒链和滑轮受力点或捆绑风管的绳索、绳扣是否牢靠，风管的重心是否正确，调整好，没问题后，再继续起吊。

④风管放在支、吊架上后，将所有托板和吊杆连接好，确定风管稳固好后，才可以解开绳扣，进行下一段风管的安装。

（2）风管分节安装。对于不便于悬挂滑轮或受场地限制不能进行整体吊装时，可将风管分节用绳索拉到脚手架上，然后抬到支架上对正法兰逐节安装。

2. 风管部件安装

（1）阀门安装时，应注意阀门调节装置设置在便于操作的部位；安装在高处的阀门也要使其操作装置处于离地面或平台1～1.5 m处。

（2）阀门安装完毕后，应在阀体外部明显地标出开关方向及开启程度。对于保温的风管

系统，应在保温层外设法作标记，以便于调试和管理。

(3)防火阀门的安装：有水平安装和垂直安装，有左式和右式之分。在安装时务必要注意，不能装反。

(4)防火阀门的易熔件应在安装完风管和阀体后再安装，因为在运输和安装过程中有可能脱落。在安装前还应再检查一下阀板或叶片关闭是否灵活和严密。

(5)风口安装多分为软连接和硬连接两种，根据工程不同，软连接多采用帆布或聚酯软接头。软连接是先将软管的 100～150 mm 固定在支风管上，待吊顶、装饰做完再进行风口安装。硬连接是风管直接与风口连接，先将支风管按吊顶、装修给出的标高甩至与风口便于连接的位置；或在吊顶做龙骨时，支风管固定在龙骨上，装饰完成后再安装风口。这两种方法固定风口用的螺钉都不能在风口表面出现，应处理在风口内侧或百叶之间。

(6)带阀门的风口在安装前和安装后都应扳动一下调节手柄或杆，因为在运输和安装过程中都有可能变形，即使是微小的变形也能影响调节的灵活性。

(7)在安装风口时，应注意风口与房间内的顶线和腰线协调一致。风管暗装时，风口应服从房间的线条；吸顶安装时，散流器应与顶面平齐。散流器的每层扩散圈应保持等距。散流器与风管的接口应牢固可靠。

3. 防腐处理

(1)风管和部件必须在安装质量检验合格后方可进行防腐处理。油漆前需进行除锈处理，镀锌钢板不宜刷红丹防锈漆。

(2)施工现场的条件必须保持清洁、干燥、无尘；在大风、大雾、雨天时，不得进行室外油漆，操作时环境温度不得低于 5℃，并不允许在强烈阳光直射下进行油漆。

(3)薄钢板在制作咬接风管前，应刷防锈底漆一遍。

(4)法兰盘制作完毕后，应立即刷防锈油漆，以免铆接时法兰与风管的结合面漏涂油漆。

(5)喷涂油漆应使表面漆膜均匀、光滑、色彩一致、附着牢固，不得有堆积、漏涂、皱纹、气泡、脱层、掺杂及漏色等缺陷。

(6)支、吊、托架的防腐处理应与风管相一致，油漆颜色符合设计要求。

(7)明装系统的最后一遍面漆应在安装后喷涂。

(8)一般通风、空调系统薄钢板风管的油漆种类及遍数应按设计要求决定。

4. 管道保温

(1)风管、部件及设备经质量检验合格后方可保温，并应做好隐蔽记录。

(2)使用的隔热材料应具有成品合格证，并符合设计和防火要求。隔热层应平整密实，不得有裂缝、空隙等缺陷。

(3)将毡材直接包敷在管子四周。

(4)风管法兰处保温，待风管连接后在空隙部分填上隔热材料，外面再包上隔热层。

(5)风管不定期保温遇到调节阀时，要注意留出调节转轴或调节手柄的位置，并标明启柄位置，操作灵活、方便；保温层完工后，严禁在上面进行气、电焊。

(6)设备保温，应先将设备外壳清扫干净，油漆完好，将保温材料按设备外形展开下料。

(7)管道的法兰、阀门处的隔热层应考虑能单独更换拆卸，隔热层在该处应留有足够的空隙，一般为螺栓长度加 25～30 mm，再以这样材质的隔热层填补空隙，以便在更换填料、拆卸法兰时不破坏两侧的隔热层。

任务四　空调系统排气及气密性检查

排空气(抽真空)是空调安装的重要内容。连接管及蒸发器内残留有空气,其中的杂质及水分会造成系统压力增高、电流增大、噪声增大、功耗增加、能力下降等,从而引起压缩机不启动、压缩机电机短路、脏堵等,最后损坏压缩机。

4.1　空调器安装时排空气

制冷循环中残留的含有水分的空气,将导致高压压力升高、运转电流增大、制冷效率下降或发生堵塞与腐蚀,引起压缩机汽缸拉毛、镀铜,压缩机卡缸,接线端子爆炸等故障,所以必须排除管内空气。排空气有下列三种方法,推荐使用后两种方法。

方法一:使用本身的制冷剂排空气。拧下高低压阀的后盖螺母、充氟嘴螺母,将高压阀阀芯打开(旋 1/4～1/2 圈),等待约 10 s 后关闭。同时,从低阀充氟嘴螺母处用六角扳手将充氟顶针向上顶开,有空气排出。当手感有凉气冒出时停止排空,排氟量应小于 20 g。

方法二:使用真空泵排空气。先将阀门充氟嘴螺母拧下,用抽真空连接软管进行连接。将“LO”旋钮按逆时针方向旋转,使其打开,然后合上真空泵的开关,进行抽真空。停止抽真空后,还要将阀门后盖螺母拧下,用内六角扳手将阀门芯按逆时针方向旋开到底,此时制冷系统的通路被打开。接着将连接管从阀门上拆除下来,将阀门的接管螺母与后盖螺母拧紧。

方法三:外加氟利昂排空气。使用独立的制冷剂罐将制冷剂罐充注软管与低压阀充氟嘴连接,略微松开室外机高压阀上接螺母。松开制冷剂罐的阀门,充入制冷 2 s 或 3 s,然后关死。当制冷剂从高压阀门接管螺母处流出 10 s 或 15 s 后,拧紧接管螺母。从充氟嘴处拆下充注软管,用内六角扳手顶推充氟顶针,制冷剂放出。当再也听不到噪声时,放松顶针,上紧充氟嘴螺母,打开室外机高压阀芯。

空调器安装的排空气步骤如下:

(1)开阀门(二、三通阀门)帽。

(2)松开二通阀阀杆四分之一圈。

(3)用十字批顶住三通阀的工艺接头阀芯 10～15 s(柜机 20～30 s)后停止排空气。

(4)将二、三通阀阀杆阀芯全打开到底。

(5)将所有阀帽加涂冷冻油后拧紧。

4.2　检漏

空调器室内、室外机连接完成后,制冷剂已经充满制冷管路,为保证制冷系统能正常工作,要对所有的管路接头、阀门及锁母进行检漏。将家用洗涤剂液倒在一块海绵上,搓出泡沫。将带泡的洗涤剂逐个涂在要检查的管路接头处,如果看到有不断增大的气泡出现,表明这里有泄漏点。检漏时,一定要耐心、仔细,洗涤剂液的浓度要合适,在确实保证每个接头处都看不到气泡冒出,没有泄漏点后,再将检漏处擦干净,并包扎好。

4.3　抽真空试验

抽真空采用旋转式真空泵,真空泵能力应保证－760 mmHg 以上。

操作顺序为:连接真空表和真空泵,开启真空泵运行 2 h 以上并保证运行到真空度为－760 mmHg 以上时为止,同时检查有无泄漏。抽真空停止后,保持真空 10 min 以上,以真空表压力不上升为合格。真空度检查合格后,按照计算的冷媒加注量进行冷媒加注。

任务五　空调系统运行调试

安装完毕，应对空调器进行试机运行，以检验空调器的运行效果。

空调器试机前，应清除空调器内因安装产生的零散物品，如金属屑、线头等。要再次检查线路是否正确接好，连接线是否正确对位牢固，低压气阀和低压液体阀阀芯是否全开，室内机、室外机安装是否牢固，管路是否固定好，过墙孔是否用橡皮泥密封等等。

空调器要求单独使用一个电源插座，电源插座有三相四线和单相三线(10 A 和 16 A)，检查电源是否相符等。上述检查无误，即可将电源插头插入插座，用遥控器开机，并将空调器设置在“制冷”状态下运行，运行时，室内、外机都不应有异常擦碰声。在试机过程中，如果环境超过 21 ℃，测试其制冷运行。如果环境温度低于 18 ℃时，测试其制热运行(在停机 5 min 后，进行制冷和制热的切换试验，电热型空调进行制热的实验)。试机过程中，应同时用试电笔或万用表对外壳进行漏电检查，以确保空调器不漏电。试机过程中所需测试的参数值如下。

5.1　试机前准备

(1)按使用说明书中的要求，使用电源一般为市电(交流电)，工作频率为 50 Hz。工作电压为单相电压：220V±(220×10%)，三相电为 380 V。

(2)电线容量：房间空调器由于运行时用电量较大，其电源供给电缆需要较粗，一般需要铺设一个专用分支线路供电。分支电线的线径(或横截面积)应按空调器额定电流值 1.5 倍以上选取，而用户的专用电能表的容量应该大于空调器和其他全部家用电器总用电量之和，用户的接户电线和进户电线的线径应该按照用户总使用电量的最大值选取。

(3)电气接地：检查接线端与所引出的黄、绿线是否有效接地，空调器接地是否良好。任何空调器随机所装的电源线上，都必有接地线，用户接地装置的接地电阻值不得大于 4 Ω。严禁将自来水管、煤气管道、玻璃钢窗框、避雷导线当作接地装置用。

(4)电路保护：空调器电源线路中，应安装漏电保护器或空气开关，以便在意外发生时立即自动切断电源，保护人身及财产安全。

(5)检查粗、细管阀是否完全打开。

5.2　试机步骤

(1)制冷运行。

①扣合空气开关，检测电源是否符合要求，无误后插接空调器电源插头，确保空调器电源供给。

②将遥控器设定到“制冷”状态。

③按“开/关”按钮，启动空调器，检测各指示灯显示是否正常，根据实际情况设定温度，将风速设置为“自动”，室内机应立即有风吹出，片刻后，应有冷风吹出。

④调节导风叶片方向，观察其走位是否正常。

⑤检查空调器制冷性能后，再按一次“开/关”按钮，停机。

(2)制热运行(停机 5 min 后进行)。

①扣合空气开关，连接电源插头，确保空调器电源供给。

②将遥控器设定到“制热”状态。

③按“开/关”按钮，启动空调器，检测各指示灯显示是否正常，根据实际情况设定温度，常风速设置为“自动”，室内机应处于防冷风状态(室内机无风吹出)。

④调节导风叶片方向，观察其走位是否正常。

⑤检查空调器制热性能后，再按一次“开/关”按钮，停机。

(3)电气安全检查。电气配置应安全、可靠，有无漏电现象，安装人员可用万用表对其外壳可能漏电部位进行检查。若有漏电，应立即停机检查，排除故障。

5.3　工况检测

装机后的试机运转应该在半小时以上，并根据空调器运行状况对空调器进行系统检测。

(1)空调房间空气状态参数(温度、湿度)、气流组织的测定与调整。当系统运行基本温度后，即可在室内选取一些具有代表性的点测定室内温度和湿度。测定应在工作时间内每隔0.5～1.0 h测定一次。为了稳定空调房间的空气参数，应使房间保持不大于50 N/m^{2}的正压。

(2)系统消声效果的测定与调整。如房间内有噪声时，还要用声级计测定噪声，确保控制在设计要求范围内。

(3)温差检测。空调器在制冷时，室内换热器要充分地吸收室内空气的热量，使进出口空气形成较大的温差。测量时应先让空调器运转10 min后，室内机的风速设定高风速，将测温表的感温探头置于距离室内机的进出风口3～5 cm处，待数据稳定后读数记录。室内机热交换器进出风口温差，制热状态时温差为大于15 ℃，制冷状态温差为8 ℃以上(挂式机：制冷运行时，10 ℃以上；制热运行时，18 ℃以上。柜式机：制冷运行时，9 ℃以上；制热运行时，16 ℃以上)。

(4)运转电流检测。用钳流表测量空调器的运转电流时，应注意钳口只能夹住一根导线(L或N)并使导线与钳口平面垂直。如果空调器运转正常，定速空调在室内机风速为高风速(即满负荷运转)时，其运转电流应接近额定电流。变频空调器则可通过调节设定温度与室内温度的差值，使其运转电流接近其正常电流范围的上限。如果电流过大，则说明空调器的压缩机处于过载状态下，制冷系统局部存在问题；如果电流过小，则压缩机处在轻载状态下，功率未能充分发挥。各种机型的电流值可参考铭牌，一般应比额定电流值略低。

(5)检查室内外机有无异常振动，室内机有无滴水现象。

(6)检查室内外机有无异常噪声

①室内外机应安装水平、牢固，挂式机的挂墙板应固定牢固，柜式机底角螺丝用力固定均匀。

②室内机运行时可用遥控器设定不同的风速，观察风速的变化，仔细监听有无异常声音或室内机内有无异物的摩擦声音。

③室外机应有正常的压缩机和室外风扇的运行声音，变频空调在高频运行时的运行声音稍大一些属正常现象。

(7)冷凝水排水检测：当室内的湿空气经室内热交换器表面被冷却至露点时，空气中的水蒸气就冷凝成水，经接水盘收集后由排水管排出。在一般湿度状态下，空调器正常运转15 min后应该有冷凝水排出，并呈连续滴水状态。如果排不出冷凝水，或间断排出较少的冷凝水，都说明空调器出风温度高，制冷效果差；反之则说明空调器制冷效果正常。

任务六　空调系统竣工验收

根据《通风与空调工程施工质量验收规范》(GB50243－2002)施工验收通风与空调工程

竣工验收时，竣工验收的资料一般包括下列文件及记录。

(1)图纸会审记录、设计变更通知书和竣工图。

(2)主要材料、设备、成品、半成品和仪表的出厂合格证明及进场检(试)验报告。

(3)隐蔽工程检查验收记录。

(4)工程设备、风管系统、管道系统安装及检验记录。

(5)管道试验记录。

(6)设备单机试运转记录。

(7)系统无生产负荷联合试运转与调试记录。

(8)分部(子分部)工程质量验收记录。

(9)观感质量综合检查记录。

(10)安全和功能检验资料的检查记录。

(三)学生实操

1. 劳动组织形式

本项目实施中，对学生进行分组，学生4～5人组成一个工作小组。各小组按照表6－3任务分配表制订出实施方案及工作计划，组长协助教师参与指导本组学生学习，检查项目实施进度和质量，并制订改进措施，共同完成项目任务。

表6－3　分组成员工作明细表

序号	成员	成员工作职责	姓名	备注
1	施工员	主要施工图纸识读、技术准备等		
2	材料员	主要按照图纸准备机具、材料、设备		
3	质检员	主要负责项目实施过程中的质量检查验收		
4	资料员	主要负责整理和及时上交本组内作业资料		
5	安全员	主要负责项目实施过程中的安全措施的落实		

2. 所需设备及器件

一字和十字头螺丝刀、剥线钳、绝缘胶布、卷尺、水平仪、内六角扳手、力矩扳手、冲击钻、锤子、钢钎、电锤或水钻、钻头(应与安装机型匹配)、切管器、喇叭口扩管器、铰刀、锉刀(平锉)、电笔、温度计、压力表、钳子、钳型万用表。

五、项目测评

按时间、质量、安全、文明、环保要求进行考核。首先学生按照表6－4项目考核评价表，先自评，在自评的基础上，由本组的同学互评，最后由教师进行总结评分。

表 6-4 项目考核评价表

序号	项目	标准分	内容	评分标准	学生自评	教师评价
1	态度	10	按时出勤,不迟到,不早退 勤于思考、动手,严谨认真 工作责任心强,吃苦耐劳 具有团队合作精神	迟到扣4分,早退扣4分 态度不认真扣3～5分 责任心不强,扣4～8分 团队合作意识差,扣4分		
2	正确地进行分体式房间空调器的安装	10	能够根据房间特点及用户要求进行空调器机型的选择	不符合规范扣5～10分		
		10	能正确规划操作实施步骤	不符合要求扣5～10分		
		10	根据"房间空气调节器安装规范",综合考虑各种因素,选择空调器室内外机组的安装位置	不符合要求扣5～6分		
3	正确地进行分体式房间空调器的安装	10	正确选择仪器、仪表、操作过程规范,读数准确	不符合要求扣2～10分		
		20	根据分体式空调器的安装工艺,正确进行操作	偏差每超过1 mm扣2分		
4	工艺操作	10	符合工艺操作规范	操作不规范,酌情扣5～10分		
5	安全生产	10	符合安全施工要求	有安全隐患扣1～10分		
6	文明施工	10	符合文明施工要求	不符合要求扣1～10分		
合计		100	学生签名: 教师签名:	权重	0.3	0.7
				实际得分		

知识链接11 分体式空调系统安装过程中常见的质量问题

(1)接地线未接,会造成漏电,有安全隐患。要求必须接地,且接地牢靠。

(2)空调底角未固定,易产生振动和异音。要求必须用螺钉固定脚。

(3)多余连接线随意塞入室外机里面,会造成涡流发热,发生意外。要求多余的连线应包扎在连管组合内,禁止把多余的线缠绕塞压。

(4)内机连接管未做保温处理,容易产生凝露水,引起漏水。要求必须进行保温处理和包扎。

(5)墙洞未使用穿墙筒且未封堵,二者均不允许,既不美观又会有脏物或异物进入室内。

(6)未用压线卡固定，且无接地线，易造成漏电，有安全隐患。要求必须用压线卡固定且必须接地。

(7)连接管未做防水弯，易产生漏水。要求必须做防水弯，但不允许蛇形走管。

(8)外机安装位置不稳定，且未做固定，易产生异音和振动。要求必须用螺钉固定可靠且稳定。

(9)电线接驳过程中漏接或截断地线，有安全隐患。要求不允许漏接或截断地线。

(10)接地线打在塑料把手螺钉上，要求必须打在电器安装板上。

(11)多根线的驳接点未错开，要求必须错开，且用绝缘、防水、耐高温等指标合格的电工胶布进行包扎缠绕。电工胶带应缠绕至驳接口以外 3 cm，往返次数不少于 2 次。

(12)挂壁式分体内机安装位置不够，要求左右两侧不小于 12 cm，上侧不小于 15 cm，下侧不小于 200 cm。

(13)室外机安装空间不够，要求左边≥30 cm，右边≥60 cm，后面≥30 cm，上面≥60 cm，前面≥200 cm。

(14)内低外高，雨水流入室内，要求穿墙孔要倾斜，即室内侧必须高于室外侧，保证冷凝水能顺利排出并防止凝露水顺着配管流入室内及雨水倒灌。

六、项目拓展

1. 项目拓展内容

根据已给项目资料，完成以下内容。

(1)识读建筑空调系统施工图。

(2)编写空调系统安装指导书。

2. 工程概况

某多功能厅空调平面图、剖面图和系统图三张，如图 6－21、图 6－22、图 6－23 所示。

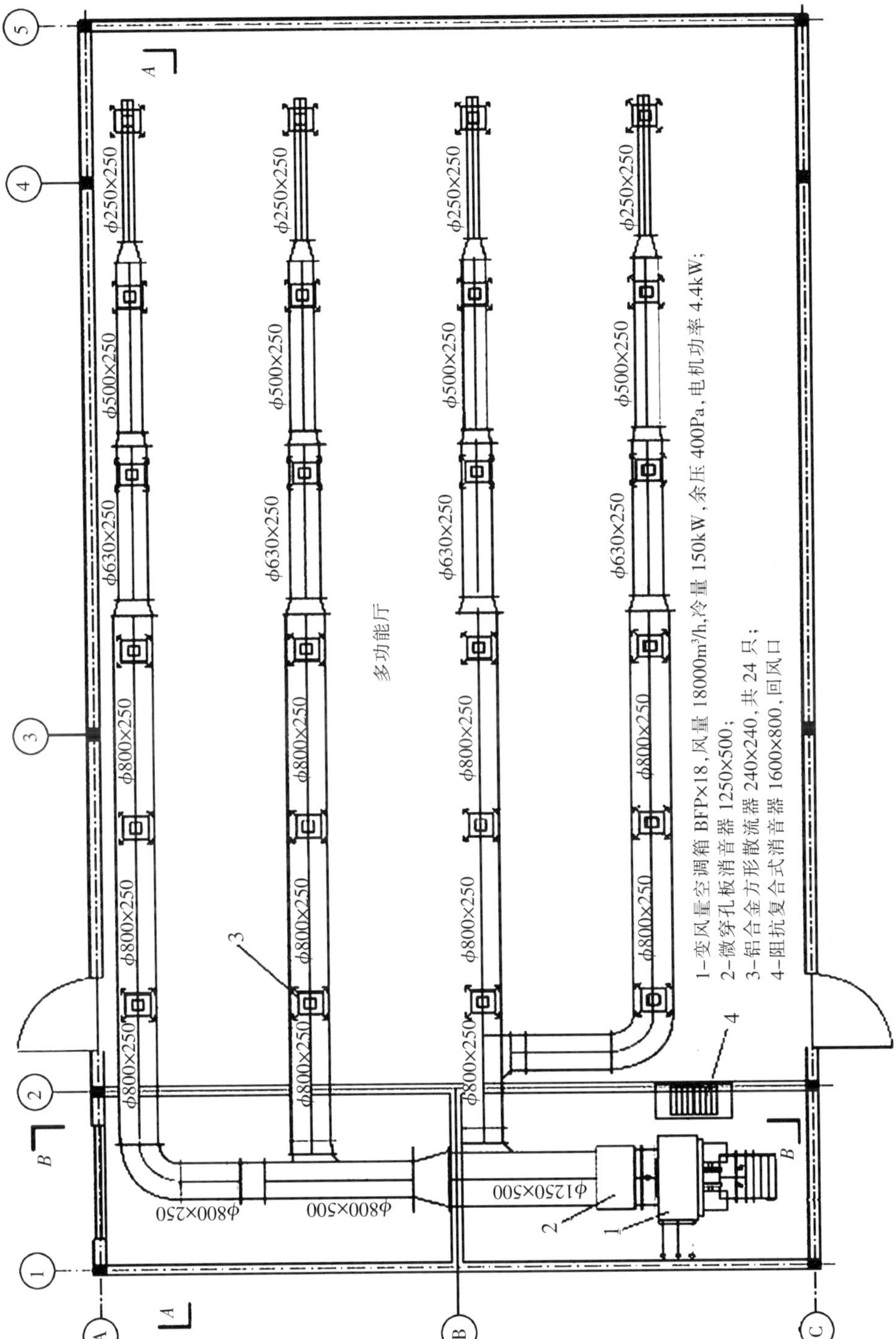
多功能厅
1-变风量空调箱 BFP×18,风量 18000m³/h,冷量 150kW,余压 400Pa,电机功率 4.4kW;
2-微穿孔板消音器 1250×500;
3-铝合金方形散流器 240×240,共 24 只;
4-阻抗复合式消音器 1600×800,回风口
φ250×250
φ500×250
φ630×250
φ800×250
φ800×500
φ1250×500

图 6-21　空调平面图

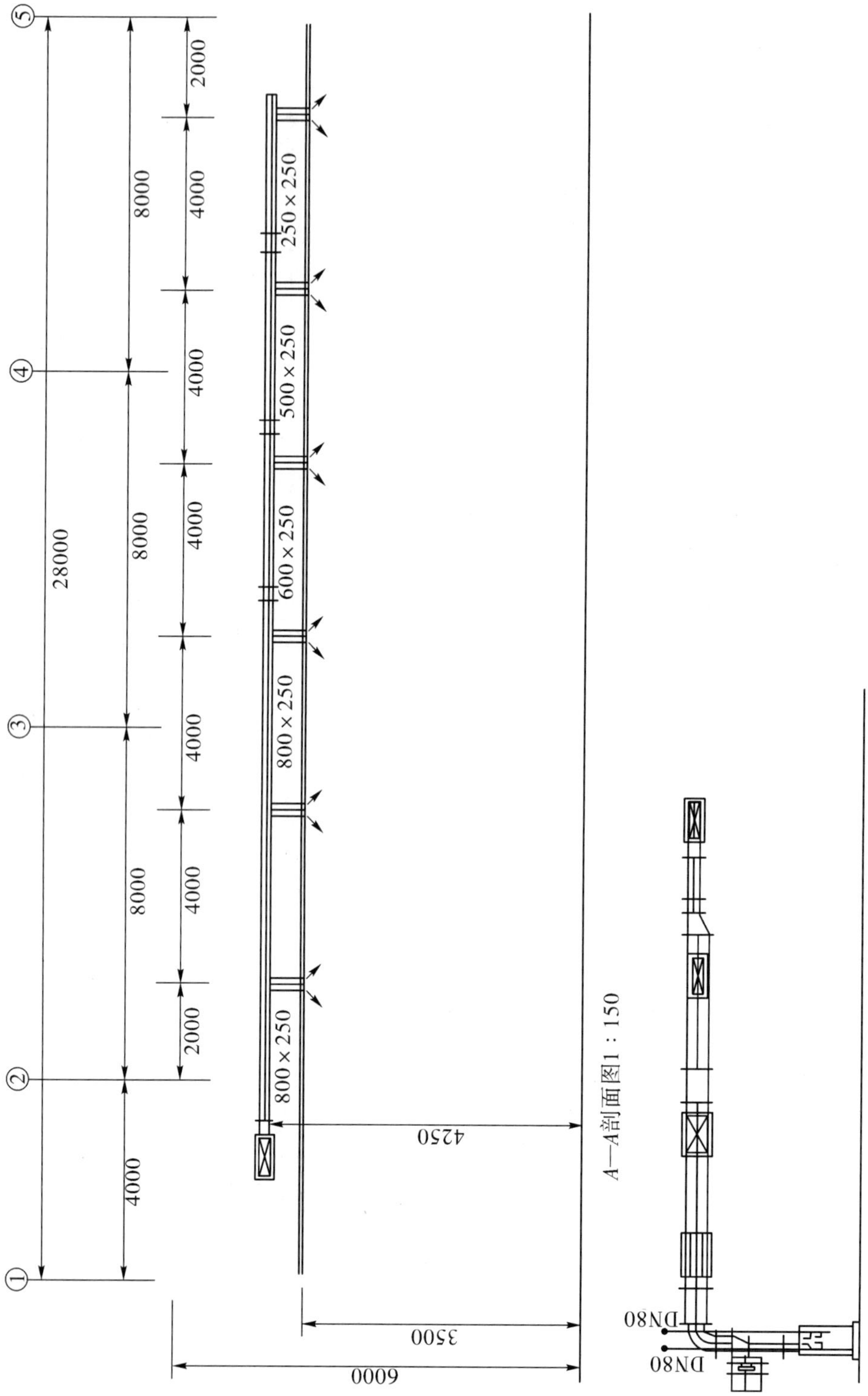
A—A剖面图1：150
B—B剖面图1：150
800×250
800×250
600×250
500×250
250×250
28000
8000
8000
8000
4000
2000
4000
4000
4000
4000
4000
2000
4250
3500
6000
DN80
DN80

图6-22　空调剖面图

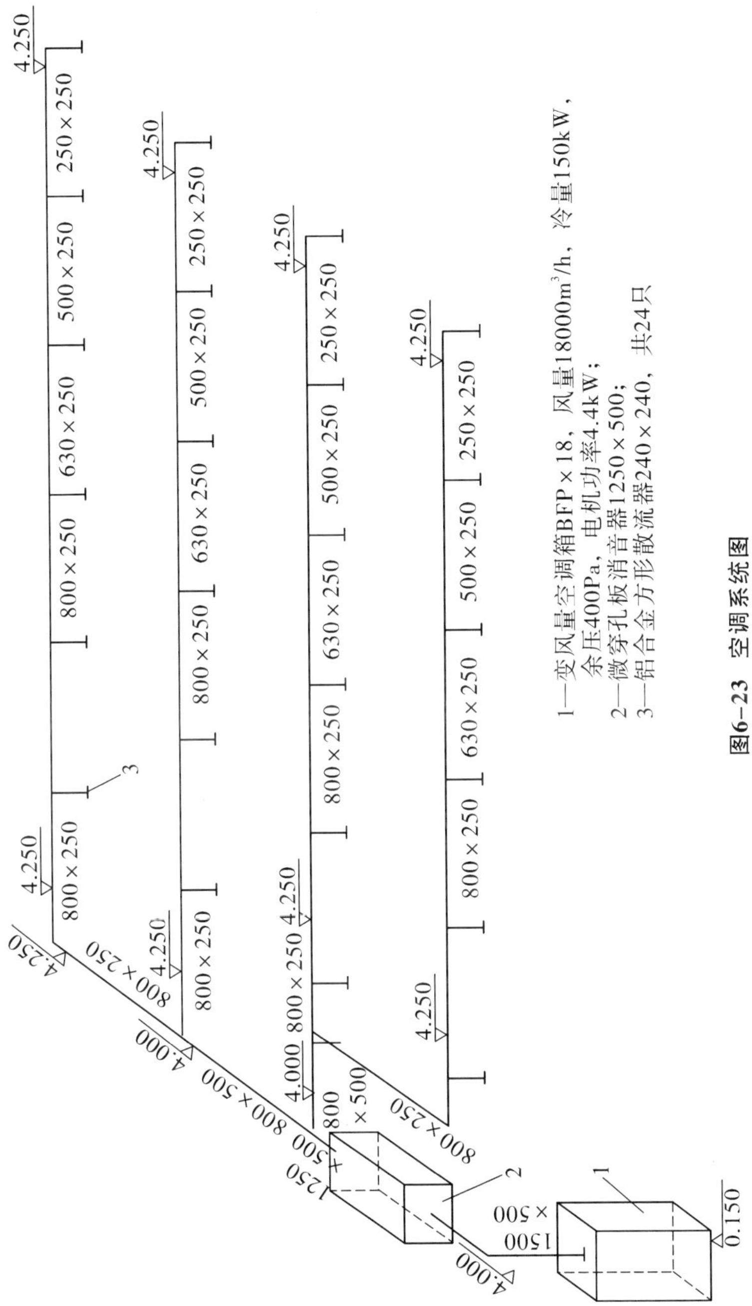

1—变风量空调箱BFP×18，风量18000m³/h，冷量150kW，余压400Pa，电机功率4.4kW；

2—微穿孔板消音器1250×500；

3—铝合金方形散流器240×240，共24只

图6-23　空调系统图

七、项目作业

(1)编写本项目材料清单(见表 6 - 5)。

表 6 - 5　各空调系统安装材料清单

安装位置:					
序号	材料名称	规格	数量	单位	备注
1					
2					
3					
4					
5					
6					

(2)填写本项目工程系统调试检验批质量验收记录(见表 6 - 6)。

(3)空调系统分哪几类?空调系统由什么组成?

(4)简述空调系统的结构与工作原理。

(5)简述防腐保温工程中的施工要求及注意事项。

表 6－6 工程系统调试检验批质量验收记录

<table>
<tr><td colspan="2">工程名称</td><td colspan="2"></td><td colspan="2">专业工长/证号</td><td colspan="2"></td></tr>
<tr><td colspan="2">分部工程名称</td><td colspan="2"></td><td colspan="2">验收部位</td><td colspan="2"></td></tr>
<tr><td colspan="2">分项工程施工单位</td><td colspan="2"></td><td colspan="2">项目经理</td><td colspan="2"></td></tr>
<tr><td colspan="2">施工执行标准名称与编号</td><td colspan="2"></td><td colspan="2">材料/数量</td><td colspan="2"></td></tr>
<tr><td colspan="2">分包单位</td><td colspan="2"></td><td>分包项目经理</td><td></td><td>施工组组长</td><td></td></tr>
<tr><td rowspan="11">主控项目</td><td colspan="3">质量验收规范的规定</td><td colspan="2">施工单位检查评定结果</td><td colspan="2">监理(建设)单位验收</td></tr>
<tr><td colspan="2">通风机、空调机组单机试运转及调试(第 11.2.2—1 条)</td><td></td><td colspan="2"></td><td colspan="2"></td></tr>
<tr><td colspan="2">水泵单机试运转及调试(第 11.2.2—2 条)</td><td></td><td colspan="2"></td><td colspan="2"></td></tr>
<tr><td colspan="2">冷却塔单机试运转及调试(第 11.2.2—3 条)</td><td></td><td colspan="2"></td><td colspan="2"></td></tr>
<tr><td colspan="2">制冷机组单机试运转及调试(第 11.2.2—4 条)</td><td></td><td colspan="2"></td><td colspan="2"></td></tr>
<tr><td colspan="2">电控防、排烟阀的动作试验(第 11.2.2—5 条)</td><td></td><td colspan="2"></td><td colspan="2"></td></tr>
<tr><td colspan="2">系统风量的调试(第 11.2.3—1 条)</td><td></td><td colspan="2"></td><td colspan="2"></td></tr>
<tr><td colspan="2">空调水系统的调试(第 11.2.3—2 条)</td><td></td><td colspan="2"></td><td colspan="2"></td></tr>
<tr><td colspan="2">恒温、恒湿空调(第 11.2.3—3 条)</td><td></td><td colspan="2"></td><td colspan="2"></td></tr>
<tr><td colspan="2">防、排烟系统的调试(第 11.2.3—4 条)</td><td></td><td colspan="2"></td><td colspan="2"></td></tr>
<tr><td colspan="2">净化空调系统的调试(第 11.2.3—5 条)</td><td></td><td colspan="2"></td><td colspan="2"></td></tr>
<tr><td rowspan="8">一般项目</td><td colspan="2">风机、空调机组(第 11.3.1—2.3 条)</td><td></td><td colspan="2"></td><td colspan="2"></td></tr>
<tr><td colspan="2">水泵的安装(第 11.3.1—1 条)</td><td></td><td colspan="2"></td><td colspan="2"></td></tr>
<tr><td colspan="2">风口风量的平衡(第 11.3.2—2 条)</td><td></td><td colspan="2"></td><td colspan="2"></td></tr>
<tr><td colspan="2">水系统的试运行(第 11.3.3—1、3 条)</td><td></td><td colspan="2"></td><td colspan="2"></td></tr>
<tr><td colspan="2">水系统检测元件的工作(第 11.3.3—2 条)</td><td></td><td colspan="2"></td><td colspan="2"></td></tr>
<tr><td colspan="2">空调房间的参数(第 11.3.3—4、5、6 条)</td><td></td><td colspan="2"></td><td colspan="2"></td></tr>
<tr><td colspan="2">洁净空调房间的参数(第 11.3.3 条)</td><td></td><td colspan="2"></td><td colspan="2"></td></tr>
<tr><td colspan="2">工程的控制和监测元件和执行结构(第 11.3.4 条)</td><td></td><td colspan="2"></td><td colspan="2"></td></tr>
<tr><td colspan="3">施工单位检查评定结果</td><td colspan="5">项目专业质量检查员：
项目专业质量(技术)负责人：
年 月 日</td></tr>
<tr><td colspan="3">监理(建设)单位验收结论</td><td colspan="5">监理工程师：
(建设单位项目专业技术负责人)
年 月 日</td></tr>
</table>

项目七　建筑照明供电系统安装

一、项目描述

一室一厅家庭照明电路的安装：客厅布置一盏灯，一个五孔插座，一个开关，客厅进线处安装电能表、总控刀闸、漏电保护器；卧室安装一盏灯，要求能用两个开关控制。用两块木板模拟两间房子，如图 7－1 所示。

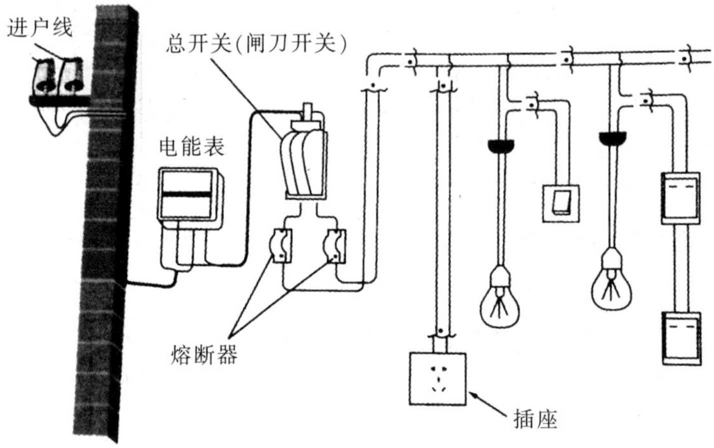

图 7－1　照明电路的平面布置图

二、项目目标及要求

(一)项目目标

知识目标：掌握电工的基本操作工艺、常用电路的安装及工作原理，掌握常用照明电光源和灯具使用方法，掌握导线正确可靠的连接方法。

能力目标：通过本项目的学习，能够识读照明电路图；能够进行常用照明电路的安装；熟练操作电工工具；通过活动的开展，增强学习兴趣，养成自主学习的习惯。

(二)项目要求

时间要求：教学学时 12 个课时

质量要求：施工质量符合施工验收国家标准

安全要求：严格按照安全操作规程进行项目作业

文明要求：自觉按照文明生产规则进行项目作业

环保要求：努力按照环境保护要求进行项目作业

三、项目分析

通过一室一厅家庭照明电路的安装，让学生掌握掌握电工的基本操作工艺、常用电路的安装及工作原理，掌握常用照明电光源和灯具的使用方法，掌握导线正确可靠的连接方法，了解照明基本知识、照明电路原理、构成和接线方法，以及如何使用数字式万用表进行测量和常见的电工工具，如剥线钳、测电笔的使用。

知识链接1　常用电光源

在照明工程中使用的电光源，按其工作原理可分为两大类：一类是热辐射光源，如白炽灯、卤钨灯等；另一类是气体放电光源，如荧光灯、高压汞灯、高压钠灯、氙灯等。

1. 热辐射光源

(1)白炽灯。白炽灯是最早出现的光源，它是利用电流流过钨丝形成白炽体的高温热辐射发光。白炽灯具有构造简单、使用方便、能瞬间点燃、无频闪现象、显色性能好、价格便宜等特点，但因热辐射中只有少部分为可见光，故发光效率低，一般为 7～19 lm/W。由于钨丝存在有蒸发现象，故寿命较短，平均寿命为 1 000 h，抗震性能低。为减少钨丝的蒸发，40 W 以下的灯泡为真空灯泡，40 W 以上则充以惰性气体。白炽灯结构如图 7－2 所示。

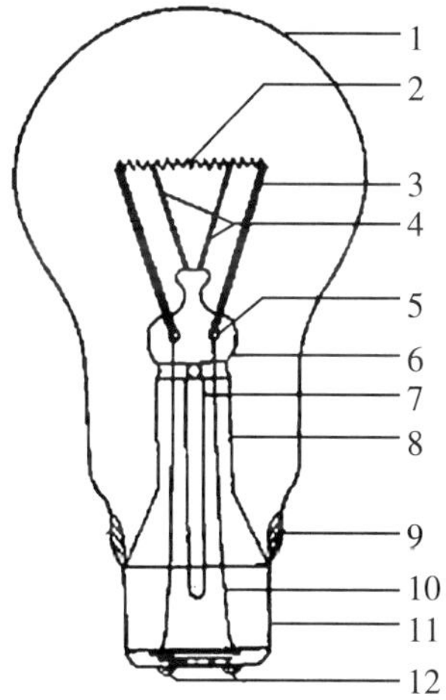

图 7－2　白炽灯的结构

1—玻璃泡壳　2—钨丝　3—引线　4—钼丝支架　5—杜美丝　6—玻璃夹封
7—排气管　8—芯柱　9—焊泥　10—引线　11—灯头　12—焊锡触点

白炽灯用途很广，除普通白炽灯外，还有磨砂灯、漫射灯、反射灯、装饰灯、水下灯、局部照明灯。白炽灯的灯头有螺口和插口两种，普通白炽灯参数见表 7－1。

表 7-1 普通照明灯泡型号及参数

灯泡型号	额定值			极限值		外形尺寸(mm)			平均寿命(h)
	电压(V)	功率(W)	光通量(lm)	功率(W)	光通量(lm)	D	螺口式灯头 L不大于	插口式灯头 L不大于	
PZ220—15	220	15	110	16.1	95	61	110	1085	1000
PZ220—25		25	220	26.5	183				
PZ220—40		40	350	42.1	301				
PZ220—60		60	630	62.9	523				
PZ220—100		100	1250	104.5	1075				
PZ220—150		150	2090	156.5	1797	81	175	—	
PZ220—200		200	2920	208.5	2570				
PZ220—300		300	4610	312.5	4057	111.5	240		
PZ220—500		500	8300	520.0	7304				
PZ220—1000		1000	18600	1040.5	16368	131.5	281		

备注：

1)灯泡可按需要制成磨砂、乳白色及内涂白色的玻璃壳，但其光参数允许较表中值降低使用：磨砂玻璃壳降低3%，内涂白色玻璃壳降低15%，乳白色玻璃壳降低25%。

2)外形尺寸：D为灯泡外径，L为灯泡长度。

使用白炽灯的注意事项：

①应按额定电压使用白炽灯，因为电压的变化对白炽灯的寿命和光效影响较大。如电压高出其额定电压值5%时，白炽灯的寿命将缩短50%，故电源电压偏移不宜大于±2.5%。

②白炽灯的钨丝冷态电阻比热态电阻小得多，所以起燃时电流为额定值的6倍以上。

③白炽灯发热的玻璃壳表面温度较高，其温度近似值见表7-2。

表 7-2 白炽灯玻璃壳表面温度近似值表

白炽灯额定功率(W)	15	25	40	60	100	150	200	300	500
玻璃壳表面温度(℃)	42	64	94	111	120	151	147.5	131	178

(2)卤钨灯。由于白炽灯的钨丝在热辐射的过程中蒸发并附着在灯泡内壁，从而使发光效率降低，寿命缩短。为减缓这一进程，人们在灯泡内充以少量的卤化物(如溴、碘)，利用卤钨循环原理来提高灯的发光效率和寿命。如图7-3所示为卤钨灯的结构示意图。

卤钨循环作用是从灯丝蒸发出来的钨在灯泡内与卤素反应形成挥发性的卤化钨，因为灯泡内壁温度很高而不能附着其上。通过扩散、对流，当到了高温灯丝附近又被分解成卤素和钨，钨被吸附在灯丝表面，而卤素又和蒸发出来的钨反应，如此反复，使灯泡发光效率提高30%，寿命延长50%。为使卤钨灯泡内壁的卤化钨能处于气态，而不至于有钨附着在灯泡内壁上，灯泡壁的温度要比白炽灯高很多(约600℃)，相应灯泡内气压也高，为此灯泡壳必须使用耐高温的石英玻璃。

卤钨灯的光谱能量分布与白炽灯相近似，也是连续的。卤钨灯具有体积小、功率大、能瞬间点燃、可调光、无频闪效应、显色性好、发光效率高等特点，故多用于较大空间和要求高

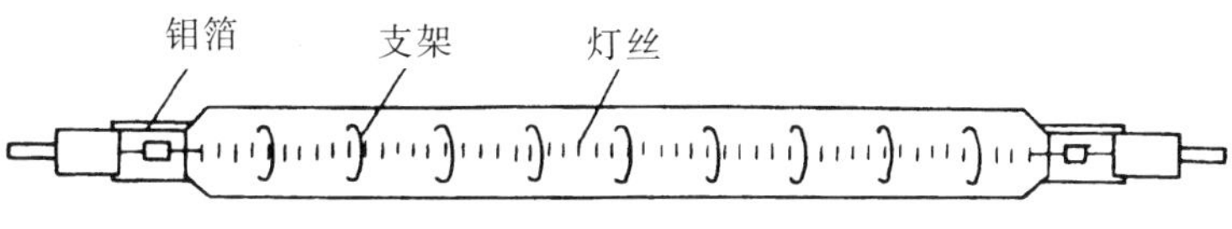

(a)两端引出

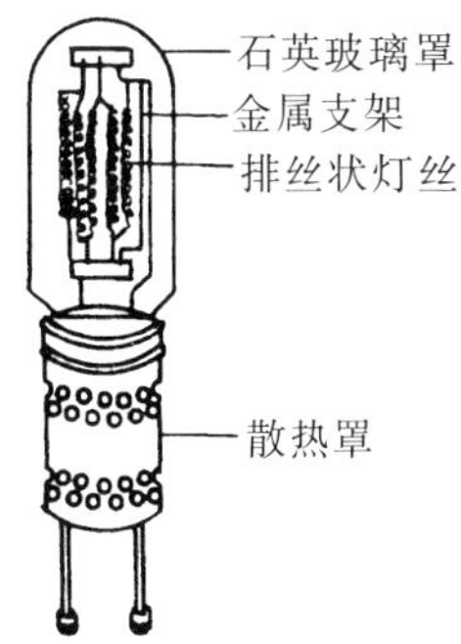

(b)单端引出

图 7-3 卤钨灯外形

照度的场所。如电视转播照明、摄影、绘图等场所。卤钨灯的缺点是抗震性差,在使用中应注意以下几点:

①为保持正常的卤钨循环,故对管形灯应水平放置,倾角范围±4°。

②不宜靠近易燃物,连接灯脚的导线宜用耐高温导线,且接触要良好。

③卤钨灯灯丝细长又脆,要避免受震动或撞击,也不宜作为移动式局部照明。

2. 气体放电光源

(1)荧光灯。俗称日光灯,是一种低压汞蒸气弧光放电灯。它是利用汞蒸气在外加电压的作用下产生弧光放电时发出大量的紫外线和少许的可见光,再靠紫外线激励涂覆在灯管内壁的荧光粉,从而再发出可见光来。由于荧光粉的配料不同,发出可见光的光色不同,常见荧光灯的构造如图 7-4 所示。在真空的玻璃管体内充入一定量的稀有气体,并装入少许的汞粒,管内壁涂覆一层荧光粉。管的两端分别装有可供短时间点燃的钨丝,在荧光灯正常工作时又作为电极用。

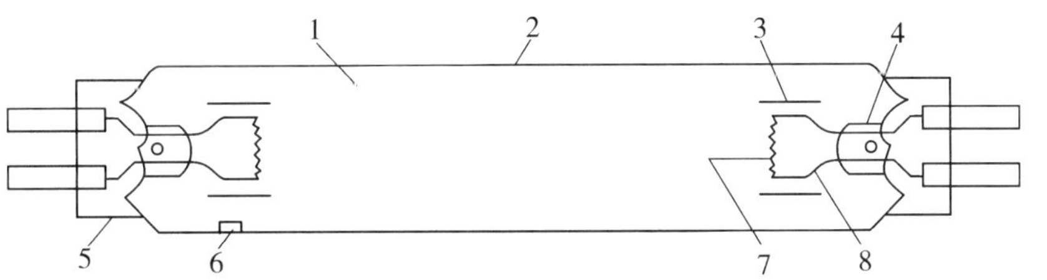

图 7-4 荧光灯的结构

1—氩和汞蒸气 2—荧光粉涂层 3—电极屏罩 4—芯柱
5—两引线的灯帽 6—汞 7—电极 8—引线

在荧光灯工作电路中常有一个称作启辉器配件,启辉器结构如图 7-5 所示,其作用是能将电路自动接通 1~2 s 后又将电路自动断开。

荧光灯的工作原理如图 7-6 所示,图中 K 是启辉器,L 是镇流器(实质是一个铁芯电感线圈)。当开关 S 接通电源后,首先启辉器内产生辉光放电,致使双金属片可动电极受热伸开,使两极短接,从而有电流通过荧光灯灯丝,灯丝加热后靠涂覆在钨丝上的碱土氧化物发射电子,并使灯管内的汞汽化。这时由于启辉器两极短接后辉光放电随之停止,热源消失,故在短时间(1~2 s)内双金属片冷却收缩又恢复断路。就在启辉器由通路到断路的这一瞬间,由于突然断开灯丝加热电流,导致镇流器线圈电流突然减小。由 $e=-L\mathrm{d}i/\mathrm{d}t$ 式可知,在镇流器线圈两端便会感应产生很高的感应电势,这一感应电势与电源电压叠加在荧光灯管两端,瞬间使管内两极间形成很强的电场,则使灯丝发射的电子以高速从一端射向另一端,同时撞击汞蒸气微粒,促使汞蒸气电离导通产生弧光放电发出紫外线,激励荧光物发出可见光。灯管起燃后,在灯管两端就有电压降(约 100 V),使启辉器上电压达不到启辉电压,而不再起作用。镇流器在灯管起燃后,起着限制和稳定电流的作用。

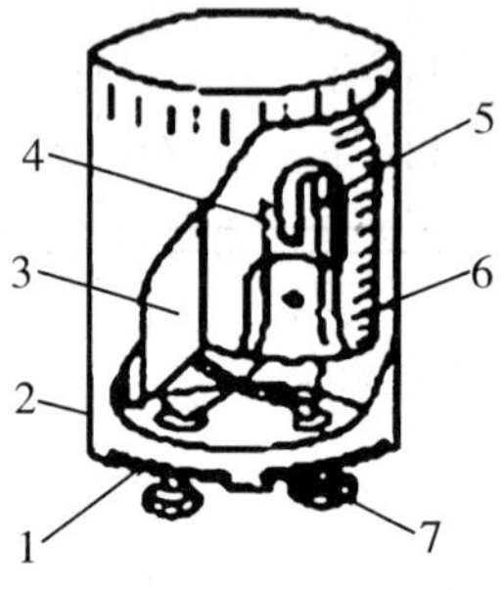

图 7-5　启辉器结构图

1—绝缘底座　2—外壳　3—电容器　4—静触头
5—双金属片　6—玻璃壳内充惰性气体　7—电极

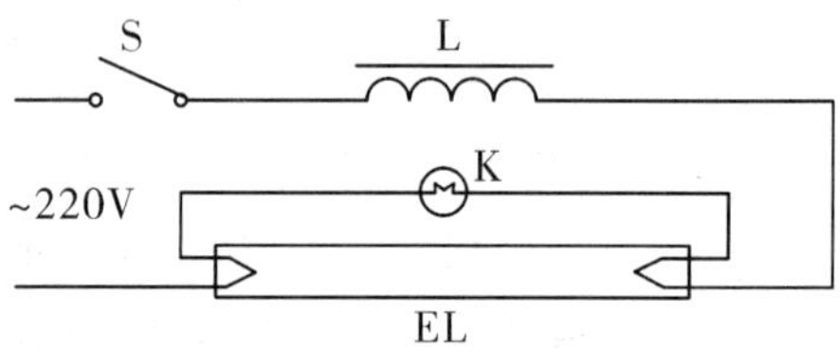

图 7-6　荧光灯的工作原理图

S—开关　L—镇流器　EL—灯管　K—启辉器

荧光灯具有发光效率高、寿命长、表面温度低、显色性较好、光通分布均匀等特点,应用广泛。荧光灯缺点主要有在低温环境下启动困难,而且光效显著减弱,荧光灯最佳环境温度为 20～35 ℃;另外,荧光灯功率因数低,约 0.5,而且受电网电压影响很大,电压偏移太大,会影响光效和寿命,甚至不能启动。目前常用电子镇流器,利用电子电路取代电感线圈,可使功率因数提高到 0.9 以上,同时解决了荧光灯随交流电流的变化而引起的频闪现象。

20 世纪 70 年代以来,荧光灯朝细管径、紧凑型方向发展。普通直管荧光灯管径为 40.5 mm和 38 mm 两种。目前我国已成功开发 T8 型 36 W(26 mm)荧光灯,与普通直管荧光灯相比,其显色指数达到 95(T12 为 55～70),光效提高到 97 lm/W,使用寿命提高到 8 000 h。紧凑型节能荧光灯,包括单端荧光灯和普通照明自镇流荧光灯(简称节能灯),其结构有 H、U 等多种形式,使用三基色荧光粉,显色性好;其光效是白炽灯的 5～7 倍,寿命是白炽灯的 5 倍。普通直管荧光灯管参数见表 7-3。

表 7-3　直管荧光灯管型号及参数

灯管型号	功率(W)	光通量(lm)	工作电压(V)	外形尺寸(mm) L 最大值	L1 最大值	L1 最小值	D 最大值	灯头型号	平均寿命(h)
YZ20RR	20	775	57	604	589.8	586.8	40.5	G13	3000
YZ20RL		835							
YZ20RN		880							
YZ30RR	30	1295	81	908.8	894.6	891.6	40.5		5000
YZ30RL		1415							
YZ30RN		1465							
YZ40RR	40	2000	103	1213.6	1199.4	1196.4	40.5		
YZ40RL		2200							
YZ40RN		2285							

备注:①型号中 RR 表示发光颜色为日光色(色温为 6 500 K),RL 表示发光颜色为冷白色(色温为 4 500 K),RN 表示发光颜色为暖白色(色温为 2 900 K)。

②灯管使用时必须配备相应的启辉器和镇流器。

③外形尺寸:L、L1、D 的含义同表 7-1 注。

(2)高强度气体放电灯(HID 灯)。

①高压汞灯。高压汞灯分荧光高压汞灯、反射型荧光高压汞灯和自镇流荧光高压汞灯三种。反射型荧光高压汞灯玻璃壳内壁上镀有铝反射层,具有定向光反射性能,作简单的投光灯使用。自镇流荧光高压汞灯是利用自身的钨丝代作镇流器。荧光高压汞灯的构造和工作线路如图7-7 所示。其工作原理是:在接通电源后,第一主电极与辅助电极间首先击穿产生辉光放电,使管内的汞蒸发,再导致第一主电极与第二主电极击穿,发生弧光放电产生紫外线,使管壁荧光物质受激励而产生大量的可见光。

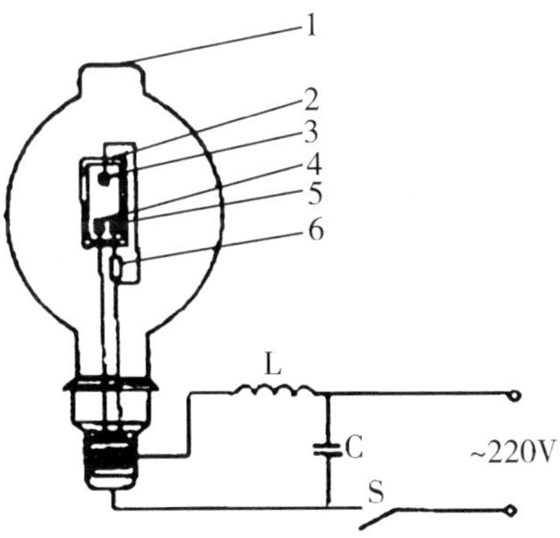

图 7-7　外镇流式高压汞灯的构造和工作线路图

1—外泡壳　2—放电管　3、4—主电极　5—辅助电极　6—灯丝

L—镇流器材　C—补偿电容器　S—开关

高压汞灯具有光效率高、耐震、耐热、寿命长等特点。但缺点是不能瞬间点燃，启动时间长，且显色性差。电压偏移对光通输出影响较小，但电压波动过大，如电压突然降低50%以上时，可导致灯自动熄灭，再次启动又需5～10 s，故电压变化不宜大于5%。

②高压钠灯。高压钠灯是在放电发光管内充入适量的氩或氙惰性气体，并加入足够的钠，主要以高压钠蒸气放电，其辐射光波集中在人眼较灵敏的区域内，故光效高，约为荧光高压汞灯的两倍，可达110 lm/W，且寿命长，但显色性欠佳，平均显色指数21。电源电压的变化对高压钠灯的光电参数影响较为显著，当电压突降5%以下时，可造成灯自行熄灭，而再次启动又需10～15 s。环境温度的变化对高压钠灯的影响不显著，它能在－40～100 ℃范围工作。高压钠灯的构造和工作线路如图7－8所示。高压钠灯除光效高、寿命长以外，还具有紫外线辐射小、透雾性能好、耐震等特点，宜用于照度要求较高的大空间照明。

③金属卤化物灯。它是在荧光高压汞灯的基础上为改善光色而发展起来的新一代光源，与荧光高压汞灯类似，但在放电管中，除充有汞和氩气外，另加入能发光的以碘化物为主的金属卤化物。当放电管工作时，使金属卤化物汽化，靠金属卤化物的循环作用，不断向电弧提供相应的金属蒸气，使金属原子在电弧中受激发而辐射该金属卤化物的特征光谱线。选择不同的金属卤化物品种和比例，便可制成不同光色的金属卤化物灯。金属卤化物灯的构造和工作线路如图7－9所示。与高压汞灯相比，其光效更高(70～100 lm/W)，显色性良好，平均显色指数60～90、紫外线辐射弱，但寿命较高压汞灯低。

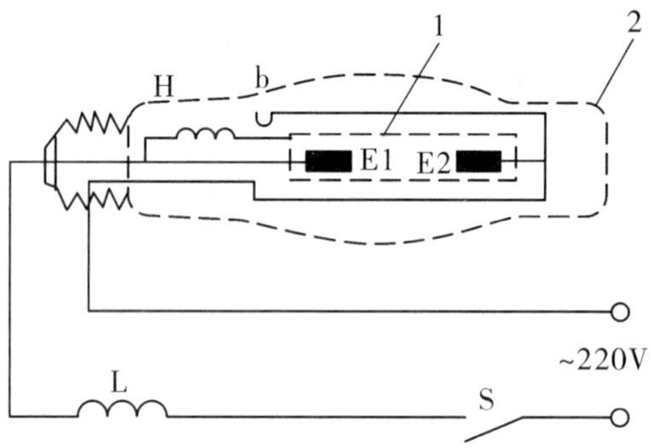

图7－8　高压钠灯的构造和工作线路图

S—开关　L—镇流器　H—加热线圈　b—双金属片
E1、E2—电极　1—陶瓷放电管　2—玻璃外壳

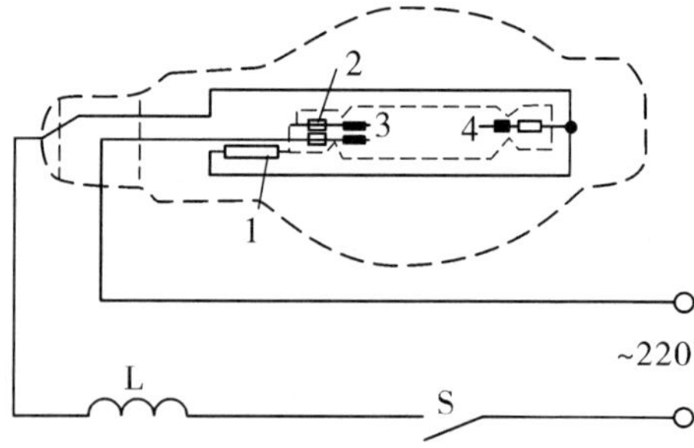

图7－9　金属卤化物灯构造和工作线路图

1—加热线圈　2—双金属片　3、4—主电极
S—开关　L—镇流器

这种灯在使用时需配用镇流器，1 000 W钠、铊、铟灯尚须加触发器启动。电源电压变化不但影响光效、管压、光色，而且电压变化过大时，灯会有熄灭现象，为此，电源电压不宜超过±5%。

(3)氙灯。氙灯为惰性气体放电弧光灯，其光色很好。氙灯按电弧的长短又可分为长弧氙灯和短弧氙灯，其功率较大，光色接近日光，因此有“人造小太阳”之称。高压氙灯有耐低温、耐高温、耐震、工作稳定、功率较大等特点。长弧氙灯特别适合于广场、车站、港口、机场等大面积场所照明。短弧氙灯是超高压氙气放电灯，其光谱要比长弧氙灯更加连续，与太阳光谱很接近，称为标准白色高亮度光源，显色性好。

氙灯紫外线辐射强，在使用时不要用眼睛直接注视灯管，用作一般照明时，要装设滤光玻璃，安装高度不宜低于20 m。氙灯一般不用镇流器，但为提高电弧的稳定性和改善启动性能，目前小功率管形氙灯仍使用镇流器。氙灯需采用触发器启动，每次触发时间不宜超过

10 s,灯的工作温度高,因此,灯座及灯头引入线应耐高温。

知识链接2　灯具

灯具包括光源和控照器(也称灯罩或灯具),控照器的功能主要有固定光源,并对光源光通量作重新分配,使工作面得到符合要求的照度和光通量的分布,以及避免刺目的强光和美化建筑空间的作用,改善人们的视觉效果。灯具的光学特性主要有:配光曲线、光效率、保护角。

1. 灯具的配光曲线

电光源配上一定的灯具后,就在各个方向上有了确定的发光强度值。若将这些发光强度值用一定的比例尺绘制,并连成曲线,则这些曲线称为配光曲线。配光曲线是衡量灯具光学特性的重要指标,是进行照度计算和决定灯具布置方案的重要依据。配光曲线可用极坐标法、直角坐标法等光强曲线法来表示。白炽灯的极坐标式配光曲线如图 7 - 10 所示。

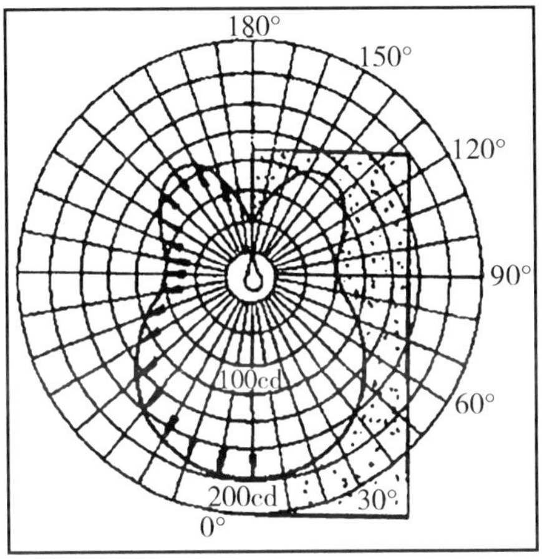

图 7 - 10　白炽灯的配光曲线

为了对各灯具的配光效果作比较,配光曲线按统一的基准,即光通量为 1 000 lm 来绘制。若实际的光通量为 F,则在 α 角度的发光强度 I_{α} 可用下式加以折算:

$$I_{\alpha(1\,000)}=F/(1\,000\times I_{\alpha})$$

式中　$I_{\alpha(1\,000)}$——换算成光通量为 1 000 lm 情况下,α 角度上的发光强度;

F——灯具实际配用的光源光通量;

I_{α}——灯具在 α 方向上的实际光强。

2. 灯具的光效率

灯具中光源所发出的光通量,总会由于材料的吸收透射而损失一些光通量,所以灯具的光效率总是小于 1 的,其值由下式表示:

$$\eta=\phi_1/\phi_2\times100\%$$

式中　ϕ_1——灯具发出的光通量;

ϕ_2——光源发出的光通量。

3. 保护角

其作用是限制光源对人眼产生直接眩光,角度越大作用越大。一般灯具的保护角要求在15°～30°之间。

4. 灯具的分类

通常按灯具的光通量在空间上、下两半球分配的比例、灯具的结构特点、灯具的用途和灯具的固定方式进行分类，这里只介绍前两种分类方法。

(1)按光通量在空间上、下两半球的分配比例分类。

直射型灯具：由反光性能良好的不透明材料制成，如搪瓷、铝和镀银镜面等。这种灯具效率高，但灯的上部几乎没有光线，顶棚很暗，与明亮灯光容易形成对比眩光。又由于它的光线集中，方向性强，产生的阴影也较重。

半直射型灯具：它能将较多的光线照射到工作面上，又可使空间环境得到适当的亮度，改善房间内的亮度比。这种灯具常用半透明材料制成下面开口的式样，如玻璃菱形罩、玻璃碗型罩等。

漫射型灯具：典型的乳白玻璃球形灯属于这种灯具，它是采用漫射透光材料制成封闭式的灯罩，选型美观，光线均匀柔和，但是光的损失较多，光效较低。

半间接型灯具：这类灯具上半部用透明材料，下半部用漫射透光材料制成。由于上半球光通量的增加，增强了室内反射光的照明效果，使光线更加均匀柔和。在使用过程中，上部很容易积尘，会影响灯具的效率。

间接型灯具：这种灯具全部光线都由上半球发射出去，经顶棚反射到室内。因此能最大限度地减弱阴影和眩光，光线均匀柔和，但光损失较大，不经济。这种灯具适用于剧场、美术馆和医院的一般照明。

按照国际照明学会以灯具上半球和下半球反射的光通量百分比来区分配光特征，见表7-4。

表7-4 光通量在上、下空间半球分配比例

灯具类型		直射型	半直射型	漫射型	半间接型	间接型
光通量分配比例(%)	上半球	0～10	10～40	40～60	60～90	90～106
	下半球	100～90	90～60	60～40	40～10	10～0
配 光 示意图		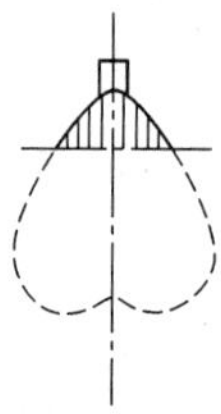	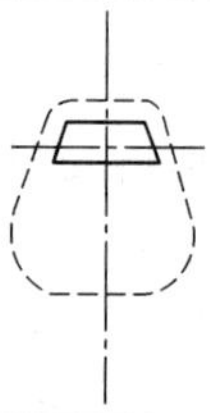	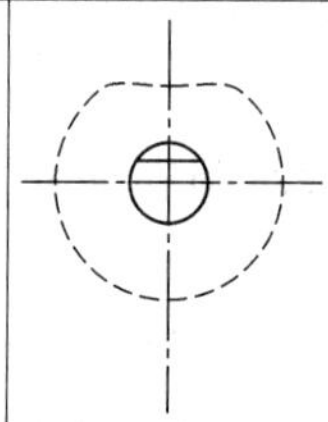	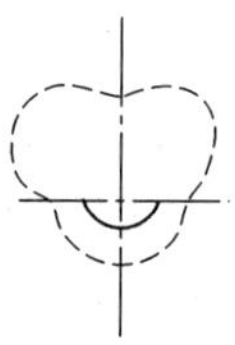	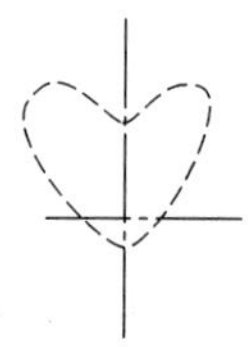

(2)按灯具结构分类。

开启式灯具：光源直接与外界环境相通。

保护式灯具：具有闭合的透光罩，但灯具内部与外界能自由换气，如半圆罩天棚灯和乳白玻璃球形灯等。

防尘式灯具：灯具需密闭，内部与外界也能换气，灯具外壳与玻璃罩以螺丝连接。

密闭式灯具：灯具内部与外界不能换气。

防爆式灯具：在任何条件下，不会有因灯具引起爆炸的危险，保证在有爆炸危险的建筑物环境的使用安全。

知识链接 3　灯具的布置

灯具的布置就是确定灯具在房间内的空间位置，这与它的投光方向、工作面的布置、照度的均匀度，以及限制眩光和阴影都有直接关系。灯具布置是否合理关系到照明安装容量、投资费用以及维护、检修方便与安全等。灯具的布置应根据工作面的布置情况、建筑结构形式和视觉工作特点等条件来进行。灯具的布置主要有两种方式：一是均匀布置，即灯具有规律地对称排列，以使整个房间内的照度分布比较均匀。均匀布灯有正方形、矩形、菱形等方式。灯具的均匀布置如图 7－11 所示。二是选择布置，即为适应生产要求和设备布置，加强局部工作面的照度及防止在工作面出现阴影，采用灯具位置随工作表面安排而改变的方式。

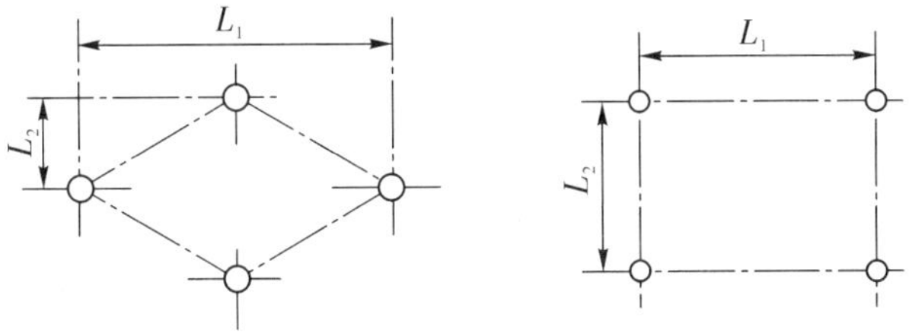

(a)菱形布置　　(b)矩形布置

图 7－11　灯具的均匀布置($L=\sqrt{L_1L_2}$)

室内一般照明通常采用均匀布置，均匀布置是否合理，主要取决于灯具的悬挂高度及距高比是否恰当。

灯具的竖向布置如图 7－12 所示。灯具在竖直方向上的布置，就是要确定灯具的悬挂高度。为限制直射眩光，对灯具悬挂的最低高度也有一个限制，见表 7－5。对于一般层高的房间，如 2.8～3.5 m，考虑灯具的检修和照明的效率，一般悬挂高度在 2.2～3.0 m 之间。

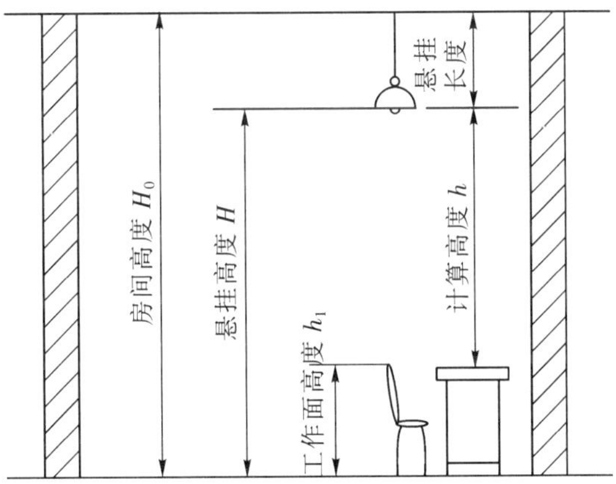

图 7－12　灯具的竖向布置

表 7-5　房间内一般照明用灯具在地板面上的最低悬挂高度

光源种类	灯具形式	灯具保护角度	光源功率(W)	最低悬挂高度(m)
白炽灯	搪瓷反射罩或镜面反射罩	10～30	100 及以下 150～200 300～500	2.5 3.0 3.0
高压汞灯 荧光灯	搪瓷或镜面深罩型	10～30	250 及以下 400 及以上	5.0 6.0
碘钨灯	搪瓷反射罩或铝抛光反射罩	30 及以上	500 1000～2000	6.0 7.0
白炽灯	乳白玻璃漫射罩		100 及以下 150～200 300～500	2.0 2.5 3.0
荧光灯			40 以下	2.0

为使一个房间里照度比较均匀，要求灯具布置有合理的距高比。所谓距高比是指灯具的间距 L 和计算高度 h(灯具至工作面距离)之比。距高比小，照度均匀度好，但经济性差；距高比过大，布灯则稀少，不能满足规定的照度均匀度。因此，实际距高比必须小于照明手册中规定的灯具最大允许距高比。各种灯具最有利的距高比见表 7-6。

表 7-6　各种照明灯具最有利的距高比(L/h)

灯具形式	L/h(较佳值)	
	多行布置	单行布置
深照型灯	1.6～1.8	1.5～1.8
配照型灯	1.8～2.5	1.8～2.0
广照型灯、散照型灯、圆球型灯等	2.3～3.2	1.9～2.5
荧光灯	1.4～1.5	1.2～1.4

知识链接 4　照明光源和灯具的选用

1. 照明光源的选择

选择光源时，应在满足显色性、启动时间等要求条件下，根据光源、灯具及镇流器等的效率、寿命和价格，在进行综合技术经济分析后确定。

(1)高度较低房间，如办公室、教室、会议室及仪表、电子等生产车间宜采用细管径直管荧光灯。

(2)商店营业厅宜采用细管径直管荧光灯、紧凑型荧光灯或小功率的金属卤化物灯。

(3)高度较高的工业厂房，应按照生产使用要求，采用金属卤化物灯或高压钠灯，亦可采用大功率细管径直管荧光灯。

(4)一般情况下，室内外照明不应采用普通照明白炽灯。

下列场所可采用白炽灯：只有在要求瞬时启动和连续调光的场所，使用其他光源技术经济不合理时；开关灯频繁的场所；对防止电磁干扰要求严格的场所；照度要求不高，且照明时间较短的场所或有特殊要求的场所，但额定功率不应超过 100 W。

2. 照明灯具的选择

在满足眩光限制和配光要求条件下，应选用效率高的灯具，其效率值不应低于国家相关标准规定，并且根据照明场所的环境条件分别选用下列灯具：

(1)在高温场所，宜采用散热性能好、耐高温的灯具。

(2)在潮湿或多尘环境，宜选用防水防尘灯具。

(3)有爆炸或火灾危险的环境，应按危险等级选择相应的照明灯具。

(4)在较大振动的场所，宜选用有防震措施的照明灯具。

(5)直接安装在可燃材料表面的灯具，应采用标有▽F标志的灯具。

(6)有装饰及特殊要求的环境，按相应要求选用灯具。

知识链接5　照明的种类

建筑照明的种类按用途分为正常照明、事故照明、警卫照明、障碍照明、彩灯和装饰照明等。

1. 正常照明

指在正常情况下，为顺利地完成工作、保证安全和能看清周围的物体而设置的照明，称为正常照明。正常照明的方式有三种：一般照明、局部照明和混合照明。所有居住的房间和供工作、运输、人行的走道，以及室外庭院和场所等，均应设置正常照明。

2. 事故照明

在正常照明因故而熄灭后，供继续工作或人员疏散照明，称为事故照明。建筑物在下列场所应装设事故照明：

(1)影剧院、博物馆和商场等公共场所，供人员疏散的走廊、楼梯和太平门等处。

(2)高层民用建筑的疏散楼梯、消防电梯及其前室、配电室、消防控制室、消防泵房和自备发电机房，以及建筑高度超过 24 m 的公共建筑内的疏散走道、观众厅、餐厅和商场营业厅等人员密集的场所。

(3)医院的手术室和急救室的事故照明应采用能瞬时可靠点燃的照明光源，一般采用白炽灯或卤钨灯。若事故照明作为正常照明的一部分经常点燃，而在发生事故时又不需要切换电源的情况下，也可用其他光源。当采用蓄电池作为疏散用事故照明的电源时，要求其连续供电的时间不应少于 20 min。事故照明的照度，不应低于工作照明总照度的 10%。仅供人员疏散用的事故照明的照度，应不小于 0.5 lx。

3. 警卫照明

在重要的场所，如值班室、警卫室、门房等地方所设置的照明叫警卫照明。一般宜利用正常照明中能单独控制的一部分，或利用事故照明中的一部分作为警卫照明。

4. 障碍照明

在建筑物上装设的作为障碍标志用的照明，称为障碍照明。如装设在高层建筑顶端的航空障碍照明，装在水面上的航道障碍照明等。一般采用能透雾的红光灯具，有条件时宜采用闪光照明灯。

5. 彩灯和装饰照明

由于建筑规划和市容美化的要求，以及节日装饰或室内装饰的需要而设置的照明，叫彩灯照明和装饰照明。一般用功率为 15 W 左右的彩色白炽灯作此类照明光源。

知识链接 6 照明供电

照明供电一般采用单相交流 220 V。1 500 W 及以上的高强度气体放电灯的电源电压宜采用 380 V,并应注意三相负荷平衡。照明的控制方式及开关的安装位置主要是在安全前提下根据便于使用、管理和维修的原则确定。照明配电装置应靠近供电的负荷中心,一般采用二级控制方式。各独立工作场所的室外照明,可采用就地单独控制的供电方式。

对照明电压的要求是:照明灯具端电压的允许偏移不得高于额定电压的 105%,亦不宜低于额定电压的 95%(应急照明和用安全特低电压供电的照明不低于额定电压的 90%)。

正常照明一般可与其他电力负荷共用变压器供电,但不宜与较大冲击电力负荷共用变压器。当电压偏移或波动不能保证照明质量或光源寿命时,在技术经济合理的条件下,可采用有载调压变压器、调压器或照明专用变压器供电。

四、项目实施

(一)项目流程

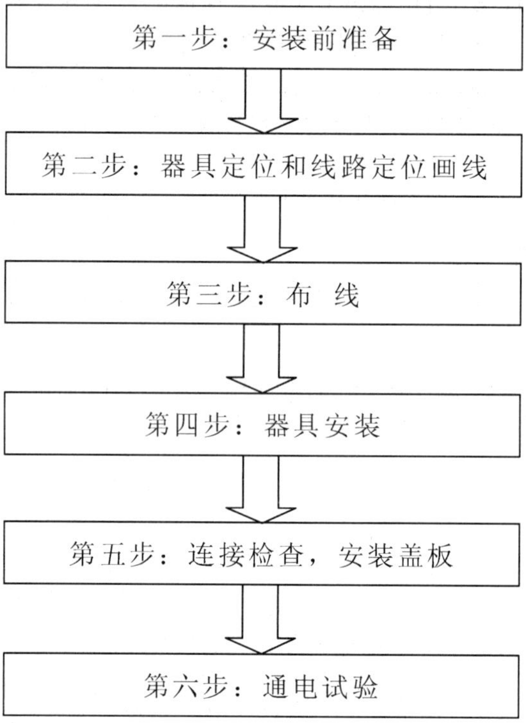

(二)项目实施过程

任务一 安装前准备

准备好各种安装材料和工具:导线、灯座、插座、灯泡、电能表、剥线钳、尖嘴钳、电工锤、布线木板、开关、线卡。

知识链接7　常见电工工具的使用

1. 验电器(验电笔)

检验导线和电气设备是否带电的一种电工常用检测工具。使用时应注意电压高于 60 V 时,氖管就会起辉发光。观察时应将氖管窗口背光面向操作者,检测电压的范围为 60~500 V。

(1)低压验电器:又称验电笔。

(2)组成:氖泡、电阻器、弹簧、笔身。

(3)正确使用:手指触及笔尾金属体,氖管小窗朝向操作者。

(4)作用。

①区分相线与中性线(地线或零线)。在交流电路中,当验电器触及导线时,氖管发亮的是相线,不亮的是中性线。

②区分直流电与交流电。氖管里的两个极同时发亮的是交流电,氖管里的两个极只有一个发亮的是直流电。

③区别直流电的正负极。把验电器连接在直流电的正负极之间,氖管发亮的一端是直流电的负极。

④区别电压的高低。根据氖管发亮的强弱来估计电压的高低。如果氖管灯暗红、微亮,则电压低;如果氖管灯黄红色,则电压高;如果有电不发光,则说明电压低于 36 V,为安全电压。

⑤辨别同相与异相。两手各持一支验电器,同时触及两条线,同相不亮而异相亮。

⑥识别相线碰壳。用验电器触及电机、变压器等电气设备外壳,若氖管发亮,则说明该设备相线有碰壳现象。如果壳体上有良好的接地装置氖管是不会发亮的。

2. 旋具(改锥、起子)

螺丝刀又称改锥或起子,它由绝缘套管(刀柄)刀头两部分组成,按其头部形状可分为一字形和十字形两大类。

对于一字形的螺钉,需用一字形螺丝刀(如图 7-13 所示)来旋紧或拆卸。一字形螺丝刀规格用柄部以外的刀体长度表示,常用的有 100 mm、150 mm、200 mm、300 mm、400 mm 等几种。

对于十字形的螺钉,需用十字形螺丝刀(如图 7-14 所示)来旋紧或拆卸。十字形螺丝刀规格按其头部旋动螺钉的规格不同,分为Ⅰ、Ⅱ、Ⅲ、Ⅳ4 个型号,分别用于旋动直径为 2~2.5 mm、3~5 mm、6~8 mm、10~12 mm 的螺钉,其柄部以外的刀体长度规格与一字形螺丝刀(图7-14)相同。无论使用一字形还是十字形螺丝刀时,都应注意用力平稳,推进和旋转要同时进行。

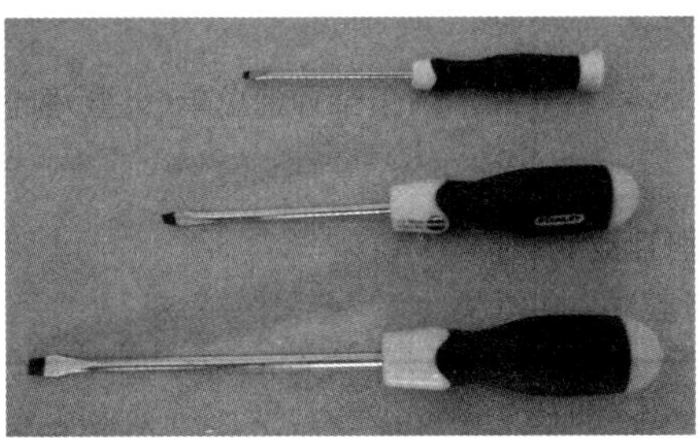

图 7-13　一字形螺丝刀

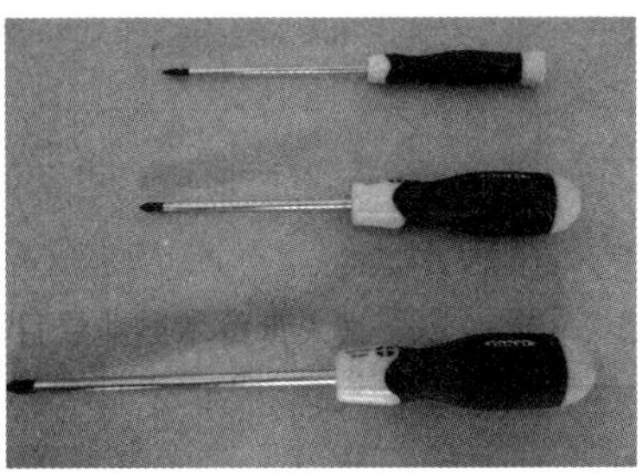

图 7-14　十字形螺丝刀

3. 钢丝钳(如图 7－15 所示)

用来弯铰或钳夹导线线头,齿口用来固紧或起松螺母,刃口用来剪切导线或剖切导线绝缘层,铡口用来剪切电线芯线或钢丝等较硬金属线。规格:150 mm、175 mm、200 mm。组成:钳头、钳柄。

4. 尖嘴钳 (如图 7－16 所示)

适应于狭小的工作空间或带电操作低压电气设备,尖嘴钳也可用来剪断细小的金属丝。它适应于电气仪表制作或维修。尖嘴钳又名尖头钳,常用的有普通尖嘴钳和长尖嘴钳。

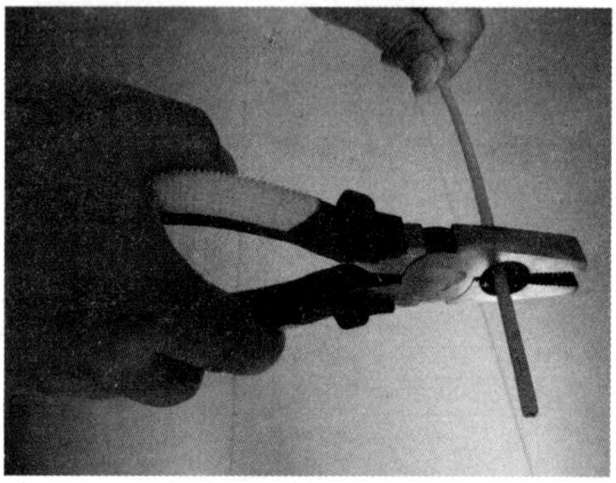

图 7－15 钢丝钳的使用

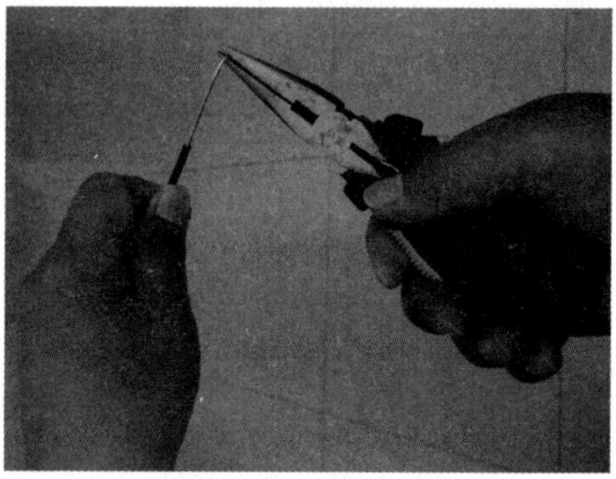

图 7－16 尖嘴钳的使用

尖嘴钳头部细而尖,适用于在狭小的空间夹持较小的螺钉、垫圈、导线及将导线弯成一定的形状供安装时使用。使用带绝缘柄的尖嘴钳可带电操作(一般绝缘柄的耐压为 500 V),但为确保使用者的人身安全,严禁使用塑料柄破坏、开裂的尖嘴钳在非安全电压范围内操作,一般不允许用尖嘴钳装拆螺母或把尖嘴钳当锤子使用。尖嘴钳头部较细,为防止其断裂,不宜用其夹、镊较粗的金属导线及其他物体,还要避免尖嘴钳头部长时间受热,否则会容易使钳头退火,降低钳头部分的强度。当然长时间受热也会使塑料柄熔化或老化。

5. 剥线钳(如图 7－17 所示)

用来剥削小直径导线绝缘层的专用工具。使用剥线钳时,将要剥削的绝缘层长度用标尺定好后,把导线放入相应的刃口中,切口大小应略大于导线芯线直径,否则会切断芯线,握紧绝缘手柄,导线的绝缘层即被割破,并自动弹出。剥线钳的手柄是绝缘的,因此可以带电操作,工具电压一般不允许超过 500 V。剥线钳的优点在于使用效率高、剥线尺寸准确、不易损伤芯线。钳口处有几个不同直径的小孔,可根据待剥导线的线径选用,以达到既能剥掉绝缘层又不损伤线芯的目的。

6. 断线钳(如图 7－18 所示)

断线钳(斜口钳)也叫偏口钳。在剪切导线,尤其是剪掉焊接点上多余的线头和印制电路板安放插件后过长的引线时,选用斜口钳效果是最好的。斜口钳还常用来代替一般剪刀剪切绝缘套管、尼龙扎线卡等。

常见的斜口钳的钳身长 160 mm,带塑料绝缘柄的最为常用。操作时应注意:剪下的线头容易飞出伤人眼部,双目不要直视被剪物。钳口朝下剪线,当被剪物体不易变化方向时,可用另一只手遮挡飞出的线头。不允许用斜口钳剪切螺钉及较粗的钢丝等,否则易损坏钳口。只有经常保持钳口结合紧密和刃口锐利,才能使剪切轻快并使切口整齐。当钳口有轻微的损坏或变钝时,可用砂轮或油石修磨。

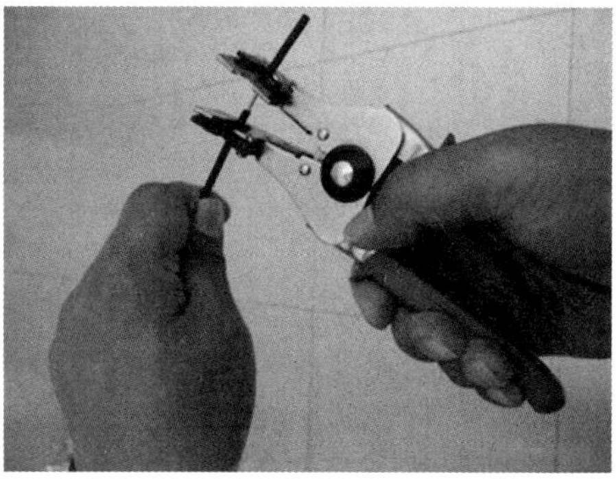

图 7-17　剥线钳的使用

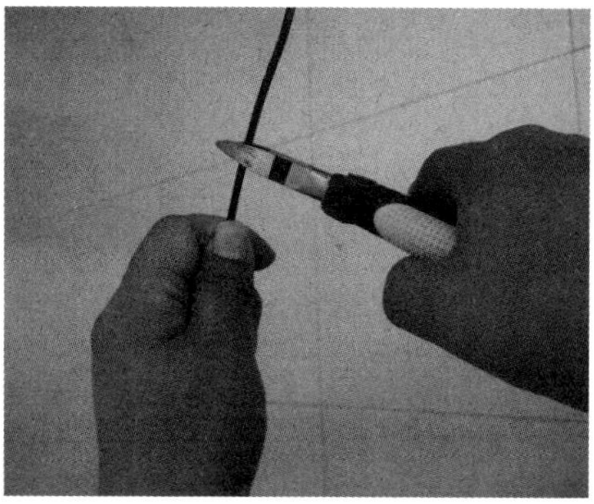

图 7-18　断线钳的使用

7. 电工刀

适用于电工在装配维修工作中割削导线绝缘外皮，以及割削木桩和割断绳索等。

8. 万用表

万用表是一种可以测量多种电量的多量程便携式仪表，可以来测量交流电压、直流电压、直流电流、盒电阻值等。有的万用表还可以测量模电、数电当中常用元器件，比如二极管、三极管，是维修电工必备的仪表之一。

测量时，应将红表笔短杆插入“VΩ”插孔，黑表笔短杆插入“COM”插孔。测量高压时应该把万用表的交流电压挡先调到最大，依次减小其电压挡。

(1)交流电压的测量。测量时，将万用表右边的转换开关置于“V～”位置，左边的转换开关(量程的选择)选择到交流电压所需的某一量限位置上。表棒不分正负，用手握住两表棒绝缘部分，将两表棒金属头分别接触被测电压的两端，读数，然后从被测电压端移开表棒。

(2)直流电压的测量。测量时，将万用表右边的转换开关置于“V—”位置，左边的转换开关(量程的选择)选择到直流电压所需的某一量限位置上，用红表笔金属头接触被测电路的正极，黑表笔金属头接触电路的负极。测量直流电压时，表棒不能接反，否则易损坏万用表。若不清楚被测电压时，可用表棒轻快地碰触一下被测电压两极，观察读数的正负，确定出正负极之后再进行测量。

(3)直、交流电流的测量。测量时应将左边的转换开关置于“A—”或“A～”位置，右边的转换开关选择在直、交流电流所需的某一量程。再将两表棒串接在被测电路中，串接直流电时应注意电流从正到负的方向。注意这时的红表笔短杆应该插入“10 A”孔中。

(4)电阻的测量。测量电阻时，将左边的转换开关置于“Ω”位置，右边的转换开关置于所需的某一“Ω”挡位。

(5)电容的测量。测量电容时，将左边的转换开关置于“F”位置，右边的转换开关置于所需的某一“F”挡位。

(6)测量电路中有无断路或元器件的好坏。万用表转换开关置于发声挡，用表笔在电路不带电的情况下测量被测元器件或电路中有无断路。测量时应注意，在被测量的电路或元器件中如果阻抗超过 200 Ω 时，发声挡就会因电阻值过大而不发声，这时应该调节转换开关置于合适的电阻挡。如果电路无断路或元器件完好，则电压表有读数，否则就为断路或元器件已经损坏。

(7)使用注意事项。

①使用万用表时，应仔细检查转换开关位置选择是否正确。若误用电流挡或电阻挡测量电压，会造成万用表的损坏。

②在用万用表测试时，不能旋转转换开关。需要旋转转换开关时，应让表棒离开被测电路，以保证转换开关接触良好。

③电阻、电容测量必须在断电状态下测量。

④在测量交、直流电压或电流时，应该先把转换开关挡调至最大测量挡，然后再慢慢调节转换开关，使其调节到相应位置测量。

任务二　器具定位和线路定位画线

按照施工图要求在指定位置进行器具定位和线路定位画线。

任务三　布线

布线要求：

(1)板面导线必须横平、竖直，尽可能避免交叉。

(2)几条线平行敷设时，应紧密，线与线之间不能有明显的空隙。

(3)护套线转弯成圆弧直角时，转弯圆度不能过小，以免损伤导线，转弯前后距转弯30～50 mm处应各用一个线卡。

(4)导线最好不在线路上直接连接，可通过接线盒或借用其他电器的接线桩来连接线头。

(5)导线进入明线盒前30～50 mm处应安装一个线卡，盒内应留出剖削2～3次的剖削长度。

(6)布线时，严禁损伤线芯和导线绝缘层。

知识链接8　如何读取导线的根数

1. 一只开关控制一盏灯

最简单的照明控制线路在一个房间内采用一只开关控制一盏灯，若采用管配线暗敷设，其照明平面图如图7-19所示，透视接线图如图7-20所示。

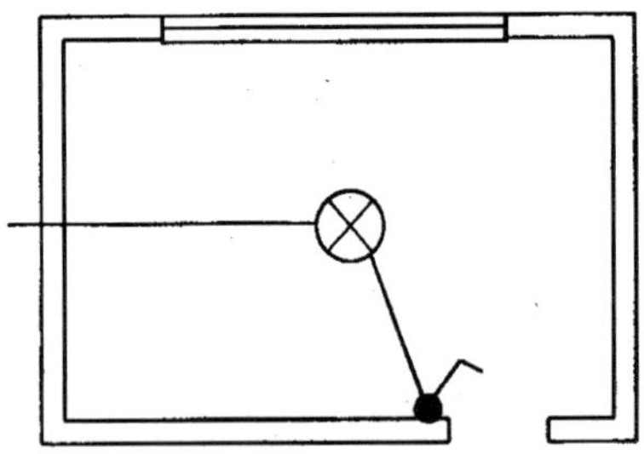

图7-19　一只开关控制一盏灯的照明平面图

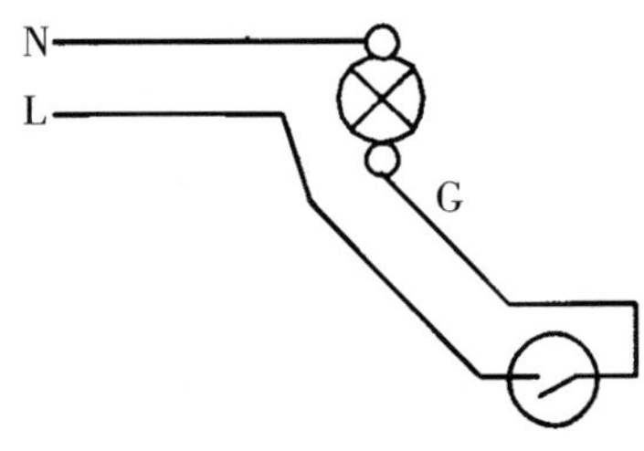

图7-20　一只开关控制一盏灯的透视接线图

可以看出平面图和实际接线图是有区别的。由图可知，电源与灯座的导线和灯座与开关之间的导线都是两根，但其意义却不同。电源与灯座的两根导线，一根为直接接灯座的中性线(N),一根为相线(L),中性线直接接灯座,相线必须经开关后再接于灯座;而灯座与开关间的两根导线,一根为相线,一根为控制线(G)。

2. 多只开关控制多盏灯

如图 7－21 所示是两个房间的照明平面图,图中有一个照明配电箱、三盏灯、一个双联单控开关和一个单联单控开关,采用管配线。图中大房间的两灯之间为三根线,中间一盏灯与双联单控开关之间为三根线,其余都是两根线,因为线管中间不允许有接头,接头只能放在灯座盒内或开关盒内,实际接线图如图 7－22 所示。

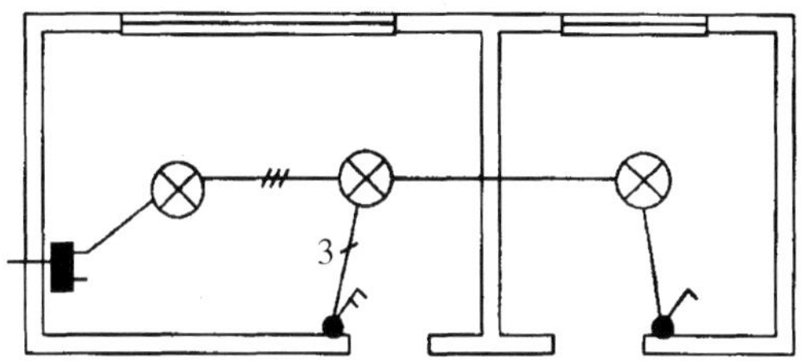

图 7－21　多只开关控制多盏灯的照明平面图

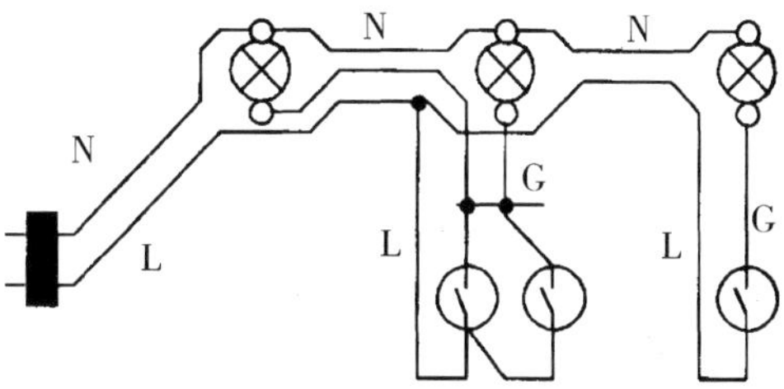

图 7－22　多只开关控制多盏灯的透视接线图

由实际接线图不难看出:大房间中两盏灯之间的三根导线,其中一根为相线,一根为中性线,一根为控制线;而中间一盏灯与双联单控开关之间的三根导线,一根为相线,其余两根均为控制线。

3. 两只开关控制一盏灯

用两只双控开关在两处控制一盏灯,通常用于楼梯、过道或客房等处。其平面图如图 7－23 所示,透视接线图如图 7－24 所示。图中一盏灯由两个双控开关在两处控制,两个双控开关之间的导线都为三根,三根均是一根相线加两根控制线。

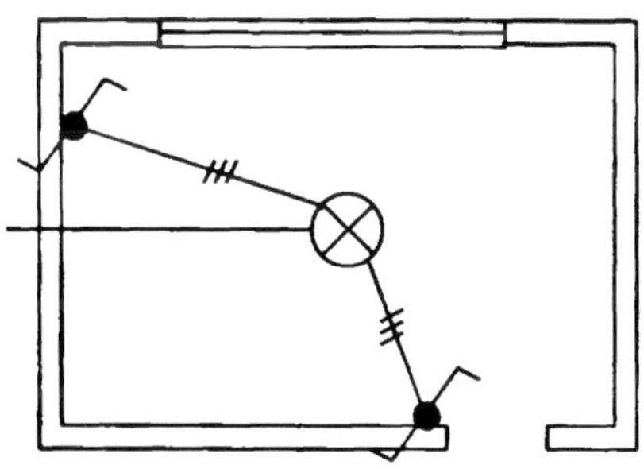

图 7－23　两只开关控制一盏灯的平面图

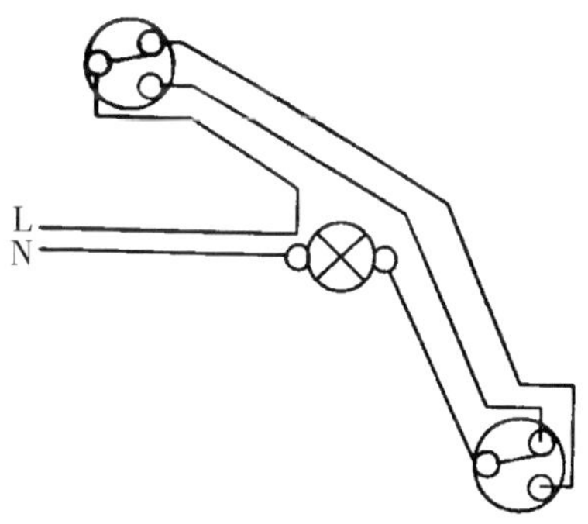

图 7－24　两只开关控制一盏灯的透视接线图

知识链接 9　电线正确连接

1. 单股铜芯导线的"一字形"连接

如图 7－25(a)所示:剖削绝缘层,把两线头的芯线成"X"形相交,互相绞接 2～3 圈。

如图 7－25(b)所示:扳直两线头。

如图 7－25(c)所示:两线端分别紧密向芯线上并缠绕 6～8 圈,用钢丝钳切去多余的芯线，钳平切口。

如图 7－25(d)所示：用绝缘胶布缠好。

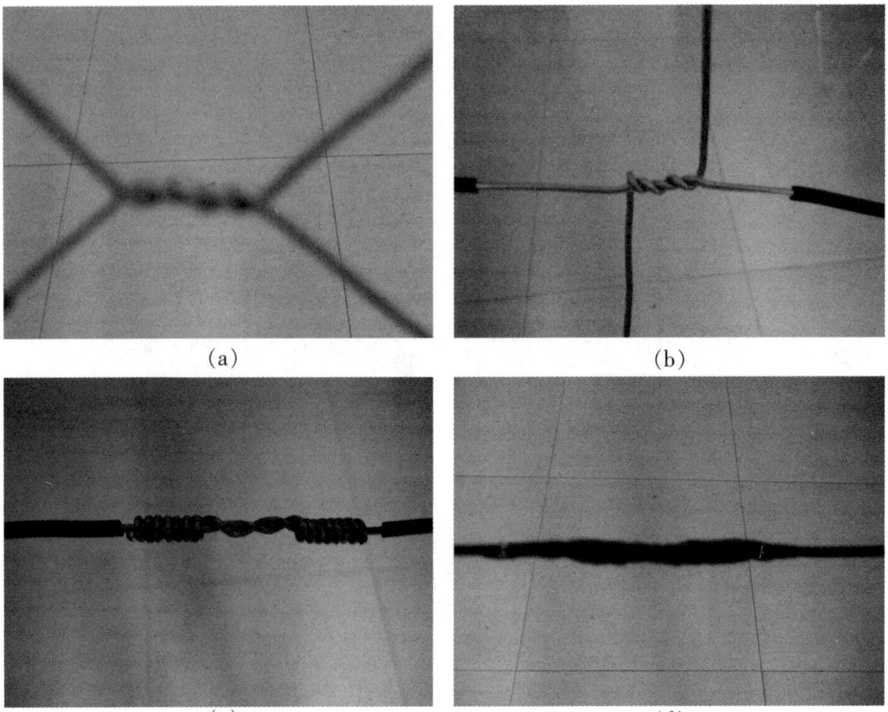

(a)　(b)　(c)　(d)

图 7－25　单股铜芯线的“一字形”连接

2. 单股铜芯线的“T 字形”连接

如图 7－26(a)所示：将分支芯线的线头与干芯线十字相交，使支路芯线根部留出 3～5 mm。

如图 7－26(b)所示：然后按顺时针方向在干线缠绕一圈，再环绕成结状，收紧线端向干线并缠绕 6～8 圈，用钢丝钳切去余下的芯线，并钳平芯线末端。

注意：如果连接导线截面较大，两芯线十字相交后，直接在干线上紧密缠 8 圈剪去余线即可。

如图 7－26(c)所示：用绝缘胶布缠好。

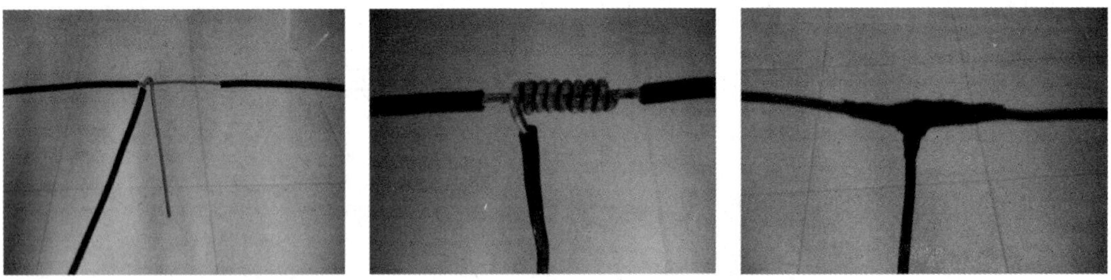

(a)　(b)　(c)

图 7－26　单股铜芯线的“T 字形”连接

任务四　器具安装

知识链接 10　灯具的附件

（1）灯座（如图 7 - 27 所示）：分为插口和螺口两类，100 W 的灯泡多为螺口灯座，因为螺口灯座接触多比插口好，能通过较大电流，按其安装方式可分为平灯座、悬吊式和管子灯座；按外壳材料又可分为胶木、瓷质和金属三种，大于 100 W 的一般采用瓷质，小于 100 W 的用胶木。

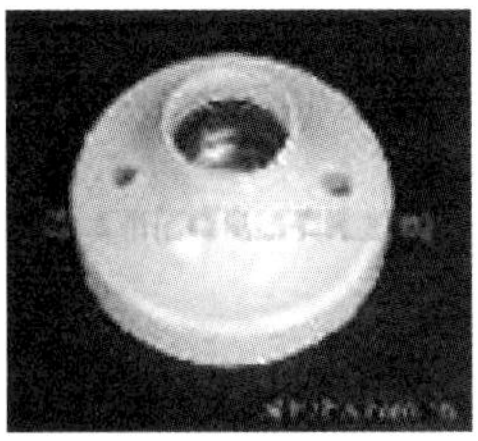
螺口灯座

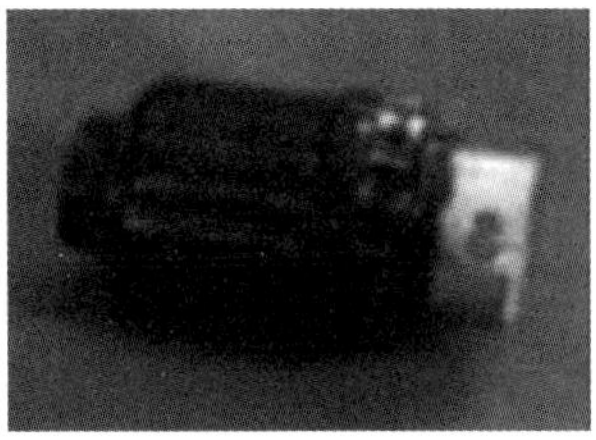
插口灯座

图 7 - 27　灯座

（2）灯罩（如图 7 - 28 所示）：按材料分为玻璃罩、搪瓷罩、铝罩等；按反射、投射和散射又可分为直接式、间接式和半间接式三种。

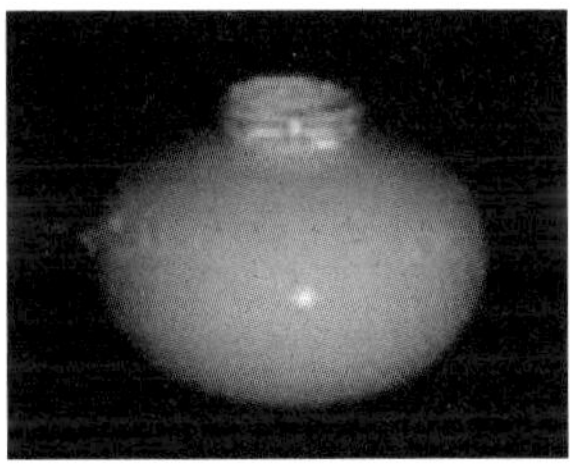
玻璃灯罩

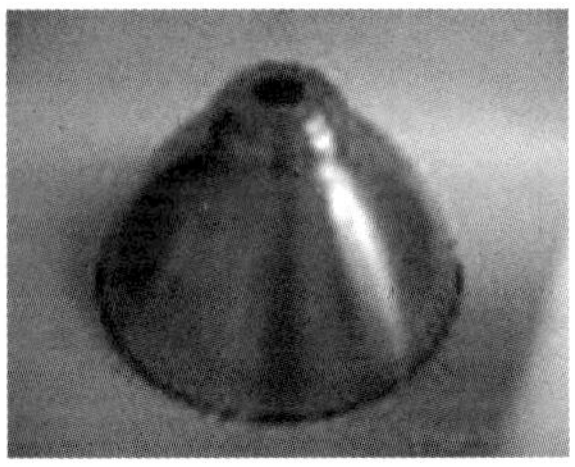
铝灯罩

搪瓷灯罩

图 7 - 28　灯罩

（3）开关（如图 7 - 29 所示）：起接通和断开电路的作用，按安装条件可分为明装式和暗

单联开关

双联开关

三联开关

拉线开关

翘板开关

声控光敏开关

图 7 - 29　开关

装式，按使用方式分为拉线开关和翘板开关，按构造分为单联、双联和三联开关以及声控光敏开关。声控光敏开关可在环境光照度低到一定数值时，通过声音振动使开关闭合，延时一段时间后自动断开，开关按外壳防护形式还可分普通式、防水防尘式、防爆式等。开关规格以额定电压和额定电流来表示，室内开关的额定电压一般为 250 V，电流一般在 3～10 A 之间。

(4)插座(如图 7－30 所示)：插座的作用是供移动式灯具或其他移动式电器设备接通电路所用，按结构可分为单相双孔、单相带接地线三孔和三相带接地线四孔的插座，按安装方式可分为明装、暗装两种，按防护方式可分为普通式、防水防尘式、防爆式。规格以额定电压和额定电流来表示，单相插座的额定电压一般为 250V，三相插座的额定电压一般为 450 V。

三相带接地线四孔　　单相双孔、带接地线三孔　　移动多用途插座

图 7－30　插座

(5)吊线盒：吊线盒用来悬挂灯具并起接线盒的作用，分塑料和瓷质两种，一般能悬挂质量不超过 2.5 kg 的灯具。

知识链接 11　照明设备的安装

照明电路的组成包括电源的引入、单相电能表、漏电保护器、熔断器、插座、灯头、开关、照明灯具和各类电线及配件辅料。

1. 照明开关和插座的接线

(1)照明开关是控制灯具的电气元件，起控制照明电灯的亮与灭的作用(即接通或断开照明线路)。开关有明装和暗装之分，现家庭一般是暗装开关。开关的接线如图 7－31 所示。

注意：相线(火线)进开关。

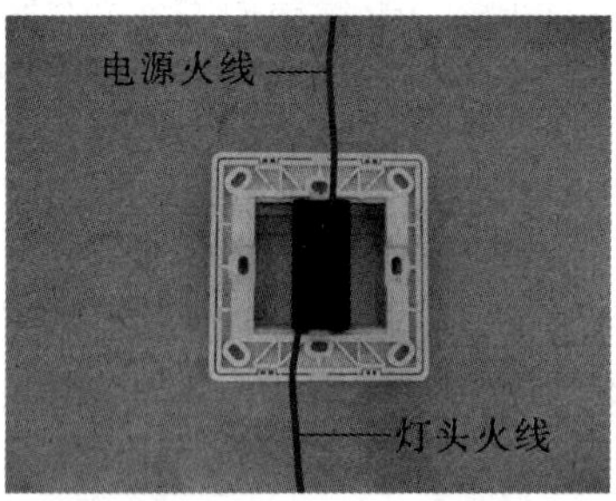

图 7－31　开关的接线

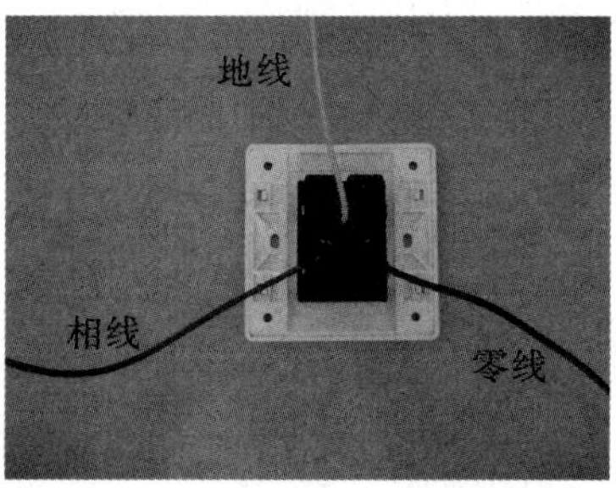

图 7－32　单相三孔插座的接线

(2)根据电源电压的不同，插座可分为三相四孔插座和单相三孔或二孔插座；家庭一般都是单相插座，实验室一般要安装三相插座。根据安装形式不同，插座又可分为明装式和暗

装式，现家庭一般都是暗装插座。单相两孔插座有横装和竖装两种。横装时，接线原则是左零右相；竖装时，接线原则是上相下零；单相三孔插座的接线原则是左零右相上接地（如图7－32所示）。另外在接线时也可根据插座后面的标识，L 端接相线，N 端接零线，E 端接地线。

注意：根据标准规定，相线（火线）是红色线，零线（中性线）是黑色线，接地线是黄绿双色线。

2. 照明开关和插座的安装

首先在准备安装开关和插座的地方钻孔，然后按照开关和插座的尺寸安装线盒，接着按接线要求，将盒内甩出的导线与开关、插座的面板连接好，将开关或插座推入盒内对正盒眼，用螺丝固定。固定时要使面板端正，并与墙面平齐（如图 7－33、图 7－34 所示）。

图 7－33　安装好的开关

图 7－34　安装好的插座

3. 灯座（灯头）的安装

插口灯座上的两个接线端子，可任意连接零线和来自开关的相线；但是螺口灯座上的接线端子，必须把零线连接在连通螺纹圈的接线端子上，把来自开关的相线连接在连通中心铜簧片的接线端子上（如图 7－35、图 7－36 所示）。

图 7－35　灯座的接线

图 7－36　灯座的固定

4. 日光灯（荧光灯）的安装

日光灯的镇流器有电感镇流器和电子镇流器两种。目前，许多日光灯的镇流器都采用电子镇流器（如图 7－37 所示），电感镇流器逐渐被淘汰。电子镇流器具有高效节能、启动电压较宽、启动时间短(0.5 s)、无噪声、无频闪等优点。

图 7－37 采用电子镇流器的日光灯

日光灯安装步骤:

(1)根据采用电子镇流器(或电感镇流器)的日光灯电路接线图,将电源线接入日光灯电路中(如图 7－38、图 7－39 所示)。

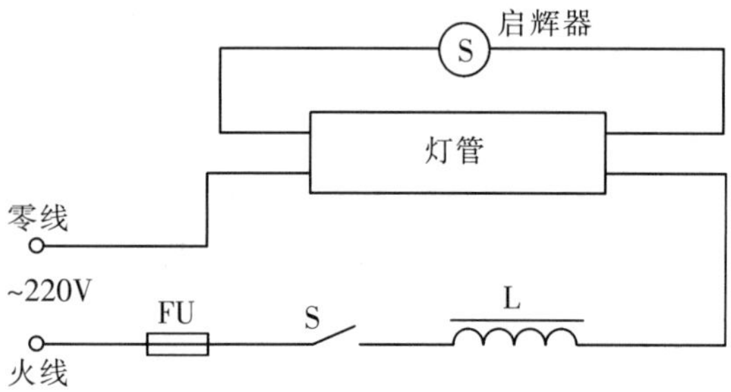

图 7－38 采用电感镇流器的日光灯电路接线图

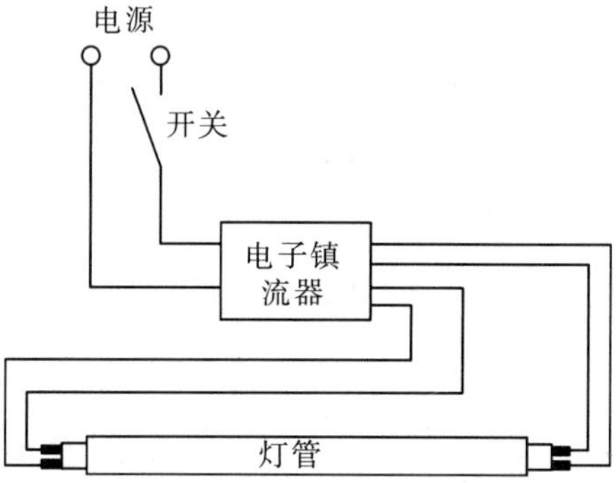

图 7－39 采用电子镇流器的日光灯电路接线图

(2)将日光灯的灯座固定在相应位置。

(3)安装日光灯灯管。先将灯管引脚插入有弹簧一端的灯脚内并用力推入,然后将另一端对准灯脚,利用弹簧的作用力使其插入灯脚内。

5. 漏电保护器(漏电断路器)的接线与安装

漏电保护器对电器设备的漏电电流极为敏感。当人体接触了漏电的用电器时,产生的漏电电流只要达到 10 mA,就能使漏电保护器在极短的时间(如 0.1 s)内跳闸,切断电源,有效地防止了触电事故的发生。漏电保护器还有断路器的功能,它可以在交、直流低压电路中手动或电动分合电路。

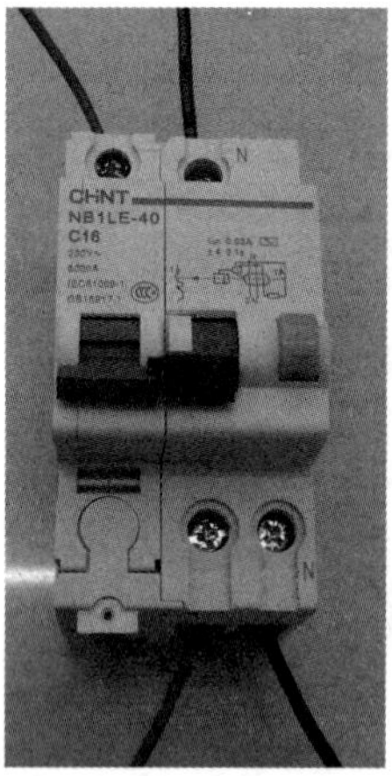

图 7－40 漏电保护器的接线

(1)漏电保护器的接线。电源进线必须接在漏电保护器的正上方,即外壳上标有“电源”或“进线”端;出线均接在下方,即标有“负载”或“出线”端。倘若把进线、出线接反了,将会导致保护器动作后烧毁线圈或影响保护器的接通、分断能力(如图 7－40所示)。

(2)漏电保护器的安装。

①漏电保护器应安装在进户线截面较小的配电盘上或照明配电箱内(如图 7－41、图 7－42 所示);安装在电能表之后、熔断器之前。

②所有照明线路导线(包括中性线在内),均必须通过漏电保护器,且中性线必须与地绝缘。

③应垂直安装,倾斜度不得超过 5°。

④安装漏电保护器后，不能拆除单相闸刀开关或熔断器等。这样做的好处，一是维修设备时有一个明显的断开点；二是在刀闸或熔断器起着短路或过负荷保护作用。

图 7-41 配电盘上的漏电保护器

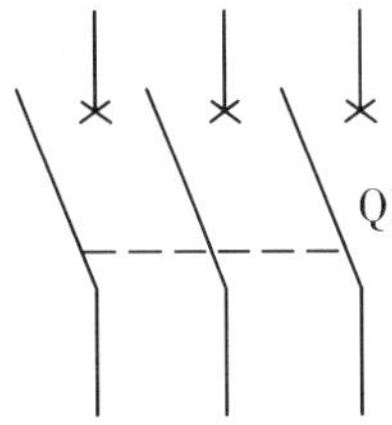

图 7-42 漏电保护器的符号

6. 熔断器的安装

低压熔断器(如图 7-43、图 7-44 所示)广泛用于低压供配电系统和控制系统中，主要用作电路的短路保护，有时也可用于过负载保护。常用的熔断器有瓷插式、螺旋式、无填料封闭式和有填料封闭式。使用时串联在被保护的电路中，当电路发生短路故障，通过熔断器的电流达到或超过某一规定值时，熔断器以其自身产生的热量使熔体熔断，从而自动分断电路，起到保护作用。

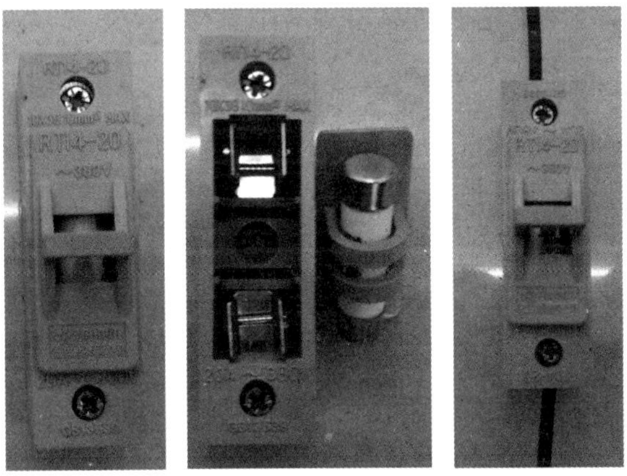

图 7-43 低压熔断器及接线

图 7-44 低压熔断器的符号

熔断器的安装要点：

(1)安装熔断器时必须在断电情况下操作。

(2)安装位置及相互间距应便于更换熔件。

(3)应垂直安装，并应能防止电弧飞溅在临近带电体。

(4)螺旋式熔断器在接线时，为了更换熔断管时安全，下接线端应接电源，而连螺口的上接线端应接负载。

(5)瓷插式熔断器安装熔丝时，熔丝应顺着螺钉旋紧方向绕过去，同时注意不要划伤熔丝，也不要把熔丝绷紧，以免减小熔丝截面尺寸或拉断熔丝。

(6)有熔断指示的熔管，其指示器方向应装在便于观察侧。

(7)更换熔体时应切断电源,并应换上相同额定电流的熔体,不能随意加大熔体。

(8)熔断器应安装在线路的各相线(火线)上,在三相四线制的中性线上严禁安装熔断器;单相二线制的中性线上应安装熔断器。

7. 单相电能表(电度表)的安装

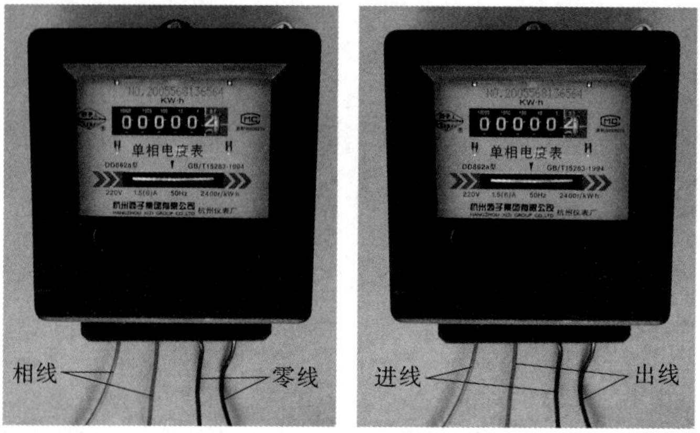

图 7-45 单相电能表的接线

(1)单相电能表的接线。单相电能表接线盒里共有 4 个接线桩,从左至右按 1、2、3、4 编号。直接接线方法是按编号 1、3 接进线(1 接相线,3 接零线),2、4 接出线(2 接相线,4 接零线),如图 7-45 所示。

注意:在具体接线时,应以电能表接线盒盖内侧的线路图为准。

(2)电能表的安装要点。

①电能表应安装在箱体内或涂有防潮漆的木制底盘、塑料底盘上。

②为确保电能表的精度,安装时表的位置必须与地面保持垂直,其垂直方向的偏移不大于 1°。表箱的下沿离地高度应在 1.7～2 m 之间,暗式表箱下沿离地 1.5 m 左右。

③单相电能表一般应装在配电盘的左边或上方,而开关应装在右边或下方。与上、下进线间的距离大约为 80 mm,与其他仪表左右距离大约为 60 mm。

④电能表的安装部位,一般应在走廊、门厅、屋檐下,切忌安装在厨房、厕所等潮湿或有腐蚀性气体的地方。现住宅多采用集表箱安装在走廊。

⑤电能表的进线出线、应使用铜芯绝缘线,线芯截面不得小于 1.5 mm。接线要牢固,但不可焊接,裸露的线头部分,不可露出接线盒。

⑥由供电部门直接收取电费的电能表,一般由其指定部门验表,然后由验表部门在表头盒上封铅封或塑料封,安装完后,再由供电局直接在接线桩头盖上或计量柜门封上铅封或塑料封。未经允许,不得拆掉铅封。

任务五 线路与器具连接并仔细检查,再安装盖板

接线:由上至下,先串后并;接线正确,牢固,各接点不能松动,铺线平直整齐,无漏铜、反圈、压胶,每个接线端子上连接的导线根数一般不超过两根,绝缘性能好,外形美观。红色线接电源火线(L),黑色线接零线(N),黄绿双色线专作地线(PE);火线过开关,零线一般不进开关;电源火线进线接单相电能表端子“1”,电源零线进线接端子“3”,端子“2”为火线出线,

端子“4”为零线出线。进出线应合理汇集在端子排上。

检查线路：用肉眼观看电路，看有没有接出多余线头。参照设计的照明电路安装图检查每条线是否严格按要求来接，每条线有没有接错位，注意电能表有无接反，漏电保护器、熔断器、开关、插座等元器件的接线是否正确。

任务六　通电试验

送电由电源端开始往负载依次顺序送电，先合上漏电保护器开关，然后合上控制白炽灯的开关，白炽灯正常发亮；合上控制日光灯开关，日光灯正常发亮；插座可以正常工作，电能表根据负载大小决定表盘转动快慢。负荷大时，表盘就转动快，用电就多。通电时务必注意操作时的安全。

知识链接 12　安全用电常识

1. 人为什么会触电

人体是导体，人体触及带电体时，有电流通过人体，这就是触电。电流对人体的危险性跟电流的大小、通电时间的长短等因素有关。通过人体的电流大小决定于外加电压和人体的电阻，触电事故是由于过大的电流通过人体而引起的，且通过人体的电流越大，通电的时间越长，越危险。通过人体心脏的电流在 30 mA 以上时，就会呼吸困难，甚至死亡。

安全电压：只有不高于 36 V 的电压才是安全的；家庭电路的电压是 220 V，动力电路的电压是 380 V。

发生触电事故的主要原因有以下几种：

(1)缺乏电器安全知识，在高压线附近放风筝，爬上高压电杆掏鸟巢；低压架空线路断线后不停电用手去拾火线；黑夜带电接线手摸带电体；用手摸破损的胶盖刀闸。

(2)违反操作规程，带电连接线路或电器设备未采取必要的安全措施；触及破坏的设备或导线，误登带电设备，带电接照明灯具，带电修理电动工具，带电移动电气设备，用湿手拧灯泡等。

(3)设备不合格，安全距离不够；二线一地制接地电阻过大；接地线不合格或接地线断开；绝缘破坏导线裸露在外等。

(4)设备失修，大风刮断线路或刮倒电杆未及时修理；胶盖刀闸的胶木损坏未及时更换；电动机导线破损，使外壳长期带电；瓷瓶破坏，使相线与拉线短接，设备外壳带电。

(5)其他偶然原因，夜间行走触碰断落在地面的带电导线。

2. 触电的形式

(1)家庭电路中的触电事故是怎样发生的(低压触电的两种形式)。通过观察，明确家庭电路中的触电事故，都是人体直接或间接跟火线连通造成的。

单线触电：站在地上的人触到火线，则电流由火线进入人体到地，经地线形成回路，造成触电事故。

双线触电：站在绝缘体上的人若同时触到两根电线时，电流将由火线进入人体到另一根线(零线)而形成回路，造成触电事故。

总结：为了安全用电，绝对不要接触没有绝缘皮的火线以及跟火线连通的导体。

家庭电路安全用电的常识：

①注意防止绝缘部分破损。

②保持绝缘部分干燥，不用湿手扳开关，不在电线上晾衣服。

③有人触电，要先切断电源，或者用干木棍等绝缘体拨开电线。

④架设电视天线时，注意不要触及电线。

尤其要特别警惕本来是绝缘的物体导了电，本来是不该带电的物体带了电。

(2)高压触电的两种形式。高压电弧触电：当人体靠近高压带电体到一定距离时，高压带电体和人体之间会发生放电现象。这时有电流通过人体，造成高压电弧触电。

跨步电压触电：高压输电线落在地面上，地面上与电线断头距离不同的各点存在着电压。当人走近断头时，两脚位于离断头远近不同的位置上，因而两脚之间有了电压(跨步电压)。这时电流通过人体，造成跨步电压触电。

为了安全用电，不要靠近高压带电体。

3. 安全用电基本原则

(1)不接触高于 36 V 的低压带电体，不靠近高压带电体。

(2)警惕不应该带电的物体带了电和本来应该绝缘的物体导了电。

(3)必须是有关部门核准的电工，才有检查维修用电线路的资格。排除一般的电路故障，如更换熔丝等，必须由有电学知识和一定操作经验的人进行。

(4)定期检查电线、开关、电灯口及用电器的插头、引线，若有老化破损，必须及时更换。

(5)不超负荷用电，否则会使线路中电流长期超过其安全载流量，造成电线过热损坏绝缘层，从而造成触电事故。

(6)不用湿手扳开关、插入或拔出插头。

(7)安装、检修电器应穿绝缘鞋，站在绝缘体上，且要切断电源。

(8)禁止用铜丝代替熔丝，禁止用橡皮胶代替电工绝缘胶布。

(9)在电路中安装触电保护器，并定期检验其灵敏度。

(10)下雷雨时，不使用收音机、录像机、电视机，且拔出电源插头，拔出电视机天线插头。暂时不使用电话，如一定要用，可用免提功能。

(11)严禁私拉乱接电线，禁止学生在寝室使用电炉、“热得快”等电器。

(12)不在架着电缆、电线的下面放风筝和进行球类活动。

4. 触电的急救

发生触电事故时，在保证救护者本身安全的同时，必须首先设法使触电者迅速脱离电源，然后进行以下抢修工作。

(1)解开妨碍触电者呼吸的紧身衣服。

(2)检查触电者的口腔，清理口腔的黏液，如有假牙，则取下。

(3)立即就地进行抢救，如呼吸停止，采用口对口人工呼吸法抢救，若心脏停止跳动或不规则颤动，可进行人工胸外挤压法抢救，绝不能无故中断。

(三)学生实操

1. 劳动组织形式

本项目实施中，对学生进行分组，学生 4～5 人组成一个工作小组。各小组按照表 7 - 7 任务分配表制订出实施方案及工作计划，组长协助教师参与指导本组学生学习，检查项目实施进度和质量，并制订改进措施，共同完成项目任务。

表 7-7　分组成员工作明细表

序号	成员	成员工作职责	姓名	备注
1	画线员	主要负责器具定位和线路定位画线		
2	安装员	主要负责器具安装和线路连接		
3	检查员	主要负责器具检查和线路检查		
4	资料员	主要负责整理和及时上交本组安装资料工作		
5	安全员	主要负责项目实施过程中安全措施的落实		

2. 所需设备及器件

导线、灯座、插座、灯泡、电能表、总控刀闸、漏电保护器、万用表、剥线钳、尖嘴钳、电工锤、电工刀、布线木板、开关、线卡。

五、项目测评

按时间、质量、安全、文明、环保要求进行考核。首先学生按照表 7-8 项目考核评价表，先自评，在自评的基础上，由本组的同学互评，最后由教师进行总结评分。

表 7-8　项目考核评价表

序号	项目	标准分	内容	评分标准	学生自评	教师评价
1	态度	20	按时出勤，不迟到，不早退 工作责任心强，吃苦耐劳 具有团队合作精神	迟到扣 4 分，早退扣 4 分 责任心不强，扣 4～8 分 团队合作意识差，扣 4 分		
2	工量具	10	工量具能正确使用，不规范酌情扣分	不规范酌情扣 5～10 分		
3	检查现场	10	有无安全隐患	酌情扣 1～5 分		
4	导线连接	10	符合工艺操作规范	圈数未达到扣 2 分，有伤损扣 2 分，连接不正确扣 4 分		
5	电路布线	30	双控，接线工艺，单控	不能实现双控扣 10 分，接线 1 处不正确扣 2 分，单控不正确扣 10 分		
6	安全生产	10	符合安全施工要求	有安全隐患扣 1～10 分		
7	文明施工	10	符合文明施工要求	不符合要求扣 1～10 分		
合计		100	学生签名： 教师签名 ：	权重	0.3	0.7
				实际得分		

知识链接13 照明电路的常见故障及排除

照明电路的常见故障主要有断路、短路和漏电三种。

1. 断路

相线、零线均可能出现断路。断路故障发生后，负载将不能正常工作。三相四线制供电线路负载不平衡时，如零线断线会造成三相电压不平衡，负载大的一相相电压低。负载小的一相相电压增高。如负载是白炽灯，则会出现一相灯光暗淡，而接在另一相上的灯又变得很亮，同时零线断路负载侧将出现对地电压。

产生断路的原因：主要是熔丝熔断、线头松脱、断线、开关没有接通、铝线接头腐蚀等。

断路故障的检查：如果一个灯泡不亮而其他灯泡都亮，应首先检查是否灯丝烧断；若灯丝未断，则应检查开关和灯头是否接触不良、有无断线等。为了尽快查出故障点，可用验电器测灯座（灯头）的两极是否有电，若两极都不亮说明相线断路；若两极都亮（带灯泡测试），说明中性线（零线）断路；若一极亮一极不亮，说明灯丝未接通。对于日光灯来说，应对启辉器进行检查。如果几盏电灯都不亮，应首先检查总熔丝是否熔断或总闸是否接通，也可按上述方法及验电器判断故障。

2. 短路

短路故障表现为熔断器熔丝爆断；短路点处有明显烧痕、绝缘炭化，严重的会使导线绝缘层烧焦甚至引起火灾。

造成短路的原因：①用电器具接线不好，以致接头碰在一起。②灯座或开关进水，螺口灯头内部松动或灯座顶芯歪斜碰及螺口，造成内部短路。③导线绝缘层损坏或老化，并在零线和相线的绝缘处碰线。

当发现短路打火或熔丝熔断时应先查出发生短路的原因，找出短路故障点，处理后更换熔丝，恢复送电。

3. 漏电

漏电不但造成电力浪费，还可能造成人身触电伤亡事故。

产生漏电的原因：主要有相线绝缘损坏而接地、用电设备内部绝缘损坏使外壳带电等。

漏电故障的检查：漏电保护装置一般采用漏电保护器。当漏电电流超过整定电流值时，漏电保护器动作切断电路。若发现漏电保护器动作，则应查出漏电接地点并进行绝缘处理后再通电。照明线路的接地点多发生在穿墙部位和靠近墙壁或天花板等部位。查找接地点时，应注意查找这些部位。

(1)判断是否漏电：在被检查建筑物的总开关上接一只电流表，接通全部电灯开关，取下所有灯泡，进行仔细观察。若电流表指针摇动，则说明漏电。指针偏转的多少，取决于电流表的灵敏度和漏电电流的大小。若偏转多则说明漏电大，确定漏电后可按下一步继续进行检查。

(2)判断漏电类型：是火线与零线间的漏电，还是相线与大地间的漏电，或者是两者兼而有之。以接入电流表检查为例，切断零线，观察电流的变化：电流表指示不变，是相线与大地之间漏电；电流表指示为零，是相线与零线之间的漏电；电流表指示变小但不为零，则表明相线与零线、相线与大地之间均有漏电。

(3)确定漏电范围：取下分路熔断器或拉下开关刀闸，电流表若不变化，则表明是总线漏电；电流表指示为零，则表明是分路漏电；电流表指示变小但不为零，则表明总线与分路均有漏电。

(4)找出漏电点:按前面介绍的方法确定漏电的分路或线段后,依次拉断该线路灯具的开关,当拉断某一开关时,电流表指针回零或变小,若回零则是这一分支线漏电,若变小则除该分支漏电外还有其他漏电处;若所有灯具开关都拉断后,电流表指针仍不变,则说明是该段干线漏电。

知识链接 14 照明设备的常见故障及排除

1. 开关的常见故障及排除

见表 7-9。

表 7-9 开关的常见故障及排除方法

故障现象	产生原因	排除方法
开关操作后电路不通	接线螺丝松脱,导线与开关导体不能接触	打开开关,紧固接线螺丝
	内部有杂物,使开关触片不能接触	打开开关,清除杂物
	机械卡死,拨不动	给机械部位加润滑油,机械部分损坏严重时,应更换开关
接触不良	压线螺丝松脱	打开开关盖,压紧螺丝
	开关触头上有污物	断电后,清除污物
	拉线开关触头磨损、打滑或烧毛	断电后修理或更换开关
开关烧坏	负载短路	处理短路点,并恢复供电
	长期过载	减轻负载或更换容量大一级的开关
漏电	开关防护盖损坏或开关内部接线头外露	重新配全开关盖,并接好开关的电源连接线
	受潮或受雨淋	断电后进行烘干处理,并加装防雨措施

2. 插座的常见故障及排除

见表 7-10。

表 7-10 插座的常见故障及排除方法

故障现象	产生原因	排除方法
插头插上后不通电或接触不良	插头压线螺丝松动,连接导线与插头片接触不良	打开插头,重新压接导线与插头的连接螺丝
	插头根部电源线在绝缘皮内部折断,造成时通时断	剪断插头端部一段导线,重新连接
	插座口过松或插座触片位置偏移,使插头接触不上	断电后,将插座触片收拢一些,使其与插头接触良好
	插座引线与插座压线导线螺丝松开,引起接触不良	重新连接插座电源线,并旋紧螺丝
插座烧坏	插座长期过载	减轻负载或更换容量大的插座
	插座连接线处接触不良	紧固螺丝,使导线与触片连接好并清除生锈物
	插座局部漏电引起短路	更换插座

续表

故障现象	产生原因	排除方法
插座短路	导线接头有毛刺,在插座内松脱引起短路	重新连接导线与插座,在接线时要注意将接线毛刺清除
	插座的两插口相距过近,插头插入后碰连引起短路	断电后,打开插座修理
	插头内部接线螺丝脱落引起短路	重新把紧固螺丝旋进螺母位置,固定紧
	插头负载端短路,插头插入后引起弧光短路	消除负载短路故障后,断电更换同型号的插座

3. 日光灯的常见故障及排除

见表 7－11。

表 7－11　日光灯的常见故障及排除方法

故障现象	产生原因	排除方法
日光灯不能发光	停电或熔丝烧断导致无电源	找出断电原因,检修好故障后恢复送电
	灯管漏气或灯丝断	用万用表检查或观察荧光粉是否变色,如确认灯管坏,可换新灯管
	电源电压过低	不必修理
	新装日光灯接线错误	检查线路,重新接线
	电子镇流器整流桥开路	更换整流桥
日光灯灯光抖动或两端发红	接线错误或灯座灯脚松动	检查线路或修理灯座
	电子镇流器谐振电容器容量不足或开路	更换谐振电容器
	灯管老化,灯丝上的电子发射将尽,放电作用降低	更换灯管
	电源电压过低或线路电压降得过大	升高电压或加粗导线
	气温过低	用热毛巾对灯管加热
灯光闪烁或管内有螺旋滚动光带	电子镇流器的大功率晶体管开焊接触不良或整流桥接触不良	重新焊接
	新灯管暂时现象	使用一段时间会自行消失
	灯管质量差	更换灯管
灯管两端发黑	灯管老化	更换灯管
	电源电压过高	调整电源电压至额定电压
	灯管内水银凝结	灯管工作后即能蒸发或将灯管旋转 180°
灯管光度降低或色彩转差	灯管老化	更换灯管
	灯管上积垢太多	清除灯管积垢
	气温过低或灯管处于冷风直吹位置	采取遮风措施
	电源电压过低或线路电压降得太大	调整电压或加粗导线

续表

故障现象	产生原因	排除方法
灯管寿命短或发光后立即熄灭	开关次数过多	减少不必要的开关次数
	新装灯管接线错误将灯管烧坏	检修线路，改正接线
	电源电压过高	调整电源电压
	受剧烈振动，使灯丝振断	调整安装位置或更换灯管
断电后灯管仍发微光	荧光粉余辉特性	过一会将自行消失
	开关接到了零线上	将开关改接至相线上
灯管不亮，灯丝发红	高频振荡电路不正常	检查高频振荡电路，重点检查谐振电容器

4. 白炽灯的常见故障及排除

见表 7－12。

表 7－12　白炽灯的常见故障及排除方法

故障现象	产生原因	排除方法
灯泡不亮	灯泡钨丝烧断	更换灯泡
	灯座或开关触点接触不良	把接触不良的触点修复，无法修复时，应更换完好的触点
	停电或电路开路	修复线路
	电源熔断器熔丝烧断	检查熔丝烧断的原因并更换新熔丝
灯泡强烈发光后瞬时烧毁	灯丝局部短路(俗称搭丝)	更换灯泡
	灯泡额定电压低于电源电压	换用额定电压与电源电压一致的灯泡
灯光忽亮忽暗，或忽亮忽熄	灯座或开关触点(或接线)松动，或因表面存在氧化层(铝质导线、触点易出现)	修复松动的触头或接线，去除氧化层后重新接线，或去除触点的氧化层
	电源电压波动(通常附近有大容量负载经常启动引起)	更换配电所变压器，增加容量
	熔断器熔丝接头接触不良	重新安装，或加固压紧螺钉
	导线连接处松散	重新连接导线
开关合上后熔断器熔丝烧断	灯座或挂线盒连接处两线头短路	重新接线头
	螺口灯座内中心铜片与螺旋铜圈相碰、短路	检查灯座并扳准中心铜片
	熔丝太细	正确选配熔丝规格
	线路短路	修复线路
	用电器发生短路	检查用电器并修复
灯光暗淡	灯泡内钨丝挥发后积聚在玻璃壳内表面，透光度降低，同时由于钨丝挥发后变细，电阻增大，电流减小，光通量减小	正常现象
	灯座、开关或导线对地严重漏电	更换完好的灯座、开关或导线
	灯座、开关接触不良，或导线连接处接触电阻增加	修复、接触不良的触点，重新连接接头
	线路导线太长太细，线路压降太大	缩短线路长度，或更换较大截面的导线
	电源电压过低	调整电源电压

5. 漏电断路器的常见故障分析

漏电保护器的常见故障有拒动作和误动作。拒动作是指线路或设备已发生预期的触电或漏电时漏电保护装置拒绝动作，误动作是指线路或设备未发生触电或漏电时漏电保护装置的动作。见表 7－13。

表 7－13　漏电保护器常见故障及产生原因

故障现象	产生原因
拒动作	漏电动作电流选择不当。选用的保护器动作电流过大或整定电流过大，而实际产生的漏电值没有达到规定值，使保护器拒动作
	接线错误。在漏电保护器后，如果把保护线（即 PE 线）与中性线（N 线）接在一起，发生漏电时，漏电保护器将拒动作
	产品质量低劣，零序电流互感器二次电路断路、脱扣元件故障
	线路绝缘阻抗降低，线路由于部分电击电流不沿配电网工作接地，或不沿漏电保护器前方的绝缘阻抗，而沿漏电保护器后方的绝缘阻抗流经保护器返回电源
误动作	接线错误，误把保护线（PE 线）与中性线（N 线）接反
	在照明和动力合用的三相四线制电路中，错误地选用三极漏电保护器，负载的中性线直接接在漏电保护器的电源侧
	漏电保护器后方有中性线与其他回路的中性线连接或接地，或后方有相线与其他回路的同相相线连接，接通负载时会造成漏电保护器误动作
	漏电保护器附近有大功率电器，当其开合时产生电磁干扰，或附近装有磁性元件或较大的导磁体，在互感器铁芯中产生附加磁通量而导致误动作
	当同一回路的各相不同步合闸时，先合闸的一相可能产生足够大的泄漏电流
	漏电保护器质量低劣，元件质量不高或装配质量不好，降低了漏电保护器的可靠性和稳定性，导致误动作
	环境温度、相对湿度、机械振动等超过漏电保护器设计条件

6. 熔断器的常见故障及排除

见表 7－14。

表 7－14　熔断器的常见故障及排除方法

故障现象	产生原因	排除方法
通电瞬间熔体熔断	熔体安装时受机械损伤严重	更换熔丝
	负载侧短路或接地	排除负载故障
	熔丝电流等级选择太小	更换熔丝
熔丝未断但电路不通	熔丝两端或两端导线接触不良	重新连接
	熔断器的端帽未拧紧	拧紧端帽

7. 单相电能表的常见故障分析

见表 7－15。

表 7－15　单相电能表常见故障及排除方法

故障现象	产生原因	排除方法
电能表不转或反转	电能表的电压线圈端子的小连接片未接通电源	打开电能表接线盒，查看电压线圈的小钩子是否与进线火线连接，未连接时要重新接好
	电能表安装倾斜	重新校正电能表的安装位置
	电能表的进出线相互接错引起倒转	电能表应按接线盒背面的线路图正确接线

六、项目拓展

绘制和识读某项目的照明供电系统图纸。

1. 工程概况、施工图

本设计图共两张，其中配电系统图如图 7－46 所示，电气照明平面图如图 7－47 所示。

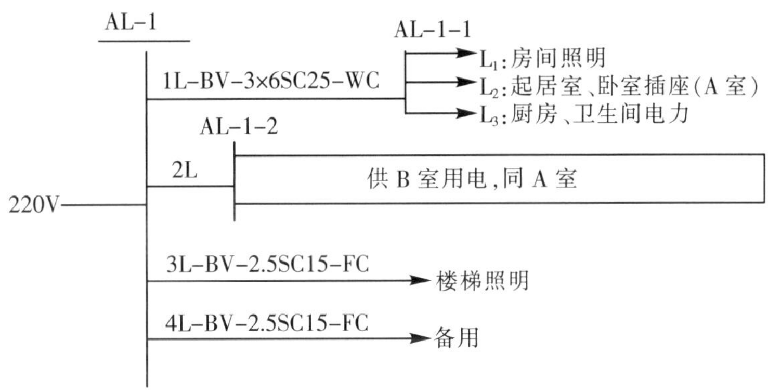

图 7－46　某住宅楼供电系统图

（1）建筑概况。本住宅楼共 6 层，每层高 3 m，一个单元内每层共两户，有 A、B 两种户型：A 型为 4 室 1 厅，约 92 m^2；B 型为 3 室 1 厅，约 73 m^2。共用楼梯、楼道。

（2）供电电源。每层住宅楼采用 220 V 单相电源、TN-C 接地方式的单相三线系统供电。

2. 施工说明

（1）在楼道内设置一个配电箱 AL-I，安装高度为 1.8 m，配电箱有 4 路输出线（1L、2L、3L、4L），其中，1L、2L 分别为 A、B 两户供电，导线及敷设方式为 BV-3X6-SC25-WC（铜芯塑料绝缘线，3 根，截面积为 6 mm^2，穿钢管敷设，管径为 25 mm，沿墙暗敷），3L 供楼梯照明，4L 为备用。

（2）住户用电。A、B 两户分别在室内安装一个配电箱，其安装高度为 1.8 m，分别采用 3 路供电，其中 L_1 供各房间照明，L_2 供起居室、卧室内的家用电器用电，L_3 供厨房、卫生间用电。

（3）除非图面另有注释，房间内所有照明、插座管线均选用 BV-500 型电线穿 PVC20 型管，敷设在现浇混凝土楼板内；竖直方向为暗敷设在墙体内。照明、插座支线的截面积一律为 2.5 mm^2，每一回路单独穿一根管，穿管管径为 20 mm。

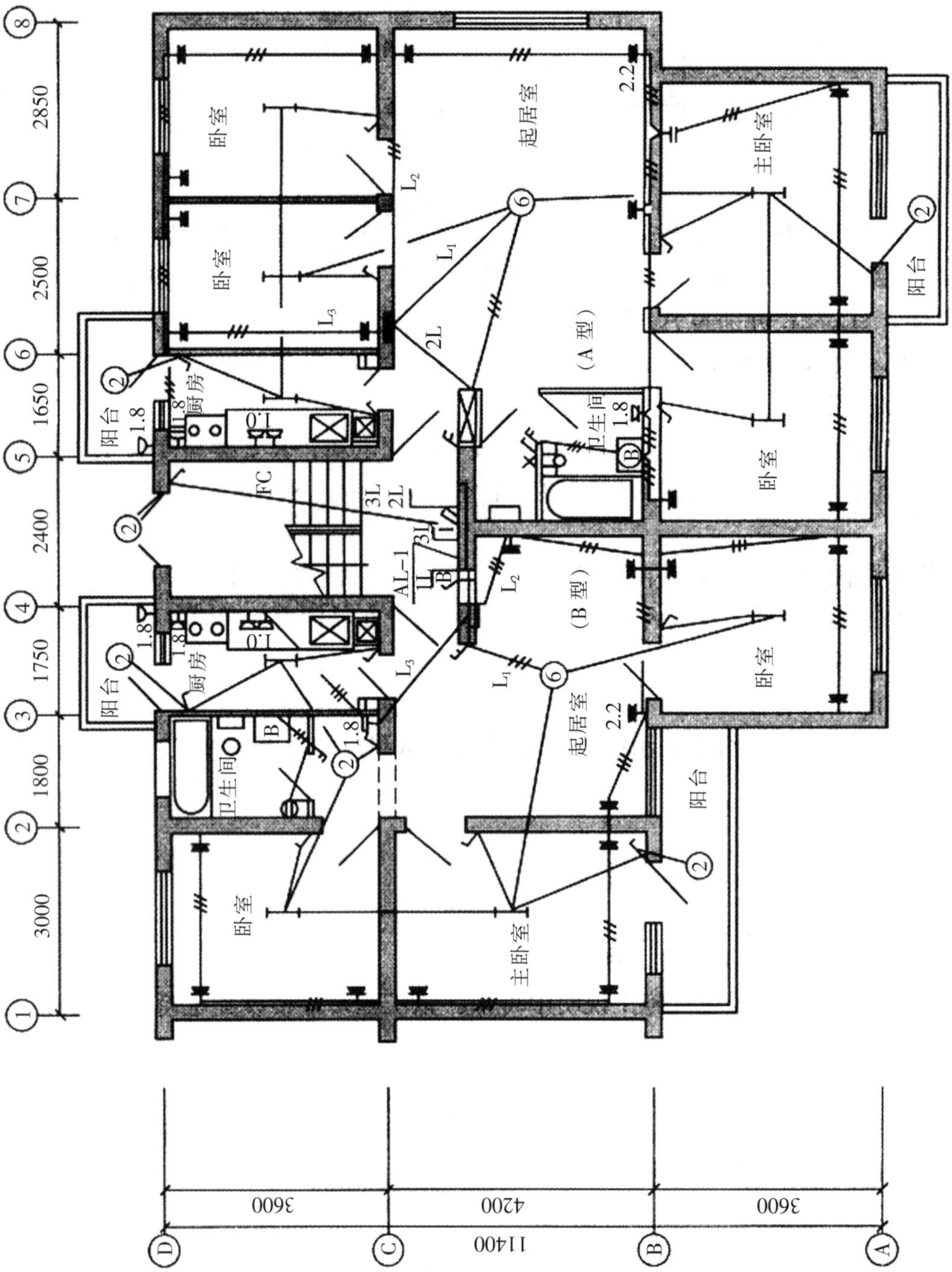

图 7-47　某住宅楼电气照明平面图

(4)除非图面另有注释，所有开关距地 1.4 m 安装，插座距地 0.4 m 安装。

(5)所有电气施工图纸中表示的预留套管和预留洞口均由电气施工人员进行预留，施工时与土建密切配合。

七、项目作业

(1)编制本项目建筑照明供电系统材料清单，清单格式见表 7-16。

表 7-16　建筑照明供电系统材料清单

项目名称：					
序号	材料名称	规格	数量	单位	备注
1					
2					
3					
4					
5					
6					
7					

(2)填写本项目建筑照明安装质量验收记录表，见表 7-17。

(3)照明灯具按光通量可分为哪几类？

(4)常用电光源可分为哪几类？

(5)简述照明供配电系统由哪几部分组成。

表 7-17 建筑照明安装质量验收记录表

<table>
<tr><td colspan="2">工程名称</td><td colspan="2"></td><td>结构类型及层数</td><td colspan="2"></td></tr>
<tr><td colspan="2">施工单位</td><td></td><td>技术部门负责人</td><td></td><td>质量部门负责人</td><td></td></tr>
<tr><td colspan="2">分包单位</td><td></td><td>分包单位负责人</td><td></td><td>分包技术负责人</td><td></td></tr>
<tr><td colspan="2">序号</td><td>子分部(分项)工程名称</td><td>分项工程(检验批)数</td><td colspan="2">施工单位检查评定</td><td>验收意见</td></tr>
<tr><td rowspan="7">1</td><td>1</td><td>照明配电箱安装</td><td></td><td colspan="2"></td><td></td></tr>
<tr><td>2</td><td>电缆导线和线槽敷设</td><td></td><td colspan="2"></td><td></td></tr>
<tr><td>3</td><td>槽板配线</td><td></td><td colspan="2"></td><td></td></tr>
<tr><td>4</td><td>电缆头制作、导线连接和线路电气试验</td><td></td><td colspan="2"></td><td></td></tr>
<tr><td>5</td><td>普通灯具安装</td><td></td><td colspan="2"></td><td></td></tr>
<tr><td>6</td><td>插座、开关安装</td><td></td><td colspan="2"></td><td></td></tr>
<tr><td>7</td><td>建筑照明通电试运行</td><td></td><td colspan="2"></td><td></td></tr>
<tr><td>2</td><td colspan="2">质量控制资料</td><td></td><td colspan="2"></td><td></td></tr>
<tr><td>3</td><td colspan="2">安全和功能检验(检测)报告</td><td></td><td colspan="2"></td><td></td></tr>
<tr><td>4</td><td colspan="2">观感质量验收</td><td></td><td colspan="2"></td><td></td></tr>
<tr><td rowspan="5">验收单位</td><td colspan="3">分包单位</td><td colspan="3">项目经理</td></tr>
<tr><td colspan="3">施工单位</td><td colspan="3">项目经理</td></tr>
<tr><td colspan="3">勘察单位</td><td colspan="3">项目负责人</td></tr>
<tr><td colspan="3">设计单位</td><td colspan="3">项目负责人</td></tr>
<tr><td colspan="3">监理(建设)单位</td><td colspan="3">(建设单位项目专业技术负责人)
年　月　日</td></tr>
</table>

项目八　建筑防雷接地装置安装

一、项目描述

如图 8－1 所示为某公寓的屋顶防雷平面图，按民用三类建筑防雷要求设置防雷措施，利用建筑物金属体做防雷及接地装置，在女儿墙上设人工避雷带，利用框架柱内的两根对角主钢筋做防雷引下线，并利用结构基础内钢筋做自然接地体。所有防雷钢筋均焊接连通，屋面上所有金属构件和设备均应就近用ϕ 12 镀锌圆钢与避雷带焊接连通，接地电阻不大于 4 Ω。若实测大于此值，应补打接地极直至满足要求。现在按照图纸的要求进行建筑防雷系统的安装。

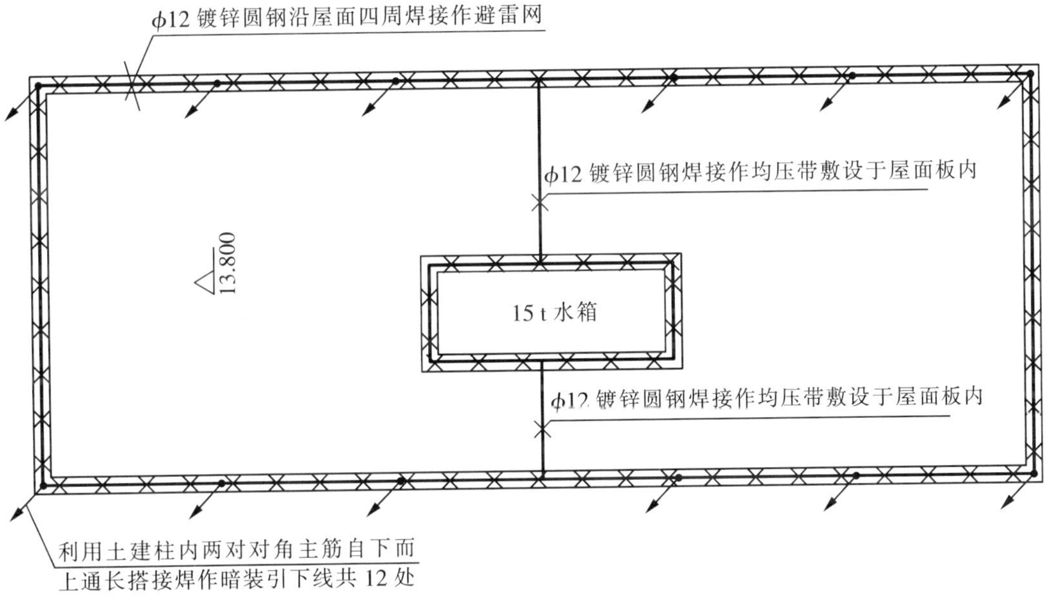

图 8－1　防雷平面图

二、项目目标及要求

(一)项目目标

知识目标：掌握建筑防雷系统的分类和建筑防雷的措施，掌握触电的方式和供电系统的接地形式，掌握防雷装置和接地装置，掌握防雷接地装置的安装。

能力目标：通过本项目的学习，能够识读建筑防雷接地的图纸；能够进行建筑防雷接地装置的安装；通过活动的开展，增强学习兴趣，养成自主学习的习惯。

(二)项目要求

时间要求:教学学时 12 个课时

质量要求:施工质量符合《建筑工程施工质量验收统一标准》(GB 50300—2013)、《建筑电气工程施工质量验收规范》(GB 50303—2010)

安全要求:严格按照安全操作规程进行项目作业

文明要求:自觉按照文明生产规则进行项目作业

环保要求:努力按照环境保护要求进行项目作业

三、项目分析

本项目通过模拟某公寓楼防雷系统的安装,让学生识读建筑防雷平面图,熟悉建筑防雷系统的分类和建筑防雷的措施;熟悉防雷装置和接地装置;熟悉防雷接地装置的安装,从而最终能够深刻地掌握建筑防雷接地系统。

知识链接 1 雷电的产生

雷电的形成过程可以分为气流上升、电荷分离和放电三个阶段。在雷雨季节,地面上的水分受热变蒸气上升,与冷空气相遇之后凝成水滴,形成积云。云中水滴受强气流摩擦产生电荷,小水滴容易被气流带走,形成带负电的云;较大水滴形成带正电的云。由于静电感应,大地表面与云层之间、云层与云层之间会感应出异性电荷,当电场强度达到一定的值时,即发生雷云与大地或雷云与雷云之间的放电。

据测试,对地放电的雷云大多为带负电荷。随着雷云中负电荷的积累,其电场强度逐渐增加,当达到 30 kV/cm 时,使附近的空气绝缘破坏,便产生雷云放电。雷云对地的放电是以下行先导放电形式进行。当这个下行先导逐渐接近地面,100～300 m 距离时,地面受感应而聚集正电荷更加集中,尤其是突出物体在强电场作用下产生尖端放电,形成上行先导,并快速向雷云的下行先导方向发展,两者会合即形成雷电通道,并随之开始主放电,接着是多次余辉放电(由于雷云中存在几个电荷聚集中心)。

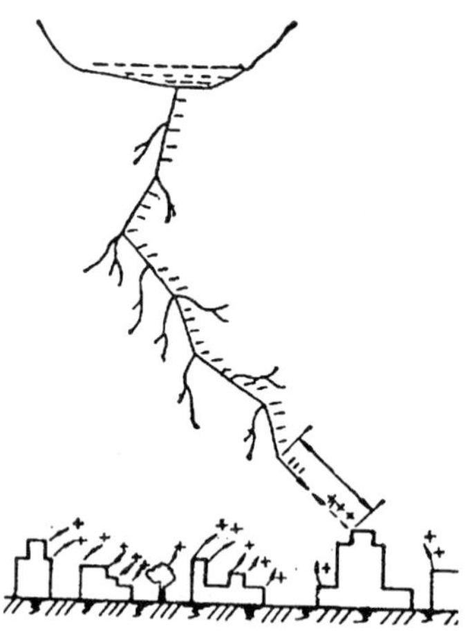

图 8-2　雷云对地放电示意图

如图 8-2 所示为雷云对地放电示意图,一般认为,当雷电先导从雷云向下发展时,它的梯级式跳跃只受到周围大气的影响,没有一定的方向和袭击目标。但其最后一个梯级式跳跃则不同,它必须在这个最后阶段选定被击对象。此时地面上可能有不止一个物体在雷云电场的作用下产生上行先导,并趋向与下行先导会合。在被保护建筑物上安装避雷针,就是让它产生最强的上行先导去与下行先导会合。最后一次梯级式跳跃的距离,其端部与被击点之间的距离,称为雷击距离。也就是说,雷电先导的发展起初是不确定的,直到先导头部电场强度足以击穿它与地面目标间的间隙时,才受到地面影响而开始定位。因此,雷击距离是一个变化的数值,它与雷电流幅值、地面物体的电荷密度有关。雷击距概念对于分析地面建筑物受雷状况是十分有用的,常用于估算避雷装置的保护范围。

知识链接 2　雷电作用形式及雷暴日

1. 雷电特点

雷电流是一种冲击波，雷电流幅值 I_m 的变化范围很大，一般为数十至数千安培。电流幅值一般在第一次闪击时出现，也称主放电。典型的雷电流波形如图 8－3 所示。雷电流一般在 1～4 μs 内增长到幅值 I_m，雷电流在幅值以前的一段波形称为波头；从幅值起到雷电流衰减至 $I_m/2$ 的一段波形称为波尾。雷电流的陡度 α，用雷电流波头部分增长的速率来表示，即 $\alpha = di/dt$。据测定 α 可达 50 kA/μs。雷电流是一个幅值很大、陡度很高的电流，具有很强的冲击性，其破坏性极大。

2. 雷击的选择性

建筑物遭受雷击的部分是有一定规律的，如图 8－4 所示，建筑物遭受雷击部位如下：

(1) 平屋面或坡度不大于 1/10 的屋面——檐角、女儿墙、屋檐。

(2) 坡度大于 1/10 且小于 1/2 的屋面——屋角、屋脊、檐角、屋檐。

(3) 坡度不小于 1/2 的屋面——屋角、屋脊、檐角。

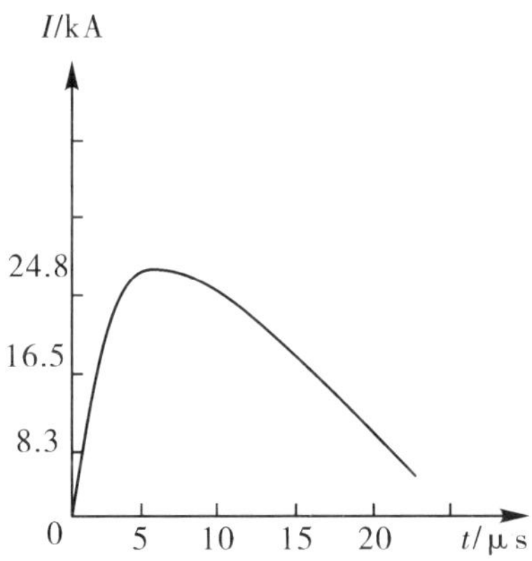

图 8－3　雷电流波形

图 8－4　建筑物遭受雷击示意图

3. 雷电击的基本形式

雷云对地放电时，其破坏作用表现有以下 4 种基本形式。

(1) 直击雷。当天气炎热时，天空中往往存在大量雷云。当雷云较低飘近地面时，就在附近地面特别突出的树木或建筑物上感应出异性电荷。电场强度达到一定值时，雷云就会通过这些物体与大地之间放电，这就是通常所说的雷击。这种直接击在建筑物或其他物体上的雷电叫直击雷。直接雷击使被击物体产生很高的电位，从而引起过电压和过电流，不仅击毙人畜，烧毁或劈倒树木，破坏建筑物，甚至因此引起火灾和爆炸。

(2) 感应雷。当建筑上空有雷云时，在建筑物上便会感应出相反电荷。在雷云放电后，云与大地电场消失了，但聚集在屋顶上的电荷不能立即释放，因而屋顶对地面便有相当高的感应电压，造成屋内电线、金属管道和大型金属设备放电，引起建筑物内的易爆危险品爆炸或易燃物品燃烧。这里的感应电荷主要是由于雷电流的强大电场和磁场变化产生的静电感应和电磁感应造成的，所以称为感应雷或感应过电压。

(3)雷电波侵入。当输电线路或金属管路遭受直接雷击或发生感应雷,雷电波便沿着这些线路侵入室内,造成人员、电气设备和建筑物的伤害和破坏。雷电波侵入造成的事故在雷害事故中占相当大的比重,应引起足够重视。

(4)球形雷。球形雷的形成研究还没有完整的理论。通常认为它是一个温度极高的特别明亮的眩目发光球体,直径在 10～20 cm。球形雷通常在电闪后发生,以每秒几米的速度在空气中漂行,它能从烟囱、门、窗或孔洞进入建筑物内部造成破坏。

4. 雷暴日

雷电的大小与多少和气象条件有关,评价某地区雷电的活动频繁程度,一般以雷暴日为单位。在一天内只要听到雷声或者看到雷闪就算一个雷暴日。由当地气象台站统计的多年雷暴日的年平均值,称为年平均雷暴日数。年平均雷暴日不超过 15 天的地区称为少雷区,超过 40 天的地区称为多雷区。

知识链接 3 雷电危害

雷电有多方面的破坏作用,雷电的危害一般分成两种类型,一是直接破坏作用,主要表现为雷电的热效应和机械效应;二是间接破坏作用,主要表现为雷电产生的静电感应和电磁感应。

(1)热效应。雷电流通过导体时,在极短时间内转换成大量热能,可造成物体燃烧,金属熔化,极易引起火灾爆炸等事故。

(2)机械效应。雷电的机械效应所产生的破坏作用主要表现为两种形式:一是雷电流流入树木或建筑构件时在它们内部产生的内压力;二是雷电流流过金属物体时产生的电动力。

雷电流的温度很高,一般在 6 000～20 000 ℃,甚至高有数万度,当它通过树木或建筑物墙壁时,被击物体内部水分受热急剧汽化,或缝隙中分解出的气体剧烈膨胀,因而在被击物体内部出现了强大的机械力,使树木或建筑物遭受破坏,甚至爆裂成碎片。

另外,我们知道载流导体之间存在着电磁力的相互作用,这种作用力称电动力。当强大的雷电流通过电气线路、电气设备时也会产生巨大的电动力使它们遭受破坏。

(3)电气效应。雷电引起的过电压,会击毁电气设备和线路的绝缘,产生闪络放电,以致开关掉闸,造成线路停电;会干扰电子设备,使系统数据丢失,造成通信、计算机、控制调节等电子系统瘫痪。绝缘损坏还可能引起短路,导致火灾或爆炸事故;防雷装置泄放巨大的雷电流时,使得其本身的电位升高,发生雷电反击;同时雷电流流入地下,可能产生跨步电压,导致电击。

(4)电磁效应。由于雷电流量值大且变化迅速,在它的周围空间就会产生强大且变化剧烈的磁场,处于这个变化磁场中的金属物体就会感应出很高的电动势,使构成闭合回路的金属物体产生感应电流,产生发热现象。此热效应可能会使设备损坏,甚至引起火灾。特别是存放易燃易爆物品的建筑物将更危险。

三、项目实施

(一)项目流程

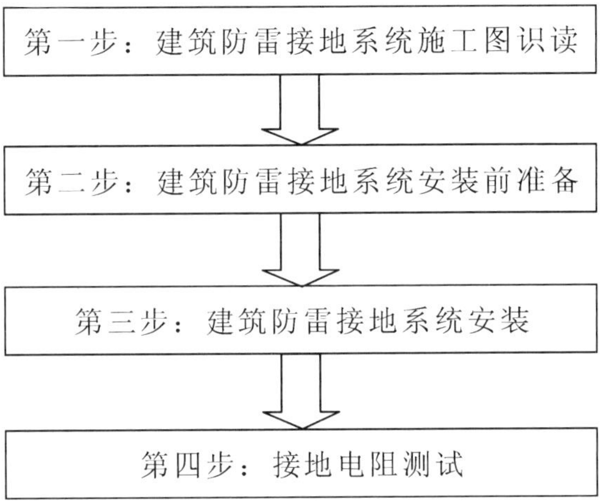

(二)项目实施过程

任务一　建筑防雷接地系统施工图识读

建筑防雷接地系统一般包括建筑防雷平面图和基础接地平面图。

1.1　任务目标

能够读懂建筑防雷平面图和基础接地平面图。

1.2　相关知识

知识链接4　防雷的分类

对建筑物的防雷，需要针对各种建筑物的实际情况因地制宜地采取防雷保护措施，才能达到既经济又能有效地防止或减小雷击的目的。建筑物防雷设计规范(GB50057—2010)把建筑物的防雷进行分类，并规定了相对应的防雷措施。

根据建筑物的重要性、使用性质、受雷击可能性的大小和一旦发生雷击事故可能造成的后果进行分类，按防雷要求分为三类，各类防雷建筑的具体划分方法，在GB50057—2010中有明确规定。

1. 第一类防雷建筑物

一类防雷建筑物对防雷装置的要求最高。凡制造、使用或贮有炸药、火药、起爆药、火工品等大量爆炸物质的建筑物，因火花而引起爆炸，会造成巨大破坏和人身伤亡的。

2. 第二类防雷建筑物

国家级重点文物保护建筑物、会堂、办公建筑物、大型展览和博览建筑物、大型火车站、国宾馆、国家级档案馆、大型城市的重要给水泵房等特别重要的建筑物。制造、使用或贮存爆炸物质的建筑物，且电火花不易引起爆炸或不致造成巨大破坏和人身伤亡的。

3. 第三类防雷建筑物

省级重点文物保护的建筑物及省级档案馆。预计雷击次数大于或等于 0.012 次/a，且小于或等于 0.06 次/a 的省级办公建筑物及其他重要或人员密集的公共建筑物。预计雷击次数大于或等于 0.06 次/a，且小于或等于 0.3 次/a 的住宅、办公楼等一般性的民用建筑物。平均雷暴日大于 15 d/a 的地区，高度在 20 m 及以上的烟囱、水塔等孤立的高耸建筑物。

知识链接 5　防雷的措施

由于对防雷的要求不同，各类防雷建筑物在使用这些防雷装置时的技术要求就有所差异。

在可靠性方面，对第一类防雷建筑物所提的要求相对来说是最为苛刻的。通常第一类防雷建筑物的防雷保护措施应包括防直接雷、防雷电感应和防雷电波侵入等保护内容，同时这些基本措施还应当被高标准地设置。

第二类防雷建筑物的防雷保护措施与第一类相比，既有相同处，又有不同之处，综合来看，第二类防雷建筑物仍采取与第一类防雷建筑物相类似的措施，但其规定的指标不如第一类防雷建筑物严格。

第三类防雷建筑物主要采取防直接雷和防雷电波侵入的措施，各类防雷建筑物的防雷装置的技术要求对比见表 8-1。

表 8-1　各类防雷建筑物的防雷装置的技术要求对比

防雷类别 / 防雷措施特点	一类	二类	三类
防直击雷	应装设独立避雷针或架空避雷线（网），使保护物体均处于接闪器的保护范围之内。 当建筑物太高或其他原因难以装设独立避雷针、架空避雷线（网）时可采用装设在建筑物上的避雷网或避雷针或混合组成的接闪器进行直接雷防护。网格尺寸≤5×5(m)或≤6×4(m)	宜采用装设在建筑物上的避雷网（带）或避雷针或混合组成的接闪器进行直接雷防护。避雷网的网格尺寸≤10×10(m)或≤12×8(m)	宜采用装设在建筑物上的避雷网（带）或避雷针或混合组成的接闪器进行直接雷防护。避雷网网格尺寸≤20×20(m)或≤24×16(m)
防雷电感应	(1)建筑物的设备、管道、构架、电缆金属外皮、钢屋架和钢窗等较大金属物以及突出屋面的放散管和风管等金属物，均应接到防雷电感应的接地装置上。 (2)平行敷设的管道、构架和电缆金属外皮等长金属物，其净距小于 100 mm 时应采用金属跨接，跨接点的间距不应大于 30 m。长金属物连接处应用金属线跨接	(1)建筑物内的设备、管道、构架等主要金属物，应就近接到接地装置上，可不另设接地装置 (2)平行敷设的管道、构架和电缆金属外皮等长金属物应符合一类防雷建筑物要求，但长金属物连接处可不跨接	

续表

防雷类别 防雷措施特点	一类	二类	三类
防雷电入侵波	(1)低压线路宜全线用电缆直接埋地敷设,入户端应将电缆的金属外皮、钢管接到防雷电感应的接地装置上。 (2)架空金属管道,在进出建筑物处亦应与防雷电感应的接地装置相连。距离建筑物 100 m 内的管道,应每隔 25 m 左右接地一次。 (3)埋地的或地沟内的金属管道,在进出建筑物处亦应与防雷电感应的接地装置相连	(1)当低压线路采用全线用电缆直接埋地敷设时,入户端应将电金属外皮、金属线槽与防雷的接地装置相连。 (2)平均雷暴日小于 30 d/a 地区的建筑物,可采用低压架空线入户。 (3)架空和直接埋地的金属管道在进出建筑物处应就近与防雷接地装置相连	(1)电缆进出线,就在进出端将电缆的金属外皮、钢管和电气设备的保护接地相连。 (2)架空线进出线,应在进出处装设避雷器,避雷器应与绝缘子铁脚、金具连接并接入电气设备的保护接地装置上。 (3)架空金属管道在进出建筑物处应就近与防雷接地装置相连或独自接地
防侧击雷	(1)从 30 m 起每隔不大于 6 m沿建筑物四周设环形避雷带,并与引下线相连。 (2)30 m 及以上外墙上的栏杆、门窗等较大的金属物与防雷装置连接	(1)高度超过 45 m 建筑物应采取防侧击雷及等电位的保护措施。 (2)将 45 m 及以上外墙上的栏杆、门窗等较大的金属物与防雷装置连接	(1)高度超过 60 m 建筑物应采取防侧击雷及等电位的保护措施。 (2)将 60 m 及以上外墙上的栏杆、门窗等较大的金属物与防雷装置连接
引下线间距	≤12 m	≤18 m	≤25 m

知识链接 6　触电方式

按照人体触及带电体的方式和电流通过人体的途径,触电可分为单相触电、两相触电、跨步电压触电三种情况。

1. 单相触电

单相触电是指人体在地面或其他接地导体上,人体某一部分触及一相带电体的触电事故。大部分触电事故都是单相触电事故,单相触电的危险程度与电网运行方式有关。如图 8-5(a)所示为电源中性点接地运行方式时,单相触电的电流途径。如图 8-5(b)所示为中性点不接地的单相触电情况。一般情况下,接地电网里的单相触电比不接地电网里的危险性大。

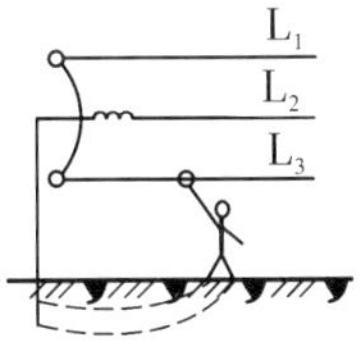

(a)中性点接地单相触电

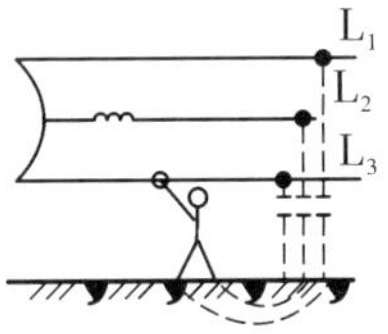

(b)中性点不接地单相触电

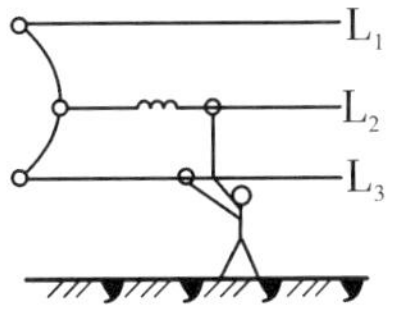

(c)两相触电

(d)跨步电压触电

图 8-5　触电方式

2. 两相触电

两相触电是指人体两处同时触及两相带电体的触电事故，其危险性一般是比较大的，如图 8－5(c)所示。

3. 跨步电压触电

当带电体接地有电流流入地下时，电流在接地点周围土壤中产生电压降。人在接地点周围，两脚之间出现的电压即跨步电压，由此引起的触电事故叫跨步电压触电，如图 8－5(d)所示。高压故障接地处，或有大电流流过的接地装置附近都可能出现较高的跨步电压。离接地点越近、两脚距离越大，跨步电压值就越大。一般 10 m 以外就没有危险。

知识链接 7　触电急救

现场急救对抢救触电者是非常重要的，因为人触电后不一定立即死亡，而往往是“假死”状态。如现场抢救及时，方法得当，呈“假死”状态的人就可以获救。据国外资料记载，触电后 1 min 开始救治者，90%有良好效果；触电后 6 min 开始救治者，10%有良好效果；触电后 12 min 开始救治者，救活的可能性就很小。这个统计资料虽不完全准确，但说明抢救的时间是一个重要因素。因此，触电急救应争分夺秒，不能一味等待医务人员。为了做到及时急救，平时就要了解触电急救常识，对与电气设备有关的人员还应进行必要的触电急救训练。

1. 解脱电源

发现有人触电时，首先是尽快使触电人脱离电源，这是实施其他急救措施的前提。解脱电源的方法如下。

(1)如果电源的闸刀开关就在附近，应迅速拉开开关。

(2)如闸刀开关距离触电地点很远，则应迅速用绝缘良好的电工钳或有干燥木把的利器(如刀、斧、锹等)把电线砍断(砍断后，有电的一头应妥善处理，防止又有人触电)，或用干燥的木棒、竹竿、木条等物迅速将电线拨离触电者。拨线时应特别注意安全，能拨的不要挑，以防电线甩在别人身上。

(3)若现场附近无任何合适的绝缘物可利用，而触电人的衣服又是干的，则救护人员可用包有干燥毛巾或衣服的一只手去拉触电者的衣服，使其脱离电源。若救护人员未穿鞋或穿湿鞋，则不宜采用这种办法抢救。

以上抢救办法不适用于高压触电情况，遇有高压触电应及时通知有关部门拉掉高压电源开关。

2. 对症救治

当触电人脱离了电源以后，应迅速根据具体情况作对症救治，同时向医务部门呼救。

(1)如果触电人的伤害情况并不严重，神志还清醒，只是有些心慌，四肢发麻，全身无力或虽曾一度昏迷，但未失去知觉，只要使之就地安静休息 1～2 h，不要走动，并作仔细观察。

(2)如果触电人的伤害情况较严重，无知觉，无呼吸，但心脏有跳动(头部触电的人易出现这种症状)，应采用口对口人工呼吸法抢救。如有呼吸，但心脏停止跳动，则应采用人工胸外心脏挤压法抢救。

(3)如果触电人的伤害情况很严重，心跳和呼吸都已停止，则需同时进行口对口人工呼吸和人工胸外心脏挤压。如现场仅有一人抢救时，可交替使用这两种办法，先进行口对口吹气两次，再做心脏挤压 15 次，如此循环连续操作。

知识链接 8　供电系统接地形式

低压配电系统是电力系统的末端，分布广泛，几乎遍及建筑的每一角落，平常使用最多的是 380V/220V 的低压配电系统。从安全用电等方面考虑，低压配电系统有三种接地形式，IT 系统、TT 系统、TN 系统。TN 系统又分为 TN-S 系统、TN-C 系统、TN-C-S 系统三种形式。

1. IT 系统

IT 系统就是电源中性点不接地、用电设备外壳直接接地的系统，如图 8-6 所示。IT 系统中，连接设备外壳可导电部分和接地体的导线就是 PE 线。

2. TT 系统

TT 系统就是电源中性点直接接地、用电设备外壳也直接接地的系统，如图 8-7 所示。通常将电源中性点的接地叫作工作接地，而设备外壳接地叫作保护接地。TT 系统中，这两个接地必须是相互独立的。

在有些国家中 TT 系统的应用十分广泛，工业与民用的配电系统都大量采用 TT 系统。在我国 TT 系统主要用于城市公共配电网和农村电网，现在也有一些大城市如上海等在住宅配电系统中采用 TT 系统。

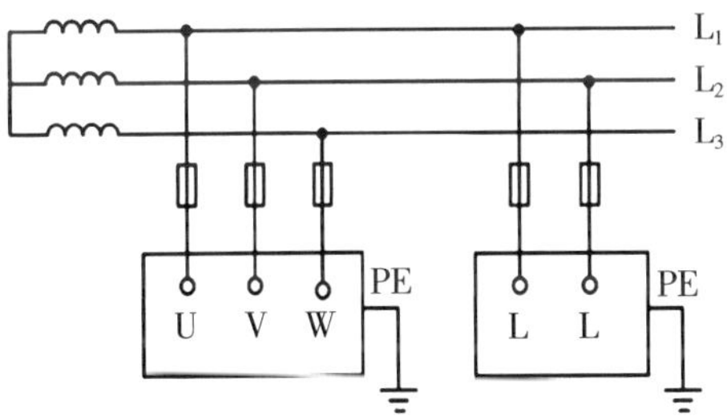

图 8-6　IT 接地

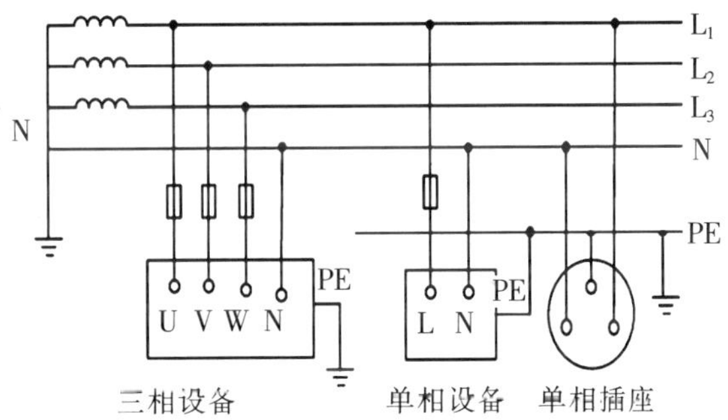

图 8-7　TT 系统接地

3. TN 系统

TN 系统即电源中性点直接接地、设备外壳等可导电部分与电源中性点有直接电气连接的系统，它有三种形式，分述如下。

(1) TN-S 系统。TN-S 系统如图 8-8 所示。图中中性线 N 与 TT 系统相同，在电源中性点工作接地，而用电设备外壳等可导电部分通过专门设置的保护线 PE 连接到电源中性点上。在这种系统中，中性线和保护线是分开的，这就是 TN-S 中“S”的含义。TN-S 系统的最大特征是 N 线与 PE 线在系统中性点分开后，不能再有

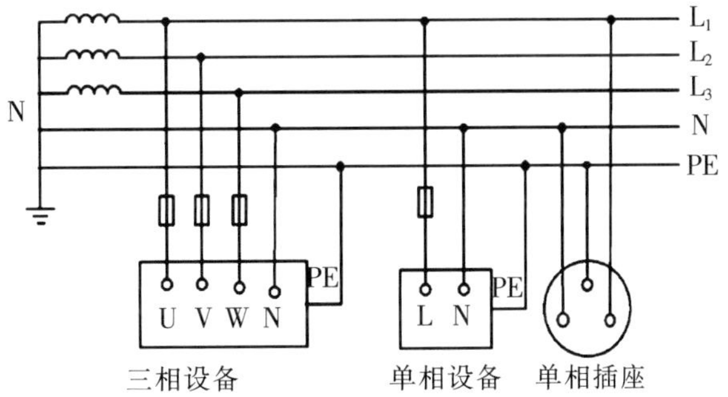

图 8-8　TN-S 系统接地

任何电气连接。TN-S 系统是我国现在应用最为广泛的一种系统。

(2)TN-C 系统。TN-C 系统如图 8－9 所示,它将 PE 线和 N 线的功能综合起来,由一根称为保护中性线 PEN,同时承担保护和中性线两者的功能。在用电设备处,PEN 线既连接到负荷中性点上,又连接到设备外壳等可导电部分。

TN-C 现在已很少采用,尤其是在民用配电中已基本上不允许采用 TN-C 系统。

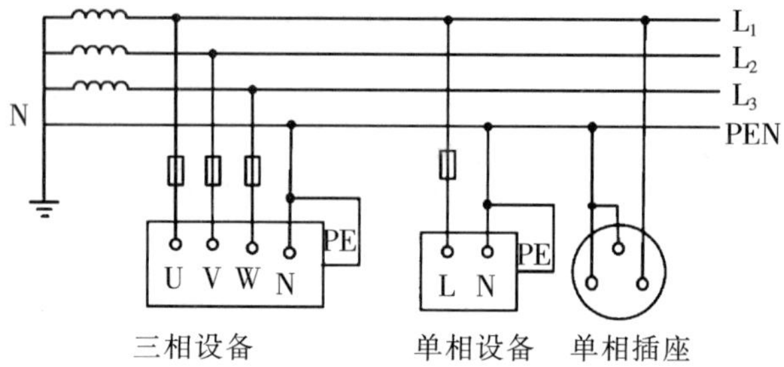

图 8－9　TN-C 系统接地

(3)TN-C-S 系统。TN-C-S 系统是 TN-C 系统和 TN-S 系统的结合形式,如图 8－10 所示。TN-C-S 系统中,从电源出来的那一段采用 TN-C 系统只起电能的传输作用,到用电负荷附近某一点处,将 PEN 线分开成单独的 N 线和 PE 线,从这一点开始,系统相当于 TN-S 系统。TN-C-S 系统也是现在应用比较广泛的一种系统,这里采用了重复接地这一技术。

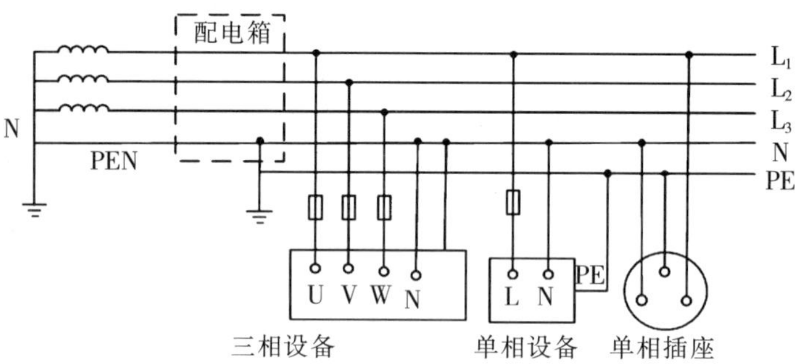

图 8－10　TN-C-S 系统接地

知识链接 9　电击防护措施

为降低因绝缘破坏而遭到电击的危险,对于以上不同的低压配电系统形式,电气设备常采用保护接地、保护接零、重复接地等不同的安全措施。

1. 工作接地

指电气设备在正常和事故情况下可靠地工作而进行的接地,称为工作接地。如图 8－11 所示。

2. 保护接地

保护接地是将与电气设备带电部分相绝缘的金属外壳或架构通过接地装置同大地连接起来,如图 8－12 所示。保护接地常用在 IT 低压配电系统和 TT 低压配电系统的形式中。

在 IT 中性点不接地的配电系统中保护接地的作用。若用电设备设有接地装置,当绝缘破坏外壳带电时，接地短路电流将同时沿着接地装置和人体两条通路流过。流过每一条通路的电流值将与其电阻的大小成反比。通常人体的电阻（1 000 Ω 以上）比接地体电阻大几百倍，所以当接地装置电阻很小时，流经人体的电流几乎等于零，因而，人体触电的危险大大降低。

在 TT 配电系统中的保护接地的作用。若用电设备设有接地装置，当绝缘破坏外壳带电时，多数情况下，能够有效降低人体的接触电压，但要降低到安全限值以下有困难，因此需要增加其他附加保护措施，达到避免人体触电危险的目的。

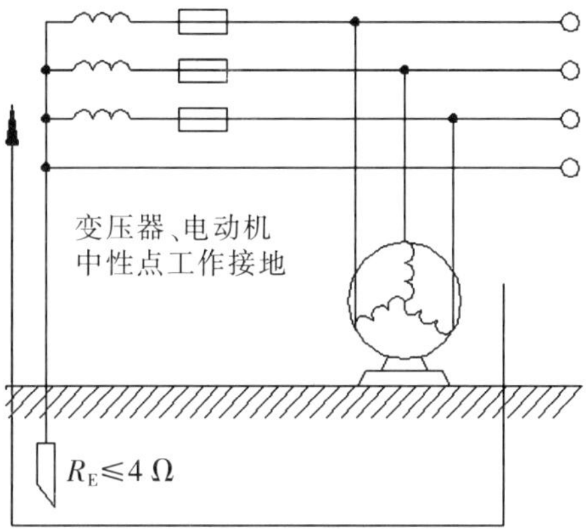

图 8－11　工作接地

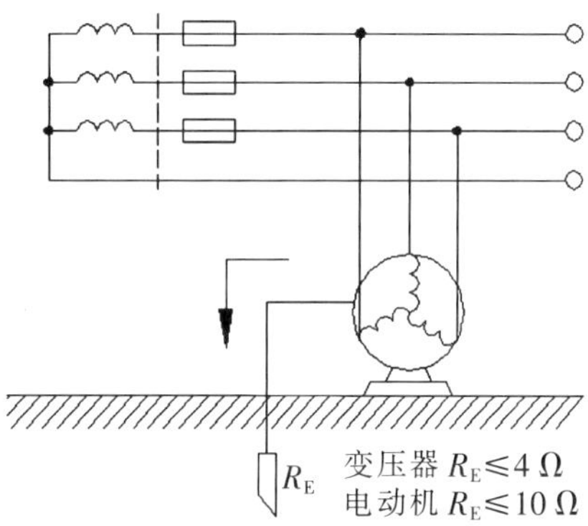

图 8－12　保护接地

3. 保护接零

保护接零是把电气设备正常时不带电的金属导体部分，如金属机壳、同电网的 PEN 线或 PE 线连接起来，如图 8－13 所示。保护接零适用于 TN 低压配电系统形式。在中性点接地的供电系统中，设备采用保护接零时，当电气设备发生碰壳短路时，即形成单相短路，使保护设备能迅速动作断开故障设备，减少了人体触电危险。

在采用保护接零方法时，注意要适当选择 PE 导线的截面，尽量降低 PE 线的阻抗，从而降低接触电压。同时要注意在 TT 和 TN 低压配电系统中不得混用保护接地和保护接零的方法。

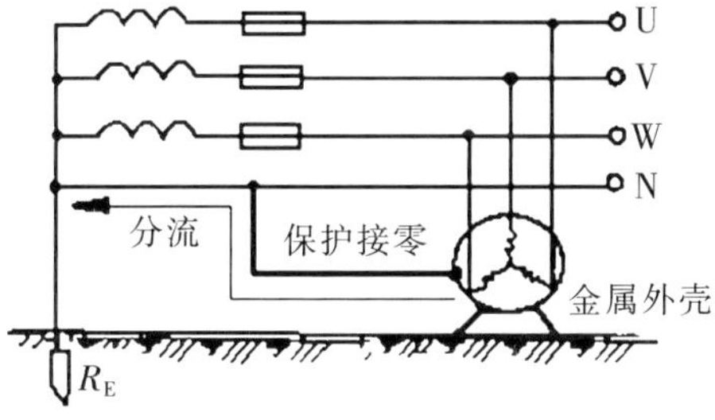

图 8－13　保护接零

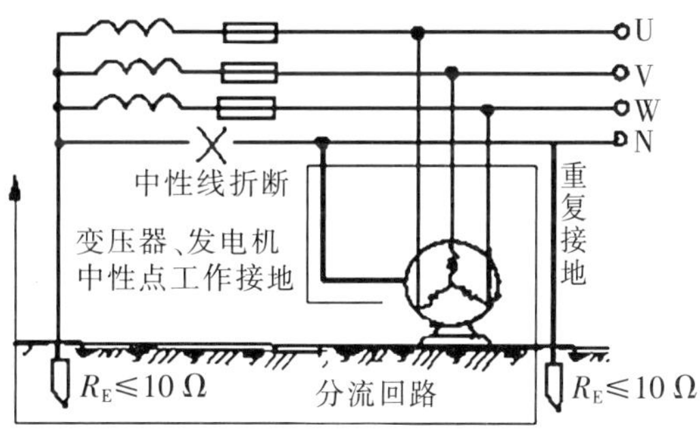

图 8－14　重复接地

4. 重复接地

将电源中性接地点以外的其他点一次或多次接地，称为重复接地，如图 8－14 所示。重复接地是为了保护导体在故障时尽量接近大地电位。重复接地时，当系统中发生碰壳或接地短路时，一则可以降低PEN线的对地电压；二则当PEN线发生断线时，可以降低断线后产生的故障电压；在照明回路中，也可避免因零线断线所带来的三相电压不平衡而造成电气设备的损坏。

知识链接10 防雷及接地装置

防雷装置一般由接闪器、引下线和接地装置等三个部分组成，接地装置又由接地体和接地线组成，如图8-15所示。

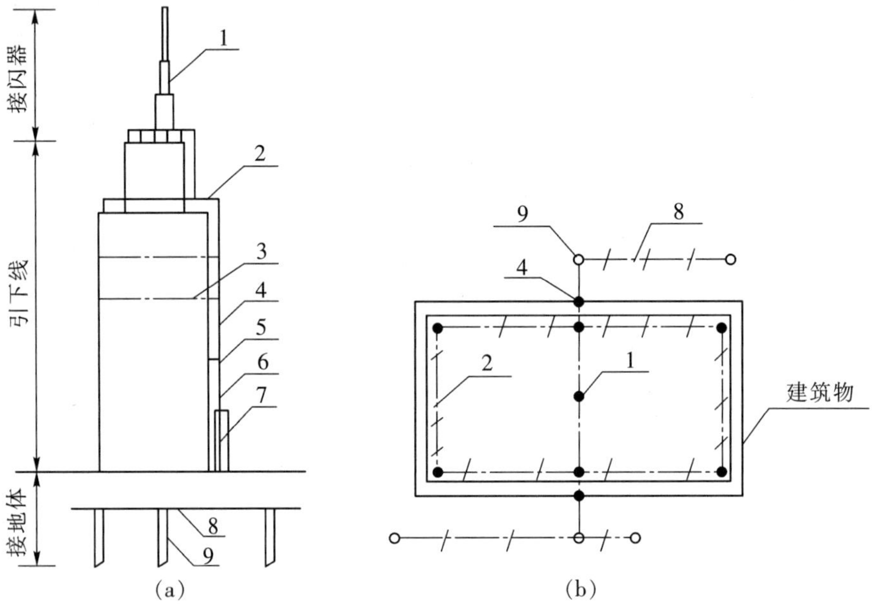

图8-15 建筑物防雷与接地组成

1—避雷针 2—避雷网 3—避雷带 4—引下线 5—引下线
6—断接卡子 7—引下线保护管 8—接地母线 9—接地极

1. 接闪器

接闪器就是专门用来接受雷云放电的金属物体。接闪器的类型有避雷针、避雷线、避雷带、避雷网、避雷环等，都是经常用来防止直接雷击的防雷设备。

所有接闪器都必须经过引下线与接地装置相连。接闪器利用其金属特性，当雷云先导接近时，它与雷云之间的电场强度最大，因而可将雷云“诱导”到接闪器本身，并经引下线和接地装置将雷电流安全地泄放到大地中去，从而起到了保护物体免受雷击的作用。

(1)避雷针及保护范围。避雷针主要用来保护露天发电、配电装置、建筑物和构筑物。避雷针通常采用圆钢或焊接钢管制成，将其顶端磨尖，以利于尖端放电。为保证足够的雷电流流通量，其直径应不小于表8-2给出的数值。

表 8-2　避雷针接闪器最小直径

针型＼直径	圆钢(mm)	钢管(mm)
针长 1 m 以下	12	20
针长 1～2 m	16	25
烟囱顶上的针	20	40

避雷针对周围物体保护的有效性，常用保护范围来表示。在安装有一定高度的接闪器下面，有一个一定范围的安全区域，处在这个安全区域内的被保护的物体遭受直接雷击的概率非常小，这个安全区域叫作避雷针的保护范围。确定避雷针的保护范围至关重要，避雷针对建筑物保护范围一般用滚球法确定。滚球法是将一个以雷击距为半径的滚球，沿需要防直接雷击的区域滚动，利用这一滚球与避雷针及地面的接触位来限定保护范围的一种方法，如图 8-16 所示。表 8-3 给出了按建筑物防雷类别布置接闪器和避雷带网格的尺寸。

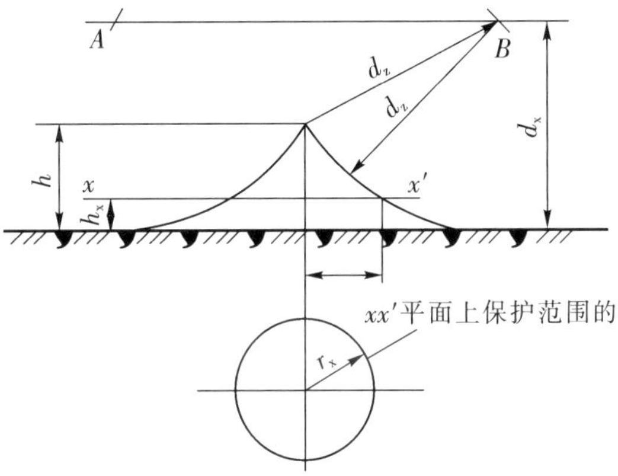

图 8-16　避雷针保护范围

表 8-3　按建筑物防雷类别布置接闪器及其滚球半径

建筑物防雷类别	滚球半径 h_r(m)	避雷网网格尺寸(m)
第一类防雷建筑	30	≤5×5 或≤6×4
第二类防雷建筑	45	≤10×10 或≤12×8
第三类防雷建筑	60	≤20×20 或≤24×16

(2)避雷线。避雷线是由悬挂在架空线上的水平导线、接地引下线和接地体组成的。水平导线起接闪器的作用，它对电力线路等较长的保护物最为适用。

避雷线一般采用截面积不小于 35 mm^2 的镀锌钢绞线，架设在长距离高压供电线路或变电站构筑物上，以保护架空电力线路免受直接雷击。由于避雷线是架空敷设的而且接地，所以避雷线又叫架空地线。避雷线的作用原理与避雷针相同。

(3)避雷带和避雷网。避雷带和避雷网主要适用于建筑物。避雷带通常是沿着建筑物易受雷击的部位，如屋脊、屋檐、屋角等处装设的带形导体，如图 8-17 所示。

避雷网是将建筑物屋面上纵横敷设的避雷带组成网格，其网格尺寸大小按有关规范确定，对于防雷等级不同的建筑物，其要求也不同，见表 8-3。

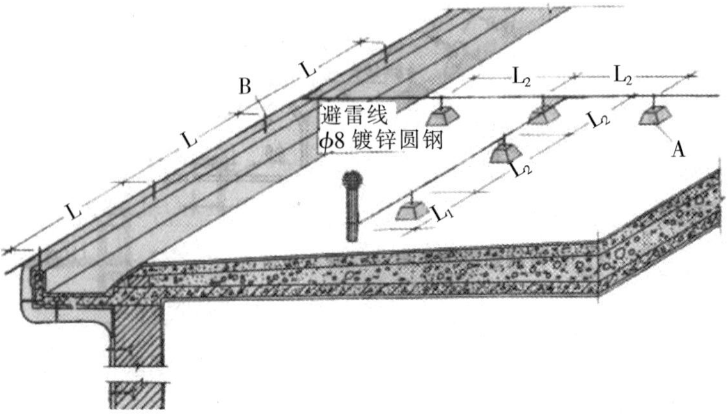

图 8-17　平屋顶上设置避雷带

避雷带和避雷网可以采用圆钢或扁钢，但应优先采用圆钢。圆钢直径不得小于 8 mm，扁钢厚度不小于 4 mm，截面积不得小于 48 mm^2。避雷带和避雷网的安装方法有明装和暗装，避雷带和避雷网一般无须计算保护范围。

(4)避雷环。避雷环用圆钢或扁钢制作。防雷设计规范规定高度超过一定范围的钢筋混凝土结构、钢结构建筑物，应设均压环防侧击雷。当建筑物全部为钢筋混凝土结构，可利用结构圈梁钢筋与柱内引下线钢筋焊接作为均压环。没有结合柱和圈梁的建筑物，应每三层在建筑物外墙内敷一圈φ12 mm 镀锌钢作为均压环，并与防雷装置所有的引下线连接。

2. 引下线

引下线是连接接闪器与接地装置的金属导体，其作用是构成雷电能量向大地泄放的通道。引下线一般采用圆钢或扁钢，要求镀锌处理。引下线应满足机械强度、耐腐蚀和热稳定性的要求。

引下线可以专门敷设，也可利用建筑物内的金属构件。

引下线应沿建筑物外墙敷设，并经最短路径接地。采用圆钢时，直径应不小于 8 mm；采用扁钢时，其截面不应小于 48 mm^2，厚度不小于 4 mm。暗装时截面积应放大一级。

在我国高层建筑中，优先利用柱或剪力墙中的主钢筋作为引下线。当钢筋直径为不小于 16 mm 时，应用两根主钢筋作(绑扎或焊接)作为一组引下线。当钢筋直径为 10 mm 及以上时，应用 4 根钢筋(绑扎或焊接)作为一组引下线。建筑物在屋顶敷设的避雷网和防侧击的接闪环应和引下线连成一体，以利于雷电流的分流。防雷引下线的数量多少影响到反击电压大小及雷电流引下的可靠性，所以引下线及其布置应按不同防雷等级确定，一般不得少于两根。

为了便于测量接地电阻和检查引下线与接地装置的连接情况，人工敷设的引下线宜在引下线距地面 0.3～1.8 m 之间位置设置断接卡子。当利用混凝土内钢筋、钢柱作为自然引下线并同时采用基础接地时，不设断接卡。但利用钢筋作引下线时应在室内或室外的适当地点设置若干连接板，该连接板可供测量、接人工接地体和作等电位联结用。

3. 接地装置

无论是工作接地还是保护接地，都是经过接地装置与大地连接的。接地装置包括接地体和接地线两部分，它是防雷装置的重要组成部分。接地装置的主要作用是向大地均匀地泄放电流，使防雷装置对地电压不至于过高。

(1)接地体。接地体是人为埋入地下与土壤直接接触的金属导体，接地线是连接接地体或接地体与引下线的金属导线。

接地体一般分为自然接地体和人工接地体。自然接地体是指兼作接地用的直接与大地接触的各种金属体，例如利用建筑物基础内的钢筋构成的接地系统。有条件时应首先利用自然接地体。因为它具有接地电阻较小、稳定可靠、减少材料和安装维护费用等优点。

人工接地体专门作为接地用的接地体，安装时需要配合土建施工进行，在基础开挖时，也同时挖好接地沟，并将人工接地体按设计要求埋设好。有时自然接地体安装完毕并经测量后，接地电阻不能满足要求时，需要增加敷设人工接地体来减小接地电阻值。

人工接地体按其敷设方式分为垂直接地体和水平接地体两种。垂直接地体一般为垂直埋入地下的角钢、圆钢、钢管等。水平接地体一般为水平敷设的扁钢、圆钢等。

①垂直接地体。垂直接地体多使用镀锌角钢和镀锌钢管，一般应按设计所提数量及规格进行加工。镀锌角钢一般可选用 40 mm×40 mm× 5 mm 或 50 mm×50 mm×5 mm 两种规格，其长度一般 2.5 m。镀锌钢管一般直径为 50 mm，壁厚不小于 3.5 mm。垂直接地体打入地下的部分应加工成尖形，其形状如图 8－18 所示。

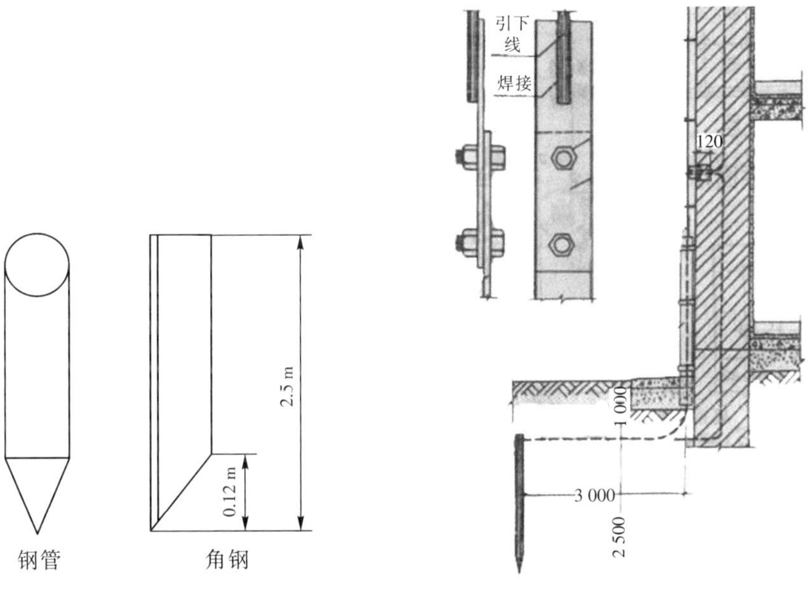

(a) 垂直接地端部处理　　(b)建筑垂直接地体

图 8－18　垂直接地端部处理

接地装置需埋于地表层以下，一般深度不应小于 0.6 m。为减少邻接地体的屏蔽作用，垂直接地体之间的间距不宜小于接地体长度的 2 倍，并应保证接地体与地面的垂直度。接地体与接地体之间的连接一般采用镀锌扁钢。扁钢应立放，这样既便于焊接又可减小流散电阻。

②水平接地体。水平接地体是将镀锌扁钢或镀锌圆钢水平敷设于土壤中，水平接地体可采用 40 mm×4 mm的扁钢或直径为 16 mm 的圆钢。水平接地体埋深为不小于 0.6 m。水平接地体一般有三种形式：水平接地体、绕建筑物四周的闭合环式接地体以及延长外引接地体。普通水平接地体埋设方式如图 8－19(a)所示。普通水平接地体如果有多根水平接地

体平行埋设，其间距应符合设计规定，当无设计规定时不宜小于 5 m。

还有围绕建筑物四周的环式接地体如图 8－19(b)所示。当受地方限制或建筑物附近的土壤电阻率高时，可外引接地装置，将接地体延伸到电阻率小的地方去，但要考虑到接地体的有效长度范围限制，否则不利于雷电流的泄散。

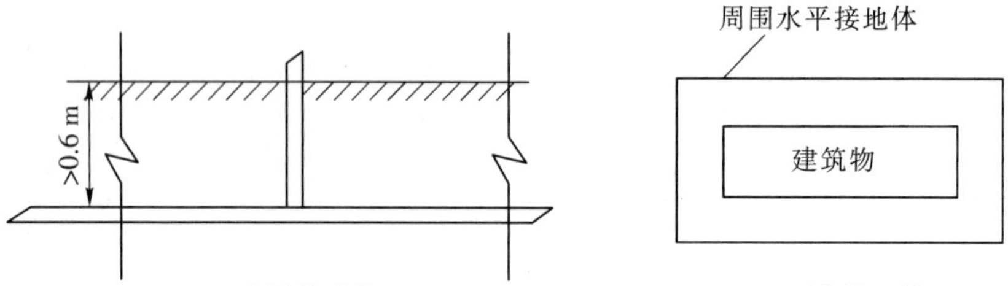

(a)水平接地体　　(b)环绕接地体

图 8－19　水平接地体

(2)接地线。接地线是连接接地体和引下线或电气设备接地部分的金属导体，它可分为自然接地线和人工接地线两种类型。自然接地线可利用建筑物的金属结构，如梁、柱、桩等混凝土结构内的钢筋等，利用自然接地线必须符合下列要求。

①应保证全长管路有可靠的电气通路。

②利用电气配线钢管作接地线时管壁厚度不应小于 3.5 mm。

③用螺栓或铆钉连接的部位必须焊接跨接线。

④利用串联金属构件作接地线时，其构件之间应以截面不小于 100 mm^2 的钢材焊接。

⑤不得用蛇皮管、管道保温层的金属外皮或金属网作接地线。

人工接地线材料一般采用扁钢和圆钢，但移动式电气设备、采用钢质导线在安装上有困难的电气设备可采用有色金属作为人工接地线，绝对禁止使用裸铝导线作为接地线。采用扁钢作为地下接地线时，其截面积不应小于 25 mm×4 mm；采用圆钢作接地线时，其直径不应小于 10 mm。人工接地线不仅要有一定机械强度，而且接地线截面应满足热稳定的要求。

1.3　任务实施

(1)先看图纸上的文字说明。图上的文字说明主要包括图纸目录、材料明细表、施工说明等。

(2)读图时，遵循从系统图到施工平面图到详图的程序。建筑防雷接地施工图一般只有平面图，包括建筑防雷平面图和基础接地平面图，读基础接地平面图时还需要联系供配电系统，因为很多是共用接地装置。

任务二　建筑防雷接地装置安装前准备

建筑防雷接地系统安装前，首先要知道工作的条件、安装的顺序及要求，其次要按照施工图纸准备好适合的材料，最后准备好安装需要的主要机具。

2.1　任务目标

(1)能够按照图纸准备好安装所需要的材料、安装用的工具。

(2)熟悉防雷接地系统安装作业指导书。

2.2　任务实施

1. 作业条件

(1)接地体安装。人工接地体,设计位置的场地没被占用,且已经清理好。利用底板钢筋或深基础作接地体,底板筋与柱筋连接处已绑扎完。

(2)接地干线安装。支架安装完毕,土建抹灰已完成,穿墙保护管已预埋。

(3)支架安装。各种支架已运到现场,结构工作已经完成,室外必须有脚手架或爬梯。

(4)引下线安装。防雷引下线暗敷设时,建筑物有脚手架或爬梯,达到能上人操作的条件,利用主筋作引下线时,钢筋绑扎完毕。避雷引下线明敷设时,支架安装完毕。建筑物有脚手架或爬梯,达到能上人操作的条件。土建外装修完毕。

(5)避雷网安装。避雷网安装时,支架安装完毕,具备调直场地和垂直运输条件。接地体与引下线必须做完。

2. 材料要求

(1)防雷及接地装置所有部件均应采用镀锌材料,并有出厂合格证和镀锌质量证明书。在施工过程中应注意保护镀锌层。

其主要镀锌材料:扁钢、角钢、圆钢、钢管、铅丝、螺栓、垫圈、弹簧垫圈、U形螺栓、元宝螺栓、支架等。

(2)电焊条、氧气、乙炔、沥青油、混凝土支座、预埋铁件、小线、防腐油、银粉、黑色油漆等。

3. 主要机具

(1)手锤、钢锯、大锤等。

(2)线坠、卷尺、大绳、粉线袋、绞磨(或倒链)、紧线器、电锤、冲击钻、电焊机、气焊工具等。

任务三　建筑防雷接地装置安装

3.1　任务目标

(1)能够按照建筑防雷接地系统施工图进行安装。

(2)能够按照建筑防雷接地系统施工图进行工程量计算。

3.2　相关知识

知识链接11　建筑防雷接地装置安装的有关规定

1. 接地体安装的有关规定

接地体顶面埋设深度应符合设计要求。当无要求时,不应小于0.6 m。角钢及钢管接地体应垂直配置。除接地体外,接地体引出线的垂直部分和接地装置焊接部位应防腐处理;在作防腐处理前,表面必须除锈并去掉焊接处残留的焊药。

垂直接地体的间距不应小于其长度的3倍,水平接地体的间距应符合设计规定,当无设计规定时不宜小于5 m。

除环形接地体外,接地体埋设位置应在距建筑物3 m以外。距建筑物出入口或人行道也应大于3 m;如小于3 m时,应采用均压带做法或在接地装置上面敷设50～90 mm厚度的沥青层,其宽度应超过接地装置2 m。

接地体敷设完毕,基坑回填土内不应夹有石块和建筑垃圾等。外取的土壤不得有较强的腐蚀性；在回填土时应分层夯实。

接地装置由多个分接地装置部分组成时，应按设计要求设置便于分开的断接卡。自然接地体与人工接地体连接处应有便于分开的断接卡，断接卡应有保护措施。

2. 接地干线安装的有关规定

(1)接地干线暗敷时的有关规定。接地干线在穿过墙壁、楼板和地坪处应加装钢管或其他坚固的保护套，有化学腐蚀的部位还应采取防腐措施。在跨越建筑物伸缩缝、沉降缝处，应设置补偿器，补偿器可用接地线本身弯成弧状代替。

接地干线应设有测量接地电阻而预备的断接卡子。一般采用暗盒装入，同时加装盒盖并做上接地标记。

接地干线应在不同的两点或两点以上与接地网相连接，自然接地体应在不同的两点或两点以上与接地干线或接地网相连接。每个电气装置的接地应以单独的接地线与接地干线相连接，不得在一个接地线中串联几个需要接地的电气装置。

(2)接地干线明敷时的有关规定。应便于检查。敷设位置不应妨碍设备的拆卸与检修。支持件间的距离，在水平直线部分应为 0.5～1.5 m，垂直部分应为 1.5～3 m，转弯部分应为 0.3～0.5 m。

接地干线沿建筑物墙壁水平敷设时，离地面距离应为 250～300 mm，与建筑物墙壁间的间隙应为 10～15 mm。接地干线应按水平或垂直敷设，亦可与建筑物倾斜结构平行敷设，在直线段上不应有高低起伏及弯曲等情况。明敷接地线表面应涂 15～100 mm 宽度相等的绿色和黄色相间的条纹。在每个导体的全部长度上或只在每个区间或每个可接触到的部位上应做出标志。当使用胶带时，应使用双色胶带。

3. 支架安装的有关规定

支架应有燕尾，角钢支架埋注深度不小于 100 mm，扁钢和钢支架埋深不小于 90 mm。防雷装置的各种支架顶部应距建筑物表面 100 mm，接地干线支架的底端应距墙面 20 mm。支架水平间距不大于 1 m(混凝土支座不大于 2 m)；垂直间距不大于 1.5 m，各间距应均匀，允许偏差 30 mm。转角处两边的支架距转角中心不大于 250 mm。

埋设支架所用的水泥砂浆，其配合比不应低于 1∶2。

4. 避雷引下线安装的有关规定

(1)需要装设断接卡子或测试点的部位、数量按图施工设置，无要求时按以下规定设置。引下线扁钢截面不得小于 25 mm×4 mm，圆钢直径不得小于 12 mm。建筑物只有一组接地体时，可不做断接卡子，但要设置测试点。

建筑物采用多组接地体时，每组接地体均要设置断接卡子。断接卡子或测试点设置的部位应不影响建筑物的外观且应便于测试，暗设时距地高度为 0.5 m，明设时距地高度为 1.8 m，1.8 m 以下部位应用竹管或镀锌角钢保护。断接卡子所用螺栓直径不得小于10 mm，并需加镀锌垫圈和镀锌弹簧垫圈。

(2)避雷引下线暗敷设的有关规定。利用主筋作暗敷设引下线时，每条引下线不得少于两根主筋，每根主筋直径不能小于ϕ 12 mm。每栋建筑物至少有两根引下线(投影面积小于 50 m^2 的建筑物例外)。防雷引下线最好为对称位置，例如两根引下线要做成“一”字形或“乙”字形，4 根引下线要做成“I”字形，引下线间距离不应大于 20 m，当大于 20 m 时应在中间多引一根引下线。现浇混凝土内敷设引下线不做防腐处理。

主筋搭接处按接地线要求焊接，当主筋连接采用压力埋弧焊、对焊、冷挤压、丝接时其接头处可不焊跨接线及其他的焊接处理。

(3)避雷引下线明敷设的有关规定。引下线应躲开建筑物的出入口和行人较易接触到的地点以免发生危险。引下线必须调直后方可进行敷设，弯曲处不应小于90°并不得弯成死角。引下线除设计有特殊要求外，镀锌扁钢截面不得小于48 mm^2；镀锌圆钢，直径不得小于8 mm。

5. 避雷网安装的有关规定

避雷网卡固定时应加镀锌弹垫、平垫。避雷线弯曲处不得小于90°，弯曲半径不得小于圆钢直径的10倍。避雷线如用扁钢，截面不得小于48 mm^2；如为圆钢，直径不得小于8 mm。遇有变形缝处应做煨弯补偿。

6. 避雷针制作与安装的有关规定

独立避雷针及其接地装置与道路或建筑物的出人口等的距离应大于3 m；当小于3 m时，应采取均压措施或铺设暖石或沥青地面。

独立避雷针应设置独立的集中接地装置。当有困难时，该接地装置可与接地网连接，但避雷针与主接地网的地下连接点至35 kV及以下设备与主接地网的地下连接点，沿接地体的长度不得小于15 m。

独立避雷针的接地装置与接地网的地中距离不应小于3 m。配电装置的架构或屋顶上的避雷针应与接地网连接，并在其附近装设集中接地装置。

建筑物上的避雷针或防雷金属网应和建筑物顶部的其他金属物体连接成一个整体。避雷针采用镀锌钢管制作针尖，管壁厚度不得小于3 mm，针尖涮锡长度不得小于70 mm。

3.3　任务实施

建筑防雷接地工艺流程如下：

接地体→接地干线→支架→引下线明敷→避雷针→避雷网→避雷带或均压环

1. 接地体的安装

(1)人工接地体安装。

①接地体加工。根据设计要求的数量、材料、规格进行加工，材料一般采用钢管和角钢切割，长度不应小于2.5 m。如采用钢管打入地下应根据土质加工成一定的形状，遇松软土壤时，可切成斜面形。为了避免打入时受力不均使管子歪斜，也可以加工成扁尖形，遇土质很硬时，可将尖端加工成圆锥形。如选用角钢时，应采用不小于40 mm×40 mm×4 mm的角钢，切割长度不应小于2.5 m，角钢的一端应加工成尖头形状。

②沟槽开挖。根据设计图要求，对接地体(网)的线路进行测量弹线，在此线路上挖掘深为0.8～1 m、宽为0.5 m的沟槽。沟顶部稍宽，底部渐窄，沟底如有石子应清除。

③安装接地体(极)。沟槽开挖后应立即安装接地体和敷设接地扁钢，防止土方倒塌。先将接地体放在沟槽的中心线上，打入地下。一般采用大锤打入，一人扶着接地体，一人用大锤敲打接地体顶部。使用大锤敲打接地体时要平稳，锤击接地体正中，不得打偏，应与地面保持垂直，当接地体顶端距离地面600 mm时停止打入。

④接地体间扁钢敷设。扁钢敷设前应调直，然后将扁钢放置于沟内，依次将扁钢与接地体用电(气)焊焊接。扁钢应侧放而不可放平，侧放时散流电阻较小。扁钢与钢管连接的位置距接地体最高点约100 mm。焊接时应将扁钢拉直，焊后清除药皮，刷沥青做防腐处理，并将接地线引出至需要的位置，留有足够的连接长度，以待使用。

(2)自然基础接地体安装。

①利用底板钢筋或深基础做接地体。按设计图尺寸位置要求,标好位置,将底板钢筋搭接焊好,再将柱主筋(不少于 2 根)底部与底板筋搭接焊,并在室外地面以下将主筋焊接连接板,清除药皮,并将两根主筋用色漆做好标记,以便引出和检查。

②利用柱形桩基及平台钢筋做接地体。按设计图尺寸位置,找好桩基组数位置,把每组桩基四角钢筋搭接封焊,再与柱主筋(不少于 2 根)焊好,并在室外地面以下,将主筋焊接预埋接地连接板,清除药皮,并将两根主筋用色漆做好标记,便于引出和检查。

(3)接地体核验。接地体安装完毕后,应及时请监理单位进行隐检核验(签署审核意见,并下审核结论),接地体材质、位置、焊接质量等均应符合施工规范要求。接地电阻应及时进行测试,当利用自然接地体作为接地装置时,应在底板钢筋绑扎完毕后进行测试;当利用人工接地体作为接地装置时,应在回填土之前进行测试。若阻值达不到设计、规范要求时应补做人工接地极。接地电阻测试须形成记录。

(4)成品保护。其他工种在开挖土方时,注意不要损坏接地体。安装接地体时,不得破坏散水和外墙壁装修。不得随意移动已经绑扎完的结构钢筋。

2. 接地干线安装

(1)室外接地干线敷设。首先进行接地干线的调直、测位、打眼、煨弯,并安装断接卡子及接地端子。敷设前按设计要求的尺寸位置先开挖沟槽,然后将扁钢侧放埋入。回填土应压实,接地干线末端露出地面应不超过 0.5 m,以便接引地线。

(2)室内接地干线敷设。

①室内接地干线多为明敷设,但部分设备连接的支线需经过地面也可以埋设在混凝土内,具体做法如下。

预留孔,按设计要求尺寸位置,预留出接地线孔,预留孔的大小应比敷设接地干线的厚度、宽度各大 6 mm 以上,其方法有三种。

第一种:施工时可按上述要求尺寸截一段扁钢预埋在墙壁内,当混凝土还未凝固时,抽动扁钢以便凝固后易于抽出。

第二种:将扁钢上包一层油毛毡或几层牛皮纸后埋设在墙壁内,预留孔距墙壁表面应为 15～20 mm。

第三种:保护套可用厚 1 mm 以上的铁皮做成方形或圆形,大小应使接地线穿入时,每边有 6 mm 以上的空隙。

②支持件的固定。支持件应采用 40 mm×4 mm 的扁钢,尾端应制成燕尾状,入孔深度与宽度各为 50 mm,总长度为 70 mm。其具体固定方法如下,在砖墙、加气混凝土墙、空心砖墙上固定。根据设计要求先在墙上确定轴线位置,然后随砌墙将预制成 50 mm×50 mm 的方木样板放入墙内,待墙砌好后将方木样板剔除,然后将支持件放入孔内,同时洒水淋湿孔洞,再用水泥砂浆将支持件埋牢,待凝固后使用。

现浇混凝土墙上固定,先根据设计图要求弹线定位、钻孔,支架做燕尾埋入孔中,调平正,用水泥砂浆进行固定。

③明敷接地线安装。当支持件埋设完毕,水泥砂浆凝固后,可敷设墙上的接地线。将接地扁钢沿墙吊起,在支持件一端用卡子将扁钢固定,经过隔墙壁时穿跨预留孔,接地干线连接处应焊接牢固。末端预留或连接应符合设计要求。

(3)成品保护。电气施工时,不得磕碰及弄脏墙面。焊接时注意保护墙面。在土建喷浆前，必须先将接地干线用纸包扎。拆除脚手架或搬运物件时不得碰坏接地干线。

3. 支架安装

(1)支架安装。应尽可能随结构施工预埋支架或铁件，根据设计要求进行弹线及分挡定位，用手锤、錾子进行剔洞，洞口的大小应里外一致。

首先埋设一条直线上的两端支架，然后用铅丝拉直线埋设其他支架，在埋设前应先把洞内用水湿润，如用混凝土支座，将混凝土支座分挡摆好，先在两端支架间拉直线，然后将其他支架用砂浆找平找直。如果女儿墙预留有预埋铁件，可将支架直接焊在铁件上，支架的找直方法同前。

(2)成品保护。剔洞时，不应损坏建筑物结构，支架稳固后，不得碰撞松动，支架稳固后应保护好，防止土建外墙装修或内墙喷浆时污染支架。

4. 避雷引下线敷设

(1)避雷引下线暗敷设做法。首先将所需扁钢(或圆钢)用手锤(或钢筋扳子)进行调直或扳直。将调直的引下线运到安装地点，按设计要求随建筑物引上、挂好，及时将引下线的下端与接地体焊接，或与断接卡子连接，随着建筑物的逐步增高，将引下线敷设于建筑物内至屋顶并出屋面一定长度，以备与避雷网连接。如需接头则应进行焊接，焊接后应敲掉药皮并刷防锈漆(现浇混凝土除外)及银粉，最后请有关人员进行隐检验收，做好记录。

利用主筋作引下线时，按设计要求找出全部主筋位置，用油漆做好标记，距室外地面 0.5 m 处焊接断接卡子，随钢筋逐层串联焊接至顶层，并焊接出屋面一定长度的引下线镀锌扁钢 40×4 或ϕ 12 的镀锌圆钢，以备与避雷网连接。每层各引下点焊接后、隐蔽之前，均应请有关人员进行隐检，同时应填写隐检记录。

(2)避雷引下线明敷设做法。引下线如为扁钢，可放在平板上用手锤调直；如为圆钢可将圆钢放开，一端固定在牢固地锚的机具上，另一端固定在绞磨(或倒链)的夹具上进行冷拉直。将调直的引下线运到安装地点。

将引下线用大绳提升到最高点，然后由上而下逐点固定，直至安装断接卡子处。如需接头或安装断接卡子，则应进行焊接。焊接后清除药皮，局部调直，刷防锈漆(或银粉)。将引下线地面以上 2 m 段套上保护管，卡固、刷红白油漆，用镀锌螺栓将断接卡子与接地体连接牢固。

(3)成品保护。安装保护管时，注意保护好土建结构及装修面，拆架子时不要磕碰引下线。

5. 避雷网安装

(1)避雷网安装做法。避雷线如为扁钢，可放在平板上用手锤调直，如为圆钢，可将圆钢放开一端固定在牢固地锚的夹具上，另一端固定在绞磨(或倒链)的夹具上进行冷拉调直。将调直的避雷线运到安装地点。将避雷线用大绳提升到顶部，调直、敷设、卡固、焊接连成一体，同引下线焊接，焊接的药皮应敲掉，进行局部调直后刷防锈漆及银粉。

建筑物屋顶上有突出物，如金属旗杆、透气管、金屑天沟、铁栏杆、爬梯、冷却水塔、电视天线等，这些部位的金属导体都必须与避雷网焊接成一体。顶层的烟囱应做避雷带或避雷针。在建筑物的变形缝处应做防雷跨越处理。

避雷网分明网和暗网两种，暗网格越密，其可靠性就越好。网格的密度应视建筑物的重要程度而定。重要建筑物可用 10 m×10 m 的网格，一般建筑物采用 20 m×20 m 的网格即可。如果设计有特殊要求应按设计要求去做。

(2)成品保护。遇坡顶瓦屋面,在操作时应采取措施,以免踩坏屋面瓦,不得损坏外檐装修。避雷网敷设后,应避免砸碰,避雷网敷设完毕后,应注意保护,防止外墙装修污染避雷线。

6. 避雷针制作与安装

(1)避雷针制作。避雷针一般采用圆钢或钢管制成,其直径不应小于下列数值。

独立避雷针一般采用ϕ 19 镀锌圆钢;屋面上的避雷针一般采用ϕ 25 镀锌钢管;水塔顶部避雷针圆钢直径为 25 mm,钢管直径为 40 mm;烟囱顶上圆钢直径为 25 mm;避雷环圆钢直径为 12 mm;扁钢截面长 100 mm,厚度为 4 mm。

把放电尖端打磨光滑后进行涮锡。如针尖采用钢管制作,可先将上节钢管一端锯成锯齿形,用手锤收尖后,焊缝磨平、涮锡。按设计要求的材料所需的长度分多节进行下料,然后把各节管按粗细拼装起来,相邻两节应把细管插入粗管中一段,插入长度一般为 250 mm。最后把各个接头用ϕ 12 铆钉铆接或采用开槽焊接,接口部分应焊牢,焊接后把避雷针体镀锌或涂银粉。

(2)避雷针安装。先将支座钢板的底板固定在预埋地脚螺栓上,焊上一块肋板,再将避雷针立起、找直、找正后进行点焊,然后加以校正,焊上其他三块肋板,最后将引下线焊在底板上,清除药皮刷防锈漆及银粉。

(3)成品保护。拆除脚手架时,注意不要碰坏避雷针,注意保护土建装修。

任务四　接地装置检测

4.1　任务目标

掌握接地装置检测的方法。

4.2　相关知识

知识链接 12　接地装置检测要求及仪器

1. 接地电阻测试要求

(1)交流工作接地,接地电阻不应大于 4 Ω。

(2)安全工作接地,接地电阻不应大于 4 Ω。

(3)直流工作接地,接地电阻应按计算机系统具体要求确定。

(4)防雷保护地的接地电阻不应大于 10 Ω。

(5)对于屏蔽系统如果采用联合接地时,接地电阻不应大于 1 Ω。

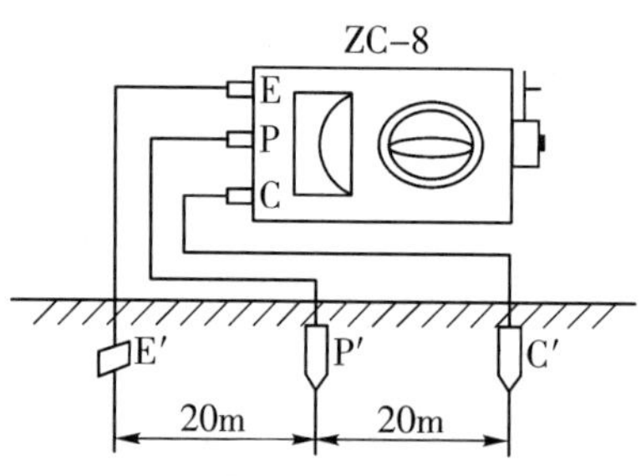

图 8－20　ZC-8 型接地电阻测试仪使用接线图

2. 接地电阻测试仪

(1)适用条件。ZC-8 型接地电阻测试仪适用于测量各种电力系统、电气设备、避雷针等接地装置的电阻值,亦可测量低电阻导体的电阻值和土壤电阻率。如图 8－20 所示。

(2)仪表组成。ZC-8 型仪表工作由手摇发电机、电流互感器、滑线电阻及检流计等组成,全部机构装在塑料壳内,外有皮壳便于携带。附件有辅助探棒导线等装于附件袋内。其工作原理采用基准电压比较式。

4.3　任务实施

(1)使用前检查测试仪是否完整,测试仪包括如下器件。

①ZC-8 型接地电阻测试仪一台。

②辅助接地棒二根。

③导线 5 m、20 m、40 m 各一根。

(2)使用与操作。

①测量接地电阻值时接线方式的规定仪表上的 E 端钮接 5 m 导线,P 端钮接 20 m 线,C 端钮接 40 m 线,导线的另一端分别接被测物接地极 E′,电位探棒 P′和电流探棒 C′,且 E′、P′、C′应保持直线,其间距为 20 m。

②当测量大于等于 1 Ω 接地电阻时接线图,将仪表上 2 个 E 端钮连接在一起。测量小于1 Ω 接地电阻时接线图将仪表上 2 个 E 端钮导线分别连接到被测接地体上,以消除测量时连接导线电阻对测量结果引入的附加误差。

(3)操作步骤。

①仪表端所有接线应正确无误。

②仪表连线与接地极 E′、电位探棒 P′和电流探棒 C′应牢固接触。

③仪表放置水平后,调整检流计的机械零位,归零。

④将“倍率开关”置于最大倍率,逐渐加快摇柄转速,使其达到 150 r/ min。当检流计指针向某一方向偏转时,旋动刻度盘,使检流计指针恢复到“0”点。此时刻度盘上读数乘上倍率挡即为被测电阻值。

⑤如果刻度盘读数小于 1 时,检流计指针仍未取得平衡,可将倍率开关置于小一挡的倍率,直至调节到完全平衡为止。

⑥如果发现仪表检流计指针有抖动现象,可变化摇柄转速,以消除抖动现象。

(4)注意事项。

①禁止在有雷电或被测物带电时进行测量。

②仪表携带、使用时须小心轻放,避免剧烈震动。

(三)学生实操

1. 劳动组织形式

本项目实施中,对学生进行分组,学生 6～8 人组成一个工作小组。各小组按照表 8 - 4 任务分配表制订出实施方案及工作计划,组长协助教师参与指导本组学生学习,检查项目实施进度和质量,并制订改进措施,共同完成项目任务。

表 8 - 4　分组成员工作明细表

序号	成员	成员工作职责	姓名	备注
1	施工员	主要负责施工准备、技术准备		
2	材料员	主要按照图纸准备机具、材料、设备		
3	质检员	主要负责项目实施过程中的质量检查验收		
4	资料员	主要负责整体和及时上交本组作业资料		
5	安全员	主要负责项目实施过程中安全措施的落实		

2. 所需设备及器件

具体材料和机具见建筑防雷接地系统安装前准备的任务实施。

3. 填写防雷接地系统安装施工管理记录

见表 8－5。

表 8－5 防雷接地系统安装施工管理记录

单位工程名称：				部位：		
检查(管理)项目			检查或验收内容(标准)		分管人员签字/日期	工程部经理巡查批注
事前控制	1	施工图审核	检查屋面避雷针(网)和引下点至基础接地点是否对应，检查设备间、机房、给水设施以及屋面的冷却塔、风机、外露建筑金属部件等的接地和预留、弱电系统的接地、等电位连接等是否符合规范要求；避雷小针的位置是否合理，不得置于阴脊线	▲		
	2	材料验收	避雷针(网)、扁钢、跨接钢筋的材质、规格、型号是否符合规范和设计要求，测试摇表是否鉴定合格，焊工是否持证上岗			
过程控制	1	基础接地	逐一检查基础钢筋与柱筋、基础梁与桩基钢筋的焊接质量、焊缝长度是否符合要求，焊渣是否清除，是否有效成环，与桩基钢筋有效连接；接地网焊接完成后，检查接地电阻是否符合设计及规范要求	▲		
	2	引下线	检查引下线及测试点的位置、截面积、数量是否符合设计及规范要求；检查引下点和跨接钢筋的焊接质量是否符合设计及规范要求，并要求施工单位对引上线进行定位标识，以防上层焊错主筋，造成接地中断错误	▲		
	3	专用接地	接地引出点应与保护接地分开设置，专用接地与保护接地的功能应严格区分	▲		
	4	均压环	均压环的设置、均压环与引下线的连接应符合设计及规范要求；镀锌扁钢搭接不得成“T”形，严禁直接对接，焊缝应平整饱满，不得有咬肉、夹渣、焊瘤等现象，焊渣应及时清除	▲		
	5	等电位箱	应从综合接地体直接引上，严禁从避雷引下线接入	▲		
	6	重复接地	重复接地按设计及规范要求施工，不得遗漏	▲		
	7	避雷针	检查避雷针的规格、数量、位置是否符合设计及规范要求；与土建是否冲突、安装是否牢固可靠；防雷网和避雷针及其他金属物体是否焊接成一个整体；焊接质量等均应符合规范要求；避雷针安完后应测试接地电阻是否符合设计及规范要求	▲		
	8	外露金属部件接地	检查外露金属部件的金属龙骨的接地措施是否可靠，测试接地电阻是否符合设计及规范要求(高层的铝合金门窗框应按设计要求进行接地极的预留)	▲		
	9	防腐	检查外露部分和预留接地极的防腐措施是否符合规范要求	▲		
验收	1	测试	接地电阻测试结果应符合设计及规范要求	▲		

五、项目测评

1. 填写接地装置安装工程检验批质量验收记录

见表 8－6。

表 8－6　接地装置安装工程检验批质量验收记录

<table>
<tr><td colspan="3">单位(子单位)工程名称</td><td colspan="5"></td></tr>
<tr><td colspan="3">分部(子分部)工程名称</td><td colspan="2">建筑电气</td><td>验收部位</td><td colspan="2">接地装置</td></tr>
<tr><td colspan="3">施工单位</td><td colspan="2"></td><td>项目经理</td><td colspan="2"></td></tr>
<tr><td colspan="3">分包单位</td><td colspan="2"></td><td>分包项目经理</td><td colspan="2"></td></tr>
<tr><td colspan="3">施工执行标准名称及编号</td><td colspan="5"></td></tr>
<tr><td colspan="4">施工质量验收规范的规定</td><td colspan="2">施工单位检查评定记录</td><td colspan="2">监理(建设)单位验收记录</td></tr>
<tr><td rowspan="5">主控项目</td><td>1</td><td>接地装置测试点的设置</td><td></td><td colspan="2"></td><td colspan="2" rowspan="5"></td></tr>
<tr><td>2</td><td>接地电阻值测试</td><td></td><td colspan="2"></td></tr>
<tr><td>3</td><td>防雷接地的人工接地装置的接地干线埋设</td><td></td><td colspan="2"></td></tr>
<tr><td>4</td><td>接地模块的埋设深度、间距和基坑尺寸</td><td></td><td colspan="2"></td></tr>
<tr><td>5</td><td>接地模块设置应垂直或水平就位</td><td></td><td colspan="2"></td></tr>
<tr><td rowspan="3">一般项目</td><td>1</td><td>接地装置埋设深度、间距搭接长度和防腐措施</td><td></td><td colspan="2"></td><td colspan="2" rowspan="3"></td></tr>
<tr><td>2</td><td>接地装置的材质和最小允许规格、尺寸</td><td></td><td colspan="2"></td></tr>
<tr><td>3</td><td>接地模块与干线的连接和干线材质选用</td><td></td><td colspan="2"></td></tr>
<tr><td colspan="3" rowspan="2">施工单位检查评定结果</td><td colspan="2">专业工长(施工员)</td><td></td><td>施工班组长</td><td></td></tr>
<tr><td colspan="5">项目专业质量检查员：　　　　年　　月　　日</td></tr>
<tr><td colspan="3">监理(建设)单位验收结论</td><td colspan="5">专业监理工程师：
（建设单位项目专业技术负责人）　　　　年　　月　　日</td></tr>
</table>

2. 项目评价

按时间、质量、安全、文明、环保要求进行考核。首先学生按照表 8－7 项目考核评价表，先自评，在自评的基础上，由本组的同学互评，最后由教师进行总结评分。

表 8－7　项目考核评价表

序号	项目	标准分	内容	评分标准	学生自评	学生互评	教师评价
1	态度	10	按时出勤，不迟到，不早退 勤于思考、动手，严谨认真 工作责任心强，吃苦耐劳 具有团队合作精神	迟到扣 4 分，早退扣 4 分 态度不认真扣 3～5 分 责任心不强，扣 4～8 分 团队合作意识差，扣 4 分			
2	安装前准备	10	是否按照图纸内容准备好安装用的材料和机具	不符合图纸内容扣 5～10 分			
3	防雷接地系统安装	10	接地体的安装是否符合规范要求	不符合规范要求扣 5～10 分			
		10	接地干线的安装是否符合规范要求	不符合规范要求扣 5～10 分			
		10	支架的安装是否符合规范要求	高度不一致扣 2～5 分			
		10	引下线的安装是否符合规范要求	焊接不牢固扣 5～10 分			
		10	避雷网的安装是否符合规范要求	安装不规整扣 2～5 分			
4	工艺操作	10	符合工艺操作规范	操作不规范，酌情扣 5～10 分			
5	安全生产	10	符合安全施工要求	有安全隐患扣 1～10 分			
6	文明施工	10	符合文明施工要求	不符合要求扣 1～10 分			
合计		100	学生签名： 教师签名 ：		权重	0.3	0.7
					实际得分		

六、项目拓展

识读建筑防雷接地施工图，包括如图 8－21 所示的屋面防雷平面图和如图 8－22 所示的基础接地平面图。

项目设计说明：

本项目是一栋三单元、六层砖混结构，现浇混凝土楼板。本建筑防雷按三类防雷建筑物考虑。

(1)接闪器：用ϕ 12 镀锌圆钢在屋顶周边设置避雷网，屋顶避雷连接线网格不大于

24 m×16 m，每隔 1 m(转角处 0.5 m)设置一处支持卡子，做法见建筑物防雷设施安装图集 99D501—1。所有突出屋面的金属管道及构件均应与避雷网可靠连接。

(2)引下线：利用构造柱内主筋(ϕ16)二根作为防雷引下线，共分 8 处分别引下，要求作为引下线的构造柱主筋自下而上通长焊接，上面与避雷网、下面与基础钢筋网连接，施工中注意与土建密切配合。

(3)接地极：接地极为建筑物基础底梁上的上下两层钢筋中的两根主筋通长焊接形成的基础接地网，如无基础钢筋则暗敷一 40×4 热镀锌扁钢，要求接地电阻不大于 1 Ω。实测不到时应加人工接地极。

(4)测试盒：在建筑物四角设接地测试点板，做法如图 8-22 所示，接地电阻不大于 1 Ω。若不满足应另设人工接地体，做法见图集 99D501—1。

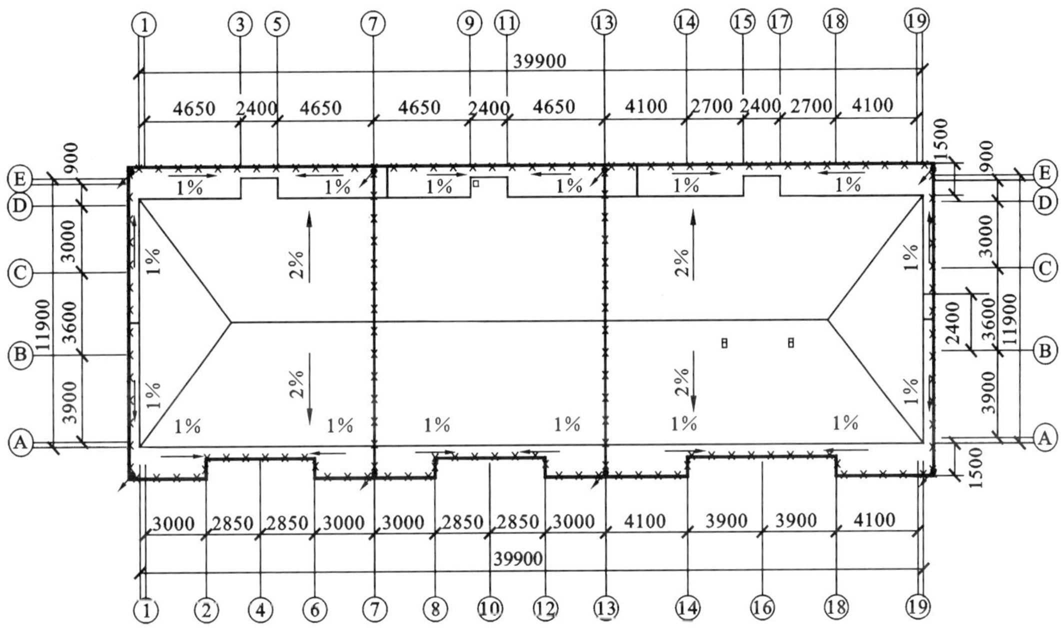

图 8-21　屋面防雷平面图

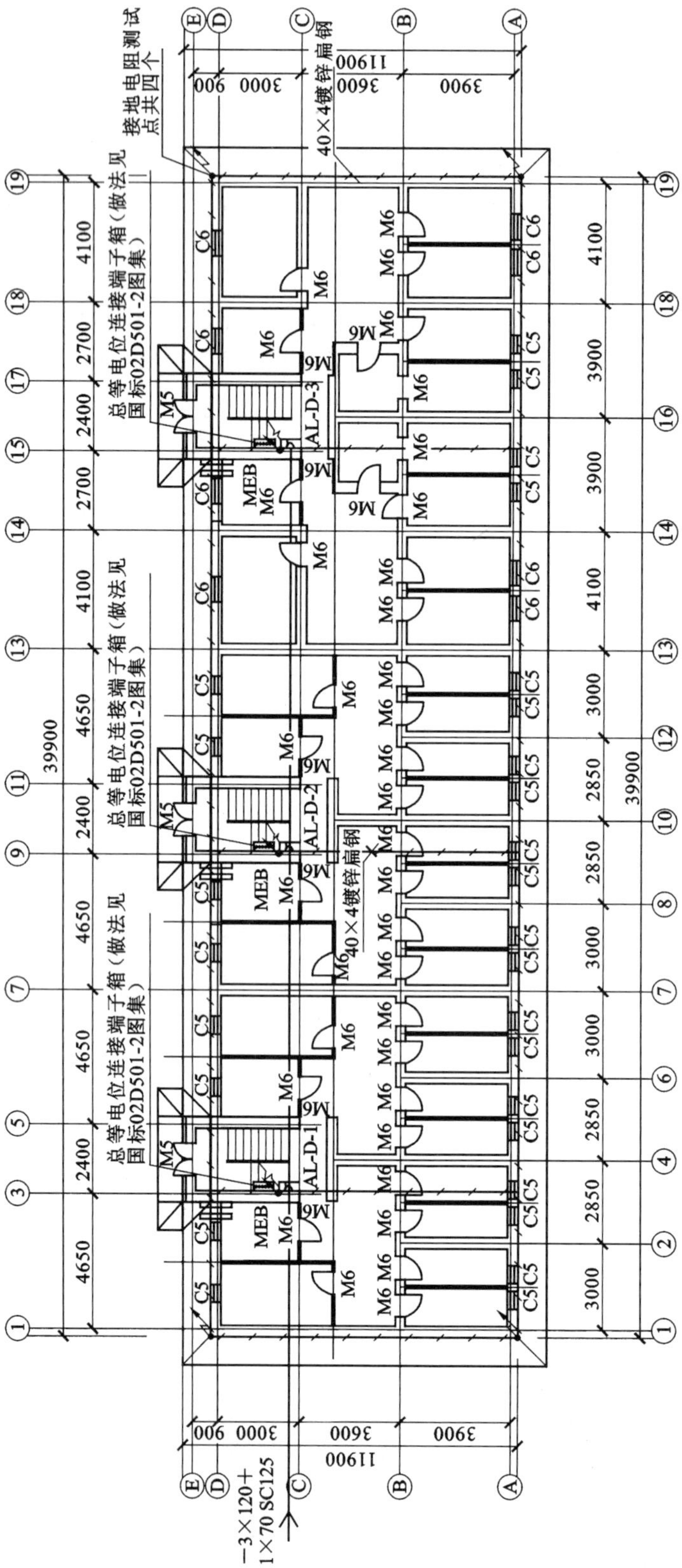

图 8-22 基础接地平面图

七、项目作业

(1)简要回答建筑防雷的分类。
(2)简要回答人体触电的几种方式。
(3)供电系统有哪几种接地形式？并画出图示。
(4)常用的电击防护措施有哪些？
(5)建筑防雷及接地的装置有哪些？
(6)填写防雷接地系统安装接地电阻测试记录，见表 8－8。

表 8－8　接地电阻测试记录

<table>
<tr><td colspan="2">单位(子单位)工程名称</td><td colspan="4"></td></tr>
<tr><td>施工单位</td><td colspan="3"></td><td>测试日期</td><td>年　月　日</td></tr>
<tr><td>天　气</td><td colspan="3"></td><td>气温(℃)</td><td></td></tr>
<tr><td rowspan="2">接地电阻测试仪</td><td>型号规格</td><td>出厂编号</td><td>检定单位</td><td>检定有效期</td><td>检定证书编号</td></tr>
<tr><td>ZC-8</td><td></td><td></td><td></td><td></td></tr>
<tr><td>接地装置名称类别</td><td>测试点部位</td><td>设计值(Ω)</td><td>实测值(Ω)</td><td colspan="2">附图及说明</td></tr>
<tr><td>防雷接地</td><td>①—Ⓔ</td><td>4</td><td></td><td colspan="2" rowspan="6"></td></tr>
<tr><td>防雷接地</td><td>①—Ⓐ</td><td>4</td><td></td></tr>
<tr><td>防雷接地</td><td>⑲—Ⓔ</td><td>4</td><td></td></tr>
<tr><td>防雷接地</td><td>⑲—Ⓐ</td><td>4</td><td></td></tr>
<tr><td>保护接地</td><td>AL1 箱</td><td>4</td><td></td></tr>
<tr><td>等电位接地</td><td>总等电位端子</td><td>4</td><td></td></tr>
<tr><td>存在问题处理情况</td><td colspan="5"></td></tr>
<tr><td>结　论</td><td colspan="5"></td></tr>
<tr><td rowspan="3">专业监理工程师
(建设单位项目专业技术负责人)</td><td colspan="2" rowspan="3"></td><td rowspan="3">施工单位</td><td>质检员</td><td></td></tr>
<tr><td>施工员</td><td></td></tr>
<tr><td>测试员</td><td></td></tr>
</table>

附　　录

附表一　给排水施工图常用图例

名　称	图　例	名　称	图　例
生活给水管	—— J ——	通气管	—— T ——
热水给水管	—— RJ ——	污水管	—— W ——
热水回水管	—— RH ——	压力污水管	—— YW ——
中水给水管	—— ZJ ——	雨水管	—— Y ——
循环给水管	—— XJ ——	压力雨水管	—— YY ——
循环回水管	—— Xh ——	膨胀管	—— PZ ——
热媒给水管	—— RM ——	空调凝结水管	—— KN ——
热媒回水管	—— RMH ——	多孔管	
蒸汽管	—— Z ——	地沟管	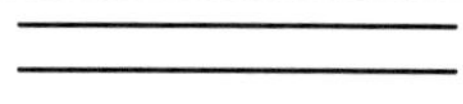
凝结水管	—— N ——	防护套管	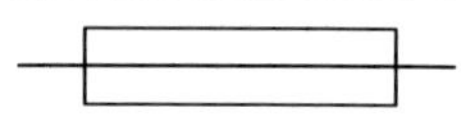
废水管	—— F ——	管道立管	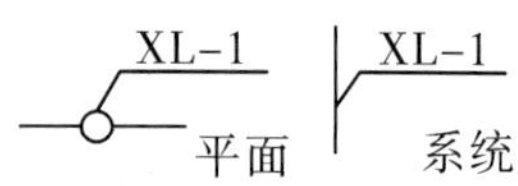
压力废水管	—— YF ——	保温管	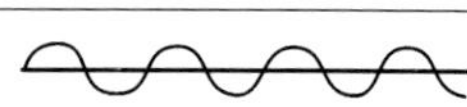
套管伸缩器	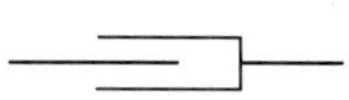	雨水斗	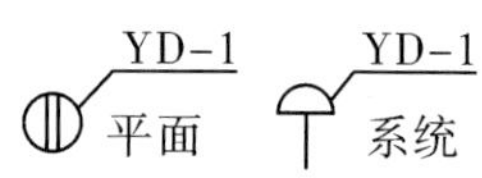
方形伸缩器	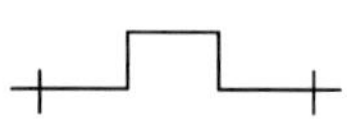	排水漏斗	
刚性防水套管	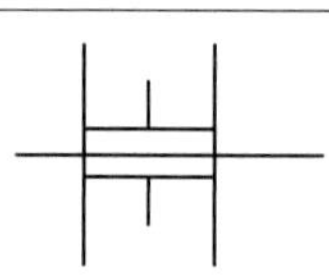	圆形地漏	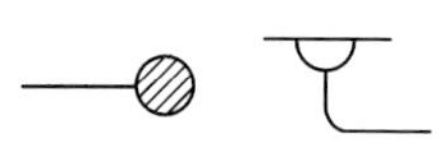

续表

名 称	图 例	名 称	图 例
柔性防水套管	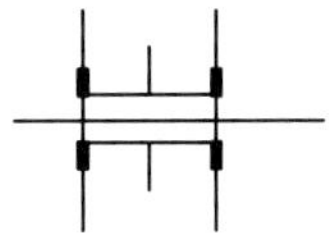	方形地漏	
波纹管		自动冲洗水箱	
管道滑动支架		Y 形除污器	
立管检查口		毛发聚集器	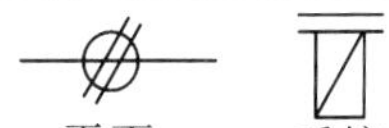
清扫口		防回流污染止回阀	
通气帽		吸气阀	
法兰连接	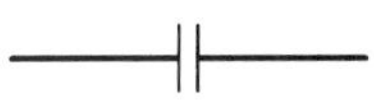	三通连接	
承插连接		四通连接	
活接头	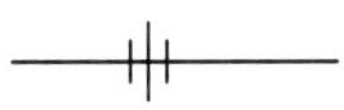	盲板	
管堵		管道丁字上接	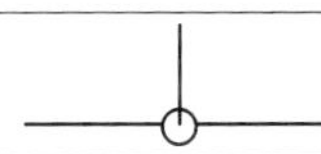
法兰堵盖		管道丁字下接	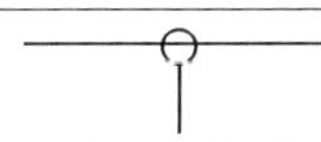
弯折管	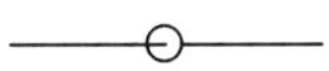	管道交叉	
偏心异径管	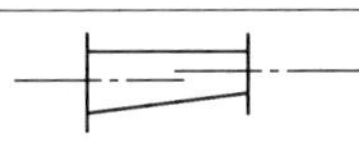	存水弯	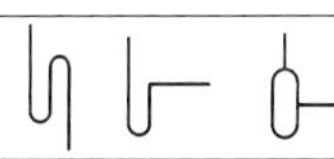
异径管	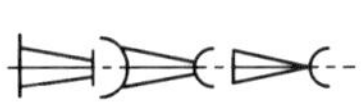	弯头	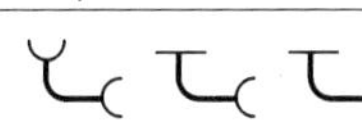
乙字管		正三通	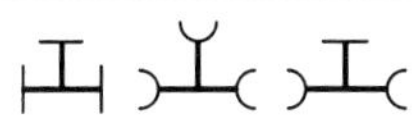
喇叭口	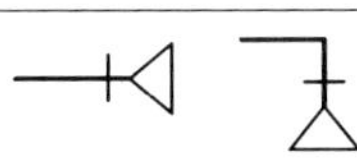	斜三通	
转动接头	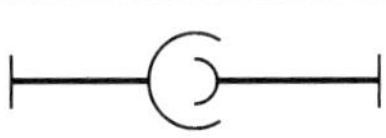	正四通	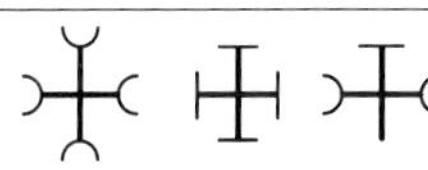
短管		斜四通	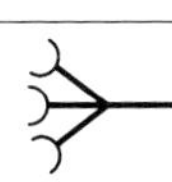

续表

名　称	图　例	名　称	图　例
闸阀		气闭隔膜阀	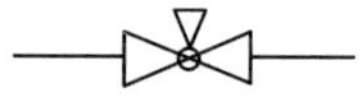
角阀		温度调节阀	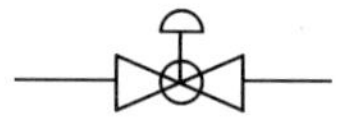
三通阀	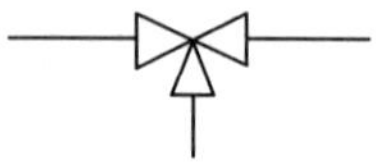	压力调节阀	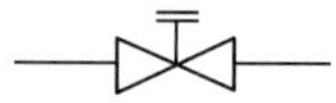
四通阀	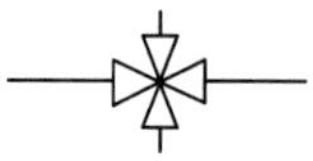	电磁阀	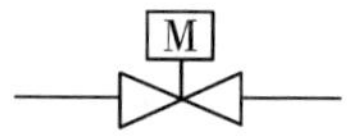
截止阀	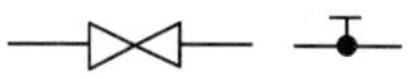 DN≥50　DN<50	止回阀	
电动阀		消声止回阀	
液动阀	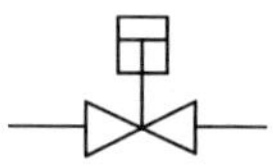	蝶阀	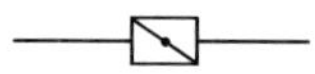
气动阀	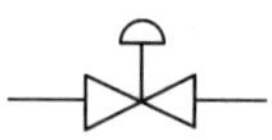	弹簧安全阀	
减压阀	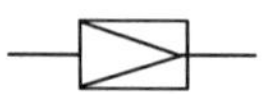	平衡锤安全阀	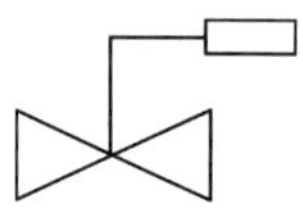
旋塞阀	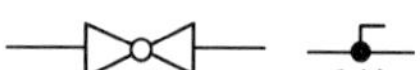 平面　系统	自动排气阀	平面 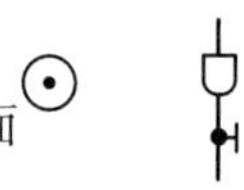 系统
底阀		浮球阀	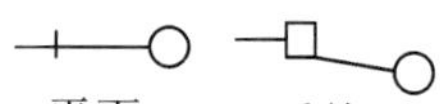 平面　系统
球阀		延时自闭冲洗阀	
隔膜阀	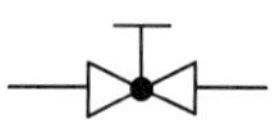	吸水喇叭口	平面  系统

续表

名　称	图　例	名　称	图　例
气开隔膜阀	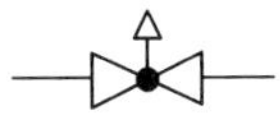	疏水器	
消火栓给水管	—— XH ——	水幕灭火给水管	—— SM ——
自动喷水灭火给水管	—— ZP ——	水炮灭火给水管	—— SP ——
室外消火栓		干式报警阀	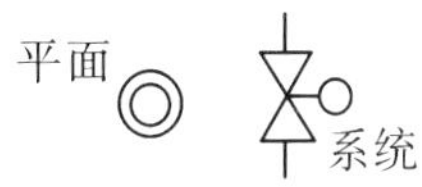
室内消火栓(单口)	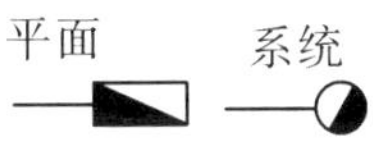	水炮	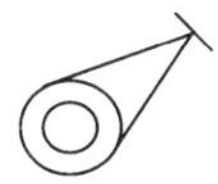
室内消火栓(双口)		湿式报警阀	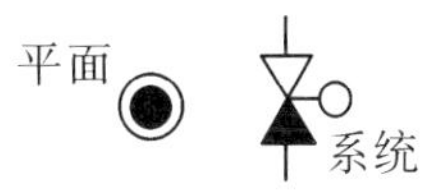
水泵接合器	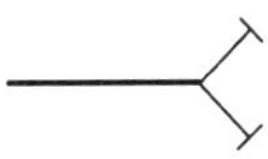	预作用报警阀	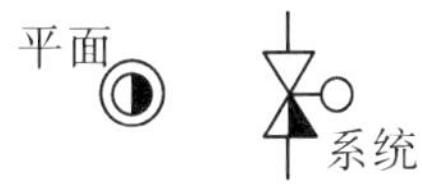
自动喷洒头(开式)	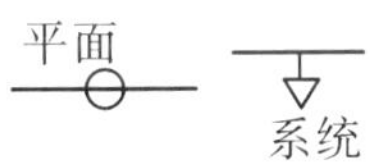	遥控信号阀	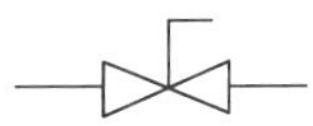
水力警铃		水流指示器	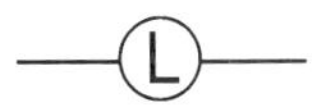
立式洗脸盆	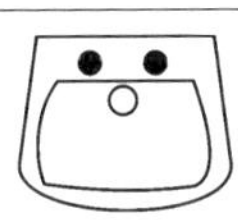	污水池	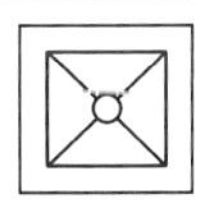
台式洗脸盆	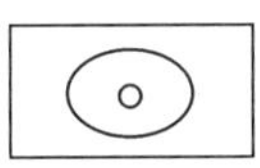	妇女卫生盆	
挂式洗脸盆	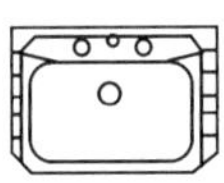	立式小便器	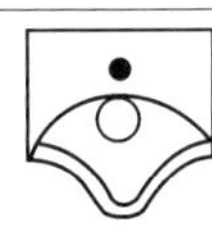
浴盆	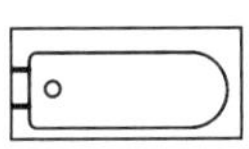	壁挂式小便器	
化验盆、洗涤盆	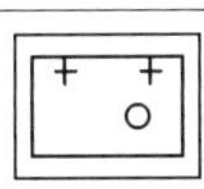	蹲式大便器	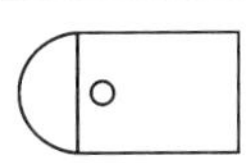
带沥水板洗涤盆	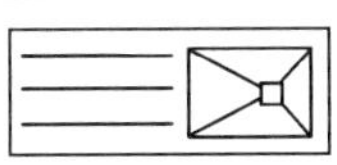	坐式大便器	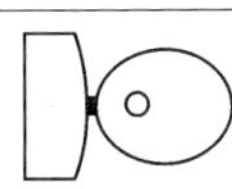

附表二　采暖施工图常用图例

序号	名称	图例	备注
1	采暖热水供水管	——RG——	
2	采暖热水回水管	——RH——	
3	自动排气阀	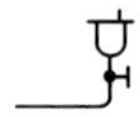	
4	集气罐、放气阀		
5	膨胀阀		
6	排入大气或室外		
7	安全阀	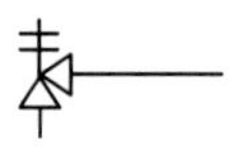	
8	角阀	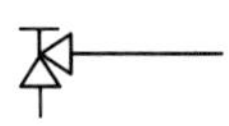	
9	底阀	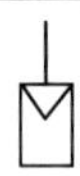	
10	漏斗		
11	地漏	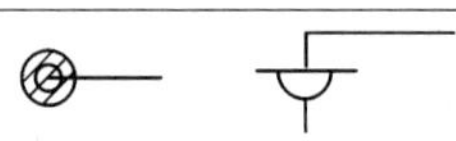	
12	明沟排水	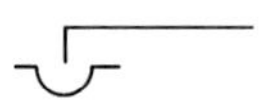	
13	向上弯头	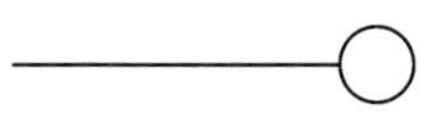	
14	向下弯头	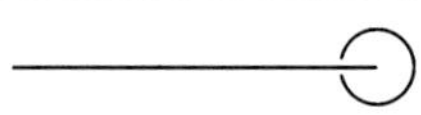	
15	法兰封头或管封	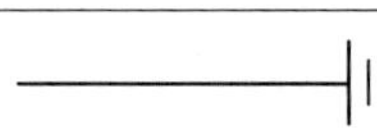	
16	上出三通	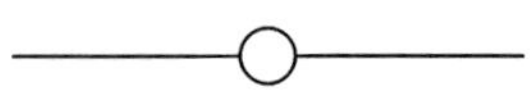	
17	下出三通	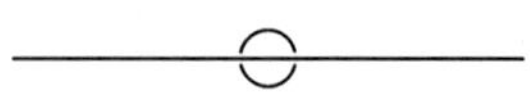	
18	变径管	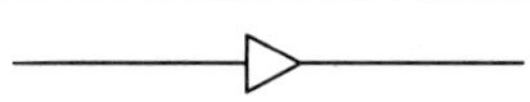	

续表

序号	名称	图例	备注
19	活接头或法兰连接	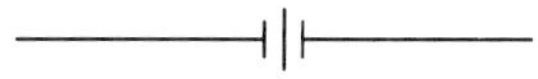	
20	固定支架	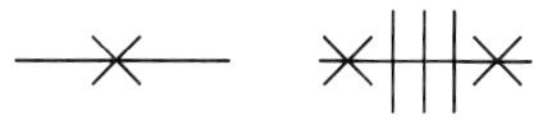	
21	导向支架	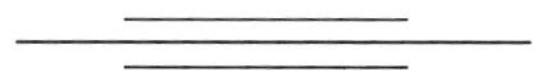	
22	活动支架		
23	金属软管		
24	可屈挠橡胶软接头		
25	Y形过滤器	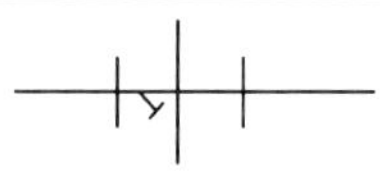	
26	疏水器	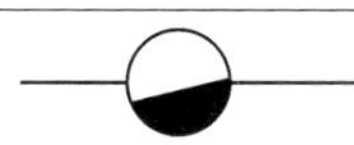	
27	减压阀	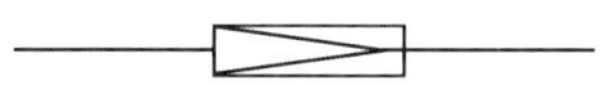	左高右低
28	直通型(或反冲型)除污器	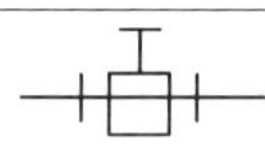	
29	除垢仪		
30	补偿器		
31	矩形补偿器		
32	套管补偿器	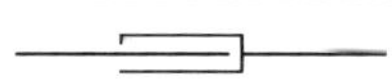	
33	波纹管补偿器	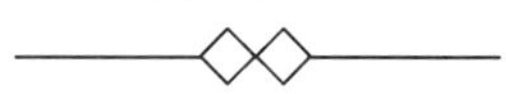	
34	弧形补偿器	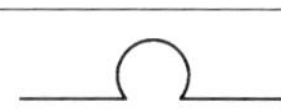	
35	球形补偿器	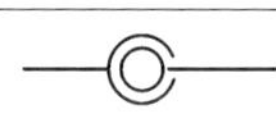	
36	伴热器		
37	保护套管	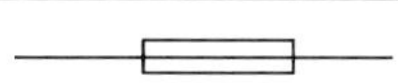	
38	阻火器	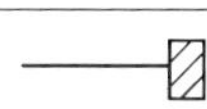	
39	节流孔板、减压孔板	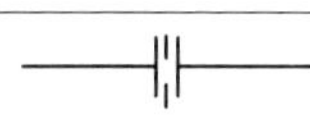	
40	坡度及坡向	$\underrightarrow{i=0.003}$ 或 $\longrightarrow i=0.003$	坡度数值不宜与管道起、止点标高同时标注。标注位置同管径标注位置

附表三　空调施工图常用图例

名称	图例	名称	图例
送风系统	—— S ——	蒸汽管	—— Z ——
排风系统	—— P ——	凝结水管	—— N ——
空调系统	—— K ——	膨胀水管	—— P ——
新风系统	—— X ——	补给水管	—— G ——
回风系统	—— H ——	信号管	—— X ——
排烟系统	——PY——	溢排管	—— Y ——
制冷系统	—— L ——	空调供水管	—— L_1 ——
除尘系统	—— C ——	空调回水管	—— L_2 ——
采暖系统	—— N ——	冷凝水管	—— n ——
洁净系统	—— J ——	冷却供水管	——LG_1——
正压送风系统	——ZS——	冷却回水管	——LG_2——
人防送风系统	——RS——	软化水管	——RH——
人防排风系统	——RP——	盐水管	——YS——
送风管、新(进)风管	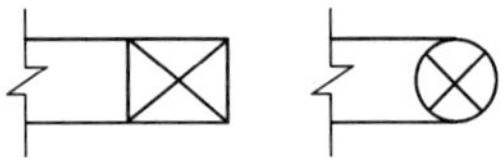	天圆地方	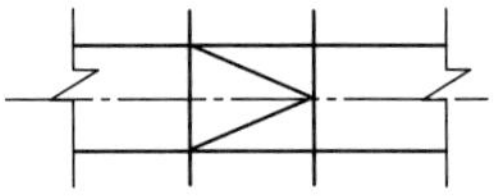
回风管、排风管	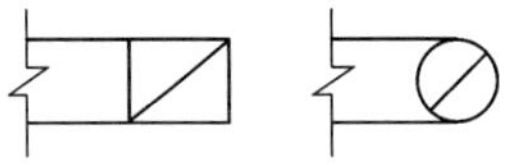	柔性风管	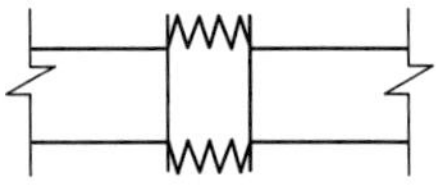
混凝土或砖砌风管	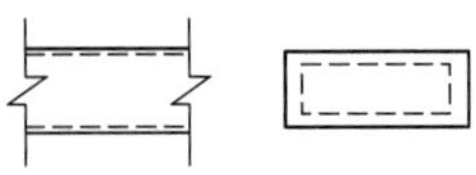	风管检查孔	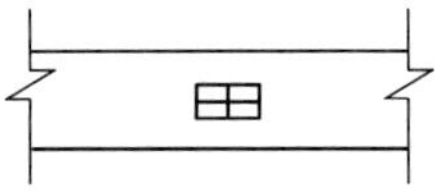
异径风管	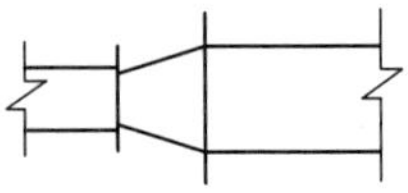	风管测定孔	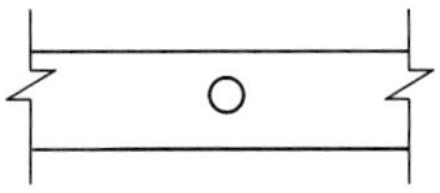

续表

名称	图例	名称	图例
矩形三通	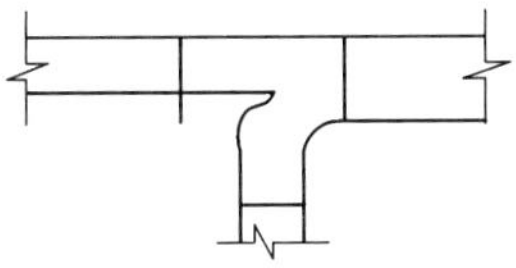	弯头	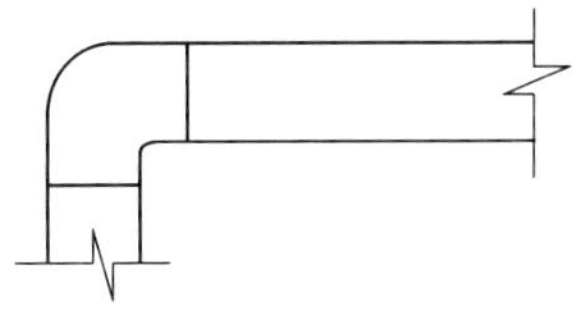
圆形三通	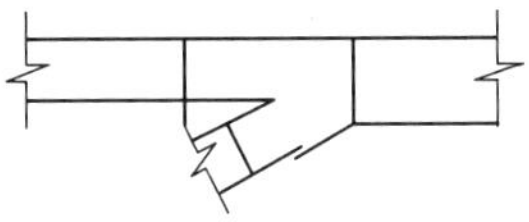	带导流片弯头	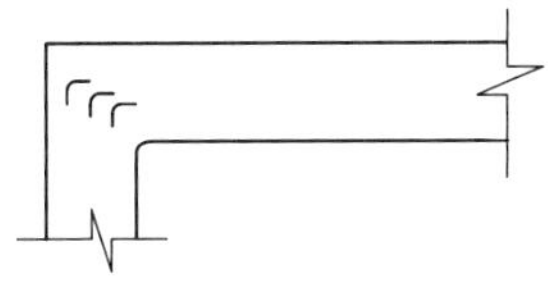
安全阀	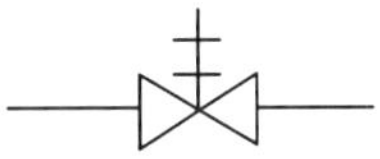	手动对开式多叶调节阀	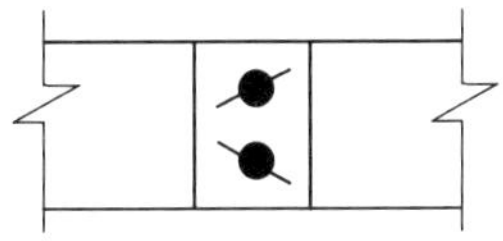
蝶阀		电动对开式多叶调节阀	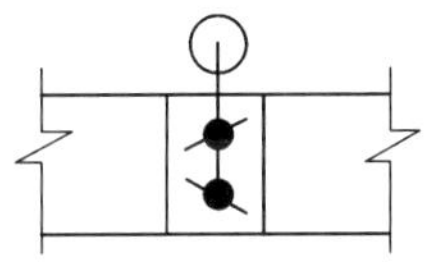
手动排气阀	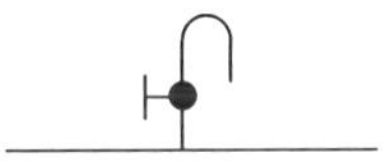	三通调节阀	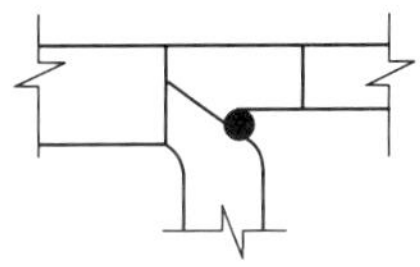
插板阀	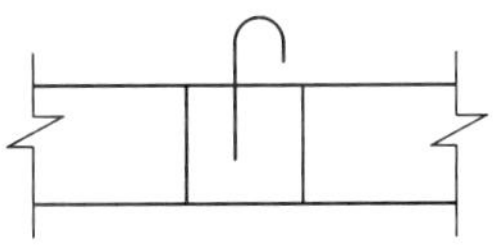	防火(调节阀)	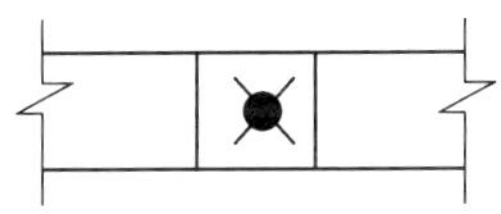
蝶阀	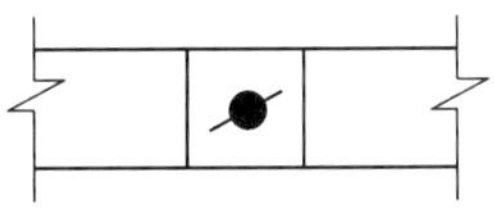	余压阀	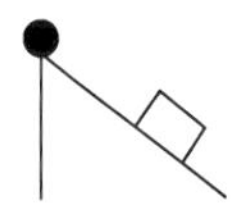
止回阀	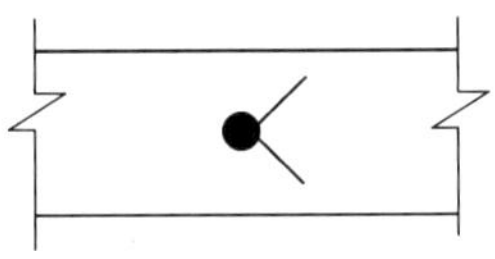	圆形散流器	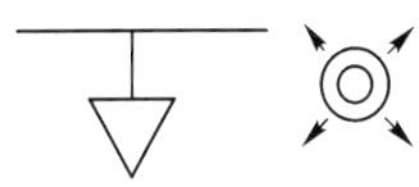
送风口	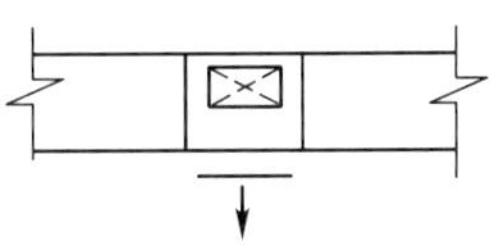	伞形风帽	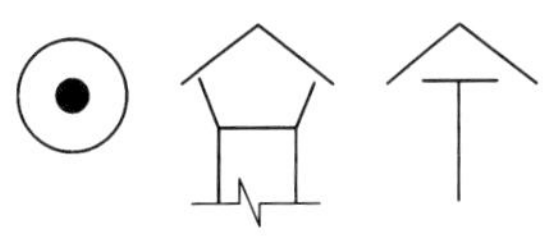
回风口	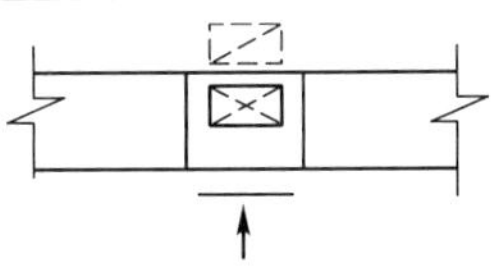	方形散流器	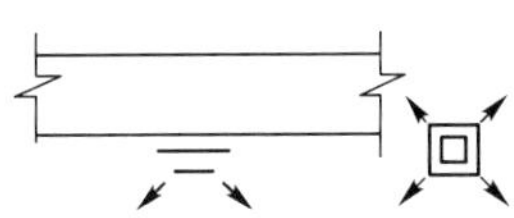

附表四 常用电气图形符号

序号	图形符号	说 明
1		开关(机械式)
2	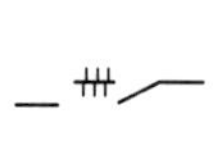	多级开关一般符号单线表示
3	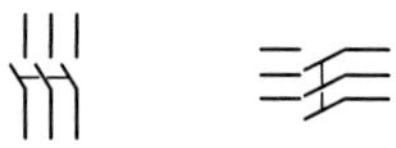	多级开关一般符号多线表示
4		接触器(在非动作位置触点断开)
5		接触器(在非动作位置触点闭合)
6		负荷开关(负荷隔离开关)
7		具有自动释放功能的负荷开关
8	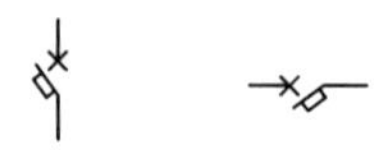	熔断器式断路器
9		断路器
10		隔离开关
11		熔断器一般符号
12		跌落式熔断器
13		熔断器式开关
14		熔断器式隔离开关

续表

序号	图形符号	说明
15		熔断器式负荷开关
16		指示仪表(星号必须按规定予以代表)
17		电压表
18		电流表
19		无功电流表
20	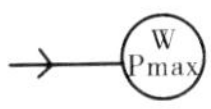	最大需量指示器(由一台积算仪表操作的)
21		无功功率表
22		功率因素表
23		频率表
24	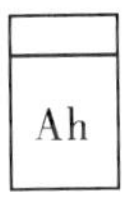	安培小时计
25	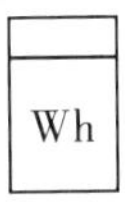	电能表(瓦特小时表)
26		无功电能表
27	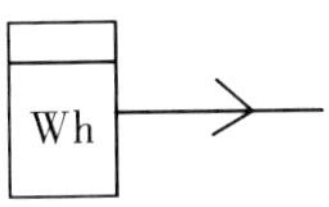	带发送器电能表
28	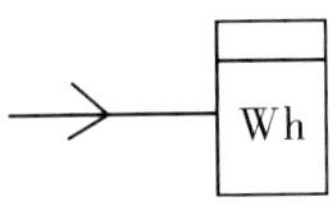	由电能表操纵的遥测仪表(转发器)
29	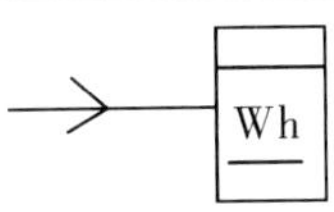	由电能表操纵的带有打印器材的遥测仪表(转发器)

续表

序号	图形符号	说　明
		接近和接触敏感器件
30		接近传感器
31		接触传感器
		电力、照明和电信布置插座
32		单相插座
33		暗装单相插座
34		密闭(防水)单相插座
35		防爆单相插座
36		带保护触点插座 带接地插孔的单相插座
37		带接地插孔的暗装单相插座
38		带接地插孔的密闭(防水)单相插座
39		带接地插孔的防爆单相插座
40		带接地插孔的三相插座
41		带接地插孔的暗装三相插座
42		带接地插孔的密闭(防水)三相插座
43		带接地插孔的防爆三相插座
44	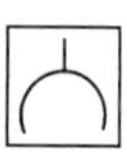	插座箱(板)

续表

序号	图形符号	说 明
45		开关一般符号
46		单极开关
47		暗装单极开关
48		密闭(防水)单极开关
49		防爆单极开关
50		双极开关
51		暗装双极开关
52		密闭(防水)双极开关
53		防爆双极开关
54		三极开关
55		暗装三极开关
56		密闭(防水)三极开关
57		防爆三极开关
58		单极拉线开关
59		单极限时开关
60		具有指示灯的开关

附表五　建筑电气设备安装工程施工图标注文字代号一览表

一、表达线路敷设方式的文字代号

序号	表达内容	英文代号（新）	拼音代号（旧）
1	用镀锌钢管	SC 或 S	G
2	用薄壁金属电线管	TC 或 MT	DG
3	用硬质塑料管	PC 或 P	VG
4	用软质塑料管	FPC	RVG
5	用金属电缆桥架	CT	
6	用金属蛇皮管(软管)	CP 或 FMC	
7	用金属线槽(槽板)	SR	GC
8	用塑料线槽(槽板)	PR	XC
9	用塑料线夹	PCL	VT
10	用瓷夹	PL	CJ
11	用瓷瓶	K	CP

二、表达线路敷设部位的文字代号

序号	表达内容	英文代号（新）	拼音代号（旧）
1	沿地暗敷设	FC	DA
2	沿墙暗敷设	WC	QA
3	沿墙明敷设	WE	QM
4	沿棚暗敷设	CC	PA
5	沿棚明敷设	CE	PM
6	沿柱暗敷设	CLC	ZA
7	沿柱明敷设	CLE	ZM
8	沿梁暗敷设	BC	LA
9	沿梁明敷设	BE	LM
10	沿不进人吊顶内敷设	AC	PNA
11	沿可进人吊顶内敷设	ACE	PNM
12	沿钢索敷设	SR 或 M	S

三、表达照明灯具安装方式的文字代号

序号	表达内容	英文代号（新）	拼音代号（旧）
1	墙壁外装式	W	B
2	墙壁内装式	WR	BR
3	吸顶式	S	D
4	管吊式	P	G
5	链吊式	CH	L
6	线吊式	CP	X
7	自在器线吊式	CP	X
8	固定线吊式	CP1	X1
9	防水线吊式	CP2	X2
10	吊线器式	CP3	X3
11	不进人棚顶嵌入式	R	R
12	可进人棚顶嵌入式	CR	DR
13	台上安装	T	T
14	柱上安装	CL	Z
15	支架上安装	SP	J
16	座装	HM	ZH

四、表达照明、动力箱和线路方式的文字代号

序号	表达内容	英文代号（新）
1	照明配电箱	AL(照明支路 WL、插座支路 WX)
2	动力配电箱	AP(支路 WP)
3	应急照明配电箱	AEL(支路 WEL)
4	应急动力配电箱	AEP(支路 WEP)
5	照明干线	WLM
6	动力干线	WPM
7	应急照明干线	WELM
8	应急动力干线	WEPM

附表六　电气设备的标注方法

序号	项目种类	标注方式	说明	示例
1	用电设备	$\frac{a}{b}$	a——设备编号或设备位号 b——额定功率(kW 或 kVA)	$\frac{\text{P01B}}{\text{37kW}}$热煤泵的位号 P01B,容量为 37 kW
2	概略图电气箱(柜、屏)	$-a+b/c$	a——设备种类代号 b——设备安装位置的位置代号 c——设备型号	－AP1＋1. B6/XL21-15 动力配电箱种类代号－AP1,位置代号＋1. B6 即安装位置在一层 B6 轴线,型号 XL21-15
3	平面图电气箱(柜、屏)	$-a$	a——设备种类代号	－AP1 动力配电相,在不会引起混淆时可取消前缀"－"即表示为 AP1
4	照明、安全、控制变压器	ab/cd	a——设备种类代号 b/c——一次电压/二次电压 d——额定容量	TL1 220/36 V 500 VA 照明变压器 TL1,变比 220/36 V,容量 500 VA
5	断路器整定值	$\frac{a}{b}c$	a——脱扣器额定电流 b——脱扣整定电流值 c——短延时整定时间(瞬断不标注)	$\frac{\text{500 A}}{\text{500 A}\times 3}$0. 2 s 断路器脱扣器额定电流为 500 A,动作整定值为 500 A×3,短延时整定值为 0. 2 s
6	照明灯具	$a-b\frac{c\times d\times L}{e}f$	a——灯数 b——型号或编号(无则省略) c——每盏照明灯具的灯泡数 d——灯泡安装容量 e——灯光安装高度(m),"－"表示吸顶安装 f——安装方式 L——光源种类	5－BYS-80 $\frac{2\times 40\times \text{FL}}{3.5}$CS 5 盏 BYS-80 型灯具,灯管为二根 40 W 荧光灯管,灯具链吊安装,安装高度距地 3. 5 m

续表

序号	项目种类	标注方式	说明	示例
7	电缆桥架	$\frac{a\times b}{c}$	a——电缆桥架宽度(mm) b——电缆桥架高度(mm) c——电缆桥架安装高度(mm)	$\frac{600\times150}{3.5}$电缆桥架宽度 600 mm 桥架高度 150 mm 安装高度距地 3.5 m
8	线路	$a\ b-c(d\times e+f\times g)i-j-h$	a——线缆编号 b——型号(不需要可省略) c——线缆根数 d——电缆线芯数 e——线芯截面(mm^2) f——PE 线、N 线芯数 g——线芯截面(mm^2) i——线缆敷设方式 j——线缆敷设部位 h——线缆敷设安装高度(m) 上述字母无内容则省略该部分	WP201 YJV—0.6/1kV—2(3×150+2×70)SC80—WS3.5 电缆号为 WP201 电缆型号、规格为 YJV—0.6/1kV—(3×150+2×70) 2 根电缆并联连接 敷设方式为穿 DN80 焊接钢管沿墙明敷 线缆敷设高度距地 3.5 m
9	电缆与其他设施交叉点	a-b-c-d e-f	a——保护管根数 b——保护管直径(mm) c——保护管长度(mm) d——地面标高(m) e——保护管埋设深度(m) f——交叉点坐标	6-DN100-1.1 m-0.3 m -1.1 m-A=174.235；B=243.621 电缆与设施交叉，交叉点坐标为 A=174.235；B=243.621，埋设 6 根长 1.1 m DN100 焊接钢管，钢管埋设深度为—1.1 m(地面标高为—0.3 m)

续表

序号	项目种类	标注方式	说明	示例
10	电话线路	$a-b(c\times 2\times d)e-f$	a——电话线缆编号 b——型号(不需要可省略) c——导线对数 d——线缆截面 e——敷设方式和管径(mm) f——敷设部位	W1－HPVV(25×2×0.5)M－MS W1 为电话电缆号 电话电缆的型号、规格为 HPVV(25×2×0.5) 电话电缆敷设方式为用钢索敷设 电话电缆沿墙面敷设
11	电话分线盒、交接箱	$\frac{a\times b}{c}d$	a——编号 b——型号(不需要标注可省略) c——线序 d——用户数	$\frac{3\text{号}\times \text{NF-3-10}}{1\sim 12}6$ 3 号电话分线盒的型号规格为 NF-3-10，用户数为 6 户，接线线序为 1～12

附表七　各种电缆的型号、名称

电力电缆型号含义

<table>
<tr><th>型号组成</th><th>简单名称</th><th>代号</th><th colspan="2">型号组成</th><th>简单名称</th><th>代号</th></tr>
<tr><td>绝缘层</td><td>纸绝缘
橡皮绝缘
聚氯乙烯绝缘
聚乙烯绝缘
交联聚乙烯绝缘</td><td>Z
X
V
Y
YJ</td><td colspan="2">特征</td><td>不滴流
充油
滤尘器用</td><td>D
CY
C</td></tr>
<tr><td>导体</td><td>铜
铝</td><td>不表示
L</td><td rowspan="3">外护层</td><td>防腐</td><td>一级
二级</td><td>1
2</td></tr>
<tr><td>护套</td><td>铅包
铝包
聚氯乙烯护套
非燃性橡胶套</td><td>Q
L
V
HF</td><td rowspan="2">麻包及铠装</td><td rowspan="2">麻包
钢带铠装麻包
细钢丝铠装麻包
相应裸外护层
相应内铠装外护层
聚氯乙烯护套
聚乙烯护套</td><td rowspan="2">1
2
3
5
0
9
02
03</td></tr>
<tr><td>特征</td><td>统包型
分相铅包、分相护套
干绝缘</td><td>不表示
F
P</td></tr>
</table>

电缆外护层的型号按铠装层和外被层的结构顺序用阿拉伯数字表示。每一数字表示所采用的主要材料和意义见下表。

标记	铠装层	标记	外被层
0	无	0	无
1	—	1	纤维层
2	双钢带(24-钢带、粗圆钢丝)	2	聚氯乙烯套
3	细圆钢丝	3	聚乙烯套
4	粗圆钢丝(44-双粗圆钢丝)	4	

交联聚乙烯绝缘电力电缆，以交联聚乙烯代号字母“YJ”为首位，其余各项型号编制及字母含义如下：

类别、用途	导体	绝缘	护套	外护层
YJ-交联聚乙烯电缆	T＊-铜	YJ-交联聚乙烯	LW-皱纹铝套	22,23
	L-铝		V-聚氯乙烯	32,33
			Y-聚乙烯	42,43
			Q-铅套	—

注：＊铜导体代号字母“T”一般省略。S-加铜丝屏蔽时。

聚氯乙烯绝缘聚氯乙烯护套电力电缆，以绝缘塑料代号字母“V”为首位，其余各项型号编制及字母含义如下：

类别、用途	导体	绝缘	护套	外护层
V-塑料电缆	T-铜	V-聚氯乙烯	V-聚氯乙烯	22,23,32
	L-铝			33,42,43
				……

注：铜导体代号字母“T”一般省略。

附表八　交联聚乙烯绝缘电力电缆、聚氯乙烯绝缘电力电缆参考载流量

交联聚乙烯绝缘电力电缆的导体电阻、绝缘电阻参考载流量

截面(mm²)	20℃时导体直流电阻(≤Ω/km)		90℃时绝缘电阻(≥MΩ·km)	单芯电缆参考载流量A(安培)				多芯电缆参考载流量A(安培)			
				在空气中		直埋土壤中		在空气中		直埋土壤中	
	铜芯	铝芯		铜	铝	铜	铝	铜	铝	铜	铝
4	4.61	7.41	0.771	56	44	77	61	34	27	45	36
6	3.08	4.61	0.654	70	57	97	79	43	35	57	46
10	1.83	3.08	0.473	97	75	130	100	60	47	77	59
16	1.15	1.91	0.387	125	99	170	135	83	64	105	80
25	0.727	1.20	0.418	165	125	220	170	105	82	125	100
35	0.524	0.868	0.360	200	155	265	205	125	100	155	120
50	0.387	0.641	0.340	245	190	320	245	160	125	185	145
70	0.268	0.443	0.317	305	240	395	305	200	155	225	175
95	0.193	0.320	0.275	375	290	475	370	245	200	270	210
120	0.153	0.253	0.268	435	340	545	420	285	220	310	240
150	0.124	0.206	0.280	500	390	610	475	325	250	345	270
185	0.099 1	0.164	0.287	580	450	695	540	375	295	390	305

交联聚乙烯绝缘聚氯乙烯护套电力电缆外径(毫米)

截面(mm²)	芯数							
	1	2	3	4	3+1	5	3+2	4+1
4	7.2	12.7	12.8	14.5	13.8	16.2	14.3	15.0
6	7.5	13.7	14.5	15.8	14.9	17.1	15.6	16.0
10	8.5	15.6	15.8	18.0	17.5	20.0	18.3	19.2
16	9.5	18.0	18.0	21.0	20.1	24.0	21.3	22.5
25	11.2	20.5	21.5	25.0	23.1	28.5	24.5	26.5
35	21.0	22.5	24.0	28.0	25.3	32.0	26.4	28.2
50	14.0	25.5	27.0	30.0	28.0	33.0	30.6	31.8
70	15.5	29.5	31.0	34.0	32.5	37.0	34.2	35.0
95	17.2	32.7	35.0	39.0	36.0	43.0	38.6	40.0
120	19.0	36.5	39.0	43.0	41.0	48.0	42.8	44.0
150	21.8	41.5	43.5	48.0	47.0	52.0	48.2	49.0
185	23.5	45.5	48.5	54.0	50.5	59.5	53.7	55.0

聚氯乙烯绝缘电力电缆载流量(安培)

标称截面 (mm²)	非铠装				铠 装			
	空气中		土壤中		空气中		土壤中	
	铜	铝	铜	铝	铜	铝	铜	铝
1.5	15	—	20	—	—	—	—	—
2.5	21	16	28	21	—	—	—	—
4	26	21	34	27	25	21	33	26
6	37	25	45	33	36	25	44	32
10	46	36	56	43	45	34	54	41
16	60	47	72	55	58	45	70	53
25	82	64	95	75	80	62	95	74
35	108	84	123	96	107	82	121	94
50	134	100	151	113	132	98	149	110
70	165	124	181	136	162	122	180	135
95	203	156	216	165	200	152	212	161
120	236	183	246	192	230	180	241	187
150	281	214	287	219	275	208	280	212
185	328	246	334	251	318	236	324	241

注:空气温度为30℃;土壤温度为25℃;土壤热阻系数为1.2℃ m/W。

聚氯乙烯绝缘聚氯乙烯护套电力电缆外径(毫米)

截面 (mm²)	芯数							
	1	2	3	4	3+1	5	3+2	4+1
1.5	6.6	10.6	11.0	—	—	—	—	16.0
2.5	7.0	11.5	11.9	—	—	—	—	17.0
4	7.9	13.6	13.8	14.8	14.6	16.0	15.5	19.0
6	8.5	14.5	14.9	16.0	16.0	17.0	17.5	23.5
10	9.7	16.9	17.8	19.3	18.9	19.0	19.0	28.0
16	10.7	18.9	19.9	21.8	21.5	24.0	23.0	31.0
25	12.4	22.8	24.6	26.5	25.6	29.0	27.0	32.5
35	13.6	25.2	26.8	29.2	27.9	33.0	28.0	36.0
50	15.8	25.1	25.4	33.7	28.7	33.0	32.5	41.5
70	17.6	27.0	27.7	34.8	32.5	36.0	36.0	45.0
95	20.7	28.8	32.1	39.6	37.3	42.0	41.0	49.0
120	22.0	31.2	35.1	42.9	39.9	45.0	45.0	54.0
150	24.0	34.7	38.9	47.8	44.6	50.0	48.0	61.0
185	26.5	37.5	42.9	53.0	50.3	55.0	53.0	67.0

参 考 文 献

[1] 林玉章,杨中倩. 建筑设备工程[M]. 武汉:中国地质大学出版社,2013.
[2] 高殿宏,刘爱芝. 建筑设备工程[M]. 武汉:中国地质大学出版社,2007.
[3] 陈建宇. 建筑设备工程[M]. 北京:北京理工大学出版社,2010.
[4] 高绍远. 房屋卫生设备[M]. 北京:高等教育出版社,2001.
[5] 张清. 房屋卫生设备[M]. 武汉:武汉理工大学出版社,2008.
[6] 张宝军,陈思荣. 建筑给水排水工程[M]. 武汉:武汉理工大学出版社,2008.
[7] 刘耀华. 施工技术及组织(建筑设备)[M]. 北京:中国建筑工业出版社,1998.
[8] 刘跃华. 安装技术[M]. 北京:中国建筑工业出版社,2003.
[9] 邢国清. 建筑给水排水系统安装[M]. 北京:中国建筑工业出版社,2009.
[10] 冯刚. 建筑设备与识图[M]. 北京:中国计划出版社,2007.
[11] 陈翼翔. 建筑设备安装识图与施工[M]. 北京:清华大学出版社,2010.
[12] 陈宏振. 采暖系统安装[M]. 北京:中国建筑工业出版社,2008.